Peter Meusburger
András Klinger (Hrsg.)

Vom Plan zum Markt

Eine Untersuchung am Beispiel Ungarns

Mit 75 Abbildungen

Physica-Verlag
Ein Unternehmen des
Springer-Verlags

Professor Dr. Peter Meusburger
Geographisches Institut
Universität Heidelberg
Im Neuenheimer Feld 348
D-69120 Heidelberg

Dr. András Klinger
Deputy President
Hungarian Central Statistical Office
Keleti Károly u. 5-7
H-1525 Budapest

ISBN-13: 978-3-7908-0843-8 e-ISBN-13: 978-3-642-88668-3
DOI: 10.1007/978-3-642-88668-3

Die Deutsche Bibliothek - CIP-Einheitsaufnahme
Vom Plan zum Markt : eine Untersuchung am Beispiel Ungarns
/ Peter Meusburger ; András Klinger (Hrsg.). - Heidelberg :
Physica-Verl., 1995
ISBN-13: 978-3-7908-0843-8
NE: Meusburger, Peter [Hrsg.]

88/2202-543210 - Gedruckt auf säurefreiem Papier

Vorwort

Peter Meusburger und András Klinger

Eine Analyse des wirtschaftlichen und gesellschaftlichen Wandels nach dem Zusammenbruch des Kommunismus bzw. die Beurteilung des Erfolgs der ehemaligen sozialistischen Länder auf dem Wege zur Marktwirtschaft ist mit zahlreichen Schwierigkeiten konfrontiert. Zum ersten kann das Ausmaß eines Strukturwandels nur dann empirisch zuverlässig erfaßt werden, wenn die Ausgangslage vor dem Strukturwandel, also die wirtschaftliche und gesellschaftliche Situation zur Zeit des sozialistischen Systems, ausreichend bekannt ist. Nun stehen zwar einige volkswirtschaftliche, demographische und sozialwissenschaftliche Indikatoren zur Verfügung, aber sehr oft nur auf einem Aggregationsniveau, das wenig über die soziale und regionale Ungleichheit innerhalb dieser Länder aussagt. Anhand der Entwicklung des Bruttosozialprodukts können beispielsweise sehr wichtige Probleme und Fragen dieses Strukturwandels nicht ausreichend beschrieben werden. So wie der Sozialismus alle Lebensbereiche durchdrungen hat, wird auch der Weg zur Marktwirtschaft Auswirkungen auf viele Bereiche haben, und zwar vom Wohnungsmarkt über die Rekrutierung der Eliten, die durchschnittliche Lebenserwartung, den Umweltschutz bis zur Frauenerwerbstätigkeit.

Empirische Forschung über sensible wirtschaftliche und gesellschaftliche Themen war in den sozialistischen Ländern sehr schwierig und manchmal unmöglich. Da in allen ehemals sozialistischen Ländern die Diskrepanz zwischen den Ansprüchen (Versprechungen) der marxistischen Ideologie (z. B. soziale Gerechtigkeit, Chancengleichheit der Geschlechter, klassenlose Gesellschaft, geringere soziale und regionale Ungleichheiten als im Kapitalismus, keine Armut, keine Kriminalität, Vollbeschäftigung, politische Macht in den Händen der Arbeiterklasse etc.) und der realen Situation erschreckend groß war, durften in den sozialistischen Ländern Statistiken und Indikatoren, welche diese Gegensätze aufgezeigt hätten, bis in die Endphase dieser Systeme nicht oder nur in einer abgemilderten Form (z. B. auf einer hohen räumlichen Aggregationsebene, auf der die Ungleichheiten geringer ausfielen) publiziert werden. In den sozialistischen Systemen gab es im Privatleben der Menschen eine "Zweiteilung" der Persönlichkeit in eine "systemkonforme" und eine "private" Hälfte bzw. in eine Innenwelt und eine Außenwelt. Diese Spaltung war eine Art Überlebenstechnik. In der "Außenwelt" verhielt man sich systemkonform und wurde die Sprache der herrschenden Ideologie verwendet. In der "Innenwelt" bzw. der Privatsphäre wurden, sofern man sich von den Organen der Staatssicherheit unbeobachtet wähnte, selbst von Angehörigen der Nomenklatura ganz andere Ansichten vertreten. Deshalb hat man in den sozialistischen Staaten sehr oft die Phrase gehört, "dies ist zwar illegal aber allgemein üblich (allgemein verbreitet)". Ähnlich wie im Privatleben gab es auch bei statistischen Daten und wissenschaftlichen Untersuchungen eine Unterscheidung in offizielle und geheimgehaltene. Die während des sozialistischen Systems offiziell zugänglichen Daten sind deshalb oft gerade für die interessanten Themenstellungen wertlos oder beschönigend. Hinsichtlich der Geheimhaltung sensibler ökonomischer und gesellschaftlicher Daten gab es zwischen den ehemals sozialistischen Ländern allerdings große Unterschiede. Während beispielsweise in der DDR alle Dissertationen, deren Daten Rückschlüsse auf den tatsächlichen Zustand der Wirtschaft und Gesellschaft sowie auf Umweltschutz, Pharmazie und Medizin erlaubt hätten oder dem geschönten Bild der Selbstdarstellung der DDR widersprochen hätten, bis zuletzt geheimgehalten wurden und auch nur wenige Ergebnisse der Volkszählungen bis auf kleine regionale Einheiten publiziert worden sind, durften in Ungarn schon in den 70er Jahren Publikationen über soziale Disparitäten erscheinen, sofern gewisse "Reizworte" wie Armut etc. vermieden worden sind. Die DDR wird hier nicht deshalb angeführt, weil dort die Situation am schlimmsten war (da wären eher andere Länder zu nennen), sondern weil hier die damaligen Verhältnisse 5 Jahre nach dem Systemwandel dank der Arbeiten von W. Bleek und L. Mertens (1994) am besten erforscht sind. Auch die publizierte amtliche Statistik Ungarns war seit den 70er Jahren wesentlich aussagekräftiger als die anderer sozialistischer Staaten. Bei vielen Themen über den Transformationsprozeß liegt also die Hauptschwierigkeit empirischer Arbeit darin, den Ausgangspunkt des Strukturwandels in der Endphase des realen Sozialismus zuverlässig zu beschreiben bzw. an die ungeschönten und nicht aggregierten Originaldaten heranzukommen. Dies ist auch deshalb notwendig, weil viele westliche Marxisten aber auch ideologisch nicht fixierte Wissenschaftler vor der Systemwende in ihren wissenschaftlichen Arbeiten vorwiegend die ihnen zugängliche und geschönte "Außenwelt" beschrieben haben. Deshalb versuchen die Aufsätze von Meusburger, Probáld, Lengyel und Harcsa nicht nur den Strukturwandel zu untersuchen sondern auch eine zuverlässige Aussage über die Ausgangssituation in der Endphase des sozialistischen Systems zu treffen.

Ein zweites methodisches Problem bei der Analyse des Ausgangszustandes liegt darin, daß sich ein mehr oder weniger orthodoxer Sozialismus nur in wenigen Ländern bis zum Ende des Systems gehalten hat. In Ungarn wurde beispielsweise eine rigorose Planwirtschaft nur bis etwa zum Jahr 1968 durchgehalten, anschließend kam es zu einer schrittweisen und vorsichtigen Annäherung an die Marktwirtschaft, so daß beim politischen Systemwechsel der Umbau des Wirtschaftssystems nicht bei Null beginnen mußte. Bei einigen Themen ist es deshalb sinnvoll, die Analyse des Strukturwandels schon im Jahre 1980 (Probald, Meusburger) oder noch früher (Klinger) beginnen zu lassen. Die Frage, zu welchem Zeitpunkt die Planwirtschaft aufhört und wann die Marktwirtschaft beginnt, ist nicht nur schwer zu beantworten, sondern vermutlich auch falsch gestellt. Es wird in allen ehemals sozialistischen Ländern eine längere Zeit dauern, bis die Marktmechanismen funktionieren.

Eine weitere Schwierigkeit, den Erfolg des Transformationsprozesses zu messen, besteht darin, daß zwar das Ziel aber weder der anzustrebende (beste) Weg noch die optimale Geschwindigkeit auf dem Wege zur Marktwirtschaft bekannt sind. Die in der Wirtschaftstheorie immer noch dominierenden Modelle der Neoklassik sind leider nicht für einen dynamischen Wandel sondern für eine statische Wirtschaft konzipiert, so daß sie für diesen in der Geschichte ohne

Vorbild dastehenden Strukturwandel nur wenig Ratschläge bieten können. Aufgrund dieses Theoriedefizits gibt es auch kaum Bewertungsmaßstäbe für die Beurteilung von Entwicklungen. Führt eine schnelle Privatisierung mit einer kurzfristig hohen Arbeitslosigkeit (Schocktherapie) eher zum langfristigen Erfolg oder ist eine sozialverträgliche, graduelle Umgestaltung der Wirtschaft zu bevorzugen, bei der die Wettbewerbsfähigkeit erst in ferner Zukunft erreicht werden wird? Ist ein rascher Abbau von Arbeitsplätzen in Staatsunternehmen oder in landwirtschaftlichen Produktionsgenossenschaften als positiv oder negativ für den langfristigen Erfolg der Umgestaltung zu werten?

Selbst jene Experten, die zu wissen glauben, welche Rezepte den Patienten des ehemals sozialistischen Blocks zu verschreiben sind, wagen nicht vorauszusagen, wieviel der Bevölkerung noch an weiteren Opfern zugemutet werden kann bzw. ob der als richtig erkannte Weg politisch durchsetzbar ist. In Ungarn vertraten nach einer Ende September 1994 veröffentlichten Umfrage des "Center for International Private Enterprise" knapp fünf Jahre nach dem Zusammenbruch des Kommunismus nur noch ein Drittel der Bevölkerung die Ansicht, daß eine völlig freie Marktwirtschaft die attraktivste Option darstellt, während zwei Drittel eine Mischung aus Marktwirtschaft und sozialistischer Wirtschaft favorisiert haben (Budapest Sun, 22. - 28. 9. 1994). Auch die jüngsten Wahlergebnisse in Polen, Ungarn und der Slowakischen Republik deuten darauf hin, daß große Teile der Bevölkerung ein langsameres Tempo in der Umgestaltung der Wirtschaft wünschen.

Während bei der Privatisierung der verstaatlichten Industrie, der Privatisierung des Wohnungsmarktes oder der Ausdehnung des Einzelhandels etc. die Strukturveränderungen so schnell vor sich gehen, daß die amtliche Statistik mit der Lieferung von Daten gar nicht mehr nachkommt und sich die Wissenschaftler deshalb auf eigene Erhebungen (Kartierungen) stützen müssen, wird es in anderen Bereichen Jahrzehnte dauern, bis die negativen Folgen des realen Sozialismus überwunden sein werden.

Ein Buch, das schon rd. 5 Jahre nach dem Systemwechsel erscheint, kann selbstverständlich erst einige wenige erste Entwicklungstendenzen aufzeigen und auch noch nicht alle interessanten Bereiche abdecken. Deshalb konnten sich einige Aufsätze auch nur mit den ersten 1-3 Jahren des Strukturwandels befassen. Da in dieser Anfangsphase der Transformation jedoch z. T. entscheidende Weichen gestellt wurden, ist sie auch besonders wichtig. Die ersten beiden Aufsätze von H. Faßmann und Z. Cséfalvay versuchen, einige Rahmenbedingungen und mögliche Entwicklungstendenzen der Länder Ostmitteleuropas auf der Wegstrecke zur Marktwirtschaft zu skizzieren. Beide Autoren diskutieren die Fragen, welchen Vorbildern Ostmitteleuropa beim Transformationsprozeß nachfolgen kann, welche Startbedingungen die einzelnen Länder für den notwendigen Strukturwandel haben und wo die großen Defizite bzw. die endogenen und exogenen Hemmnisse liegen, welche den Transformationsprozeß verzögern oder letztlich zu einer einseitigen Wirtschaftsstruktur führen können. Sie weisen darauf hin, daß mit der Abschaffung der Planwirtschaft noch keineswegs automatisch eine Marktwirtschaft installiert ist und daß erst das Zusammenspiel funktionierender Arbeits-, Wohnungs- und Kapitalmärkte das Ende der zentralen

Planwirtschaft signalisiert. Das sozialistische Erbe und diverse Defizite des Kapital- und Arbeitsmarktes haben nach Faßmann die Konsequenz, daß die ehemals sozialistischen Länder hinsichtlich des Bruttosozialprodukts selbst bei einem jährlichen Wachstum von 7% je nach Szenario der Wechselkurse rd. 35 - 60 Jahre brauchen werden, um das Niveau Österreichs (angenommenes Wachstum = 2%) zu erreichen. Große Abschnitte des ehemaligen Eisernen Vorhangs werden deshalb auch in den nächsten Jahrzehnten noch als Wohlstandsgrenze erkennbar bleiben.

40 Jahre Sozialismus brachten der Masse der Bevölkerung östlich des Eisernen Vorhanges eine drastische Verschlechterung der Lebensbedingungen, wobei es allerdings auch innerhalb des sozialistischen Blocks beträchtliche Unterschiede gab. Selbstverständlich sind nicht alle Ende der 80er Jahre feststellbaren, demographischen und sozio-ökonomischen Ost-West Unterschiede auf den Einfluß des Sozialismus zurückzuführen. Schon für das 18. und 19. Jahrhundert wurden in Europa u. a. deutliche West-Ost-Unterschiede im Heiratsalter der Frauen, in den Analphabetenquoten der Bevölkerung, im Gesundheitszustand der Rekruten und bei zahlreichen anderen Indikatoren nachgewiesen. Die harten Lebensbedingungen in den sozialistischen Ländern haben jedoch zu einem Auseinanderdriften der beiden Teile Europas hinsichtlich des Lebensstandards, des Gesundheitszustandes, der durchschnittlichen Lebenserwartung der Bevölkerung sowie der Säuglings- und Kindersterblichkeit geführt, so daß die meisten sozialistischen Länder, wie der Aufsatz von A. Klinger belegt, weit hinter das Niveau der westlichen Länder zurückgefallen sind. Einige Unterschiede innerhalb des sozialistischen Blocks sind nicht nur von einer unterschiedlichen Sozialpolitik verursacht worden sondern können z. T. auf seit langem bestehende sozio-ökonomische Entwicklungsunterschiede zurückgeführt werden. Der Weg zurück nach Europa muß also in erster Linie auch in einer Verbesserung der Lebensbedingungen und des Gesundheitszustandes der Bevölkerung bestehen.

Die ersten Gehversuche ungarischer Unternehmen in Richtung Marktwirtschaft wurden noch zur Zeit des realen Sozialismus vor allem in Form von Joint Ventures mit ausländischen Firmen unternommen. Der Aufsatz von W. Aschauer widmet sich daher den Fragen, wie sich die Zahl der Joint Ventures in Ungarn entwickelt hat, in welchen Branchen und mit welchen ausländischen Partnern solche Joint Ventures abgeschlossen wurden und wie der räumliche Diffusionsprozeß dieser Innovation verlaufen ist. Die räumliche Verbreitung der Joint Ventures war von Anfang an ein wichtiger Indikator für die späteren räumlichen Konzentrations- und Diffusionsprozesse im Aufbau der Privatwirtschaft.

Vier Aufsätze, nämlich die von C. Cséfalvay, I. Berényi, Z. Dövényi und P. Meusburger, widmen sich den regionalen Wirtschafts- und Arbeitsmarktstrukturen bzw. den Disparitäten innerhalb von Ungarn. Der Transformationsprozeß hatte bisher für die einzelnen Regionen sehr unterschiedliche Auswirkungen. In einigen Bereichen wurden die zentral-peripheren Unterschiede vergrößert, in anderen wurde die regionale Ungleichheit durch den Weg zur Marktwirtschaft kleiner. Wer solche regionalen Disparitäten der Entwicklung außer acht läßt und sich nur mit "der" Wirtschaft oder "der" Gesellschaft als Ganzes befaßt, dem werden wesentliche Entwicklungstendenzen, Erscheinungsformen und Konsequenzen des Transformationsprozesses verborgen bleiben. Während die Agglomeration von Budapest, andere hochrangige zentrale Orte und Teile Transdanubiens bereits wenige Jahre nach dem Systemwechsel zu den Gewinnern des Systemwandels zählen, sind der Nordosten und Osten Ungarns sowie Teile der Ungarischen Tiefebene in eine sehr schwierigen Lage geraten, die u. a. durch extrem hohe Arbeitslosigkeit gekennzeichnet ist. Die strukturellen und territorialen Besonderheiten der Arbeitslosigkeit in Ungarn werden von Z. Dövényi analysiert, der u. a. darauf hinweist, daß Ostmitteleuropa das historische Mißgeschick hatte, daß die schwierigsten Jahre der gesellschaftlichen und wirtschaftlichen Umgestaltung zeitlich mit einer krisenhaften Periode der Weltwirtschaft und dem Auseinanderfallen der Sowjetunion, des bisher wichtigsten Absatzmarktes, zusammengefallen sind. Die Arbeitslosigkeit war zumindest bis Mitte 1994 das schwerwiegendste Problem Ungarns. Sie hat vor allem Berufsanfänger (junge Altersgruppen) und niedrig qualifizierte Erwerbstätige betroffen. Besonders stark von Arbeitslosigkeit betroffen wurden die Grenzregionen im Nordosten und Osten Ungarns sowie der mittlere Teil der großen ungarischen Tiefebene, in denen der wirtschaftliche Abstieg schon in sozialistischer Zeit begonnen hatte. Z. Cséfalvay geht in seinem zweiten Aufsatz näher auf die verschiedenen Typen von Problemgebieten in Ungarn ein, für welche die Umstellung besonders schwierig sein wird. Einen Bedeutungsverlust hat der Systemwechsel in den ersten Jahren vor allem den ehemaligen "Hochburgen" der staatlichen Industrie sowie den traditionell strukturschwachen peripheren Regionen Ungarns gebracht. Die räumlich zeitliche Diffusion der Privatwirtschaft hat dagegen in der Agglomeration von Budapest und Pest ihren Ausgang genommen und sich dann in Richtung Nordwest-Ungarn und nach Südost-Ungarn ausgedehnt. I. Berényi hat die Ausdehnung der Privatwirtschaft in Ungarn anhand mehrerer Indikatoren untersucht. Als erstes hat er die räumliche Verbreitung der "Organisationen mit Rechtsfähigkeit" analysiert, wobei er nachgewiesen hat, daß der Großteil dieser neuen Organisationsformen weniger auf eine Neugründung von Unternehmen sondern auf die organisatorische Umgestaltung oder die Ausgliederung einzelner Teile von ehemaligen Staatsunternehmen zurückgeht. Als zweiten Indikator verwendet er die Investitionen für importierte Maschinen. Die regionale Konzentration und die strukturverändernde Wirkung des in- und ausländischen Kapitals hat vor allem den schon besser entwickelten Gebieten Ungarns zu weiteren Vorteilen verholfen und somit die schon bestehenden Entwicklungsunterschiede innerhalb des Landes noch weiter vertieft. Auch der Ausbau des Kommunikationssystems (z. B. Telephondichte) nach dem Systemwechsel steht in einem engen Zusammenhang mit der Hierarchie des Siedlungssystems.

Die sozialistischen Länder hatten weltweit die höchsten Frauenerwerbsquoten, so daß beim Systemwechsel mehrere Autoren sehr negative Szenarien über die Auswirkungen des Transformationsprozesses auf die Frauenerwerbstätigkeit entworfen haben. Der Aufsatz von P. Meusburger geht der Frage nach, welche sozialen und regionalen Disparitäten der Frauenerwerbstätigkeit schon in der sozialistischen Zeit vorhanden waren und wie sich diese bis Anfang der 90er Jahre entwickelt haben. Schon 1980 waren in Ungarn erhebliche Unterschiede der Frauenerwerbsquoten nach dem Ausbildungsniveau der Frauen, der Zahl ihrer Kinder, der Gemeindegröße ihres Wohnortes und der ethnischen Zugehörigkeit festzustellen. Die Einführung der Marktwirtschaft hat in Ungarn zumindest bis Anfang der 90er Jahre nicht zu einer Verdrängung der Frauen vom Arbeitsmarkt geführt, ganz im Gegenteil, die Erwerbsquoten der Männer sind stärker zurückgegangen als jene der Frauen und die Männer hatten bis 1994 auch höhere Arbeitslosenquoten als die Frauen. Ein deutlicher Strukturwandel ist insofern eingetreten, als Anfang der 90er Jahre hochqualifizierte Frauen in viel stärkerem Maße ihre Erwerbstätigkeit bei der Geburt eines Kindes kurzfristig (max. 3 Jahre) unterbrochen haben als es noch 1980 der Fall war. Bei den 35- bis 50-jährigen Frauen war außerhalb der Stadtregion von Budapest in der Mehrzahl der Arbeitsamtsbezirke sogar eine deutliche Zunahme der Frauenerwerbsquoten festzustellen.

Da sich die Entwicklung der Privatwirtschaft in der Anfangsphase vor allem auf die Agglomeration von Budapest konzentriert hat und Budapest als Innovationszentrum dieses Strukturwandels anzusehen ist, konzentrieren sich Teile der Aufsätze von Z. Cséfalvay und I. Berényi sowie die Arbeiten von F. Probáld und É. Kiss auf die Umgestaltung der Wirtschaft innerhalb der Region von Budapest. F. Probáld hat anhand der Qualifikations- und Branchenstruktur des Arbeitsplatzangebotes im Jahre 1980 eine wirtschaftsräumliche Gliederung der Stadtregion von Budapest vorgenommen und diese mit dem Privatisierungsprozeß nach der Systemwende in Beziehung gesetzt. Seine Ergebnisse belegen sehr deutlich, daß die "Qualifikationsstruktur" des Arbeitsplatzangebotes zur sozialistischen Zeit einen deutlichen Einfluß auf das spätere Innovationspotential hatte, d. h. die räumlichen Disparitäten der "Kapitaldichte" (Stammkapital von neu gegründeten Firmen pro 1.000 Ew.) innerhalb der Region von Budapest korrelierten sehr stark mit dem Anteil der Arbeitsplätze, die 1980 von Hochqualifizierten eingenommen wurden. Der organisatorischen Umgestaltung der Industrie in der Region von Budapest widmet sich die Arbeit von É. Kiss. In der ersten Phase des Übergangs zur Marktwirtschaft wurde die Branchenstruktur der Industrie in der Region von Budapest nur geringfügig verändert, 2 Jahre nach der Wende hatten jedoch bereits 75% der Industrieunternehmen eine neue Organisationsform (GmbH, Aktiengesellschaft etc.) angenommen. Insbesondere in den Nobelwohngebieten von Budapest, wo das mobilisierbare Kapital am ehesten vorhanden war und wo auch ein beträchtlicher Teil der politischen und ökonomischen Führungsschicht des früheren kommunistischen Systems wohnte, erreichte der Anteil der GmbH's die höchsten Werte. Der zweite Teil des Aufsatzes von I. Berényi befaßt sich mit dem Entwicklungspotential und der Attraktivität der verschiedenen Teile der Budapester Altstadt für den Immobilienmarkt (das ausländische Kapital) und mit der Ausdehnung der Cityfunktionen in der Budapester Altstadt.

Z. Kovács und R. Wießner untersuchen die Umgestaltung des Budapester Wohnungsmarktes unter dem Einfluß von Marktwirtschaft und Wohnungspolitik. Während sich der Wohnungsneubau schon gegen Ende des sozialistischen Systems mehrheitlich in privatwirtschaftlicher Hand befand, blieben die Mietwohnungen bis zum Ende des alten Systems in staatlichem Besitz. Nach dem politischen Umbruch kam es sehr schnell zu einer Privatisierung des staatlichen Wohnungsbestandes, zu einem großen Mangel an Büroflächen, zu einem Bauboom und einer Verdichtung und Ausdehnung der City. Der Wohnungsmarkt hat sich also schneller verändert als die meisten anderen Bereiche des ökonomischen Systems. Dadurch kam es relativ schnell zu einer sozialräumlichen Polarisierung des Wohnungsmarktes und vor allem auch des Preisniveaus.

Viele Besonderheiten und Schwachstellen sowie ein wesentlicher Grund für den Zusammenbruch der orthodoxen sozialistischen Planwirtschaft lagen in der Art begründet, wie die Eliten in Partei, Wirtschaft und Verwaltung etc. rekrutiert worden sind. Die Tatsache, daß Loyalität zur kommunistischen Partei und proletarische Herkunft bei der Rekrutierung der Eliten besonders in der Anfangsphase des Systems wichtiger waren als fachliche Kompetenzen, Qualifikationen und Ausbildungsniveau und daß die Aufname in die Nomenklatura (abgesehen von gewissen "Säuberungen") praktisch auf Dauer erfolgte, haben den sozialistischen Systemen vermutlich einen größeren Schaden zugefügt als alle anderen Fehlleistungen zusammengenommen. Die Vernachlässigung des meritokratischen Prinzips und die Unterschätzung der Bedeutung von "Wissen", die zu so vielen Fehlentwicklungen und einer großen Verschwendung von Ressourcen geführt haben, waren jedoch kein "Betriebsunfall" des realen Sozialismus sondern für die marxistisch-leninistische Ideologie und die kommunistischen Regimes geradezu systemimmanent. Denn wer das Funktionieren einer zentralistisch gesteuerten sozialistischen Planwirtschaft als möglich ansieht, unterschätzt schon von Anfang an die Bedeutung der Informationsverarbeitung, der Entscheidungsfindung, des Wissens und der fachlichen Kompetenzen in den Abläufen der Wirtschaft sowie die Funktion von Wissen für die Bewältigung von Unsicherheit und die Anpassungs- und Überlebensfähigkeit von sozialen Systemen. Keine noch so gut ausgestattete zentrale Planungsabteilung kann jenes Wissen akkumulieren und verarbeiten, das in der Marktwirtschaft über Millionen von einzelnen Entscheidungsträgern verteilt ist. Marx ging allerdings davon aus, daß es eine langfristige Tendenz gibt, daß die Arbeit im Rahmen der Arbeitsteilung und Automatisierung dequalifiziert wird und daß die benötigten Qualifikationen der Arbeiter und Entscheidungsträger laufend gesenkt werden können. Diese Dequalifizierung der Arbeit sollte seiner Ansicht nach auch die Austauschbarkeit von Arbeitskräften erhöhen (vgl. Friedman A. L., 1987). Marx und Engels nahmen an, daß die "intellektuelle Klasse" bald im Proletariat aufgehen werde und daß das für hochrangige Entscheidungen notwendige Wissen im Sozialismus mehr oder weniger ubiquitär vorhanden sein wird. Die These der Dequalifizierung der Gesellschaft war ein Grundpfeiler der marxistischen Theorie, aber auch einer der folgenschwersten Irrtümer des Marxismus. Die Ökonomen L. v. Mises (1922) und F. A. v. Hayek (1937, 1944, 1988) haben schon in den 20er und 30er Jahren die entscheidenden Gründe genannt, warum die sozialistische Planwirtschaft scheitern muß und dabei vor allem die Unterschätzung des Wissens genannt. Es ist kein Zufall, daß der Abstieg und letztlich das Desaster der sozialistischen Planwirtschaft zeitlich mit dem Aufkommen der "Informationsgesellschaft" zusammengetroffen ist, in der Wissen, Qualifikation, fachliche Kompetenzen und ein Technologievorsprung zu den entscheidenden Produktions- und Wettbewerbsfaktoren geworden sind.

Selbstverständlich gab es in den marxistischen Ländern auch wissenschaftliche, technologische und kulturelle Spitzenleistungen (vgl. Sputnik, Naturwissenschaften etc.). Diese Experten waren jedoch bei allen wichtigen Entscheidungen von der Zustimmung der Partei abhängig, in der oft weniger qualifizierte Kader die Entscheidungen fällten. Die Geringschätzung von Wissen und fachlichen Qualifikationen manifestierte sich vor allem darin, daß vielfach gerade die Schaltstellen der Macht bzw. die wichtigsten Kader-Positionen in Wirtschaft und Verwaltung mit linientreuen, aber vielfach nicht entsprechend ausgebildeten Personen besetzt worden sind. Dies wirkte sich um so nachteiliger aus, als jene Kader, die nach der Machtübernahme der Kommunisten die wichtigen Entscheidungsfunktionen besetzt haben, in vielen Fällen jahrzehntelang auf den Spitzenrängen der Nomenklatura verblieben sind und dadurch auch eine Erneuerung der Eliten verhindert oder verzögert haben. Sowohl Stalin als auch Mao haben zwar der Erziehung der Massen große Bedeutung zugemessen, aber dies war eher als ein Mittel der Indoktrinierung zu verstehen. Stalin hat den "am besten ausgebildete Teil der alten technischen Intelligenz" als Hauptfeind des Sozialismus angesehen (siehe Fußnote 16 im Aufsatz von Gy. Lengyel) und Mao hat die Intellektuellen bekanntlich als "neunte stinkende Klasse", also als die am meisten zu verabscheuende Kategorie von Menschen, bezeichnet. Diese radikale Position fand in den sozialistischen Ländern Ostmitteleuropas zwar weniger Anklang, trotzdem hatten die Kader, als Inhaber der Macht, lange Zeit ein überraschend niedriges Ausbildungsniveau. Die Frage der Kaderrekrutierung und die (im Laufe der Jahrzehnte leicht variierende) Einstellung der kommunistischen Parteien zu "Wissen, Kompetenz, Qualifikation und Ausbildung" hatte für das Schicksal der sozialistischen Länder so gravierende Folgen, daß sich in diesem Buch drei Autoren, nämlich Gy. Lengyel, I. Harcsa und B. Nagy, mit dieser Fragestellung befassen. Während Gy. Lengyel die wichtigsten Prinzipien der Kaderrekrutierung in Ungarn im Vergleich zu anderen sozialistischen Ländern Mittel- und Osteuropas analysiert und die Ergebnisse von zahlreichen Einzeluntersuchungen zusammengefaßt hat, hat I. Harcsa die Ausbildung und die Karriereverläufe der rd. 15.000 wichtigsten Mitglieder der ungarischen Nomenklatura des Jahres 1987 nach verschiedenen demographischen Merkmalen und Laufbahnstrukturen analysiert. B. Nagy hat die Bedeutung von weiblichen Führungskräften im Sozialismus und beim Übergang zur Marktwirtschaft untersucht. Sowohl der Aufsatz von I. Harcsa als auch die Arbeit von B. Nagy belegen, daß entgegen der sozialistischen Propaganda Frauen auf den obersten Führungspositionen der Nomenklatura nur sehr spärlich vertreten waren und daß mit zunehmender Hierarchiestufe, so wie auch in den westlichen Ländern, der Anteil der Frauen immer kleiner wurde.

Zum Zustandekommen dieses Buches haben mehrere Mitarbeiter und Studierende des Geographischen Instituts der Universität Heidelberg einen großen Beitrag geleistet. U. Berger hat die Datenbanken aufgebaut und zusammen mit M. Fasbender, T. Homrighausen und M. Oesterer die digitalen Grundlagen für Computerkarten geschaffen sowie diverse Computergraphiken und Computerkarten erstellt. Auch die Datenauswertung für einige Aufsätze lag in den Händen von U. Berger, M. Fasbender, T. Homrighausen und M. Oesterer. St. Scherer und

Chr. Reichel haben die mit traditionellen Methoden erstellten Karten einiger Beiträge überarbeitet. M. Hohmann hat einen Großteil der Abbildungen fotografisch verkleinert. R. Baumhoff war für die Formatierung der Texte sowie den Umbruch zuständig. M. Hoyler und M. Hoppe haben die englischen Abstracts überarbeitet und F. Imre hat die Aufgabe übernommen, die ungarischen Namen und Texte auf die richtige Schreibweise zu überprüfen. Auch Herrn A. Mészáros (Ungarisches Statistisches Zentralamt) und seinen Mitarbeitern sind wir für die Aufbereitung der anonymisierten Individualdaten zu großem Dank verpflichtet.

Literatur

Bleek, W. und L. Mertens (1994): DDR-Dissertationen. Promotionspraxis und Geheimhaltung von Doktorarbeiten im SED-Staat. Opladen.

Friedman, A. L. (1987): De-skilling. In: The New Palgrave. A Dictionary of Economics, vol. 1, 814-816.

Hayek, von F. A. (1937): Economics and Knowledge. Economica, n.s. 4, 33 - 54.

Hayek, von F. A. (1944): The Road to Serfdom. London.

Hayek, von F. A. (1988): The Fatal Conceit: The Errors of Socialism. Chicago.

Mises, von L. (1922): Die Gemeinwirtschaft. Untersuchungen über den Sozialismus. Nachdruck der 2. Auflage, München 1981.

Inhaltsverzeichnis

Wegbegleiter nach Europa: Ökonomische Krisen und wachsende Arbeitslosigkeit in Ost-Mitteleuropa[1]

Heinz Faßmann
Institut für Stadt- und Regionalforschung, Österreichische Akademie der Wissenschaften.
Postgasse 7, A-1010 Wien, Österreich

1 Einleitung

"Zurück nach Europa" lautete die politische Devise der Umbruchjahre 1989, 1990 und 1991 in den meisten ost-mitteleuropäischen Staaten. Gemeint war: Rede-, Presse- und Reisefreiheit, Gewaltentrennung, rechtsstaatliche Ordnung, Gewährleistung von Menschenrechten, politischer Pluralismus, demokratische Herrschaft und marktgesteuertes Wirtschaften. Das Ziel des Weges war bekannt, der Weg selbst jedoch weitgehend fremd. Historische Vorbilder oder theoretische Leitlinien für einen derart radikalen und dennoch vergleichsweise "sanften" Systemwechsel fehlten. Der Richtungsstreit der Reformer, ob eine schock- oder schrittweise Einführung marktwirtschaftlicher Prinzipien vorzuziehen seien, signalisiert dies sehr deutlich.

Die Abschaffung der Planwirtschaft bedeutet keinesfalls die automatische Installierung der Marktwirtschaft. Die Außerkraftsetzung bisheriger Steuerungsinstrumente hinterläßt zunächst ein ordnungspolitisches Vakuum. Märkte, als alternative Steuerungsinstrumente zum Plan, müssen erst geschaffen werden. Und erst das Zusammenspiel funktionierender Arbeits-, Wohnungs- und Kapitalmärkte signalisiert das Ende der zentralen Planwirtschaft. Ohne ein funktionierendes Bankensystem, ohne ein neugeschaffenes Steuersystem und ohne wirtschaftspolitische Rahmenbedingungen führen sämtliche Bemühungen nur zu 'Torsomärkten', die grundsätzliche Prämissen einer Marktwirtschaft nicht erfüllen. Monopolhafte Strukturen, fehlende Mechanismen der Preis- und Lohnfestsetzung und ein mangelhaftes Informations- und Distributionsnetz verhindern Marktsteuerung und lassen Zweifel darüber aufkommen, wo eigentlich Priorität der politischen Maßnahmen anzusetzen sei.

---

[1] Dies stellt einen überarbeiteten und aktualisierten Artikel dar, der in "Petermanns Geographischen Mitteilungen", 36, 1992/1, 49-59 erschienen ist.

2 Endogene und exogene Hemmnisse im Transformationsprozeß

Der gesellschaftliche Transformationsprozeß in den postsozialistischen Staaten wird durch eine Vielzahl endogener und exogener Hemmnisse und Barrieren begleitet. Besonders die endogenen Hemmnisse, durch die unterschiedliche Logik einer kapitalistischen bzw. einer planwirtschaftlichen Wirtschaft bedingt, erscheinen als schwer überwindbare Barrieren. Folgendes ist anzuführen:

1. Die Logik einer Marktwirtschaft basiert auf den autonomen Preis- und Lohnentscheidungen vieler Anbieter von und vieler Nachfrager nach Gütern und Dienstleistungen bei vollständiger Information und kostenloser Mobilität. Es ist hinlänglich bekannt, daß diese Prämissen auch in den westlichen Gesellschaften nicht realisiert sind. Informationen und Mobilität sind weder kostenlos noch ubiquitär, und Preis- und Lohnentscheidungen erfolgen in den seltensten Fällen autonom. Agrarprodukte werden von öffentlicher Hand subventioniert, Preise für ausgewählte Produkte unterliegen staatlicher Kontrolle, und Wohnungs- und Arbeitsmärkte sind teilweise stark segmentiert.
   Die Unterschiede zu den ehemaligen Zentralverwaltungswirtschaften waren aber nicht nur gradueller Natur. Preis- und Lohnfestsetzung erfolgten zentralistisch, Subventionierung von Produkten war dabei eine systemimmanente Erscheinung, und Wohnungs- und Arbeitsmärkte erscheinen heute - verglichen mit Westeuropa - um ein Vielfaches stärker segmentiert. Besonders der "Arbeitsmarkt" zerfiel in eine Reihe von gegenseitig abgeschotteten Einheiten. Die großbetriebliche Struktur, die garantierte Beschäftigung, die Sicherheit des Arbeitsplatzes und schließlich vorgeprägte Karrierepfade für loyale Parteiangehörige und andere "staatstragende" und "wichtige" Berufsgruppen definierten den segmentierten Arbeitsmarkt. Eine Schlüsselrolle kam dabei auch der Wohnungswirtschaft zu. Betriebe stellten nicht nur den Arbeitsplatz, sondern auch Wohnungen zur Verfügung, wodurch die Abhängigkeit der Arbeitnehmer noch verstärkt wurde. Das geringe und nicht marktmäßig verteilte Wohnungsangebot und der Eigenheimbau, der nur durch großen persönlichen Einsatz möglich war, förderten ebenfalls räumliche Segmentierungstendenzen.
2. Eine Marktwirtschaft funktioniert idealerweise nur dann, wenn viele gleichberechtigte Wirtschaftssubjekte marktmäßig agieren können. Oligopole und Monopole gefährden auch im Westen die Steuerung von Angebot, Nachfrage und Preis. Einschlägige Kartellgesetze kontrollieren und verhindern gegebenenfalls betriebliche Fusionen, wenn dadurch marktbeherrschende Monopole entstehen. In den Zentralverwaltungswirtschaften war dies nicht der Fall. Ganz im Gegenteil: Großbetriebe, mächtige Kombinate und große landwirtschaftliche Einheiten wurden gezielt gefördert. Das großbetriebliche Erbe einer überzogenen Industrialisierung in den postsozialistischen Staaten erweist sich heute als hinderlich und häufig auch als kontraproduktiv auf dem Wege zum Markt. Jede Wirtschaft, die von Produktions- und Verteilungsmonopolen beherrscht wird, läßt sich nicht durch Marktsignale steuern. Mit Sorge wird

daher von einem "anormalen" Unternehmerverhalten berichtet. Dies besteht darin, eine erhöhte Nachfrage nach Gütern oder Dienstleistungen nicht mit einer Produktionsausweitung, sondern mit einer Preiserhöhung zu quittieren. Und umgekehrt: Absatzschwierigkeiten von Gütern oder Dienstleistungen werden nicht durch Preissenkung beantwortet, sondern durch Produktionskürzung und Nichtbezahlen von Lieferrechnungen.

3. Eine Voraussetzung für autonome Entscheidungen von Unternehmern und privaten Haushalten ist die freie Verfügbarkeit von Grund und Boden. Eigentum an Produktionsmitteln und an Liegenschaften ist Teil der Autonomie der einzelnen Wirtschaftssubjekte. Aufgrund der Raumordnungsgesetze ist diese Bedingung auch im Westen nur mehr eingeschränkt realisiert. Dennoch gilt, daß Marktsteuerung ohne Eigentum nicht vorstellbar ist. Die Entstaatlichung von Grund und Boden gehört daher zu den ersten Instrumenten im Transformationsprozeß. Die dabei auftretenden Rechtsansprüche, Frist- und Terminsetzungen und divergierende Nutzungsinteressen stellen aber in jenen Staaten, wo Restitution diskutiert oder praktisch realisiert wird, einen gordischen Knoten dar. Die Durchtrennung schafft gesellschaftliche Unruhe. Unterschiedliche Lösungswege werden daher beschritten.
4. Das Fehlen einer kapitalistisch orientierten Unternehmerschicht stellt in allen postsozialistischen Staaten ein Hindernis im Transformationsprozeß dar: Das Primat des Staates mit zentraler Zuteilung und Abschöpfung von Ressourcen hat keine Unternehmer produziert, die imstande sind, Spielregeln, Chancen und Gefahren einer Marktwirtschaft zu beachten und aktiv umzusetzen. Eine ökonomisch rational handelnde Unternehmerschicht, die nach den Prämissen des Marktes agiert, war eher nur in Ausnahmen - Ungarn und Polen - vorhanden. Eine Verhaltensänderung ist aber auch auf seiten der Arbeitnehmer erforderlich: Eine verstärkte Service- und Kundenorientierung bei Dienstleistungsarbeitnehmern, Anpassung an westliche Produktivitätsnormen bei Industriearbeitern und generell Motivation und Leistungsbereitschaft müssen erst entwickelt werden.
5. Begleitet wird der Transformationsprozeß der ost- mitteleuropäischen Staaten durch eine Reihe externer Behinderungen: Die Auflösung des ehemaligen RGW-Handels und die Umstellung auf die Verrechnung in konvertible Währung treffen besonders die ehemaligen "Satelliten" der UdSSR. Diese bezogen in der Vergangenheit aus der UdSSR Rohstoffe weit unter dem Weltmarktpreis und konnten im RGW-Raum gleichzeitig jene qualitativ minderwertigen Produkte absetzen, die auf dem Weltmarkt kaum Chancen gehabt hätten. Dazu kommen weitere externe Faktoren wie die Rezession in den USA, in Europa und die politische Auflösung des traditionellen Handelspartners UdSSR.

3 Das sozialistische Erbe

Neben den systemimmanenten Schwierigkeiten des Übergangs sind alle postsozialistischen Staaten mit der Bürde einer überdimensionierten Landwirtschaft und einer im westlichen Vergleich ebenfalls zu großen Industrie belastet. Der Dienstleistungssektor ist dagegen unterentwickelt. Besonders hoch ist die Agrarquote in Jugoslawien, in Polen und Rumänien und die Quote des produzierenden Gewerbes in der ehemaligen CSFR und Bulgarien. Ungarn entspricht dagegen am ehesten dem Typus einer postindustriellen westlichen Gesellschaft.

Tabelle 1. Sektorale Struktur der Beschäftigten am Beginn der Transformation

	Österreich	Bulgarien	CSFR	Jugoslawien	Rumänien	Polen	Ungarn
Bev. in Mio.	7,8	8,9	15,7	23,4	23,2	37,8	10,6
Erwerbstätige in Mio.	3,5	4,4	7,9	9,4	11,1	17,7	4,8
Wirtschaftsbereiche in %							
Land- und Forstwirtschaft	7,7	19,2	11,5	31,0	27,9	26,4	20,0
Produzierendes Gewerbe	37,3	46,7	47,9	33,5	45,1	37,2	37,4
Verkehr und Nachrichtenwesen	6,3	6,6	6,5	5,2	7,1	5,8	8,3
Handel und Gastgewerbe	18,9	8,8	10,7	9,6	5,9	8,9	10,8
Nichtmaterielle Produktion	29,8	18,3	22,2	20,7	13,0	20,9	22,6

Quelle: Statistisches Handbuch für die Republik Österreich 1991; Statistisches Bundesamt: Länderbericht Staaten Mittel- und Osteuropas 1991. Die Daten für die CSFR, Rumänien, Polen und Ungarn stammen aus dem Jahr 1989, Bulgarien aus 1988.

Der Transformationsprozeß im Bereich der Landwirtschaft gestaltet sich schwierig. Die Produktivität ist im Vergleich zu Westeuropa zu gering, die Zahl der Beschäftigten zu hoch. Dazu kommt der fortgesetzte Abbau der Subventionen für Lebensmittel, der den Spielraum für die Landwirtschaft, die Outputpreise zu erhöhen, trotz Preisliberalisierung deutlich verringert. Das Interesse an der Privatisierung der Landwirtschaft ist bis jetzt eher mäßig. Nur rund 10% der Berechtigten wollen ihren Besitz wieder selbst bewirtschaften. Die meisten sogenannten "Kolchosbauern" sind vielmehr daran interessiert, ihren Arbeitsplatz zu erhalten. Der Mangel an privatem Kapital, an betrieblichem Know-how, an Risikobereitschaft und unklare Eigentumsverhältnisse sind dafür verantwortlich zu machen. Weitere Gründe kommen hinzu (vgl. dazu Penz H., 1992).

Ähnlich schwierig gestaltet sich die Reduktion und Privatisierung des sekundären Sektors, der überdimensioniert ist und mit veralteten Produktionsstrukturen wenig konkurrenzfähige Produkte herstellt. Der Strukturwandel der Industrie gilt als echter Prüfstein des Reformwillens. Erschwert wird dieser Strukturwandel durch eine dramatische Verschlechterung der Terms of Trade (Anstieg der Rohstoffpreise, Öffnung des Marktes für westliche Produkte). Eine durchgehende Privatisierung scheitert auch an der Kapitalknappheit der einheimischen Bevölkerung. Das aggregierte Geldguthaben reicht bei weitem nicht aus, den Preis der zum Verkauf angebotenen Staatsbetriebe zu begleichen. Erfolgreich ist die Privatisierung nur bei kleinen betrieblichen Einheiten, die in Form von Versteigerungen (ehemalige CSFR) oder Aktienbeteiligungen verkauft oder vermietet werden. Kapital von außen ist daher notwendig, politisch aber nicht immer erwünscht. "Es droht der Ausverkauf des Staates", lautet die Befürchtung. Besonders das "deutsche Kapital" weckt in vielen die Erinnerung an das Dritte Reich. Geschürt werden diese Befürchtungen von jenen politischen Kräften, deren Interesse an gelungenen Reformbemühungen gering ist.

Tabelle 2. Ökonomische Entwicklung in den mittel- und osteuropäischen Staaten im Jahre 1991

	Bulgarien	CSFR	Ungarn	Polen	Rumänien	Jugosl.
Bruttosozialprodukt pro Kopf (in 1000 öS Freihandelskurs 1990)	7	18	28	19	4	28
Veränderung des BSP 1990 - 1991 in %	-22,9	-15,9	-7 bis -9	-8 bis -10	-13,5	-20,0
Veränderung der Industrieproduktion 1990 - 1991 in %	-28,0	-23.1	-19,1	-11,9	-22,0	-20,0
Veränderung der landw. Produktion 1990 - 1991 in %	-5,0	-8,8	-3,0	-2,0	-0,5	8,0
Veränderung der realen Löhne und Gehälter 1990 - 1991 in %	-58,0	-24,2	-8,6	3,6	-16,3	-17,0
Inflation 1990 - 1991	479,8	57,9	35,0	70,3	165,0	118,0
Veränderung der Importe in %	-64,1	-20,1	-2,3	34,4	-33,0	-18,2
Veränderung der Exporte in %	-53,9	-9,1	-10,7	-6,5	-5,5	-13,7

Quelle: zusammengestellt aus Gabrisch H. (1992)

Joint Ventures, die nicht nur Kapital, sondern auch Technologie und Marktkenntnis einbringen, werden bevorzugt. Ein Beispiel für einen spektakulären Verkauf ist der Einstieg von Volkswagen bei den Skoda-Werken von Mlada Boleslav, mit 6,63 Milliarden Dollar die weitaus größte Beteiligung in Osteuropa. Der Konzern Procter and Gamble hat das Waschmittelwerk Rakona übernommen, die Ralston Energy Systems ist ein Joint Venture mit der böhmischen Batteriefabrik von Slany eingegangen, die belgische Glaverbel mit dem Glasproduzenten Sklo-Union. Die großen Investitionen ausländischen Kapitals bleiben aber vereinzelt.

Nach der enttäuschenden, wenngleich nicht völlig unerwarteten ökonomischen Entwicklung in den postsozialistischen Ländern Europas im Jahr 1991 war auch für 1992/93 mit keiner nachhaltigen Verbesserung zu rechnen. Die gesamtwirtschaftliche Leistung verringerte sich. Besonders betroffen waren Bulgarien und Rumänien, die sehr spät mit Reformen begonnen haben und Jugoslawien aus anderen, hinlänglich bekannten Gründen.[2]

Mit dem drastischen Sinken der Industrieproduktion und dem eher moderaten Rückgang der landwirtschaftlichen Produktion sinken auch die Einkommen. Besonders in Bulgarien, der ehemaligen CSFR, Jugoslawien und Rumänien sind die Einkommensverluste beachtlich. Damit wird auch der private Konsum gebremst, was wieder Rückwirkung auf die neu entstandenen konsumentenorientierten Branchen ausübt.

Nach der Liberalisierung der Preise und dem Wegfall der Subventionen ist Inflation ein ständiger Begleiter des Reformprozesses. Abermals ist die Inflationsrate in Bulgarien und Rumänien sehr hoch, bedingt durch die erst jüngst erfolgte Liberalisierung der Preise. Die führenden Reformländer Polen, Ungarn und die ehemalige CSFR weisen die geringsten Inflationsraten auf.

4 Wirtschaftsreformen und Erfolgsaussichten

Alle postsozialistischen Reformländer haben Wirtschaftsreformen eingeleitet - zu unterschiedlichen Zeitpunkten und mit unterschiedlichen Konzepten. Die ersten Schritte in diese Richtung ging Ungarn Ende der 60er Jahre noch unter reformkommunistischer Herrschaft. Private Wirtschaftsaktivitäten wurden zugelassen. Ein radikales Programm wurde in Polen implementiert. In der ehemaligen CSFR (bzw. in der Tschechischen und der Slowakischen Republik) wurde und wird die "Marktwirtschaft ohne Adjektive" schrittweise in die Realität umgesetzt. In diesen drei Ländern stammen die politischen Eliten von heute überwiegend nicht aus den ehemaligen kommunistischen Parteien. Sie unterliegen jedoch beträchtlichem Druck von Pressure-groups aus unterschiedlichsten Teilen der Bevölke-

[2] Einschränkend muß darauf aufmerksam gemacht werden, daß durch die Nichtberücksichtigung des privaten und informellen Sektors die Entwicklung des BIP unterschätzt wird. Dennoch ist die sich durchaus dynamische Unternehmertätigkeit nicht in der Lage, die gesamtwirtschaftliche Schrumpfung zu kompensieren.

rung, die jeweils für sich Ausnahmen von den beschlossenen Reformmaßnahmen verlangen.

In den anderen Reformländern - Bulgarien und Rumänien - sind in erster Linie ehemalige bzw. noch aktive Mitglieder der kommunistischen Parteien für die Ausarbeitung und Implementierung ökonomischer Reformprogramme verantwortlich. Auch angesichts dieser Unterschiede zwischen den genannten Ländern

Tabelle 3. Szenarien benötigter realer BIP-Wachstumsraten zur Erzielung des österreichischen realen BIP pro Kopf

	Österreich	Bulgarien	CSFR	Jugoslawien	Rumänien	Polen	Ungarn
			Niedrigbasis-Szenario				
BIP pro Kopf in öS 1990	238	7,1	18,5	28,3	3,8	19	28
			jährliche Wachstumsrate in %				
2000	290	45	31,7	26,2	54,4	31,3	26,3
2010	354	21,6	15,9	13,5	25,5	15,7	13,5
2020	431	14,7	11,1	9,5	17,1	11	9,5
2050	781	8,2	6,4	5,7	9,3	6,4	5,7
			Mittelbasis-Szenario				
BIP pro Kopf in öS 1990	238	20,2	37,5	28,3	16,9	19	34,8
			jährl. Wachstumsrate in % bis:				
2000	290	30,5	22,7	26,2	32,9	31,3	23,6
2010	354	15,4	11,9	13,5	16,4	15,7	12,3
2020	431	10,7	8,5	9,5	11,4	11	8,8
2050	781	6,3	5,2	5,7	6,6	6,4	5,3
			Hochbasis-Szenario				
BIP pro Kopf in öS 1990	238	28,3	92,3	56,7	22,6	47,6	70,1
			jährl. Wachstumsrate in % bis:				
2000	290	26,2	12,1	17,7	29,1	19,8	15,3
2010	354	13,5	6,9	9,6	14,7	10,5	8,4
2020	431	9,5	5,3	7	10,3	7,6	6,2
2050	781	5,7	3,6	4,5	6,1	4,8	4,1

Quellen: Holzmann 1991. Anmerkung: Für die Vorausschätzung des BIP-Wachstums in Österreich gilt: Das österreichische BIP pro Kopf wächst real um 2% p.a.
Niedrigbasis-Szenario: Sozialprodukt der Länder umgerechnet mit Wiener Freihandelskurs.
Mittelbasis-Szenario: Sozialprodukt der Länder umgerechnet mit offiziellem oder Handelswechselkurs.
Hochbasis-Szenario: Sozialprodukt der Länder umgerechnet mit geschätztem Kaufkraftparitätenkurs.

muß dem Reformprozeß auf dem Balkan geringere Chancen eingeräumt werden als in Polen, Ungarn und der ehemaligen CSFR.

Die Frage nach der Geschwindigkeit des Überganges vom Plan zum Markt ist eine häufig diskutierte. Manche Experten und Kommentatoren prognostizieren schon für das Jahr 2000 den Anschluß an das Einkommensniveau des Westens. Eine simple Rechnung demonstriert, daß dies unrealistisch ist. Es läßt sich zeigen, welche jährlichen Wachstumsraten des BIP pro Kopf notwendig wären, um in einem bestimmten Zieljahr das österreichische Pro-Kopf-Einkommen zu erreichen. Für Österreich wird dabei ein reales Wachstum pro Kopf um 2% pro Jahr angenommen.

Angewandt auf die drei alternativen Einkommensschätzungen im Basisjahr 1990 bedeutet das: Im ungünstigsten Umrechnungskurs der jeweiligen Landeswährung auf Schillinge (Niedrigbasis-Szenario) würden Jahr für Jahr reale Wachstumsraten von fast 7% benötigt, um den Durchschnitt aller postsozialistischen Reformländer im Jahre 2050 an das Niveau des österreichischen Pro-Kopf-Einkommens heranzuführen; bei Zugrundelegung des günstigsten Umrechnungskurses (Hochbasis-Szenario) würde dieses Niveau bei einer 7%-Wachstumsrate schon nach dem Jahr 2030 erreicht. Nur bei jährlichen Wachstumsraten zwischen 20% (Hochbasis-Szenario) und 34% (Niedrigbasis-Szenario) würden sich ganz Mittel- und Osteuropa schon im Jahr 2000 wirtschaftlich auf österreichischem Niveau bewegen. Eine solche Entwicklung ist jedoch nicht zu erwarten. Sie hat keinerlei historische Vorbilder. So lagen die westdeutschen Wachstumsraten selbst in der Dekade des "Wirtschaftswunders" der 50er Jahre unter 10% p.a. Auch Spanien, das wichtigste westliche Reformland, konnte während der 80er Jahre zwar beachtliche Wachstumsraten erzielen, diese lagen jedoch im Schnitt kaum über 5% pro Jahr.

5 Transitionsprobleme am Arbeitsmarkt

In allen genannten Staaten signalisieren rasant steigende Arbeitslosenzahlen deutliche Ungleichgewichte am Arbeitsmarkt. Der Abbau von Arbeitsplätzen vollzieht sich derzeit schneller als die Schaffung neuer Arbeitsplätze. Arbeitslosigkeit und Verarmung breiter Bevölkerungsteile erhöhen die Unzufriedenheit der Bevölkerung mit dem Tempo und den Maßnahmen der eingeleiteten Reformen. Eine Renaissance postkommunistischer Parteien, soziale und ethnische Unruhen und staatliche Desorganisationserscheinungen sind nicht mehr ausschließbare Konsequenzen.

5.1 Das Ausmaß der Arbeitslosigkeit

Die Arbeitslosigkeit ist in diesen Ländern - zumindest für die jüngere Generation - ein völlig neues Phänomen. Noch zu Jahresbeginn 1990 lag die Arbeitslosenrate bei Null oder war vernachlässigbar klein. Anfang 1991 blieb die Arbeitslosigkeit in Bulgarien, der ehemaligen CSFR und der UdSSR immer noch unter jener 3%-Schwelle, bis zu der westliche Ökonomen von Vollbeschäftigung sprechen. Nur in Polen und Rumänien wurde zu Jahresbeginn 1991 mit 8% eine Arbeitslosenrate verzeichnet, die bereits über dem Durchschnitt der OECD-Staaten lag.

Im Juli 1991 waren in den 5 ost-mitteleuropäischen Staaten 2,76 Mio. Menschen arbeitslos gemeldet. Dabei gibt es jedoch enorme Unterschiede zwischen den einzelnen Staaten. Mit Abstand am höchsten war die Arbeitslosenquote in Polen (9,6%), dagegen noch unter dem OECD-Mittel in Bulgarien (6,8%), in der ehemaligen CSFR (5,1%) und in Ungarn (4,3%). Am niedrigsten lag sie mit 1,4 % in Rumänien. In den meisten postkommunistischen Ländern weist die Tendenz weiter nach oben. Rund 2,23 Millionen Menschen waren Ende Januar 1992 in Polen ohne Job, was einer Arbeitslosenrate von knapp über 12% entsprach. In Bulgarien betrug die Arbeitslosenquote 12,9 %. In der ehemaligen CSFR wurden Ende November 1991 erstmals mehr als eine halbe Million Arbeitslose (6,3 %) registriert. Während die Quote in der Tschechischen Republik mit 4,1% (217.500 Personen) erträglich war, erreichte sie in der Slowakei mit 11,1% (282.700) "polnische" Ausmaße. In Ungarn stieg die Quote im Januar 1992 auf 8,1% und hat sich 1993 nochmals deutlich erhöht. Damit hat sich binnen einem Jahr die Zahl der Arbeitslosen verdreifacht. In Rumänien blieb die Arbeitslosenrate bis Juli 1991 bei rund 2,5%, dürfte aber bis zum Jahreswechsel rasant auf über 4% gestiegen sein. Damit haben die postkommunistischen Staaten hinsichtlich Arbeitslosigkeit westeuropäischen Standard erreicht. In den europäischen OECD-Staaten werden rund 9,3% (16,9 Mio.) Arbeitslose erwartet. Irland (16,5%), Spanien (15,2%) und die Türkei (13,2%) liegen dabei noch deutlich vor den ost-mitteleuropäischen Staaten.

Abgesehen von den strukturellen Unterschieden der einzelnen Staaten fällt auf, daß jene Staaten, die schon vergleichsweise früh Reformschritte eingeleitet haben, gegenwärtig hohe Quoten ausweisen (Polen), und umgekehrt, daß jene Staaten, die erst vor kurzem mit Reformen begonnen haben, eine noch vergleichsweise niedrige Quote vorweisen (Rumänien). Arbeitslosenquoten stellen daher keinen Indikator dar, der ausschließlich die "Funktionstüchtigkeit" nationaler Arbeitsmärkte ausdrückt, sondern zeigen auch, in welchem Stadium des Transformationsprozesses sich einzelne Staaten befinden.

Bei der quantitativen Interpretation des Phänomens "Arbeitslosigkeit" ist ferner zu berücksichtigen, daß die Zahl jener, die zwar arbeitslos sind, sich aber nicht als arbeitslos gemeldet haben, beträchtlich sein dürfte. Das Fehlen einer Anspruchsberechtigung auf Arbeitslosengeld und ein unterentwickeltes Netz von lokalen Beschäftigungsbüros wird Arbeitslose möglicherweise daran hindern, sich auch als arbeitslos registrieren zu lassen. Nach einer Untersuchung von Köllö und Fazekas (1990; zitiert in Lado M., Szalai J. und G. Sziráchi, 1991) entsprach die Zahl von 15.000 registrierten Arbeitslosen in Ungarn (1988) einer realen Zahl von mindestens 180.000. Die Einführung von Programmen zur Unterstützung der Arbeitslosen hat diese Lücke verkleinert, aber sicherlich nicht beseitigt. Besonders im ländlichen Raum dürfte der Anteil nicht registrierter Arbeitsloser auch heute noch hoch sein. Die früher im Nebenerwerb betriebene

Landwirtschaft offeriert eine - wenn auch häufig sehr kümmerliche - Existenzgrundlage, und die geringen Aussichten, einen neuen Arbeitsplatz im außeragraren Bereich zu finden, hält viele Arbeitslose ab, sich auch tatsächlich zu melden.

Andererseits wird einer Gruppe von Arbeitslosen vorgeworfen, in Wahrheit zwei Einnahmequellen zu erschließen: Man läßt sich als arbeitslos registrieren, erhält die entsprechende finanzielle Unterstützung und beginnt eine nichtoffizielle Nebenbeschäftigung (Witkowski J., 1991, 3).

5.2 Die regionale Varianz der Arbeitslosigkeit

Die regionale Varianz der Arbeitslosigkeit ist in den ost- mitteleuropäischen Staaten sehr hoch. So beträgt in Polen das Verhältnis der Wojwodschaften mit der geringsten zu jenen mit der höchsten Quote 1 zu 4, in der ehemaligen CSFR betrug die Relation zwischen den vergleichbaren administrativen Einheiten 1 zu 6 und in Ungarn fast 1 zu 10. Diese hohen regionalen Disparitäten sind typisch für die Frühphase der Transition. In den westeuropäischen Staaten verteilt sich Arbeitslosigkeit gleichmäßiger auf subnationale Regionen. Aber auch dort gilt: Nationale Arbeitslosenquoten sind oft beschönigende Mittelwerte, die eigentliche Problemsituationen verdecken.

In allen ost-mitteleuropäischen Staaten sind folgende 3 Regionstypen besonders von Arbeitslosigkeit betroffen:

1. Unterentwickelte ländliche Gebiete in peripherer Lage. In Polen betrifft dies Wojwodschaften im Nordosten (Suwalki, Olsztyn, Ciechanov und Koszalin), in Ungarn das Komitat Szabolcs-Szatmár-Bereg.
2. Alte Industriegebiete. In Polen sind die Wojwodschaften Lodz und Walbrzych, in Ungarn das Komitat Borsog, in der ehemaligen CSFR die Region "Mittelslowakei", in Bulgarien Plovdiv diesem Typus zuzuordnen.
3. Monostrukturierte Regionen mit "lokalen" Beschäftigungskatastrophen. Hierbei handelt es sich um Regionen mit einem dominanten (Industrie-) Unternehmen, von dessen Prosperität ein Großteil der Erwerbspersonen abhängig ist. Firmenzusammenbrüche bedeuten in derart strukturierten Regionen eine entscheidende Verschlechterung des regionalen Arbeitsmarktes. In Polen war dies in Starachowice (Schließung eines LKW-Werkes), in Mielec (Flugzeugmotoren) oder in Stalowa Wola (Hüttenwerk und Baumaschinen) der Fall.

Auf der anderen Seite finden sich Regionen mit geringer Arbeitslosigkeit. Häufig sind dies große Städte mit einer breiten Vielfalt neu geschaffener Dienstleistungsarbeitsplätze: Budapest und das Komitat Pest in Ungarn, Warschau in Polen, Prag, Brünn und Bratislava in der ehemaligen CSFR. Dabei muß aber bedacht werden, daß Arbeitslose - wie in westeuropäischen Staaten - nicht am

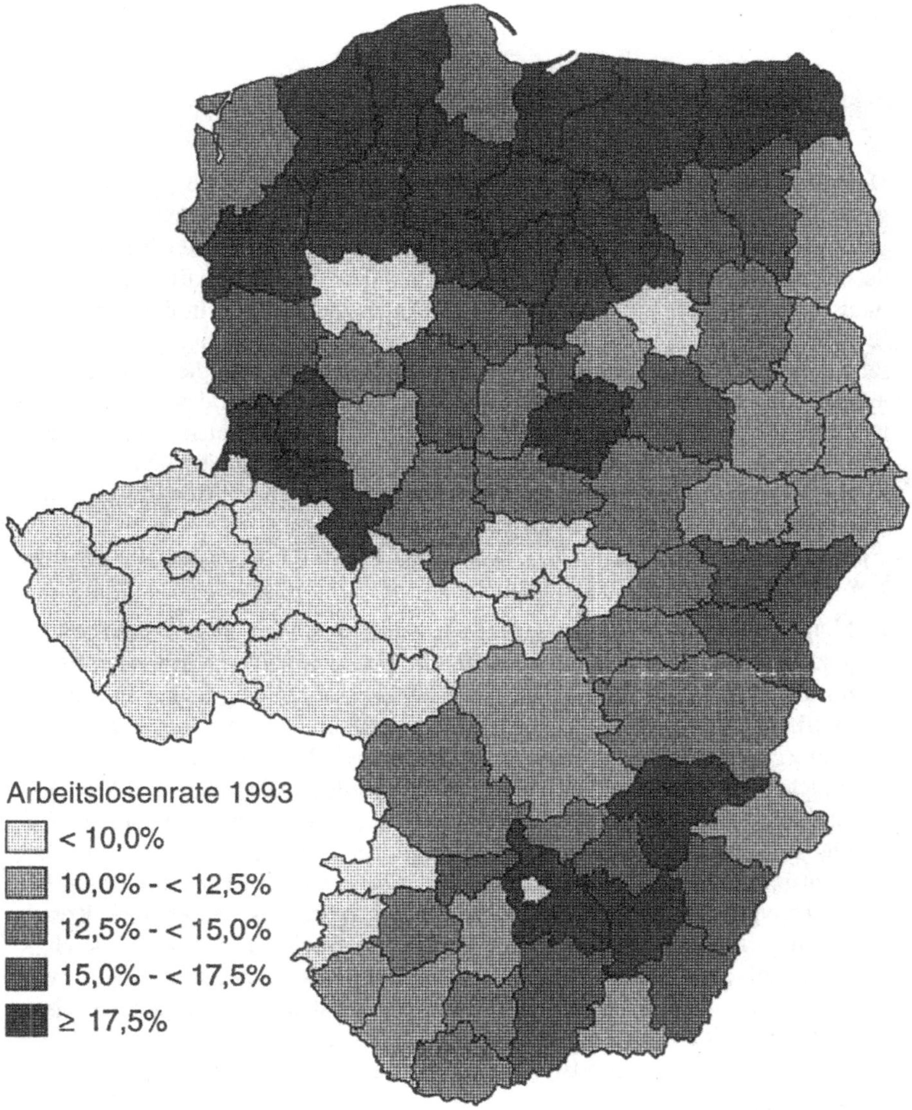

Graphik: F. Suppan

Abb. 1. Arbeitslosenquoten in Ostmitteleuropa im Jahre 1993
Quelle: Auskünfte der jeweiligen Statistischen Ämter

Arbeitsort, sondern am Wohnort gezählt werden. Dennoch: Im Unterschied zu Westeuropa ist die geringe Arbeitslosigkeit in den Städten signifikant und kennzeichnet damit die Metropolen als Kristallisationskerne einer neuen privatwirtschaftlichen Entwicklung.

5.3 Ursachen der Arbeitslosigkeit

Die hohen und überall steigenden Arbeitslosenquoten haben viele Ursachen. Eine generelle Begründung liegt darin, daß mit dem politischen Systemwechsel von einer Planwirtschaft zu einer Marktwirtschaft auch ein synchroner Strukturwandel der Wirtschaft gekoppelt ist. Also: Abbau der Landwirtschaft, Rückbau des industriellen Bereichs und Ausbau des Dienstleistungssektors. In den westlichen Staaten erfolgte dieser Strukturwandel sequentiell und über einen langen Zeitraum. Zuerst erfolgte der Rückgang des Agrarbereichs und die Zunahme des industriellen Sektors und in einer zweiten historischen Phase der Rückgang des industriellen Sektors und der Ausbau des Dienstleistungsbereichs. Was im Westen mehr als 100 Jahre Zeit hatte, soll in den ost-mitteleuropäischen Staaten in wenigen Jahren abgeschlossen sein. Friktionen im gesamten ökonomischen und gesellschaftlichen Bereich sind die zwangsläufige Folge.

Daneben läßt sich eine Reihe von weiteren konkreten Ursachen für die hohe bzw. steigende Arbeitslosigkeit nennen:

1. Planwirtschaften waren durch einen tendenziellen Mangel an Arbeitskräften gekennzeichnet, weil Unternehmen die Tendenz hatten, Arbeitskräfte zu horten. Dies lag in der Logik einer Mangelwirtschaft begründet. Ein träges, ineffizientes und zentral gesteuertes Verteilungssystem war nicht in der Lage, zum Zeitpunkt des produktionsbedingten Bedarfs Unternehmen auch die entsprechenden Ressourcen zur Verfügung zu stellen. Alle Güter und Produktionsmittel, auch die menschliche Arbeitskraft, wurden daher, sobald sie verfügbar waren, akquiriert und als "Vorrat" auf Lager gelegt. Eine hohe Beschäftigtenzahl erwies sich auch aus einem zweiten Grund als vorteilhaft. Bei der Umverteilung betrieblicher Gewinne zur Abdeckung betrieblicher Kosten (Löhne, Entwicklungskosten etc.) besaßen Unternehmen mit hoher Beschäftigtenzahl eine bessere Verhandlungsposition als Kleinunternehmen (vgl. Cséfalvay Z. und W. Rohn, 1991). Für die meisten verstaatlichten Betriebe Mittel- und Osteuropas galt die Faustregel, daß die Produktionsziele auch mit 80% der Beschäftigten oder weniger zu erreichen wären. Die Kehrseite war eine beträchtliche Unterauslastung der beschäftigten Arbeitskräfte. Der Mangel an Arbeitskräften hatte sich über die Jahre ständig erhöht. 1988 betrug das Verhältnis von offenen Stellen zu Arbeitsuchenden in Polen 86 zu 1; 1980 waren es erst 9 offene Stellen pro Bewerber gewesen. Das Prinzip der "Hortung" von Arbeitskräften wird heute aufgegeben, "überflüssige" Arbeitskräfte werden entlassen.
2. Aufgrund der strengen Arbeitsplatzbewirtschaftung zogen es etliche Arbeitslose vor, sich nicht registrieren zu lassen. In einer Reihe von ehemaligen

Planwirtschaften wurden die Nichtannahme eines zugewiesenen Arbeitsplatzes bzw. fortgesetzte Arbeitslosigkeit sogar mit Gefängnis bestraft. "A person who was fit to work, but not working, and with no other source of income, was liable to prosecution and inprisonment. In practice, there was a low rate of frictional unemployment which was officially recognized and went unreported in government statistics." (Kapl M., Sojka M. und T. Tepper, 1991, 199) Nach dem Regimewechsel weicht diese freiwillige, aber versteckte Arbeitslosigkeit einer offenen, sobald negative Sanktionen verschwinden bzw. durch die Schaffung einer Arbeitslosenunterstützung ein Anreiz entsteht, sich registrieren zu lassen.

3. Der Übergang vom Plan zum Markt impliziert einen Rückzug des Staates als Unternehmer und als Institution, die Preise, Löhne und Produktionsziele festlegt. Preisliberalisierung zählt daher in allen ost-mitteleuropäischen Staaten zu den ersten Maßnahmen. Die Preisfreigabe führt dabei zur exorbitanten Verteuerung von Gütern und Dienstleistungen und verstärkt die Inflationstendenz. Diese muß durch eine Stabilitätspolitik mit einer äußerst strikten Geld- und Fiskalpolitik abgeschwächt werden. Dies führt zumindest vorübergehend zu einem Rückgang der aggregierten Nachfrage nach Konsum- und Investitionsgütern. Durch die solcherart ausgebaute Anpassungs-Rezession verringert sich die Nachfrage nach Arbeitskräften weiter und trägt damit ebenfalls zur Erhöhung der Arbeitslosigkeit bei. Dies gilt wohl mehr für Polen und die ehemalige CSFR als für Ungarn.
4. Als ein Ergebnis staatlicher Allokation, Preis- und Lohnfestsetzung sind funktionierende Arbeitsmärkte westlichen Typs in den postsozialistischen Reformländern nicht existent. Drei wichtige Gründe behindern dabei ihr Entstehen während der Transitionsperiode: Es fehlen Mechanismen einer produktivitätsorientierten Lohnfestsetzung und Institutionen, die in Form von Gehaltsverhandlungen jährliche Produktivitätsfortschritte aufteilen. Die geringe räumliche Mobilität der Arbeitskräfte innerhalb der Staaten, wozu auch das Fehlen eines Wohnungsmarktes erheblich beiträgt, verhindert einen Ausgleich zwischen den Regionen mit Überangebot an Arbeitskräften und Regionen mit einem Überhang an Arbeitskräftenachfrage. Schließlich müssen noch fehlende oder nicht funktionierende Institutionen der Arbeitsmarktverwaltung genannt werden. Dadurch fehlt es an Arbeitsvermittlung, Arbeitslosenbetreuung und Umschulung. Arbeitsmärkte im "technischen" Sinn müssen erst aufgebaut werden.

5.4 Von der Arbeitslosigkeit betroffene Gruppen

Mit dem Wachstum der Arbeitslosigkeit ändert sich die demographische und sozio-ökonomische Struktur der Arbeitslosen entscheidend. War Arbeitslosigkeit in der sozialistischen Ära noch ein "Randgruppenphänomen", so erfaßt Arbeitslosigkeit heute auch angelernte Arbeiter, Facharbeiter und Angestellte. Die quantitative Last der Arbeitslosigkeit muß jedoch weiterhin von unqualifizierten Gruppen des Beschäftigungssystems getragen werden. Ungelernte Arbeiter weisen das höchste "Risiko" auf, arbeitslos zu werden, ihr Anteil an allen Langzeitarbeitslosen (länger als 1 Jahr arbeitslos) ist ebenfalls am größten. Besser ergeht es Facharbeitern: Sie weisen ein geringes Arbeitslosigkeitsrisiko auf und besitzen eine hohe Wiederbeschäftigungschance. Anders ist die Situation bei qualifizierten Gruppen: Ein zwar geringes Arbeitslosigkeitsrisiko ist mit einer hohen Wahrscheinlichkeit, eine lang andauernde Arbeitslosigkeitsetappe erleben zu müssen, gekoppelt (vgl. Aufsatz von Dövényi in diesem Band).

Steigende Arbeitslosigkeit ist auch mit einer Tendenz zur Schließung der Arbeitsmärkte verknüpft. Besonders betroffen sind davon junge und alte Menschen. Bei einer Verknappung der Nachfrage nach Arbeitskräften werden ältere Menschen verdrängt und Beschäftigungsverhältnisse mit jüngeren gar nicht erst abgeschlossen (vgl. Aufsätze von Meusburger und Dövenyi in diesem Band). Das Problem der Jugendarbeitslosigkeit wird sich in den nächsten Jahren verstärken. Dieser Anstieg wird besonders in Polen und in der ehemaligen CSFR zu beachten sein. In den Jahren 1986-1990 stieg in Polen das Arbeitskräftepotential (weibliche Bevölkerung zwischen 18 und 59 Jahren, männliche Bevölkerung zwischen 18 und 64 Jahren) um rund 180.000 Menschen. In den Jahren 1991-1996 wird das Arbeitskräftepotential jedoch um 650.000 und zwischen 1996 und 2001 sogar um 920.000 Personen steigen. Der Zustrom auf den Arbeitsmarkt wird anwachsen, die Aufnahmekapazität jedoch sinken. Eine verstärkte Jugendarbeitslosigkeit ist die fast automatische Folge. Eine ähnliche Entwicklung ist in der ehemaligen CSFR zu erwarten.

In fast allen ost-mitteleuropäischen Staaten (eine Ausnahme bildet Ungarn) weisen Frauen inzwischen höhere Arbeitslosenquoten auf als Männer. Am Beginn der Phase stark steigender Arbeitslosigkeit waren noch Männer überdurchschnittlich stark von Arbeitslosigkeit betroffen.

5.5 Massenarbeitslosigkeit und gesellschaftliche Konsequenzen

Arbeitslosigkeit zählt zu den entscheidenden Indikatoren für den Erfolg oder das Scheitern des ökonomischen Systemwechsels. Die Frage, wieviele Menschen aus dem Beschäftigungssystem gedrängt werden und welche Perspektiven einer Rückkehr in das Erwerbsleben eröffnet werden, ist essentiell. Postsozialistische Gesellschaften müssen sich nach Jahrzehnten staatlich garantierter Vollbeschäftigung mit dem neuen Phänomen erst auseinandersetzen und institutionelle und gesellschaftliche Verarbeitungsmechanismen entwickeln. "Die letzte Generation, die gewisse Erfahrungen mit Arbeitslosigkeit besaß, ist schon seit langem pensioniert. Die jüngeren Kohorten sind im Zeichen der 'Vollbeschäftigung' in den Arbeitsprozeß eingetreten. Ihnen wurde die 'Vollbeschäftigung' als eine der positivsten 'Errungenschaften' des Sozialismus dargestellt, während die Arbeitslosigkeit als oft zitiertes Grundübel des Kapitalismus galt" (Cséfalvay Z. u. W. Rohn 1991, 33). Damit unterscheiden sich die ost-mitteleuropäischen Staaten von anderen europäischen Peripherien, wo Arbeitslosigkeit ebenfalls hoch ist, der tägliche Umgang damit aber zu Lern- und Gewöhnungseffekten geführt hat.

Die Umstellung vom Plan zum Markt und die drohende Massenarbeitslosigkeit führen in den ost-mitteleuropäischen Gesellschaften zu weiteren Konsequenzen. Als erstes ist die versuchte Abwanderung aus ost-mitteleuropäischen Staaten in Richtung Westeuropa und Übersee anzuführen. Die direkte Antwort vieler Betroffener auf Arbeitslosigkeit, unsichere Erwerbschancen und Sinken des Lebensstandards ist Abwanderung. Wenn auch das Ausmaß der Ost-West-Wanderung deutlich kleiner ist als allgemein vermutet, so verließen seit 1989 rund 3,5 Millionen Personen ihr Heimatland Richtung Westeuropa. Für die Entsenderländer bedeutet dies einerseits eine Entlastung des Arbeitsmarktes, andererseits einen Verlust an qualifiziertem Humankapital.

Als zweites ist ein Sinken der weiblichen Erwerbsquote zu erwarten oder z. T. schon zu beobachten. Ein Teil der sinkenden Nachfrage nach Arbeitskräften wird nicht zur Erhöhung der Arbeitslosigkeit führen, sondern zum Abstrom von Frauen aus dem Arbeitsmarkt. Es ist naheliegend, daß mit dem erzwungenen Rückzug an den Herd die Position der Frau in der postsozialistischen Gesellschaft eine nachhaltige Veränderung erfahren wird.

Bei sinkender Nachfrage nach Arbeitskräften erwies es sich bereits in den 80er Jahren als einfacher, ältere Personen abzubauen. Die hohe alterspezifische Erwerbsquote der über 65-jährigen sank damit sehr deutlich. Das Hinausdrängen aus dem Arbeitsmarkt in die Pensionisten- und Rentner-Existenz hat natürlich erhebliche Verarmungseffekte für die Betroffenen zur Folge. Dennoch bleibt ein - wenn auch bescheidenes - Einkommen, so daß dieser angebotsvermindernde Abstrom an Arbeitskräften einen je nach dem nationalen Rentensystem freilich sozial unterschiedlich abgefederten Weg der Strukturanpassung des Arbeitskräfteangebots darstellt.

Die steigende Arbeitslosigkeit ist von einer Schließung des Arbeitsmarktes, von einer Erhöhung der Jugendarbeitslosigkeit, von einer Verdrängung von Frauen und älteren Arbeitskräften, von Abwanderung und von Verarmung breiter Bevölkerungsgruppen begleitet. Sinkende Reallöhne, steigende Preise und der Wegfall von Doppelexistenzen sind die Ursachen der Verarmung. Besonders betroffen sind davon Pensionisten und Rentner, junge Familien und alle Personen, die in einer zweiten Wirtschaft (in Ungarn) oder in einer Schattenwirtschaft (in Polen) einer weiteren Erwerbstätigkeit nachgingen. Denn mit der Zerschlagung staatlicher Monopole werden vormals informelle und private Nebentätigkeiten zwangsläufig in offizielle Erstbeschäftigungen umgewandelt. Damit verlieren die Möglichkeiten eines Doppelverdienstes im staatlichen und im quasi-privatwirtschaftlichen Bereich immer mehr an Bedeutung.

6 Ausblick

Es gibt weder eine Theorie des Systemwechsels, die bei der Auswahl der richtigen Strategie behilflich sein, noch eine Rezeptur, die den Erfolg einer raschen Transformation garantieren könnte. Es bleiben nur historische Beispiele, um

Aussagen über Rahmenbedingungen, Maßnahmen, Erfolg und Zeitperspektive treffen zu können. Die Situation Ost-Mitteleuropas erinnert mit einigen Aspekten an Österreichs Nachkriegsgeschichte.[3] Der Zweite Weltkrieg hinterließ eine weitgehend zerstörte und ebenfalls planwirtschaftlich organisierte Wirtschaft. Die Nachkriegszeit war - und dies ist ähnlich zur ökonomischen Realität der postsozialistischen Staaten - durch einen enormen Geldüberhang, durch hohe Nachfrage nach nicht vorhandenen Gütern und damit durch eine galoppierende Inflation in der Größenordnung von 20-90% pro Jahr gekennzeichnet. Ebenfalls analog war das Nachhinken Österreichs beim sektoralen Strukturwandel. 1951 beispielsweise betrug der Anteil der Land- und Forstwirtschaft an allen Berufstätigen noch 32,7%, im tertiären Sektor lediglich 28,5%. In anderen westeuropäischen Staaten war damals der Anteil des Agrarsektors bereits deutlich geringer. Hoch war in der unmittelbaren Nachkriegszeit auch die Arbeitslosenquote. Sie betrug am Beginn der 50er Jahre offiziell rund 8% - bei einer weiblichen Erwerbsquote der 15-60-jährigen von unter 50%.

Mit Beginn der 60er Jahre, also rund 16 Jahre nach dem Ende des Zweiten Weltkriegs endet diese Epoche. Österreich hatte aufgeholt, den Agrarsektor zurück- und die Industrie aufgebaut, die Währung stabilisiert, die Inflation auf unter 5% gedrückt und mit einer Arbeitslosenquote von unter 3% Vollbeschäftigung erreicht. Die Maßnahmen dieser erfolgreichen Politik lassen sich benennen: eine enge Sozialpartnerschaft, die über Lohn- und Preisabkommen die Inflation bekämpfte, ein Staat, der "deutsches Eigentum" übernahm und als mächtige verstaatlichte Industrie wieder aufbaute, und eine opferbereite Bevölkerung, die reale Einkommensverluste akzeptierte. Begleitet war diese Entwicklung von einer günstigen internationalen Konjunktur und einer effizienten internationalen Wirtschaftshilfe (ERP-Fonds).

Die Voraussetzungen für ost-mitteleuropäische Staaten sind heute teilweise besser. Die technische Infrastruktur ist zwar in einem von Staat zu Staat unterschiedlichen Zustand, aber doch großteils vorhanden, die Industrie veraltet, aber nicht zerstört, die Versorgung der Bevölkerung mit Wohnraum, dem Grundbedarf an Lebensmitteln und Energie sichergestellt. Dies war im Österreich der Nachkriegsjahre nicht der Fall. Im Gegensatz dazu zeigte die internationale Konjunktur in den 50er und frühen 60er Jahren eine klare Wachstumstendenz, und die "planwirtschaftliche" Unterbrechung während des Zweiten Weltkriegs dauerte nur wenige Jahre.

Sieht man von diesen Unterschieden ab, so lassen sich folgende Aussagen abstrahieren: Der Transformationsprozeß erfordert eine realistische Einstellung aller gesellschaftlichen Gruppen hinsichtlich des Erfolgs der politischen Maßnahmen und sehr viel Zeit. Der Eiserne Vorhang wird daher als Wohlstandsgrenze in Europa auch in den nächsten Jahrzehnten erkennbar bleiben. Aus dieser neuen osteuropäischen Peripherie werden sich aber einige Metropolen und ausgesuchte Regionen abheben und sehr bald westeuropäischen Standard erreichen. Der Ost-West-Gegensatz wird als politischer, nicht aber als ökonomischer Gegensatz verschwinden.

---

[3] Ein ähnlicher Vergleich findet sich bei Matis H., 1991.

Literatur

Altmann, F. L. (1990): Wirtschaftsreformen und Systemveränderungen in den Planwirtschaften Osteuropas. In: Wirtschaftspolitische Blätter 5/1990, 426-436.

Cséfalvay, Z. und W. Rohn (1991): Der Weg des ungarischen Arbeitsmarktes in die duale Ökonomie. ISR-Forschungsberichte, Heft 1, Wien.

Faßmann, H. (1991): Ökonomische Voraussetzungen und Reformen. In: Lichtenberger Elisabeth (Hrsg.): Vom Plan zum Markt. Forschungsbericht Nr. 3 des Instituts für Stadt- und Regionalforschung, 9-15.

Fiejka. Z. und A. Jozefowicz (1991): Human Resources Development in the 1990s: The Polish Dilemma. Paper presented at the International Conference "Human Resources in Europe at the Dawn of the 21st Century". Luxemburg, 27.-29. Nov. 1991.

Fischer, G. (1991): Labour Market and Social Development in Central and Eastern Europe: Impact on Western Europe. Paper presented at the Concerence on Medium Term Economic Assesment. Wien, 14.-16. Okt. 1991.

Gabrisch, H. (1992): The Economy in Central and Eastern Europe, Yugoslavia and the Soviet Union/CIS in 1991/92: Decline and Inflation. In: WIIW (Hrsg.): Mitgliederinformation, Heft 3, Wien, 3-11.

Holzmann, R. (1991): Migrationspotential der postsozialistischen Reformländer Europas: Hintergründe, Daten und Einschätzungen. In: Faßmann H., Findl P. und R. Münz (Hrsg.): Die Auswirkungen der internationalen Wanderungen auf Österreich. Szenarien zur regionalen Bevölkerungsentwicklung 1991-2031 des Instituts für Demographie der ÖAW. Schriftenreihe der ÖROK 89. Wien, 18-31.

Kádár, B. (1990): Wirtschaftsreformen in Ungarn. In: Wirtschaftspolitische Blätter 5/1990, 458-463.

Kapl, M., Sojka M. und T. Tepper (1991): Unemployment and market-oriented reform in Czechoslovakia. In: International Labour Review, Vol.130, 199-210.

Klaus, V. (1990): Argumente für eine Strategie der Radikalreform der tschechoslowakischen Wirtschaft und gegen den Gradualismus. In: Wirtschaftspolitische Blätter 5/1990, 476-481.

Lado, M., Szalai J. und G. Sziráczki (1991): Recent Labour Market and Social Policy Developments in Hungary; Paper prepared for the OECD-CCEET/ILO Conference onf Labour Market and Social Policy Implications of Structural Change in Central and Eastern Europe. September 1991. Paris.

Laski, K. (1990): The stabilization plan for Poland. In: Wirtschaftspolitische Blätter 5/1990, 444-457.

Matis, H. (1991): Österreichische Wirtschaftsgeschichte - ein Modell für Osteuropa? In: Österreich in Geschichte und Literatur mit Geographie. Heft 2, Wien, 119 - 131.

Penz, H. (1992): Entwicklungsstruktur und Zukunft von ländlicher Siedlung und Landwirtschaft in der CSFR und in Ungarn. ISR-Forschungsberichte, Heft 5, Wien.

Stankovsky, J. (1990): Österreich, Osteuropa und die EG. In: Wirtschaftspolitische Blätter 5/1990, 513-519.

Vintrova, R. (1991): Der Übergang der ehemaligen Ostblockländer zur Marktwirtschaft. In: Wirtschaft und Gesellschaft, 17. Jg., Heft 1, Wien, 55-68.

Wiener Institut für internationale Wirtschaftsvergleiche (1991): Stabilisierung und Rezession. Die Wirtschaft der früheren RGW-Länder und Jugoslawiens 1990/91. In: WIFO-Monatsberichte 5/91, 257-272.

Witkowski, J. (1991): Labour Market in Poland: Recent Changes and Prospects. Paper presented at the International Conference "Human Resources in Europe at the Dawn of the 21st Century". Luxemburg, 27.-29. Nov. 1991.

Zwass A. (1991): Strategien des Wandels im Osten. In: Zukunft 3/91, 21-27.

Abstract

Phenomena of Transformation - Economic Restructuring and Unemployment in East-central Europe

This paper discusses two central aspects of the process of economic and societal transformation. The first aspect deals with endogenous and exogenous barriers of economic transformation, e. g. the strictly segmented labour and housing market, the dominance of monopolies, the absence of a capitalist class of entrepreneurs, and the problems of the destructured COMECON. The second aspect is the strong increase of unemployment. In all of the countries of East and Central Europe the unemployment rate was higher than 10% in 1993. The reasons for that increase are the poor economic situation, the absence of a labour market in a more technical sense, and the "over-employment" of former times. Some groups are especially affected: young persons who want to get into the labour market, old persons who are forced out of the labour market, women, and the rural population. This paper demonstrates that the equilibrium of economic parameters between countries of the East and the West is a long-term question. Problems of social disturbance may arise.

Ostmitteleuropa im Umbruch

Zoltán Cséfalvay
Forschungsinstitut der Ungarischen Nationalbank. Szabadság tér 8/9, H-1850 Budapest, Ungarn

1 Einleitung und Problemstellung

Die ostmitteleuropäischen Länder stehen vor der schwierigen Aufgabe, einen möglichst raschen und sozial verträglichen Weg von der Planwirtschaft zur Marktwirtschaft zu finden. Obwohl das Ziel schon seit langem klar ist, ist der richtige Weg dorthin noch völlig unbekannt. Am Horizont sind bisher nur die Ruinen der maroden sozialistischen Planwirtschaft (Verschuldung, horrende Inflation, wachsende Arbeitslosigkeit), die Integrationsbestrebungen der Ostmitteleuropäischen Länder nach Westen, das Arsenal der wohlwollenden westlichen Ratschläge (die greifbare, finanzielle und technische Hilfe ist allerdings wesentlich geringer), die Wiederbelebung uralter, historischer Reflexe und Ängste (ethnische Konflikte), das Chaos einer blühenden Schattenwirtschaft sowie die nach westlichen Konsumgütern hungernden Millionen zu sehen. Gleichzeitig stellt sich den Verantwortlichen die Frage, wie lange der Tauschhandel größere Freiheiten gegen verschlechterte Lebensbedingungen der Bevölkerung noch zugemutet werden kann. Diese Arbeit verfolgt das Ziel, die unterschiedlichen Rahmenbedingungen und die möglichen Entwicklungstendenzen in Ostmitteleuropa und insbesondere in Ungarn zu analysieren.

2 Die Rahmenbedingungen des Transformationsprozesses in Ostmitteleuropa

2.1 Welchen Vorbildern kann und soll Ostmitteleuropa beim Transformationsprozeß nachfolgen?

Die Entwicklung in Ostmitteleuropa wird weder analog zum Industrialisierungsprozeß Westeuropas im 19. Jahrhundert noch ähnlich wie in den neuen Demokratien Südeuropas (z. B. Spanien) ablaufen. In Ostmitteleuropa erfolgt der Abbau der Beschäftigten im Agrarsektor und in der Industrie gleichzeitig, so daß eine forcierte Industrialisierung (wie in Westeuropa während des 19. Jahrhunderts) keine Lösung darstellt (vgl. Lichtenberger E., 1991). Das Beispiel der neuen Demokratien in Südeuropa kann ebenfalls kein Vorbild für die Umstrukturierung von Ostmitteleuropa sein, weil in diesen Staaten die Marktwirtschaft nie in Frage gestellt wurde. Eine gewisse Analogie ist eher mit dem Wiederaufbau Westeuropas nach dem 2. Weltkrieg herzustellen, allerdings ist noch kein Wiederaufbauprogramm nach dem Muster des Marshall-Planes in Sicht.

Diese Unterschiede weisen darauf hin, daß die Umgestaltung in Ostmitteleuropa die Züge verschiedener, manchmal gegensätzlicher Prozesse - Frühkapitalismus auf der einen Seite, Postindustrialismus auf der anderen Seite - tragen und deshalb eine historisch einmalige Herausforderung sein wird. Diese Mischung von Entwicklungstendenzen unterschiedlicher Zeitepochen läßt sich fast in allen Bereichen registrieren. Einerseits entfaltet sich in der Wirtschaft ein wahrer "Gründungsboom" von Privatunternehmen (vgl. Frühkapitalismus). Andererseits erobern die großen Monopole und die Multinationalen Konzerne immer mehr Marktanteile (Denton N., 1991). In der Gesellschaft wurde einerseits eine Verarmung der einstigen, künstlich gebildeten Mittelschicht eingeleitet, was wiederum ähnliche Züge wie die Proletarisierung während des Frühkapitalismus aufweist. Andererseits ist ein rasches Wachstum neuer Existenzen und die Entwicklung einer Zweidrittelgesellschaft zu beobachten (vgl. Postindustrialismus).

Tabelle 1. Der privatwirtschaftliche Boom in Ungarn 1988 - 1992

Jahr	GmbH	Joint-Ventures	Selbständige Unternehmen
1988	450	290.877	.
1989	4.484	1.350	320.619
1990	18.317	5.693	393.450
1991	41.206	11.335	500.000
1992 (März)	47.323	532.984	.

Quelle: Központi Statisztikai Hivatal 1992

. keine Angaben vorhanden

2.2 Die Zeit als die knappste Ressource des Transformationsprozesses

Inzwischen wurde erkannt, daß die wirtschaftliche Umstrukturierung viel mehr Zeit benötigen wird, als dies zum Zeitpunkt der politischen Wende in den Jahren 1989-1990 erwartet wurde. "Nicht nur das Kapital, sondern eher die Zeit erscheint im Transformationsprozeß als eine eng begrenzte Ressource" (Faßmann H., 1991, 9). Dies gilt sogar für die ehemalige DDR, die im Rahmen des Übergangsprozesses allerdings eine bevorzugte Sonderstellung einnimmt. Die zeitliche Dimension ist aus zwei Gründen von Bedeutung. Erstens ist eine zeitliche Verschiebung zwischen der Talfahrt des staatlichen Sektors und dem Aufschwung des Privatsektors zu registrieren. Diese Entwicklung ist auch für Ungarn sehr nachteilig, obwohl sich hier der Privatsektor innerhalb des Plansystems noch stärker entfalten konnte als in den anderen sozialistischen Ländern. Andererseits sind die Märkte komplexe, historisch gewachsene Institutionen, deren organische Entfaltung besonders viel Zeit benötigt. Wesentlich schneller vollzog sich in Ostmitteleuropa die totale Eliminierung der Marktwirtschaft, die in Ungarn zwischen 1948 und 1952 durchgeführt wurde. Zwischen 1949 und 1970 hat sich in Ungarn der Anteil der Erwerbstätigen im Privaten Sektor von 50,7% auf 3,3% verringert (Cséfalvay Z. und W. Rohn, 1991, 17). Die Wiedereinführung der Marktwirtschaft wird jedoch wesentlich länger dauern. Einfach formuliert könnte die Nachkriegszeit in Ostmitteleuropa und besonders in Ungarn als ein ständiger Kampf für die ökonomische Unabhängigkeit der Bevölkerung sowie als die Geschichte einer langsamen Entfaltung des Privatsektors beschrieben werden. Allerdings lassen sich die Entwicklungsprozesse in Ungarn während der Nachkriegszeit auch durch eine Vielzahl von anderen Auffassungen erklären (vgl. Cséfalvay Z. und W. Rohn, 1991).

Für den Transformationsprozeß sind in Ungarn zwei Entwicklungen von besonderer Bedeutung, nämlich die stufenweise Entfaltung des Privatsektors innerhalb des Systems der sozialistischen Planwirtschaft in den Jahren zwischen 1968 und 1988, sowie der gegenwärtig stattfindende, vom Staat forcierte Abbau des Staatseigentums. Den Beginn der Aufweichung der rigorosen Planwirtschaft setzte das erstmalige Auftreten der sogenannten "zweiten Wirtschaft" ab Mitte der 60er bis Ende der 70er Jahre. Unter dem Begriff "zweite Wirtschaft" werden in Ungarn jene wirtschaftlich relevanten Aktivitäten zusammengefaßt, "durch die sich die Bevölkerung außerhalb des sozialistischen Sektors mittels ihrer Arbeitskraft ein finanzielles oder materielles Einkommen verschafft" (Gábor R. I., 1985, 21; vgl. auch Galasi P. und G. Sziráczki, 1985). Diese Epoche ist durch einen enormen Zuwachs der Doppelexistenzen gekennzeichnet, wobei die zusätzliche Tätigkeit im Rahmen einer Nebenerwerbslandwirtschaft während dieser Zeitspanne das bekannteste Beispiel der "zweiten Wirtschaft" darstellt. Im Zeitraum von 1960 bis 1988 hat in Ungarn die Zahl der landwirtschaftlichen Nebenerwerbsbetriebe von 450.000 auf 1,375.000 zugenommen (Cséfalvay Z. und W. Rohn, 1991, 18).

Im Zuge der fortlaufenden Teilliberalisierung der Planwirtschaft wurde der Entfaltungsprozeß des privaten Sektors in den 80er Jahren durch das Auftreten der sogenannten "halb-privaten" Organisationsformen enorm beschleunigt. Als "halb-private" Organisationsformen werden solche bezeichnet, die im Rahmen des Plansystems durch überwiegenden Einsatz von privatem Kapital funktioniert haben. Beispielsweise ließ sich im Falle der sogenannten "innerbetrieblichen Wirtschaftsarbeitsgemeinschaft" eine seltsame Vermischung von plan- und marktwirtschaftlichen Elementen feststellen. In der Praxis hat ein staatliches Unternehmen einer dieser "halb-privaten" Organisationen, deren Belegschaft aus dem betreffenden Betrieb selbst stammt, einen Werkauftrag erteilt. Die Mitglieder der innerbetrieblichen Wirtschaftsarbeitsgemeinschaft konnten zwar die Maschinen und die Infrastruktur des Betriebes weiterhin benutzen, trotzdem stellte diese Art der Kooperation mehr dar als eine einfache Ableistung von Überstunden (vgl. Cséfalvay Z. und W. Rohn, 1991.).

Obwohl die Entwicklung alternativer Organisationsformen in Ungarn nur langsam voranschritt und rückwirkend betrachtet als bescheiden eingestuft werden muß, stellte sie trotzdem den Rahmen für eine mögliche Herausbildung des Privatsektors innerhalb des Plansystems dar. Außerdem bildete diese Entwicklung eine der wichtigsten Voraussetzungen für die gegenwärtige Entstehung einer neuen ungarischen Unternehmerschicht. Nach der politischen Wende bekam der Ausbau des privaten Sektors der Wirtschaft durch den staatlich geförderten Abbau des Staatseigentums den entscheidenden Anstoß. In den Ländern Ostmitteleuropas kann man derzeit vier unterschiedliche Formen des Abbaus des Staatseigentums feststellen:

- Rückgabe des staatlichen Vermögens an die ursprünglichen Eigentümer. In Ungarn wurde dies nur in begrenzter Form im Rahmen eines Vergütungssystems und nur im Falle von landwirtschaftlichem Grundbesitz praktiziert,
- Neuverteilung des staatlichen Vermögens durch die Kupon-Methode (Beispiel der CSFR), auch diese Art der Neuverteilung von Staatseigentum wird in Ungarn nur partiell angestrebt,
- sogenannte "spontane" Privatisierung, d. h. die Übergabe der staatlichen Betriebe in private Hände unter Mitwirkung und auf Initiative der früheren Managementkräfte, sowie
- Verkauf an ausländische Kapitalgeber bzw. Investoren.

In Ungarn wurden zum Abbau des Staatseigentums vorwiegend die letzten beiden Methoden angewendet. Obwohl die Tätigkeit der ungarischen "Treuhand" ständig im Kreuzfeuer der Kritik steht, wurde im Jahre 1991 eine Vielzahl staatlicher Betriebe in einem Gesamtwert von rund 40 Mrd. Forint verkauft. Allerdings betrug der Anteil des Verkaufs an ausländische Kapitalgeber 85%. Im Rahmen der sogenannten "Vorprivatisierung", d. h. des Verkaufs der Kleinstbetriebe im Dienstleistungsbereich und Handelsgewerbe (vergleichbar mit der "kleinen Privatisierung" in der CSFR), wurden bis Ende 1991 bereits 2.120 von insgesamt 6.000 Kleinstbetrieben mit einem Wert von 3,6 Mrd. Forint überwiegend an den ungarischen Mittelstand verkauft (Állami Vagyonügynökség 1992, 1).

3 Die unterschiedlichen Startbedingungen einzelner Staaten in Ostmitteleuropa für den Transformationsprozeß

Die ostmitteleuropäischen Staaten verfügen über recht unterschiedliche Startbedingungen zur Entfaltung der Marktwirtschaft. Obwohl diese Region sehr oft als ein homogener Wirtschaftsraum betrachtet und behandelt wird, bekommen gerade in der Phase der Umstrukturierung die historischen Besonderheiten, die geographischen Grundlagen sowie die unterschiedliche "reale Praxis" der sozialistischen Planwirtschaft wieder eine große Bedeutung. Dies führt zur Herausbildung eigener, nationaler Strategien, die durch die Wettbewerbssituation der ostmitteleuropäischen Staaten noch stärkere Akzente bekommen. Allerdings läßt sich in diesem Wettbewerb keine exakte Rangfolge der Länder erstellen. Die ökonomische Umstrukturierung ist ein sehr komplexer Prozeß, und der Erfolg läßt sich nicht an der Entwicklung einzelner Bereiche messen. Es besteht außerdem die Gefahr, daß sich in Ostmitteleuropa, gerade wegen der Wettbewerbssituation, nur Marktwirtschaften mit einer einseitigen Struktur entwickeln werden.

3.1 Die Defizite der Transition in Ostmitteleuropa

Die grundlegende Problematik der Umstrukturierung liegt darin, daß sich in Ostmitteleuropa die politische Wende der Jahre 1989-1990 eher gegen etwas als für etwas eingesetzt hat. Die "sanften" Revolutionen hatten "bloß" zur Ablösung der geschlossenen Gesellschaft und parallel dazu zur Entfaltung einer offenen Gesellschaft geführt (Lengyel L., 1991). Dieser Wandel, - der sich in prägnantester Form in den freien Wahlen manifestierte, - bildete die Chance zur Entwicklung einer Marktwirtschaft, deren Charakter aber noch völlig unsicher erscheint. Die Bandbreite der möglichen Endpunkte der Entwicklung reicht von einem vom Ausland abhängigen Kapitalismus über den Status relativer Autonomie bis zu einem ökonomischen Chaos unter Fortbestand eines überdimensionierten Staatssektors. Klare Vorbilder der Marktwirtschaft können als sehr hilfreich erscheinen, aber die Zukunft wird vielmehr von den jeweiligen Defiziten, als von den ausgewählten Vorbildern beeinflußt. Dadurch schließt sich der Kreis des Paradoxons: Der Erfolg und die Dauerhaftigkeit der "sanften" Revolutionen hängen in großem Maße vom Erfolg der ökonomischen Umstrukturierung ab. In Anbetracht der wirtschaftlichen und gesellschaftlichen Defizite in Ostmitteleuropa braucht die Umstrukturierung die Koordination von drei Elementen (vgl. Dietz R., 1991):

- Erstens benötigt die Umwandlung in den ostmitteleuropäischen Staaten ausländische Hilfe (besonders Kapital, Technologie, Management und Marktanteile).
- Zweitens muß durch die Makroregelung (z. B. Steuersystem, Konvertibilität, Bankwesen, Wirtschaftsrecht etc.) das ordnungspolitische Vakuum ausgefüllt werden (vgl. Faßmann H., 1991).
- Drittens müssen sich die sogenannten "Marktschrauben" (Wohnungs-, Arbeits- und Kapitalmärkte), welche die Marktwirtschaft im Alltag und vor Ort drehen, auch auf der regionalen Mikroebene entwickeln (vgl. Lichtenberger E., 1991).

Was die ökonomische Integration in den Westen angeht, sind zwei Aspekte, nämlich das Verhältnis zum europäischen Binnenmarkt und der Kapitaltransfer, von Bedeutung. Die EU-Mitgliedschaft der ehemaligen DDR wurde durch die Wiedervereinigung Deutschlands sehr einfach gelöst, hingegen hatten Ungarn, Polen und die CSFR den Assoziierungsvertrag Ende 1991 unterschrieben. Was den Kapitaltransfer betrifft, gab es in der CSFR einige sehr große Transaktionen (z. B. zwischen Skoda und VW), dagegen entfaltete sich in Ungarn, wie schon angedeutet wurde, ein Gründungsfieber der Joint Ventures, wobei sich diese Gründungen nicht nur auf Ungarn beziehen (vgl. Aufsatz von Aschauer), sondern neuerdings sogar von Ungarn im Ausland durchgeführt werden. Im Jahre 1991 wurden 370 ungarische Joint Ventures im Ausland, davon 75% in der ehemaligen Sowjetunion, Jugoslawien, in der CSFR und in Rumänien, gegründet (freundliche Mitteilung des Ministeriums für Internationalen Wirtschaftsbeziehungen).

Die ordnungspolitische Makroregelung wurde in der ehemaligen DDR durch die Währungs- und Wirtschaftsunion über Nacht verwirklicht, Polen hatte die große Operation im Frühjahr 1991 unternommen und Ungarn baut die juristischen und ökonomischen Rahmenbedingungen der Marktwirtschaft seit 1988 stufenweise aus. Was die Entfaltung der Marktwirtschaft auf der Mikroebene betrifft, nimmt Ungarn, dank der früher und innerhalb des Systems der Planwirtschaft (in Form der "zweiten Wirtschaft") beginnenden Entwicklung des Privatsektors den ersten Platz in Ostmitteleuropa ein.

Die Zukunft von Ostmitteleuropa hängt überwiegend davon ab, inwieweit die Aufgaben der äußeren Integration, der Makroregelung und der Regelung auf der regionalen Mikroebene in Übereinstimmung gebracht werden können. Die Länder von Ostmitteleuropa befanden sich Anfang der 90er Jahre in der ersten Phase der Herausbildung einer lebens- und funktionsfähigen Mischung dieser Bestrebungen, und es läßt sich eine Schwerpunktverlagerung zugunsten der äußeren Integration und der Makroregelung feststellen. Die Vernachlässigung der Entwicklung der Marktwirtschaft auf der regionalen Mikroebene birgt jedoch ernste Risiken, wie:

- die Gefahr von unkontrollierbaren sozialen Spannungen, besonders infolge der Abschaffung der Subventionen in der Wirtschaft und den großen Umverteilungssystemen (Sozialversicherung, Gesundheitswesen etc.),
- das Risiko eines starken Vertrauensverlusts der Bevölkerung in die politischen Reformen (erste Anzeichen sind die geringe Wahlbeteiligung) sowie
- die Gefahr der enormen Verstärkung der regionalen Disparitäten, sogar in Form der strengen räumlichen Trennung zwischen der Eindrittel- und der Zweidrittelgesellschaft.

Wie die Liste der Risikofaktoren zeigt, gewinnt die gegenwärtige Schwerpunktverlagerung besonders von einem sozialen und regionalen Blickwinkel aus gesehen eine große Bedeutung. Im Hintergrund dieser Risikofaktoren steht das schwerste Dilemma des Transformationsprozesses in Ostmitteleuropa, nämlich die Frage, wann hört die Planwirtschaft auf bzw. wann fängt die Marktwirtschaft an? Selbstverständlich stellen die Elemente der Makroregelung den Grundstein der Umstrukturierung dar. Sie bilden aber nur die Rahmenbedingungen der Marktverhältnisse, Märkte selbst können dadurch noch nicht geschaffen werden. Der Anfang der Marktwirtschaft kann nur durch die Mobilisierung jener "Marktschrauben" (Arbeits-, Wohnungs- und Kapitalmarkt) eingeleitet werden, welche den Alltag der Bevölkerung beeinflussen. Dabei sind zwei Aspekte besonders hervorzuheben:

- die Ausprägung und der Entwicklungsgrad der Märkte bzw. des Privatsektors,

- die Verzahnung der Märkte. Inwieweit bilden die einzelnen Märkte ein zusammenhängendes System?

Unter dem Einfluß dieser Aspekte vollzieht sich gegenwärtig in der sozialen und räumlichen Struktur der ostmitteleuropäischen Länder ein starker Differenzierungsprozeß. Einige soziale Gruppen und einige Regionen haben von dieser Umstrukturierung schon großen Gewinn gezogen, bei anderen Gruppen hat das Phänomen der Proletarisierung schon ein hohes Ausmaß erreicht. In ähnlicher Weise wurde in der Regionalstruktur ein starker Differenzierungsprozeß eingeleitet, was zum Auftreten verschiedener regionaler Ab- und Aufwertungstendenzen geführt hat. In den Regionen, wo die Märkte noch schwach ausgeprägt sind, treten Abwertungphänomene auf, hingegen ist in den Regionen, wo sich die Marktschrauben schon drehen, eine rasche Aufwärtsentwicklung zu registrieren.

3.2 Die Renaissance des Regionalismus in Ungarn

Ostmitteleuropa und insbesondere Ungarn erleben derzeit eine Renaissance des Regionalismus, wofür folgende Prozesse verantwortlich sind:

- Die Schwierigkeiten bei der Umstrukturierung der Wirtschaft sowie bei der Sanierung der Altlasten manifestieren sich häufig in Form verschiedener regionaler Konflikte und Probleme.
- Im Zuge der gegenwärtigen Umstellung der Wirtschaft muß mit neuen Tendenzen in der Raumstruktur der Länder wie z. B. Segregationstendenzen, einer Verstärkung der regionalen Disparitäten, einer Beschleunigung des Peripherisierungsprozesses und einer Favorisierung der hochentwickelten Gebiete gerechnet werden.
- Infolge der Liberalisierung des kommunalen Lebens, der Erhöhung der Entscheidungskompetenz der Gemeinden sowie der Neugestaltung des regionalen Verwaltungssystems werden die Eigeninitiativen der Kommunen hinsichtlich der Regionalpolitik eine größere Rolle spielen.
- Im Rahmen des Abbaus des "Eisernen Vorhangs" sowie der grundlegenden politischen Wende werden die grenzüberschreitenden Effekte bedeutend zunehmen.

Außer diesen konkreten Faktoren können noch weitere, grundlegende Ursachen für den neuen Regionalismus erwähnt werden. Die Problematik der regionalen Disparitäten stellt seit mehr als einem Jahrhundert ein Grundproblem von Ostmitteleuropa und Ungarn dar und diese Disparitäten manifestierten sich immer auch als eine soziale Ungleichheit. Historisch gesehen lassen sich in Ungarn vier große Epochen einer zunehmenden Differenzierung der Raumstrukturen unterscheiden:

- Die zunehmende Differenzierung in der Raumstruktur des Landes fing mit der zentralistisch gesteuerten Entfaltung des Industrialisierungs- und Urbanisierungsprozesses in der k.u.k. Monarchie an, wobei den Hauptstädten in Ostmitteleuropa eine entscheidende Rolle zukam

- In der Zwischenkriegszeit bekam die Regionalpolitik infolge der nach dem Ersten Weltkrieg durch die Friedensverträge ausgelösten Zersplitterung von Ostmitteleuropa eine neue Rolle. Im Falle von Ungarn erwies sich die Hauptstadt für den verbleibenden Rest des Landes als viel zu überdimensioniert und es mußten neue regionale Zentren entwickelt werden.

Tabelle 2. Grundzüge der sozialräumlichen Entwicklung Ungarns in der Nachkriegszeit

Jahr	Wirtschaft	Arbeitsmarkt	Betriebs-struktur	Raummuster	Prozesse
1949 1968	rigorose Planwirtschaft	staatl.Monopol, strenge Regulierung	verstaatl. Betriebe, Genossenschaften	neue Industriestädte	zunehmende Konzentration
1968 1980	liberale Reformen	Entfaltung der zweiten (nicht staatl.) Wirtschaft	staatl. Betriebe, Genossenschaften, Verstärkung der Nebenerwerbstätigkeit	Entwicklung zentraler Orte der mittleren Stufe, zweite Wirt. als ländliches Phänomen	Dezentralisierung, Peripherisierung
1980 1988	neue Welle der Liberalisierung	Spaltung in die erste (staatl.) und in die zweite (nicht staatl.) Wirtschaft	staatl. Betriebe, Genossenschaften, Nebenerwerbstätigkeit, quasiprivate Formen	Entwicklung zentraler Orte mittlerer Stufe, zweite Wirt. als städtisches Phänomen	zunehmende Peripherisierung, Konzentration und Verbreitung der zweiten Wirtschaft
ab 1988	Umbruch zur Marktwirtschaft, Privatisierung	Auflösung der ersten und zweiten Wirtschaft, Entfaltung der neuen Segmente	Staatl. Betriebe, privatisierte Betriebe, Neugründung privater Unternehmen	starke Konzentration, Primate City Effekte	zunehmende Ost-West-Differenzierung

- Dagegen kann in der Zeit der rigorosen sozialistischen Planwirtschaft (in den 50er und 60er Jahren) kaum von einer gezielten Regionalpolitik gesprochen werden. Diese Epoche läßt sich durch die Verstärkung persistenter Strukturen (z. B. die zunehmende Rolle der primate city Budapest), die Favorisierung der neuen, sogenannten "sozialistischen" Industriestädte sowie die Vernachlässigung der kommunalen Infrastruktur (besonders im ländlichen Bereich) kennzeichnen. Einfach formuliert, kann die Regionalpolitik dieses Zeitraums als die Periode der starken Ausbeutung der vorhandenen räumlichen und strukturellen Ressourcen charakterisiert werden (vgl. Tab. 2).

– Eine gezielte Regionalpolitik mit westlichem Zuschnitt wurde erstmals im Jahre 1971 eingeführt, diese war allerdings noch immer von einer zentralistischen, stark hierarchischen Auffassung geprägt. Im Sinne des zentral gesteuerten Umverteilungssystems der regionalen Entwicklungskräfte wurde ein mehrstufiges System der regionalen Ungleichheiten gebildet. Dieses System folgte sehr streng der Siedlungshierarchie, d. h. die Disparitäten variierten mit den Siedlungsgrößentypen, wie Budapest versus das ganze Land, Hauptsitze der Komitate versus Rest der Komitate, Städte versus Einzugsbereiche, Gemeinden versus eingemeindete Kommunen (vgl. Miklóssy E., 1990).

Die grundlegende politische Wende in den Jahren 1989-1990 brachte dann hinsichtlich der Entwicklung der Raumstruktur von Ostmitteleuropa und Ungarn wieder neue Kräfte zur Geltung. Zwei Prozesse sind hier besonders hervorzuheben. Auf der einen Seite verlor das System der Umverteilung der Entwicklungskräfte durch die Wende sowohl seine Legitimität als auch seine finanzielle Basis. Andererseits traten, - infolge der ökonomischen Umstrukturierung von Ostmitteleuropa, - die Marktverhältnisse stufenweise an die Stelle der staatlichen Eingriffe in der Wirtschaft.

Infolge dieses generellen Wandels der Einflußfaktoren wurden bereits neue räumliche Prozesse in Ostmitteleuropa eingeleitet, welche die sozialräumliche Entwicklung dieser Länder langfristig beeinflussen werden.

Literatur

Állami Vagyonügynökség 1992.(13.01). Háttéranyag az 1992. január 13-iki sajtótájékoztatóhoz. Budapest.

Céfalvay, Z. u. W. Rohn (1991): Der Weg des ungarischen Arbeitsmarktes in die duale Ökonomie. ISR-Forschungsberichte, Heft 1, Wien.

Denton, N. (1991): Hungary takes the lead on foreign investment. In: Financial Times, 14.05.1991.

Dietz, R. (1991): The role of Western capital in transforming Eastern Europe - a systems' theoretical perspective. In: Csaba, L. (Ed.): Systemic change and stabilization in Eastern Europe. Darthmouth, Aldershot.

Faßmann, H. (1991): Ökonomische Voraussetzungen und Reformen. In: Lichtenberger, E. (Hrsg.): Die Zukunft von Ostmitteleuropa. ISR-Forschungsberichte, Heft 2, Wien, 9-15.

Futó, P. (1991): A gazdálkodó szervezetek intézményi változásai. In: Statisztikai Szemle, Jg. 69, 8-9, 640-649.

Galasi, P. u. G. Sziráczki (1985): Labour Market and Second Economy in Hungary. Frankfurt am Main.

Gábor, R. (1985): Második gazdaság - magyar tapasztalatok. In: Valóság 2, 20-37.

Lengyel, L. (1991): Micsoda év. Szépirodalmi. Budapest.

Lichtenberger, E. (1991): Vorsozialistische Siedlungsmuster. Effekte der sozialistischen Planwirtschaft und der Segmentierung der Märkte. In: Lichtenberger, E. (Hrsg.): Die Zukunft von Ostmitteleuropa. ISR-Forschungsberichte, Heft 2, Wien, 37-43.

Meskó, A. (1991): A külföldi érdekeltségű vállalkozások száma, alapítói vagyona. In: Gazdaság és Statisztika 6, 3-12.

Miklóssy, E. (1990): A területi elmaradottság társadalmi és gazdasági összetevői. In: Magyar Tudomány, 8, 881-894.

Abstract

Eastern Central Europe in Transition from a Planned to a Market Economy
One of the main problems of the historical changes of 1989-90 is the fact that a planned economy cannot immediately be replaced by a market economy. Instead of a prompt change, a phase of transition characterizes the development of Central Eastern European countries. Today's Hungary therefore shows parallel developments, some of which resemble early capitalism; and others which are similar to developments in postindustrial societies. The time-factor - i. e. the speed of changes versus the tolerance of a society who has to adapt to these changes - became the key element of the transition.

However, the Central Eastern European countries started under different conditions in their transition towards a market economy and have answered these challenges with different national strategies.

At present, the transition takes place at three levels. First, there is the level of integration into Western Europe, i. e. the attraction of foreign capital and technology. The second level is the rapid building-up of the institutional structure, and the passage of adequate legislation for the macro economy. The third is the regional micro level (e. g. local labour, housing, and capital markets). The success of the transition in Central Eastern European countries depends mainly on their ability to harmonize these three levels. In the case of Hungary, the macro transition and the integration into western Europe have led to growing regional disparities. While the traditional instruments of regional policy - e. g. strong state interference - no longer exist, new policy instruments that conform to market structures have not appeared yet.

Die demographische Lage von Ungarn zwischen 1960 und 1990 im europäischen Vergleich

András Klinger
Ungarisches Statistisches Zentralamt. Keleti Károly u. 5-7. P.O.B. 51, H-1525 Budapest, Ungarn

1 Problemstellung und Ziel der Arbeit

Seit dem Zusammenbruch des kommunistischen Systems wird die "Rückkehr" Ungarns nach Mitteleuropa als ein vordringliches Ziel angesehen. Diese Rückkehr betrifft nicht nur die Wirtschaft und Politik sondern auch verschiedene gesellschaftliche und kulturelle Bereiche. Die rd. vier Jahrzehnte lange Abschottung der sozialistischen Länder durch den Eisernen Vorhang und diverse negative Folgen des "realen Sozialismus", wie z. B. niedriger Lebensstandard, schlechte Wohnsituation, extreme Arbeitsbelastung (infolge der niedrigen Löhne mußten viele Erwerbstätige noch einer zweiten oder dritten Erwerbstätigkeit nachgehen), extrem hohe Erwerbsquoten verheirateter Frauen und hoher Alkoholismus etc., haben sich auch nachhaltig auf verschiedene demographische Prozesse ausgewirkt. Diese Arbeit befaßt sich deshalb mit den Fragen, inwieweit sich die ehemals sozialistischen Länder bei diversen demographischen Indikatoren und Prozessen von den kapitalistischen Ländern Europas unterschieden haben, bei welchen demographischen Prozessen innerhalb Europas die größten Ost-West-Disparitäten festzustellen waren, wie sich die diversen Kennziffern in den letzten Jahrzehnten entwickelt haben und welche Position Ungarn innerhalb des Blocks der sozialistischen Länder sowie im Vergleich zu den kapitalistischen Ländern eingenommen hat.

2 Eheschließungen und Scheidungen

2.1 Bruttoheiratsziffer

Die Strukturveränderungen in der Eheschließung können anhand verschiedener Indikatoren beschrieben werden. Ein erster grober Überblick kann anhand der Bruttoheiratsziffern gewonnen werden, die für alle Länder über einen längeren Zeitraum vorliegen. Im Jahre 1960 entfielen im europäischen Durchschnitt auf 1.000 Einwohner noch 8,1 Eheschließungen und im Jahre 1990 nur noch 6,6 Eheschließungen, was einer Abnahme um rd. ein Fünftel entspricht (Tab. 1).

Tabelle 1. Eheschließungen und Scheidungen in Europa und Ungarn

Jahr	Europa	Ungarn	Ungarn in % von Europa	Europa	Ungarn	Ungarn in % von Europa
	Brutto Eheschließungen (in Promille)			Gesamteheschließungen (in %)		
1960	8,1	8,9	110	.	.	.
1970	7,9	9,3	118	91	97	107
1980	6,9	7,5	109	78	90	115
1990	6,6	6,4	97	73	77	105
	Brutto Scheidungen (in Promille)			Gesamtscheidungen (in %)		
1960	0,8	1,7	213	.	.	.
1970	1,1	2,2	200	15	25	167
1980	1,5	2,6	173	22	29	132
1990	1,7	2,4	141	26	31	119

Quelle: Recent Demographic Developments in Europe and North America, 1990, 1991, 1992, 1993. Council of Europe, Strasbourg

Die meisten ehemals sozialistischen Länder (eine Ausnahme bilden Ungarn und Jugoslawien) hatten im Jahre 1990 noch höhere Bruttoheiratsziffern als die westlichen europäischen Länder, wobei diese Unterschiede z. T. schon sehr lange zurückverfolgt werden können. Lediglich Spanien und Portugal wiesen 1990 Werte auf, die mit jenen der sozialistischen Länder vergleichbar waren. Hinsichtlich der Entwicklung der Bruttoheiratsziffern zwischen 1960 und 1990 bieten die sozialistischen Länder allerdings kein einheitliches Bild. Während Albanien und Rumänien zwischen 1970 und 1990 ihre Bruttoheiratsziffern noch gesteigert haben, gab es in Ungarn, Polen und in der Sowjetunion, ähnlich wie im gesamteuropäischen Durchschnitt, einen beträchtlichen Rückgang der Heiratsziffern (Tab. 2).

Ungarn hatte schon vor 100 Jahren eine weit über dem europäischen Durchschnitt liegende Bruttoheiratsziffer, auch 1970 lag die Bruttoheiratsziffer Ungarns noch um 18% über dem europäischen Durchschnitt. In den 70er und 80er Jahren nahm dann jedoch die Bruttoheiratsziffer in Ungarn schneller ab als im europäischen Durchschnitt, so daß sie 1980 nur noch um 9% über dem europäischen Durchschnitt und 1990 sogar um 3% unter dem europäischen Durchschnitt lag. Stärker als in Ungarn (Abnahme um 31%) sind die Bruttoheiratsziffern zwischen 1970 und 1990 nur noch in Finnland (45%), Frankreich, Norwegen und den Niederlanden zurückgegangen.

Tabelle 2. Bruttoheiratsziffer je 1000 Einwohner im europäischen Vergleich

	Zahl der Eheschließungen je 1000 Einwohner			
Land	1990	1980	1970	1960
Sowjetunion	9,4	10,3	9,7	12,1
Spanien	8,7	8,2	7,4	7,8
Albanien	8,3	8,2	7,2	7,8
Rumänien	8,6	8,1	7,7	10,7
DDR	7,9	8,0	7,2	9,7
Tschech. u. Slowakische Republik	7,5	7,6	8,6	7,8
Portugal	7,1	7,4	8,5	7,9
Bulgarien	7,0	7,9	8,6	8,8
Schweiz	6,9	5,7	7,6	7,8
Großbritannien	6,8	7,4	8,5	7,5
Polen	6,7	8,6	8,6	8,2
BRD	6,6	5,9	7,0	9,4
Belgien	6,5	6,7	7,6	7,1
UNGARN	6,4	7,5	9,3	8,9
Niederlande	6,4	6,4	9,5	7,8
Jugoslawien	6,3	7,7	9,0	9,1
Griechenland	6,2	6,5	7,7	7,0
Dänemark	6,1	5,2	7,4	7,8
Österreich	5,9	6,2	7,1	8,3
Luxemburg	5,6	5,9	6,3	7,1
Italien	5,4	5,7	7,4	7,8
Frankreich	5,1	6,2	8,8	7,0
Irland	5,0	6,4	7,0	5,5
Norwegen	4,9	5,4	7,6	6,6
Finnland	4,8	6,1	8,8	7,4
Schweden	4,7	4,5	5,4	6,7

Quelle: Recent Demographic Developments in Europe and North America, 1990, 1991, 1992, 1993. Council of Europe, Strasbourg

2.2 Gesamtheiratsziffer

Ein weiterer Aspekt des Heiratsverhaltens kann mit der Gesamtheiratsziffer erfaßt werden, welche aussagt, ein wie großer Anteil der Frauen bis zum Alter von 50 Jahren heiraten würde, wenn die altersspezifischen Heiratsziffern des gegebenen Jahres unverändert blieben. Diese Gesamtheiratsziffer bzw. der Anteil der Frauen, die bei gegebenen Heiratsziffern bis zum 50. Lebensjahr eine rechtmäßige Ehe schließen würden, fiel zwischen 1970 und 1990 im europäischen Durchschnitt von 91% auf 73%.

Tabelle 3. Die Gesamtheiratsziffer im europäischen Vergleich

Land	Gesamtheiratsziffer (%) 1990	1980	1970
Sowjetunion	100	100	100
Spanien	95	90	80
Albanien	94	88	74
Rumänien	88	100	84
Tschech. und Slowakische Republik	87	87	92
Griechenland	86	86	100
Bulgarien	85	90	95
Jugoslawien	82	86	97
Polen	80	90	100
Portugal	80	86	98
UNGARN	77	90	97
DDR	75	81	98
Schweiz	73	54	87
Belgien	71	78	99
Italien	68	78	100
Irland	66	83	98
Niederlande	65	68	100
Großbritannien	64	77	100
Luxemburg	62	66	87
Dänemark	60	53	65
Finnland	60	67	94
BRD	60	66	97
Österreich	58	68	91
Frankreich	57	71	92
Schweden	54	53	62
Norwegen	52	65	90

Quelle: Recent Demographic Developments in Europe and North America, 1990, 1991, 1992, 1993. Council of Europe, Strasbourg

Auch bei der Gesamtheiratsziffer setzte sich im Jahre 1990 die Spitzengruppe der Länder mit den höchsten Werten überwiegend aus (ehemaligen) sozialistischen Ländern zusammen. Lediglich Spanien, Portugal und Griechenland haben sich unter die 12 Länder mit der höchsten Heiratswahrscheinlichkeit vorgeschoben, die anderen 9 Länder gehörten dem früheren Ostblock an. Unter den 14 Ländern mit den niedrigsten Gesamtheiratsziffern befand sich dagegen kein einziger ehemals sozialistischer Staat (Tab. 3). Die niedrigste Bereitschaft zur Eheschließung war im Jahre 1990 in Schweden, Österreich, Dänemark, Frankreich, der Bundesrepublik Deutschland, Luxemburg, den Niederlanden, Norwegen und in Großbritannien festzustellen, wo unter der gegebenen Annahme nur 50 - 60% der Frauen bis zum 50. Lebensjahr heiraten werden. Von den ehemaligen sozialistischen Ländern hatten die DDR, Ungarn und Polen zwischen 1970 und 1990 die stärkste Abnahme der Heiratsbereitschaft bzw. die größte Angleichung an die Mittel-, West- und Nordeuropäischen Länder zu verzeichnen.

Die Heiratswahrscheinlichkeit der weiblichen Bevölkerung war in Ungarn seit langem immer höher als im europäischen Durchschnitt, allerdings hat sie sich zwischen 1970 und 1990 stark an den europäischen Durchschnitt angeglichen. Die Gesamtheiratsziffer der ungarischen Frauen betrug im Jahre 1970 noch 97% und auch 1980 noch 90%. In den 80er Jahren nahm die Ehebereitschaft in Ungarn stärker ab als je zuvor. Mit einer Heiratswahrscheinlichkeit von 77% lag Ungarn allerdings auch 1990 noch um 5 Prozentpunkte über dem europäischen Durchschnitt.

2.3 Das durchschnittliche Heiratsalter der Frauen

In Europa gibt es hinsichtlich des durchschnittlichen Heiratsalters der Frauen seit Jahrhunderten große West-Ost und Nord-Süd Disparitäten, wobei dieser Indikator vor der Jahrhundertwende u. a. in einem starken statistischen Zusammenhang mit der Alphabetisierung der Bevölkerung stand. Länder mit hohen Analphabetenquoten verzeichneten im 19. Jahrhundert ein niedriges Heiratsalter der Frauen, in Ländern mit einem hohen Anteil von Lese- und Schreibkundigen heirateten die Frauen im Durchschnitt wesentlich später (vgl. Todd E., 1987). Die Spannweite der traditionell zwischen Ost- und Westeuropa bestehenden Unterschiede hat sich zwischen 1970 und 1990 allerdings noch weiter vergrößert, da sich in den mittel-, west- und nordeuropäischen Ländern, die schon früher ein hohes durchschnittliches Heiratsalter hatten, das Durchschnittsalter der Frauen bei der ersten Eheschließung in diesem Zeitraum nochmals um 3 - 4 Jahre erhöht hat (Tab. 4), während es in den sozialistischen Staaten seit 1970 nicht oder nur geringfügig angestiegen ist.

Zur Ländergruppe mit dem höchsten Heiratsalter (26 - 28 Jahre) gehörten im Jahre 1990 Schweden, Dänemark, Irland, Finnland, Norwegen und die BRD, wobei sich in Schweden, Dänemark und in der BRD das durchschnittliche Heiratsalter zwischen 1970 und 1990 um rd. 4 Jahre erhöht hat. Weitaus am niedrigsten (21-23 Jahre) war das durchschnittliche Heiratsalter in den sozialistischen Ländern (insbesondere in Jugoslawien, der ehemaligen DDR, in Polen, Rumänien, Ungarn und der Tschechischen und Slowakischen Republik). Ungarn hatte von allen europäischen Ländern das zweitniedrigste Heiratsalter der Frauen, das sich zwischen 1970 und 1990 nur von 20,7 auf 20,9 erhöht hat (in Dänemark hat es sich im selben Zeitraum von 22,8 auf 27,6 Jahre erhöht). Dazu kann auch beigetragen haben, daß in Ungarn für Frauen das gesetzliche Mindestalter für eine Eheschließung in den 70er Jahren von 18 auf 16 Jahre gesenkt und erst Ende der 80er Jahre wieder auf 18 Jahre erhöht worden ist.

Tabelle 4. Das durchschnittliche Heiratsalter der Frauen

Land	Durchschnittliches Heiratsalter der Frauen bei der ersten Eheschließung in Jahren 1990	1980	1970
Schweden	27,6	26,4	24,0
Dänemark	27,6	24,8	22,8
Schweiz	27,0	25,2	24,7
Finnland	26,2	24,5	23,0
Norwegen	26,2	23,6	22,7
BRD	25,9	23,4	23,0
Niederlande	25,9	23,1	22,8
Irland	25,7	24,1	24,8
Frankreich	25,7	23,0	22,4
Luxemburg	25,4	23,0	23,2
Italien	25,4	24,1	24,1
Österreich	25,1	23,1	23,1
Großbritannien	24,8	23,0	22,4
Spanien	24,8	23,4	24,7
Belgien	24,6	22,3	22,4
Portugal	24,2	23,3	24,3
Griechenland	23,8	22,3	22,9
Jugoslawien	23,6	22,6	21,6
DDR	23,2	21,3	21,9
Polen	22,7	22,5	21,9
Rumänien	22,0	22,0	21,5
Bulgarien	21,7	21,7	21,7
UNGARN	21,5	21,3	21,1
Tschechische und Slowak. Republik	20,9	21,0	20,7

Quelle: Recent Demographic Developments in Europe and North America, 1990, 1991, 1992, 1993. Council of Europe, Strasbourg (für Albanien und die Sowjetunion liegen keine Angaben vor)

Die hohen Heiratsziffern und das niedrige Heiratsalter der Frauen haben zwar in Osteuropa eine gewisse historische Tradition, sie wurden aber in den ehemals sozialistischen Ländern nach dem 2. Weltkrieg vor allem durch das staatliche Monopol der Wohnungsvergabe bzw. durch das weitgehende Fehlen eines freien Wohnungsmarktes auf einem niedrigen Niveau fixiert. Angesichts des großen Wohnungsmangels und des Fehlens eines freien Wohnungsmarktes hatten in den sozialistischen Ländern in der Regel nur verheiratete Paare eine reelle Chance, eine Wohnung zugewiesen zu bekommen, was die Entscheidung, früh zu heiraten, zweifellos beeinflußt hat.

2.4 Scheidungsziffern

Während im Jahre 1960 die Scheidungsziffern in den sozialistischen Ländern im großen und ganzen (Ausnahmen waren Polen und Albanien) noch wesentlich höher waren als in den "westlichen" europäischen Ländern bzw. in Europa noch deutliche Ost-West und Nord-Süd-Disparitäten festzustellen waren, haben sich diese ehemals sehr großen Strukturunterschiede bis 1990 weitgehend aufgelöst. 1960 befanden sich unter den 7 europäischen Ländern mit den höchsten Scheidungsraten 6 Länder des Ostblocks, während 1990 unter den 7 Ländern mit den höchsten Scheidungsraten nur noch 4 Länder des (ehemaligen) Ostblocks vertreten waren (Tab. 5).

Tabelle 5. Bruttoscheidungsziffer je 1000 Einwohner im europäischen Vergleich

	Zahl der Scheidungen je 1000 Einwohner			
Land	1990	1980	1970	1960
Sowjetunion	3,4	3,5	3,6	1,3
DDR	3,0	2,6	1,7	1,3
Großbritannien	2,9	2,8	1,1	0,5
Dänemark	2,7	2,7	1,9	1,5
Finnland	2,6	2,0	1,5	0,8
Tschech. und Slowakische Republik	2,5	2,2	1,7	1,1
UNGARN	2,4	2,6	2,2	1,7
Schweden	2,3	2,4	1,6	1,2
Norwegen	2,2	1,6	0,9	0,7
Österreich	2,1	1,8	1,4	1,1
Belgien	2,0	1,5	0,7	0,5
BRD	2,0	1,6	1,3	0,8
Luxemburg	2,0	1,6	0,6	0,5
Niederlande	1,9	1,8	0,8	0,5
Schweiz	1,9	1,7	1,0	0,9
Frankreich	1,9	1,5	0,8	0,7
Bulgarien	1,4	1,5	1,2	0,9
Rumänien	1,4	1,5	1,7	2,0
Polen	1,2	1,1	1,1	0,5
Jugoslawien	1,0	1,0	1,0	1,2
Portugal	0,9	0,6	0,1	0,1
Albanien	0,8	0,8	0,8	0,5
Griechenland	0,6	0,7	0,4	0,3
Italien	0,4	0,2	0,1	0,0
Spanien	0,0	0,0	0,0	0,0
Irland	0,0	0,0	0,0	0,0

Quelle: Recent Demographic Developments in Europe and North America, 1990, 1991, 1992, 1993. Council of Europe, Strasbourg

Dieser Abbau der Ost-West Disparitäten hinsichtlich der Scheidungsziffern ist vor allem darauf zurückzuführen, daß in den 80er Jahren die (hohen) Scheidungsraten in der Sowjetunion, Ungarn, Bulgarien und Rumänien leicht rückläufig waren, während in den kapitalistischen Ländern Europas alle Länder außer Schweden und Griechenland zwischen 1960 und 1990 eine starke Zunahme der Bruttoscheidungsziffern erfuhren. Insgesamt hat sich die Bruttoscheidungsziffer (Zahl der Scheidungen je 1.000 Einwohner) im europäischen Durchschnitt zwischen 1960 und 1990 von 0,8 auf 1,7 Promille erhöht, also mehr als verdoppelt.

Während Ungarn im Jahre 1960 noch die zweithöchste Bruttoscheidungsziffer von ganz Europa hatte, der ungarische Wert von 1,7 Promille war damals noch mehr als zweimal so hoch als der europäische Durchschnittswert (0,8 Promille), lag die Bruttoscheidungsziffer Ungarns im Jahre 1990 mit einem Wert von 2,4 Promille nur noch um 40% über dem europäischen Durchschnitt. Ungarn ist also in diesen 30 Jahren hinsichtlich der Höhe der Bruttoscheidungsziffer vom zweiten auf den siebten Platz bzw. etwa auf das Niveau von Schweden zurückgefallen (Tab. 5). Zwischen 1970 und 1990 erhöhte sich die Scheidungsziffer in Luxemburg und Belgien um das Dreifache, in Frankreich und Norwegen um das Zweieinhalbfache, in Österreich und der BRD um rd. 50%, in Ungarn jedoch nur um 9%. In Ungarn wurde die Scheidung in den 60er Jahren auch ohne "Scheidungsgrund", d. h. bei gegenseitiger Zustimmung, ermöglicht, während Ende der 80er Jahre die Scheidungspraxis wieder etwas erschwert wurde, so daß auch die Zahl der Scheidungen wieder abnahm. Zur Ländergruppe mit einer niedrigen Scheidungsziffer (weniger als 1,5 Promille) gehörten 1990 u. a. Bulgarien, Rumänien, Polen und Jugoslawien sowie mit Abstand die drei katholisch geprägten Länder Italien, Spanien und Irland, in denen eine legale Scheidung erst spät oder bis 1990 noch gar nicht möglich war.

Die sogenannte Gesamtscheidungsziffer umfaßt den Anteil jener Ehen, die geschieden würden, wenn die Scheidungsziffer des betreffenden Jahres unverändert bliebe. Da diese Kennziffer auch die verschiedenen Häufigkeiten der Ehen berücksichtigt, kann sie die wirkliche Situation hinsichtlich der effektiven Häufigkeit der Scheidungen noch besser erfassen als die Bruttoscheidungsziffer. Sie ist also insbesondere für die skandinavischen Länder, die einen hohen Anteil von außerehelichen Partnerschaften aufweisen, ein aussagekräftigerer Indikator als die Bruttoscheidungsziffer.

Die Gesamtscheidungsziffer zeigt, daß von den im Jahre 1970 in Europa bestehenden Ehen 15% mit einer Scheidung enden, während es unter den 1990 bestehenden Ehen bereits 26% sein werden (falls die jetzigen Scheidungsziffern unverändert bleiben). Auch die Gesamtscheidungsziffer belegt, daß sich die ehemals deutlichen Ost-West-Disparitäten hinsichtlich der Scheidungswahrscheinlichkeit zwischen 1970 und 1990 fast aufgelöst bzw. starken Nord-Süd-Disparitäten Platz gemacht haben (Tab. 6). 1970 befanden sich unter den 5 Ländern mit der höchsten Scheidungswahrscheinlichkeit (mehr als 25%) vier Länder des Ostblocks, 1990 rangierten unter den 5 Ländern mit der höchsten Scheidungswahrscheinlichkeit 4 nordeuropäische Länder.

Tabelle 6. Gesamtscheidungsziffer im europäischen Vergleich

Land	Gesamtscheidungsziffer (Wahrscheinlichkeit der Scheidungen in %) 1990	1980	1970
Dänemark	49	40	25
Schweden	44	42	21
Norwegen	40	25	13
DDR	38	33	25
Finnland	38	28	17
Großbritannien	36	39	15
Sowjetunion	34	35	26
Tschech. und Slowakische Republik	32	27	22
Schweiz	32	27	15
Österreich	31	26	18
Belgien	31	20	10
Luxemburg	31	27	10
Frankreich	31	22	12
UNGARN	31	29	25
BRD	30	22	15
Niederlande	27	25	11
Rumänien	20	21	24
Bulgarien	18	19	15
Polen	17	14	15
Jugoslawien	15	13	13
Portugal	12	8	1
Griechenland	12	10	5
Albanien	10	10	10
Italien	8	5	3
Irland	0	0	0
Spanien	0	0	0

Quelle: Recent Demographic Developments in Europe and North America, 1990, 1991, 1992, 1993. Council of Europe, Strasbourg

Das sozialistische Europa hat also in den 70er und 80er Jahren seinen Spitzenplatz hinsichtlich der Scheidungswahrscheinlichkeit der Ehen an Skandinavien abgegeben. Dies geht u. a. auch daraus hervor, daß in Ungarn die Gesamtscheidungsziffer in diesem Zeitraum nur von 25% auf 31% gestiegen ist (womit sich Ungarn 1990 im Mittelfeld der europäischen Staaten befand), während in Schweden eine Zunahme von 21% auf 44% und in Dänemark sogar von 25% auf 49% festzustellen war. In Dänemark würde also beinahe die Hälfte der Ehen geschieden, wenn die Scheidungsziffer des Jahres 1990 unverändert bliebe, wobei berücksichtigt werden muß, daß in diesem Land der Anteil der Ehen ohnedies relativ niedrig ist.

Während die Bruttoscheidungsziffer von Ungarn 1960 noch 113% über dem europäischen Durchschnitt lag, hat sich diese Differenz bis 1990 auf 41% verringert. Hinsichtlich der Gesamtscheidungsziffer lag Ungarn 1970 um 67% über dem europäischen Durchschnitt und 1990 nur noch um 19%.

3 Geburtenziffern und Fruchtbarkeit

3.1 Bruttogeburtenziffer (Geburten je 1.000 Einwohner)

Im gesamteuropäischen Durchschnitt hat sich die Bruttogeburtenziffer seit Anfang der 50er Jahre bis zum Ende der 80er Jahre von 19,8 auf 12,9 Promille verringert. In Ungarn hat die Bruttogeburtenziffer zwischen 1950 und 1964 noch viel stärker abgenommen (von 21,1 auf 13,6 Promille) als im gesamteuropäischen Durchschnitt (Rückgang von 19,8 auf 18,7 Promille). Dieser extreme Rückgang der Geburtenziffern hat den ungarischen Staat zu familienpolitischen Gegenmaßnahmen (siehe Kap. 3.2.) veranlaßt, so daß es in den 60er und 70er Jahren sogar wieder zu einem vorübergehenden Anstieg der Bruttogeburtenziffer gekommen ist. Während also Ungarn in der Periode zwischen 60 und 1964 hinsichtlich der Bruttogeburtenziffer um 26% unter dem europäischen Durchschnitt lag, übertraf es im Zeitraum zwischen 1975 und 1979 den europäischen Durchschnittswert um 13%; in den 80er Jahren lagen die Lebendgeburtenziffern Ungarns allerdings wieder um 7 - 8% unter dem europäischen Durchschnitt (Tab. 7). Im Gegensatz zum Jahre 1960, als Ungarn von allen europäischen Ländern nach Schweden die zweitniedrigste Bruttogeburtenziffer verzeichnete, hatte Ungarn im Jahre 1990 wieder höhere Werte als 6 andere europäische Länder (darunter auch die BRD und Österreich).

3.2 Gesamtfruchtbarkeitsziffern

Die Gesamtfruchtbarkeitsziffer gibt an, wieviele Kinder die Frauen in ihrem Leben durchschnittlich zur Welt bringen würden, wenn die altersspezifischen Fruchtbarkeitsziffern des betreffenden Jahres als konstant angenommen werden. Diese Maßzahl ergibt insofern ein noch genaueres Bild als die Bruttogeburtenziffern, als bei ihr Unterschiede hinsichtlich der Geschlechtsproportion und des Altersaufbaus der Bevölkerung berücksichtigt werden.

Auch diese Kennziffer hat in Europa seit Anfang der 60er Jahre stark abgenommen und ab Mitte der siebziger Jahre den Stand der einfachen Reproduktion (2,0%) unterschritten (Tab. 7). In Ungarn lag die Gesamtfruchtbarkeitsziffer Anfang der 50er Jahre noch um 5% über dem europäischen Durchschnitt, dann ist sie aber zeitlich parallel zum Anstieg der Frauenerwerbstätigkeit rapide abgesunken und hat im Jahrfünft 1960 - 1964 ihr Minimum erreicht, das damals rund 31% unter dem europäischen Durchschnitt lag. Auf diesen dramatischen Rückgang hat die staatliche Familienpolitik mit diversen Maßnahmen (z. B. Einfüh-

Tabelle 7. Geburten und Fruchtbarkeit in Europa und Ungarn

Periode (Jahresdurchschnitt)	Europa	Ungarn	Ungarn in % von Europa	Europa	Ungarn	Ungarn in % von Europa
	Bruttogeburtenziffer (in Promille)			Gesamtfruchtbarkeitsziffer (in %)		
1950-54	19,8	21,1	107	2,59	2,72	105
1955-59	19,2	17,8	93	2,59	2,21	85
1960-64	18,7	13,6	73	2,63	1,82	69
1965-69	17,7	14,3	81	2,50	1,87	75
1970-74	15,7	15,7	100	2,19	2,08	95
1975-79	14,4	16,2	113	1,98	2,11	107
1980-84	13,4	12,5	93	1,81	1,80	99
1985-89	12,9	11,9	92	1,72	1,81	105
1990	13,0	11,8	91	1,70	1,79	105
	Durchschnittliche Geburtenfolge			Anteil der Drittgeborenen sowie der Kinder in einer späteren Geburtenfolge		
1970	2,27	1,88	83	29	17	59
1980	1,95	1,82	93	22	15	68
1990	1,93	1,88	98	22	20	91

Quelle: Recent Demographic Developments in Europe and North America, 1990, 1991, 1992, 1993. Council of Europe, Strasbourg

rung eines Kinderpflegegeldes bis zum abgeschlossenen dritten Lebensjahr etc.) reagiert, so daß die Gesamtfruchtbarkeitsziffer Ende der 60er und in den 70er Jahren wieder soweit angestiegen ist, daß Ungarn den gesamteuropäischen Durchschnitt wieder leicht übertroffen hat.

Hinsichtlich der Gesamtfruchtbarkeitsziffer war der sozialistische Block schon immer sehr heterogen. Während Albanien, die Sowjetunion und Polen zwischen 1970 und 1990 überdurchschnittlich hohe Werte verzeichneten, hatten die DDR und Ungarn deutlich niedrigere Gesamtfruchtbarkeitsziffern aufzuweisen. Trotzdem befanden sich 1990 unter den 9 Ländern mit der höchsten Gesamtfruchtbarkeitsziffer 6 ehemals sozialistische Länder. Ungarn hat sich hinsichtlich der Gesamtfruchtbarkeitsziffer in der Rangordnung der europäischen Länder deutlich verbessert. Während im Jahre 1970 nur ein einziges Land, nämlich Finnland (1,8), eine niedrigere Gesamtfruchtbarkeitsziffer hatte als Ungarn (2,0), verzeichneten 1990 13 europäische Länder eine niedrigere Gesamtfruchtbarkeitsziffer als Ungarn (Tab. 9).

Tabelle 8. Brutto-Lebendgeburtenziffer je 1000 Einwohner

Land	Zahl der Lebendgeburten je 1000 Einwohner 1990	1980	1970	1960
Albanien	24,7	26,5	32,7	43,4
Sowjetunion	17,6	18,4	17,4	24,9
Irland	15,1	21,8	21,8	21,5
Schweden	14,5	11,7	13,7	13,7
Norwegen	14,4	12,5	16,6	17,3
Polen	14,0	19,5	16,8	22,6
Jugoslawien	14,0	17,1	17,8	23,5
Rumänien	13,6	18,0	21,1	19,1
Großbritannien	13,6	13,4	16,2	17,1
Frankreich	13,5	14,9	16,7	17,9
Tschech. u. Slowakische Republik	13,4	16,1	15,4	15,9
Niederlande	13,2	12,8	18,3	20,8
Finnland	13,2	13,2	14,0	18,5
Bulgarien	12,5	14,5	16,3	17,8
Schweiz	12,5	11,7	16,7	17,6
Dänemark	12,4	11,2	14,4	16,6
Luxemburg	12,4	11,4	13,0	15,0
Belgien	12,2	12,6	14,8	16,9
DDR	12,0	14,6	13,9	17,0
UNGARN	11,8	13,9	14,7	14,7
Österreich	11,7	12,0	15,0	17,9
Portugal	11,5	16,2	18,1	24,2
BRD	11,0	10,1	13,4	17,4
Spanien	11,3	15,7	18,8	21,6
Griechenland	10,1	15,4	16,5	18,9
Italien	9,8	12,0	15,0	18,1

Quelle: Recent Demographic Developments in Europe and North America, 1990, 1991, 1992, 1993. Council of Europe, Strasbourg

3.3 Durchschnittliche Geburtenfolge der Neugeborenen

Die Fruchtbarkeit kann auch mit Hilfe der durchschnittlichen Geburtenfolge der Neugeborenen sowie anhand des Anteils der Kinder, die als drittes oder späteres Kind geboren wurden, gemessen werden. Ähnlich wie bei den anderen Indikatoren der Fruchtbarkeit wiesen die sozialistischen Länder keine einheitliche Tendenz auf. Sowohl bei der durchschnittlichen Geburtenfolge als auch beim Anteil der Kinder, die als drittes oder späteres Kind geboren wurden, waren unter den 5 Ländern mit den höchsten Werten jeweils vier Länder des Ostblocks (Albanien,

Rumänien, Polen und die Sowjetunion), andererseits gehörten beispielsweise Bulgarien, die CSFR und die DDR jeweils zur Ländergruppe mit den niedrigsten Werten. Ungarn lag 1990 mit einer durchschnittlichen Geburtenfolge von 1,9 auf demselben Niveau wie Belgien, die Niederlande, Portugal, Norwegen oder Schweden bzw. knapp vor Österreich, der BRD oder der ehemaligen DDR (Tab. 10).

Tabelle 9. Gesamtfruchtbarkeitsziffer im europäischen Vergleich

Land	1990	1980	1970
Albanien	3,0	3,6	5,2
Sowjetunion	2,3	2,4	2,5
Irland	2,2	3,2	3,9
Schweden	2,1	1,7	1,9
Polen	2,1	2,3	2,2
Tschech. und Slowakische Republik	1,9	2,2	2,1
Norwegen	1,9	1,7	2,3
Jugoslawien	1,9	2,1	2,3
Rumänien	1,9	2,5	2,9
Frankreich	1,8	2,0	2,5
Großbritannien	1,8	1,9	2,5
Bulgarien	1,8	2,1	2,2
UNGARN	1,8	1,9	2,0
Dänemark	1,7	1,6	2,0
Finnland	1,7	1,6	1,8
Niederlande	1,6	1,6	2,6
Belgien	1,6	1,7	2,3
DDR	1,6	1,9	2,2
Schweiz	1,6	1,6	2,0
Luxemburg	1,5	1,5	2,0
Spanien	1,5	2,2	2,8
Portugal	1,5	2,2	2,8
BRD	1,5	1,4	2,0
Österreich	1,5	1,7	2,3
Griechenland	1,4	2,2	2,3
Italien	1,3	1,7	2,4

Quelle: Recent Demographic Developments in Europe and North America, 1990, 1991, 1992, 1993. Council of Europe, Strasbourg

Der Anteil der Neugeborenen, die innerhalb der Familie als drittes oder späteres Kind geboren wurden, sank im europäischen Durchschnitt zwischen 1970 und 1990 von 29% auf 22%, in Albanien von 58% auf 36%, in Irland von 51% auf 39%, in Portugal von 41% auf 18%, in der Sowjetunion von 32% auf 25% und in Österreich von 32% auf 20%. Ungarn, Finnland und Schweden waren die einzi-

Tabelle 10. Lebendgeburten nach Geburtenfolge im europäischen Vergleich

	Durchschnittliche Geburtenfolge			Anteil der Drittgeborenen Kinder und der Kinder in einer späteren Geburtenfolge (in %)		
Land	1990	1980	1970	1990	1980	1970
Albanien	2,5	3,0	4,5	36	47	58
Irland	2,5	2,8	3,2	39	46	51
Rumänien	2,3	2,3	2,4	32	30	38
Polen	2,1	2,0	2,2	29	24	29
Sowjetunion	2,1	2,1	2,5	25	22	32
Jugoslawien	2,0	2,2	2,4	21	24	31
Großbritannien	2,0	2,0	2,1	24	23	29
Finnland	2,0	1,8	1,9	25	17	20
Frankreich	2,0	1,9	2,3	25	21	30
Schweden	1,9	1,9	1,9	23	20	20
Portugal	1,9	2,0	2,9	18	23	41
Norwegen	1,9	1,9	2,1	22	21	28
Niederlande	1,9	1,9	2,1	21	20	27
Belgien	1,9	1,8	2,2	20	19	29
UNGARN	1,9	1,8	1,9	20	15	17
Spanien	1,8	1,9	2,1	20	26	32
Luxemburg	1,8	1,7	2,0	17	15	26
Italien	1,8	1,9	2,3	16	19	30
Griechenland	1,8	1,8	1,9	17	18	20
Österreich	1,8	2,0	2,4	20	23	32
Bulgarien	1,8	1,8	1,8	14	14	17
Tschech. u. Slowakische Republik	1,8	1,9	1,9	19	21	20
DDR	1,8	1,6	2,1	16	10	26
BRD	1,8	1,8	2,1	17	17	26
Schweiz	1,8	1,8	2,0	18	18	24
Dänemark	1,7	1,8	1,9	16	17	22

Quellen: Recent Demographic Developments in Europe and North America, 1990, 1991, 1992, 1993. Council of Europe, Strasbourg

gen europäischen Länder, in denen der Anteil der als drittes oder späteres Kind Geborenen zwischen 1970 und 1980 zugenommen hat. Während Ungarn 1970 hinsichtlich des Anteils der Neugeborenen, die innerhalb der Familie das dritte oder spätere Kind waren, gemeinsam mit Bulgarien auf dem letzten Platz lag, hatte es 1990 höhere Anteile als 10 andere europäische Länder.

3.4 Vollendete Fruchtbarkeit nach Frauenkohorten

Die Veränderungsprozesse der Fruchtbarkeit können besonders gut an der tatsächlichen durchschnittlichen Kinderzahl der Frauenkohorten dargestellt werden, die auch als "vollendete Fruchtbarkeit" bezeichnet wird. Bei den in den Jahren 1950 und 1960 geborenen Kohorten wird die noch zu erwartende Kinderzahl auf der Basis der bisherigen Tendenzen geschätzt. Auch bei dieser Kennziffer der Fruchtbarkeit liegt Ungarn zusammen mit Jugoslawien, Portugal, Griechenland mit durchschnittlich 1,9 Kindern im Mittelfeld der europäischen Länder.

Tabelle 11. Die vollendete Fruchtbarkeit der Frauenkohorten

Land	Frauenkohorten Geburtsjahr 1960	1950	1940	Verhältniszahl 1960 zu 1950	1960 zu 1940
Irland	2,5	3,0	3,5	71	83
Rumänien	2,3	2,4	2,4	95	95
Tschech. und Slowakische Republik	2,1	2,2	2,2	94	97
Polen	2,1	2,2	2,4	87	96
Frankreich	2,1	2,1	2,4	88	100
Spanien	2,0	2,3	2,5	180	189
Schweden	2,0	2,0	2,1	98	100
Bulgarien	2,0	2,1	2,1	96	96
UNGARN	1,9	1,9	1,9	103	101
Jugoslawien	1,9	2,1	2,3	81	92
Portugal	1,9	2,1	2,6	73	90
Griechenland	1,9	2,1	2,0	92	91
DDR	1,8	1,8	2,0	91	101
Niederlande	1,8	1,9	2,2	79	92
Norwegen	1,8	1,9	2,4	73	92
Finnland	1,8	1,9	2,0	89	97
Großbritannien	1,7	2,0	2,4	72	83
Schweiz	1,7	1,8	2,1	79	93
Italien	1,7	1,8	2,2	75	94
Dänemark	1,7	1,9	2,2	77	91
Belgien	1,7	1,8	2,2	78	95
Österreich	1,6	1,9	2,1	77	88
BRD	1,6	1,7	2,0	79	91

Quellen: Recent Demographic Developments in Europe and North America, 1990, 1991, 1992, 1993. Council of Europe, Strasbourg (Für Albanien, die Sowjetunion und Luxemburg gibt es keine Daten)

Ungarn ist jedoch das einzige europäische Land, in dem sich die vollendete Fruchtbarkeit zwischen den 3 Kohorten nicht verändert hat, in allen anderen

Ländern Europas, für die Daten vorliegen, hatte die 60er Kohorte jeweils weniger Kinder als die 40er Kohorte.

Zusammenfassend kann also festgestellt werden, daß Ungarn hinsichtlich der Fruchtbarkeit im Jahre 1960 bei fast allen Kennziffern noch auf den letzten Plätzen der Rangskala der europäischen Länder lag. Da jedoch in Ungarn zwischen 1970 und 1990 die meisten Kennziffern der Fruchtbarkeit stabil geblieben sind oder sich sogar noch leicht erhöht haben und in den westlichen Ländern im selben Zeitraum eine sehr starke Abnahme der Fruchtbarkeit zu verzeichnen war, rangierte Ungarn im Jahre 1990 bei den meisten Indikatoren der Fruchtbarkeit schon im Mittelfeld der europäischen Staaten, nur bei den Bruttoziffern, wo die Werte durch den Altersaufbau und die Geschlechtsproportion stark beeinflußt werden, befand sich Ungarn noch in der Ländergruppe mit niedrigen Werten.

3.5 Durchschnittsalter der Mütter bei der Geburt ihrer Kinder und Fruchtbarkeit nach dem Alter der Frauen

Die in Europa allgemein festzustellende Tendenz einer sinkenden Fruchtbarkeit hat nicht alle Altersgruppen der Frauen betroffen. In den meisten Ländern sanken die Lebendgeburtenziffern besonders in den jüngeren Altersgruppen (= unter 25 Jahren) sowie in den Altersgruppen über 40 Jahre, während sie in den mittleren Altersgruppen (25 - 39 Jahre) unverändert geblieben oder sogar noch angestiegen sind (Tab. 13). Im europäischen Durchschnitt hat das Alter der Gebärenden zugenommen. Eine deutliche Zunahme des Durchschnittsalters der Gebärenden ist jedoch vorwiegend in Nord- und Mitteleuropa festzustellen, während sich in Osteuropa das Durchschnittsalter der Gebärenden nicht oder nur geringfügig erhöht hat (Tab. 12).

Da sich in Osteuropa das Durchschnittsalter der Erstgebärenden zwischen 1970 und 1990 kaum verändert, in Zentral-, West und Nordeuropa jedoch stark erhöht hat (in den Niederlanden beispielsweise von 24,3 auf 27,6 Jahre), haben die Unterschiede zwischen dem Ostblock und den übrigen europäischen Ländern hinsichtlich des Durchschnittsalters der Erstgebärenden in diesen 20 Jahren noch stark zugenommen. Während 1970 die Spannweite der Unterschiede zwischen dem höchsten Wert im Westen und dem niedrigsten Wert im Osten 3,4 Jahre betrug, ist sie bis 1990 auf 5,7 Jahre angestiegen. In Ungarn ist das Durchschnittsalter der Erstgebärenden zwischen 1970 und 1990 stabil geblieben. Im Jahre 1990 waren die ungarischen Erstgebärenden rd. 22,5 Jahre alt, also mehr als 5 Jahre jünger als die Erstgebärenden in den Niederlanden oder in der Schweiz (je 27,6 Jahre). Das Durchschnittsalter aller Gebärenden war 1990 in Ungarn (25,2 Jahre) um 4 Jahre niedriger als in den Niederlanden (29,2 Jahre).

Tabelle 12. Durchschnittsalter der Mütter bei der Geburt ihrer Kinder

	Durchschnittsalter bei der Geburt des ersten Kindes			Durchschnittsalter bei der Geburt weiterer Kinder		
Land	1990	1980	1970	1990	1980	1970
Niederlande	27,6	25,6	24,3	29,2	27,5	27,4
Schweiz	27,6	26,4	25,1	28,9	28,1	27,6
Großbritannien	26,9	26,1	23,9	27,3	26,7	26,3
BRD	26,8	25,2	24,3	28,2	27,0	27,4
Finnland	26,5	25,7	23,7	28,9	27,7	26,2
Frankreich	26,4	24,9	23,8	28,2	26,8	26,5
Irland	26,3	24,9	25,3	29,6	28,8	29,6
Dänemark	26,2	24,6	23,7	28,2	26,9	26,2
Schweden	26,2	25,5	24,3	28,5	27,8	26,4
Österreich	26,1	24,3	23,7	27,1	25,8	26,4
Belgien	25,9	24,5	24,3	27,6	26,8	27,2
Italien	25,7	24,4	25,0	28,0	28,8	28,1
Luxemburg	26,0	24,5	24,0	27,9	26,8	26,8
Spanien	25,4	24,6	24,0	29,0	28,8	29,0
Norwegen	25,3	25,2	23,6	27,8	26,7	26,1
Portugal	24,5	23,6	24,4	26,9	26,6	27,0
Griechenland	24,5	23,4	24,0	26,4	25,1	26,0
Albanien	23,7	23,1	22,0	27,1	27,1	27,9
Jugoslawien	23,8	23,1	22,5	26,0	25,8	26,2
Polen	23,0	23,0	22,5	26,1	25,2	24,5
Sowjetunion	22,9	22,4	22,0	25,9	25,3	27,3
Tschech. u. Slowakische Republik	22,5	22,7	22,1	25,0	25,1	24,8
UNGARN	22,5	22,4	22,6	25,2	24,5	24,8
Rumänien	22,3	22,6	22,2	25,4	25,2	26,6
DDR	22,1	21,9	21,7	24,9	23,8	24,8
Bulgarien	21,9	21,9	21,8	24,2	24,1	24,1

Quellen: Recent Demographic Developments in Europe and North America, 1990, 1991, 1992, 1993. Council of Europe, Strasbourg

Weitaus am größten waren die innereuropäischen Disparitäten der Fruchtbarkeit (Lebendgeburtenziffer) in der Altersgruppe der 15- bis 19-jährigen Frauen. Während im Jahre 1990 die osteuropäischen Länder bei den 15- bis 19-jährigen Frauen Lebendgeburtenziffern von 36 (DDR) bis 73 Promille (Bulgarien) aufwiesen, betrugen die entsprechenden Werte in Frankreich (9), Belgien (9), den Niederlanden (6) und der Schweiz (5) unter 10 Promille und nur in Großbritannien übertraf die Lebendgeburtenziffer in dieser Altersgruppe die 25 Promille Grenze. Unter den sozialistischen Ländern ist die Lebendgeburtenziffer der 15 - 19-jährigen Frauen nur in der DDR (von 78 auf 36 Promille), in Ungarn (von 50 auf 38 Promille) und Jugoslawien (von 51 auf 39 Promille) beträchtlich gesunken, in

Tabelle 13. Lebendgeburtenziffern nach dem Alter der Mütter im europäischen Vergleich (in der Reihenfolge der Gesamtfruchtbarkeitsziffer)

	Alter der Mütter											
	15-19		20-24		25-29		30-34		35-39		40-49	
Land	90	70	90	70	90	70	90	70	90	70	90	70
Albanien	18	39	162	275	208	266	130	215	54	146	18	69
Sowjetunion	50	30	189	164	126	129	67	88	27	49	7	15
Irland	17	16	64	146	145	229	129	202	64	132	15	45
Schweden	13	34	93	120	149	129	103	70	39	27	6	6
Polen	31	30	168	165	125	126	60	71	25	36	6	11
Tschech. u. Slowak. Republik	45	46	179	181	109	114	41	52	13	19	2	5
Norwegen	18	45	94	167	141	147	91	87	30	41	4	10
Jugoslawien	39	51	143	161	117	125	54	72	19	34	5	11
Rumänien	59	66	169	201	118	152	59	95	26	49	7	14
Frankreich	9	27	80	159	141	158	90	93	35	45	7	14
Großbritannien	32	49	121	155	83	82	83	82	29	36	9	9
Bulgarien	73	72	172	189	85	112	73	72	10	15	2	3
UNGARN	38	50	143	159	112	110	46	51	16	18	3	4
Dänemark	10	32	72	130	134	131	87	66	27	25	4	5
Finnland	12	32	70	119	128	109	87	65	34	31	8	9
Niederlande	6	17	42	125	120	187	114	116	36	54	5	17
Belgien	9	23	75	142	134	149	31	45	21	40	4	12
DDR	36	78	151	172	103	107	36	63	11	22	1	3
Schweiz	5	16	49	113	124	141	98	87	32	39	5	11
Luxemburg	11	17	72	86	118	111	77	63	25	19	3	9
Spanien	23	14	106	122	139	193	85	128	43	77	13	26
Portugal	25	30	86	136	95	158	59	117	24	78	6	32
BRD	11	36	57	130	110	108	77	77	26	40	5	11
Österreich	21	58	87	155	102	115	58	78	21	40	4	11
Griechenland	24	37	90	141	96	143	53	94	20	43	4	9
Italien	10	27	60	131	98	154	69	101	27	54	5	16

Quellen: Recent Demographic Developments in Europe and North America, 1990, 1991, 1992, 1993. Council of Europe, Strasbourg

den anderen sozialistischen Staaten waren in dieser Altersgruppe nur geringfügige Abnahmen und z. T. sogar Zunahmen der Lebendgeburtenziffern festzustellen.

Während 1970 in Europa noch die 20- bis 24-jährigen Frauen die höchste Fruchtbarkeit hatten, waren 1990 die höchsten Lebendgeburtenziffern bei den 25- bis 29-jährigen Frauen festzustellen. In dieser Altersgruppe sind die Lebendgeburtenziffern zwischen 1970 und 1990 in Schweden, Großbritannien, Ungarn, Dänemark, Finnland, Luxemburg und der BRD sogar noch angestiegen. Auch in der Altersgruppe der 30 - bis 34-jährigen Frauen ist die Lebendgeburtenziffer in den meisten Ländern gleich geblieben oder sogar noch leicht angestiegen. Lediglich in Italien, Griechenland und Portugal gab es in dieser Altersgruppe dramatische Abnahmen der Fruchtbarkeit.

In der Altersgruppe der 35- bis 39-jährigen Frauen hat die Lebendgeburtenziffer lediglich in Schweden, Dänemark und Finnland zugenommen, während alle anderen Länder, insbesondere Albanien (Abnahme von 146 auf 54 Promille) und

Irland (Abnahme von 132 auf 64 Promille), einen großen Rückgang der Fruchtbarkeit zu verzeichnen hatten. Besonders niedrige Lebendgeburtenziffern hatten in dieser Altersgruppe die Frauen von Bulgarien (10), der DDR (11), der Tschechischen und slowakischen Republik (13), von Ungarn (16) und Jugoslawien (19). Insgesamt haben also die Mütter in den sozialistischen Ländern ihre Kinder in einem früheren Alter geboren als in den anderen europäischen Ländern (Tab. 13).

Tabelle 14. Der Anteil der außerehelichen Geburten im europäischen Vergleich

	Außereheliche Geburten in % aller Lebendgeburten		
Land	1990	1980	1970
Schweden	52	40	18
Dänemark	46	33	11
Norwegen	36	15	7
DDR	34	23	13
Frankreich	28	11	7
Großbritannien	27	12	8
Österreich	24	18	13
Finnland	21	13	6
Belgien	16	4	3
Irland	15	5	3
Portugal	15	9	7
UNGARN	13	7	5
Luxemburg	13	6	4
Bulgarien	11	11	9
Niederlande	11	4	2
Sowjetunion	11	9	8
Jugoslawien	11	8	8
BRD	10	8	6
Spanien	9	4	1
Tschech. und Slowakische Republik	8	6	6
Schweiz	6	5	4
Italien	6	4	2
Polen	6	5	5
Griechenland	2	2	1

Quellen: Recent Demographic Developments in Europe and North America, 1990, 1991, 1992, 1993. Council of Europe, Strasbourg (Für Rumänien und Albanien liegen keine Daten vor.)

3.6 Anteil der außerehelich geborenen Kinder

Der gesellschaftliche Wertewandel hat in Europa nicht nur die Fruchtbarkeit und das durchschnittliche Gebäralter verändert, sondern auch den Anteil der außerehelich geborenen Kinder. Im Gegensatz zu früheren Jahrzehnten handelt es sich dabei jedoch nur zum geringen Teil um die Kinder alleinstehender Mütter, bei der Mehrheit der außerehelich geborenen Kinder sind die Eltern zwar nicht verheiratet, leben aber in einem gemeinsamen Haushalt. In Schweden wurden 1990 schon mehr als die Hälfte der Kinder "außerehelich" geboren und in Dänemark 46%, während in Spanien, der Tschechischen und Slowakischen Republik, der Schweiz, in Italien, Polen und Griechenland die Prozentwerte der außerehelich geborenen Kinder noch unter 10% lagen. Ein hoher Anteil und eine starke Steigerung der außerehelich Geborenen ist vor allem in jenen Ländern festzustellen, in denen nicht verheiratete Paare vom Sozial- und Steuersystem besonders bevorzugt werden. In Norwegen stieg der Prozentsatz der außerehelich geborenen Kinder 1970 - 1990 um das Fünffache, in Dänemark und Frankreich um das Vierfache, in Großbritannien und in Schweden um das Dreifache (Tab. 14). Von den ehemals sozialistischen Ländern hatte nur die DDR mit 34% einen überdurchschnittlich hohen Anteil an "außerehelichen" Geburten, während Polen (6%) und die Tschechische und Slowakische Republik (8%) zu den Ländern mit den niedrigsten Quoten von außerehelichen Geburten gehörten. In Ungarn ist der Prozentsatz von außerehelichen Geburten zwischen 1970 und 1990 von 5 auf 13% angestiegen, so daß es unter den ehemals sozialistischen Ländern hinter der DDR zwar den zweithöchsten Anteil hatte, unter allen europäischen Ländern jedoch einen mittleren Platz einnahm und bei weitem nicht an die hohen Werte von Skandinavien oder Westeuropa (Frankreich, Großbritannien etc.) herankam.

4 Sterblichkeit

Die Kennziffern der Sterblichkeit zeigen noch deutlicher als die bisher behandelten Indikatoren, wie sehr sich die Lebensbedingungen in den sozialistischen Ländern Mittel- und Osteuropas von jenen in den freien Ländern Europas unterschieden haben. Zwischen 1950 und 1990 ist nicht nur der Abstand zwischen den beiden Blöcken größer geworden, sondern in einigen osteuropäischen Ländern kam es unter dem sozialistischen System auch absolut zu einer Verringerung der Lebenserwartung, was für Industrieländer eine sehr außergewöhnliche Entwicklung darstellt.

4.1 Bruttosterbeziffern

Die Bruttosterbeziffern (Zahl der Todesfälle pro 1.000 Einwohner) werden zwar sehr stark vom Altersaufbau eines Landes beeinflußt und sind deshalb nur ein sehr grobes Maß zur Beschreibung der Sterblichkeit, sie gewähren aber trotzdem einen interessanten Einblick in die Ost-West-Disparitäten in Europa. Während im gesamteuropäischen Durchschnitt die Bruttosterblichkeit zwischen 1950 und 1990 um einige Zehntelpromille abgenommen hat, hat sie in Ungarn in den 70er und 80er Jahren um 2,3 Promille zugenommen, so daß die Sterblichkeit in Ungarn in den 80er Jahren rd. 30% über dem europäischen Durchschnitt lag. Diese

Verschlechterung kann nicht mit dem stärkeren Altern der ungarischen Bevölkerung erklärt werden, denn die Zahl der 60-jährigen und älteren Leute stieg in Ungarn im selben Maße wie im gesamteuropäischen Durchschnitt.

Tabelle 15. Die Sterblichkeit in Europa und Ungarn

Periode (Jahresdurchschnitt)	Europa	Ungarn	Ungarn in % von Europa	Europa	Ungarn	Ungarn in % von Europa
	Bruttosterblichkeit (in Promille)			Durchschnittliche Lebenserwartung bei der Geburt (Jahre)		
1950-54	11,0	11,4	104	65,8	63,4	96
1955-59	10,5	10,3	98	68,3	66,7	98
1960-64	10,2	10,1	99	68,9	68,6	100
1965-69	10,4	10,8	104	70,7	69,5	98
1970-74	10,4	11,8	113	71,5	69,4	97
1975-79	10,4	12,8	123	72,6	69,5	96
1980-84	10,5	13,7	130	73,5	69,1	94
1985-89	10,7	13,7	128	74,4	69,5	93

Quellen: Recent Demographic Developments in Europe and North America, 1990, 1991, 1992, 1993. Council of Europe, Strasbourg

Von den acht Ländern mit den höchsten Sterbeziffern ist die hohe Bruttosterbeziffer nur in vier Ländern, nämlich in Dänemark, Großbritannien, Schweden und der BRD, mit dem hohen Anteil von Personen über 59 Jahre zu erklären. In drei Ländern (Ungarn, Bulgarien, Tschechoslowakei) sind die hohen Sterbeziffern auf schlechtere Lebensbedingungen zurückzuführen, während die hohe Sterblichkeit in der DDR je zur Hälfte durch den Anteil alter Leute und die schlechten Lebensbedingungen zu erklären ist. Im Jahre 1960 lag Ungarn mit einer Bruttosterblichkeit von 10,2 Promille noch im Mittelfeld der europäischen Länder (9 Länder hatten damals noch eine höhere Sterbeziffer als Ungarn). Im Jahre 1990 hatte Ungarn mit einem Wert von 13,8 Promille unter allen europäischen Ländern mit Abstand die höchste Bruttosterbeziffer (Tab. 16).

4.2 Die durchschnittliche Lebenserwartung bei der Geburt

Die durchschnittliche Lebenserwartung bei der Geburt ist eine standardisierte Kennziffer, welche die effektiven Unterschiede der Altersstruktur eliminiert und deshalb die regionalen Unterschiede der Sterblichkeit etwas besser darstellt als die Bruttosterblichkeit. Die Ost-West Unterschiede in der durchschnittlichen Lebenserwartung haben zwischen 1960 und 1990 gewaltig zugenommen. Die Mehrzahl der sozialistischen Länder (Jugoslawien, Albanien, Polen, Ungarn, Rumänien und die Sowjetunion) gehörten zwar schon im Jahre 1960 zu der Ländergruppe mit der niedrigsten Lebenserwartung, aber einige sozialistische Länder (DDR, Tschechoslowakei, Bulgarien) hatten damals noch eine höhere Lebenserwartung als etwa die BRD, Österreich, Irland, Finnland oder die mediterranen Länder und mußten erst in den folgenden Jahrzehnten im Vergleich zum Westen eine Verschlechterung der Lebenserwartung hinnehmen.

Tabelle 16. Bruttosterbeziffer im europäischen Vergleich

	Sterbefälle je 1000 Einwohner			
Land	1990	1980	1970	1960
Albanien	5,7	6,4	9,3	10,4
Spanien	8,0	7,7	8,6	8,7
Niederlande	8,6	8,1	8,4	7,7
Jugoslawien	9,0	8,8	8,9	9,9
Irland	9,1	9,8	11,4	11,5
Griechenland	9,2	9,1	8,4	7,3
Italien	9,3	9,8	9,7	9,9
Portugal	9,3	9,7	9,7	10,8
Frankreich	9,4	10,2	10,7	11,3
Schweiz	9,5	9,5	9,2	9,7
Sowjetunion	10,0	10,4	8,2	7,1
Polen	10,0	9,8	8,2	7,6
Finnland	10,1	9,3	9,6	9,0
Luxemburg	10,6	11,3	12,2	11,1
Norwegen	10,8	10,1	10,0	9,1
Rumänien	10,7	10,4	9,5	8,7
Österreich	10,7	12,2	13,2	12,7
Belgien	10,9	11,5	12,3	12,4
Schweden	11,1	11,0	10,0	10,0
BRD	11,2	11,6	12,1	11,6
Großbritannien	11,5	11,7	11,8	11,5
Tschech. u. Slowakische Republik	11,7	12,0	11,2	9,2
Bulgarien	11,9	11,1	9,1	8,1
Dänemark	11,9	10,9	9,8	9,1
DDR	12,4	14,2	14,1	13,6
UNGARN	13,8	13,6	11,6	10,2

Quellen: Recent Demographic Developments in Europe and North America, 1990, 1991, 1992, 1993. Council of Europe, Strasbourg

Während in einzelnen west-, nord- und südeuropäischen Ländern die durchschnittliche Lebenserwartung bei der Geburt zwischen 1960 und 1990 um 6 - 11 Jahre gestiegen ist, betrug die Zunahme in den meisten sozialistischen Ländern nur 1 - 3,5 Jahre (Albanien und Jugoslawien bilden aufgrund der extrem niedrigen Ausgangswerte von weniger als 65 Jahren eine Ausnahme). Die höchste Steigerung der Lebenserwartung gab es in den südeuropäischen Ländern, und zwar in Portugal (Zunahme der Lebenserwartung um 11,1 Jahre), Griechenland (Zunahme um 7,8 Jahre), Spanien (+7,1 Jahre), Italien (+6,6 Jahre) sowie in Zentraleuropa, wo die Lebenserwartung zwischen 1960 und 1990 in Österreich um 7,0 Jahre, in der BRD um 6,6 Jahre, in Frankreich um 5,9 Jahre und in der Schweiz um 5,5 Jahre gestiegen ist, während sich beispielsweise in diesen 30 Jahren die Lebenserwartung in Ungarn nur um 1,6 Jahre, in der UdSSR um 1,2 Jahre und in der CSSR sogar nur um 1,1 Jahre erhöht hat. Im Jahre 1990 nahmen die sozialistischen Länder hinsichtlich der Lebenserwartung die letzten 9 Ränge in Europa ein. Zwischen den Spitzenreitern im Westen und den Schlußlichtern im Osten bestand hinsichtlich der Lebenserwartung ein Unterschied von 8,4 Jahren.

Tabelle 17. Durchschnittliche Lebenserwartung bei der Geburt im europäischen Vergleich

	Durchschnittliche Lebenserwartung bei der Geburt (in Jahren)			
Land	1990	1980	1970	1960
Schweiz	77,7	75,8	73,2	72,2
Schweden	77,2	75,8	74,7	73,0
Niederlande	77,0	76,0	73,6	73,1
Griechenland	76,9	74,4	71,9	69,1
Spanien	76,7	75,6	72,3	69,6
Italien	76,6	74,0	72,0	70,0
Norwegen	76,6	75,7	74,3	73,5
Frankreich	76,4	74,3	72,4	70,5
Belgien	75,9	73,9	71,0	70,6
BRD	75,9	73,6	70,5	69,3
Österreich	75,8	72,6	69,9	68,8
Großbritannien	75,5	73,9	72,0	71,2
Dänemark	74,9	74,3	73,3	72,1
Portugal	74,7	71,8	68,2	63,6
Finnland	74,7	73,4	70,1	68,3
Irland	74,4	72,9	71,2	69,5
Luxemburg	74,3	73,4	70,5	69,5
DDR	73,2	71,7	70,6	69,8
Albanien	72,6	70,0	68,2	64,9
Jugoslawien	71,7	70,5	67,7	63,8
Bulgarien	71,6	71,0	71,3	69,6
Tschech. und Slowakische Republik	71,5	70,4	69,6	70,4
Polen	71,1	71,2	69,8	67,7
UNGARN	69,6	69,2	68,6	68,0
Rumänien	69,5	69,1	69,2	66,0
Sowjetunion	69,3	67,4	69,0	68,1

Quellen: Recent Demographic Developments in Europe and North America, 1990, 1991, 1992, 1993. Council of Europe, Strasbourg

Die Lebenserwartung der Männer ist in den sozialistischen Ländern in diesen drei Jahrzehnten viel stärker unter den europäischen Durchschnitt abgefallen als die der Frauen. Noch in den 60er Jahren lag die Lebenserwartung der ungarischen Männer mit 67 Jahren nur rd. ein Jahr unter dem europäischen Durchschnitt, 1990 lag sie mit 65 Jahren bereits 5 Jahre unter dem europäischen Durchschnitt. Bei den Frauen waren die Disparitäten etwas geringer. Während der 50er Jahre lag die Lebenserwartung der ungarischen Frauen 2 Jahre unter dem europäischen Durchschnitt, 1990 jedoch um 4 Jahre. Innerhalb der sozialistischen Länder kam es zwischen 1970 und 1990 bei den Männern nur in Albanien und Jugoslawien und bei den Frauen nur in der DDR zu einer nennenswerten Erhöhung der Lebenserwartung.

4.3 Standardisierte Sterbeziffern nach Altersgruppen

Ein sehr ähnliches Ergebnis zeigen die von der WHO (1993) publizierten standardisierten Sterbeziffern nach Altersgruppen für das Jahr 1988 bzw. 1989. Die standardisierten Sterbeziffern lagen 1989 in den (ehemals) sozialistischen Ländern 11% (DDR) bis 35% (Rumänien) über dem europäischen Durchschnitt, während die entsprechenden Werte der Schweiz um 25%, jene von Frankreich um 22% und jene von Schweden um 19% unter dem europäischen Durchschnitt lagen (Tab. 18). Die standardisierten Sterbeziffern der ungarischen Männer (16,3 Promille) lagen um 37% über dem europäischen Durchschnitt und jene der Frauen (9,3 Promille) um 30%.

Am größten waren die Unterschiede zwischen dem Ostblock und den Ländern westlich des Eisernen Vorhanges hinsichtlich der Sterblichkeit der Säuglinge (unter 1 Jahr) und der Kleinkinder (1 - 4 Jahre), während bei den 15 - 34-Jährigen keine signifikanten Ost-West-Disparitäten festzustellen waren. Bei der Säuglingssterblichkeit lagen die sozialistischen Länder im Jahre 1989 mit Abstand an der Spitze der europäischen Länder In der Sowjetunion (113% über dem europäischen Durchschnitt), in Jugoslawien (110% über dem Durchschnitt) und in Rumänien (108% über dem Durchschnitt) war die Säuglingssterblichkeit mehr als doppelt so hoch wie in Gesamteuropa, während in Schweden oder Finnland die Säuglingssterblichkeit nur etwa die Hälfte des europäischen Durchschnitts erreichte. Von den sozialistischen Ländern hat 1989 nur die DDR (35% unter dem europäischen Durchschnitt) annähernd den Standard der westlichen Nachbarländer erreicht.

Auch hinsichtlich der Sterblichkeit der 1 - 4-jährigen und der 5 - 14-jährigen Kinder gab es eine klare Zweiteilung Europas. Die Ostblockländer wiesen, von einzelnen Ausnahmen abgesehen, eine deutlich höhere Sterblichkeit auf als die übrigen europäischen Länder. Bei den 1-4-jährigen Kindern lag die Sterblichkeit in der Sowjetunion um 316% über dem europäischen Durchschnitt, die Sterblichkeit der rumänischen Kinder lag um 186% über dem europäischen Durchschnitt, während Bulgarien den europäischen Durchschnittswert um 76% und Jugoslawien um 55% übertroffen haben. Auch in dieser Altersgruppe hat nur die DDR die Werte der "westlichen" europäischen Länder erreicht.

Tabelle 18. Standardisierte Sterbeziffern nach Altersgruppen im Jahre 1989 bezogen auf den europäischen Durchschnitt

	(europäischer Durchschnitt der Sterbeziffer = 100) Altersgruppen										
Land	zus.	<1	1-4	5-14	15-24	25-34	35-44	45-54	55-64	65-74	> 75
Schweiz	75	63	59	75	121	107	71	64	66	70	84
Frankreich	78	59	76	84	104	104	94	86	77	67	81
Schweden	81	53	52	59	74	82	75	72	74	79	88
Niederlande	81	58	66	59	65	69	66	70	78	85	90
Spanien	82	79	76	100	96	85	76	83	72	78	87
Griechenland	82	95	59	84	96	71	67	63	66	81	88
Italien	84	79	59	84	79	71	69	73	79	82	87
Norwegen	86	71	76	75	83	71	73	79	82	86	93
BRD	88	64	59	59	79	82	84	81	85	86	95
Österreich	89	71	76	75	105	89	93	85	87	85	94
Großbritannien	93	72	69	84	74	68	75	82	98	103	96
Portugal	94	104	142	159	118	117	108	89	82	85	93
Dänemark	94	65	79	75	79	94	101	102	107	100	94
Belgien	96	82	79	100	100	97	101	90	92	100	99
Finnland	96	53	52	84	100	102	110	96	91	99	96
Luxemburg	98	73	60	100	84	92	84	83	93	98	102
Irland	105	76	73	84	79	71	70	83	107	114	106
DDR	111	65	69	100	96	97	98	105	108	121	116
Jugoslawien	114	210	155	141	91	97	114	116	114	114	104
Polen	122	136	90	117	109	132	142	142	132	120	108
Bulgarien	124	116	176	159	83	115	122	122	120	123	117
Tschech. u. Slowakische Republik	126	97	83	100	91	100	119	127	134	130	116
Sowjetunion	126	213	416	241	160	174	158	154	136	131	107
UNGARN	134	136	93	100	105	168	190	178	154	130	110
Rumänien	135	208	286	241	125	162	154	138	126	138	123
Europ. Durchschnitt (Promille)	9,8	11,6	0,6	0,3	0,8	1,1	2,1	5,1	12,7	31,2	102,3

Quellen: WHO (1993)

Auch bei den anderen Altersgruppen hatten die meisten sozialistischen Länder eine höhere Sterblichkeit als die "westlichen" europäischen Staaten (eine Ausnahme bildete lediglich Portugal), die Unterschiede waren allerdings nicht mehr so spektakulär. Die extrem hohe Sterblichkeit der Säuglinge und der 1 - 4-jährigen Kinder läßt zweifellos auch die Qualität der staatlichen Einrichtungen der Kinderbetreuung in den ehemaligen sozialistischen Ländern in einem anderen Licht erscheinen als es von offizieller Seite vielfach dargestellt wurde.

In Ungarn war die Säuglingssterblichkeit etwa um ein Drittel höher als im europäischen Durchschnitt, bei den 1 - 14-jährigen Kindern entsprach die Sterblichkeit in Ungarn dagegen dem europäischen Durchschnittswert. Eine Sonderstellung nahm Ungarn bei den Männern im Alter von 35-64 Jahren ein, welche die höchste Sterblichkeit von ganz Europa aufwiesen (Tab. 18).

4.4 Standardisierte Sterbeziffern nach Todesursachen

Die drei wichtigsten Todesursachen, nämlich Herz- und Kreislauferkrankungen, bösartige Neubildungen (Krebs etc.) und gewaltsame Todesursachen, sind in den europäischen Ländern im Durchschnitt für beinahe vier Fünftel der Gesamtsterblichkeit verantwortlich, so daß sie für die Erklärung der innereuropäischen Disparitäten besonders aussagekräftig sind.

Tabelle 19. Standardisierte Sterbeziffern nach Todesursachen im Jahre 1989 bezogen auf den europäischen Durchschnitt

	(europäischer Durchschnitt = 100)						
	insges.	Bösartige Neubildungen			Krankheiten des Kreislaufsystems		
Land		insges.	Magen	Lunge	insges.	Ischämie	Gefäßkrankheiten
Schweiz	75	97	65	85	64	104	49
Frankreich	78	104	94	85	54	40	52
Schweden	81	84	65	60	83	126	58
Niederlande	81	113	82	140	67	83	57
Spanien	82	85	100	73	72	45	90
Griechenland	82	81	65	95	84	55	115
Italien	84	106	124	110	73	57	86
Norwegen	86	94	71	73	78	116	71
BRD	88	105	94	90	83	89	73
Österreich	89	101	106	85	89	89	87
Großbritannien	93	113	76	138	84	132	77
Portugal	94	80	153	48	80	45	163
Dänemark	94	119	53	135	81	131	59
Belgien	96	113	82	140	76	65	64
Finnland	96	88	94	88	97	148	85
Luxemburg	98	110	88	120	92	74	115
Irland	105	116	82	123	102	152	81
DDR	111	93	106	80	124	94	81
Jugoslawien	114	88	112	90	123	53	123
Polen	122	107	129	125	131	70	62
Bulgarien	124	79	129	80	155	132	190
Tschech. U. Slowakische Republik	126	124	124	130	140	173	152
Sowjetunion	126	93	206	98	150	212	192
UNGARN	134	136	141	143	140	139	144
Rumänien	135	72	118	65	170	107	158
europäischer Durchschnitt Sterbeziffer	9,2	2,0	0,2	0,4	4,5	1,7	1,2

Quelle: Recent Demographic Developments in Europe and North America, 1990, 1991, 1992, 1993. Council of Europe, Strasbourg

Bei den Herz- und Kreislauferkrankungen waren Ende der 80er Jahre die innereuropäischen Unterschiede und insbesondere die Unterschiede zwischen den sozialistischen und den kapitalistischen Ländern Europas hinsichtlich der standardisierten Sterbeziffern am größten. In den (ehemals) sozialistischen Ländern,

Tabelle 20. Standardisierte Sterbeziffern nach Todesursachen im Jahre 1989 bezogen auf den europäischen Durchschnitt (= 100)

Land	Krankheiten der Atmungsorgane	Krankheiten des Verdauungssystems: insgesamt	Krankheiten des Verdauungssystems: Leberschrumpfung	Verletzungen: insgesamt	Verletzungen: Verkehrsunfälle	Verletzungen: Selbstmord
Schweiz	62	95	53	103	87	124
Frankreich	66	107	118	105	113	118
Schweden	80	62	55	83	53	100
Niederlande	78	68	29	52	53	59
Spanien	106	117	124	67	107	41
Griechenland	59	55	47	70	120	24
Italien	75	114	147	70	93	41
Norwegen	110	62	41	89	53	100
BRD	72	104	118	70	73	88
Österreich	59	120	153	106	120	135
Großbritannien	152	70	35	52	60	41
Portugal	91	109	141	102	173	41
Dänemark	90	81	71	111	87	147
Belgien	114	86	76	102	133	124
Finnland	96	83	59	141	80	165
Luxemburg	85	127	141	86	120	106
Irland	197	70	24	57	87	47
DDR	86	125	106	105	73	141
Jugoslawien	75	107	124	98	107	100
Polen	78	91	71	122	133	71
Bulgarien	117	91	100	98	87	94
Tschech. u. Slowakische Republik	109	130	135	125	73	106
Sowjetunion	136	86	82	167	120	124
UNGARN	93	210	294	183	140	235
Rumänien	222	145	218	111	120	106
europäischer Durchschnitt der Sterbeziffer	0,6	0,4	0,2	0,6	0,2	0,2

Quellen: Recent Demographic Developments in Europe and North America, 1990, 1991, 1992, 1993. Council of Europe, Strasbourg

die sich ohne Ausnahme an Ende der europäischen Rangskala befanden, lag diese Todesursache um 24% (DDR) bis 70% (Rumänien) über dem europäischen Durchschnittswert (Tab. 19).

Bei den "bösartigen Neubildungen" waren die regionalen Disparitäten etwas geringer. Lediglich die Todesursachen durch Magenkrebs waren im Ostblock und insbesondere in der UdSSR (106% über dem europäischen Durchschnitt) viel häufiger als in den übrigen europäischen Ländern (Tab. 19), während bei Lungenkrebs keine eindeutigen Ost-West-Disparitäten auftraten, da hier auch Länder wie die Niederlande, Belgien, Großbritannien oder Dänemark überdurchschnittlich hohe Sterbeziffern erreichten.

Auch bei Krankheiten des Verdauungsapparates (insbesondere bei Leberschäden) belegten die (ehemals) sozialistischen Länder die ersten 3 Plätze mit der höchsten Sterblichkeit (Tab. 19 u. 20). In Ungarn lag die Todesursache "Leberschrumpfung" um 194% über dem europäischen Durchschnitt und in Rumänien um 118%, allerdings war diese Todesursache auch in Österreich (53% über dem europäischen Durchschnitt), Italien (47%) und Portugal (41%) überdurchschnittlich hoch. Ungarn hatte also im Jahre 1989 bei einer Reihe von Todesursachen die höchste (z. B. bei bösartigen Neubildungen, insbesondere bei Lungenkrebs, bei Krankheiten des Verdauungssystems, insbesondere Leberschäden, und bei Selbstmorden) oder die zweithöchste standardisierte Sterbeziffer (z. B. bei Magenkrebs) von ganz Europa. Die überdurchschnittlich hohen Selbstmordraten sind in Ungarn seit dem 18. Jahrhundert bekannt (besonders in den protestantischen, landwirtschaftlichen Dörfern). Nach dem 2. Weltkrieg und insbesondere seit den 60er Jahren ist die Selbstmordrate erneut angestiegen.

Tabelle 21. Natürliche Bevölkerungszunahme in Europa und Ungarn

Periode	Europa	Ungarn	Ungarn in % von Europa
(Jahresdurchschnitt)	natürliche Zunahme (Abnahme-) je 1000 Einwohner		
1950-54	8,8	9,7	100
1955-59	8,7	7,5	86
1960-64	8,5	3,5	41
1965-69	7,3	3,5	48
1970-74	5,3	3,9	74
1975-79	4,0	3,4	85
1980-84	2,4	-1,8	.
1985-89	2,3	-1,9	.

Quellen: Recent Demographic Developments in Europe and North America, 1990, 1991, 1992, 1993. Council of Europe, Strasbourg

In Ungarn wurde die hohe standardisierte Sterblichkeit also weniger durch eine geringe Fruchtbarkeit (Überalterung der Bevölkerung) sondern durch den Spitzenplatz bei verschiedenen Krankheiten verursacht. Eine Annäherung der standardisierten Sterblichkeit an den europäischen Durchschnittswert kann also am ehesten durch gesundheits- und familienpolitische Maßnahmen sowie eine Hebung des Lebensstandards erreicht werden.

5 Entwicklung der ungarischen Bevölkerung im europäischen Vergleich

Die natürliche Bevölkerungszunahme verlief in den sozialistischen Ländern sehr uneinheitlich. Albanien, die UdSSR, Jugoslawien und Polen erreichten zwischen 1950 und 1990 relativ hohe Wachstumsraten, während die DDR und Ungarn im europäischen Vergleich die negativste Entwicklung verzeichneten (vgl. Tab. 21 und 23).

In der ersten Hälfte der 50er Jahre entsprach die natürliche Bevölkerungszunahme in Ungarn noch exakt dem europäischen Durchschnitt. In den 60er Jahren ging die natürliche Bevölkerungszunahme in Ungarn so stark zurück, daß sie nicht einmal mehr die Hälfte des europäischen Durchschnittswertes erreichte, erst in den 70er Jahren trat im Gefolge diverser familienpolitischer Maßnahmen wieder eine Besserung ein, so daß wieder etwa vier Fünftel des europäischen Durchschnitts erzielt wurden. In den 80er Jahren hatte Ungarn erstmals eine negative Bevölkerungsentwicklung, während der Durchschnittswert von Europa nach wie vor eine Zunahme des Bevölkerungswachstums verzeichnete.

Tabelle 22. Die Entwicklung der Altersstruktur der ungarischen Bevölkerung zwischen 1950 und 2010

Jahr	0-14 Jahre alt in %	15-59 Jahre alt in %	> 59 Jahre alt in %	Kinder 0-14 Jahre	Alte Leute > 59 Jahre	Personen im unproduktiven Alter 0-14 + > 59
				pro 100 Personen im produktiven Alter (15-59 Jahre)		
1950	25,1	63,6	11,3	39,5	17,7	67,2
1960	25,3	60,7	14,0	41,7	23,0	64,7
1970	20,8	62,0	17,2	33,5	27,8	61,3
1980	21,9	60,9	17,2	36,0	28,2	64,2
1990	19,9	61,1	19,0	32,6	31,1	63,7
2000	18,6	62,3	19,1	29,8	30,7	60,5
2010	19,6	60,7	19,7	32,2	32,5	64,7

A 2000 és 2010. évi adatok a legutóbbi népességelőreszámítások eredményei, amelyek az 1990. évi népszámlálás és az 1989. évi népmozgalom adatain alapulnak.

Zwischen 1950 und 1990 ist es in Ungarn zu einer beträchtlichen Überalterung der Bevölkerung gekommen. Der Anteil der Personen unter 15 Jahre ist von 25,1% auf 19,0% gesunken, während der Anteil der über 59-jährigen von 11,3 auf 19,0% gestiegen ist. Aufgrund der vom Ungarischen Statistischen Zentralamt vorgenommenen Bevölkerungsprognose sind bis zum Jahre 2010 nur noch geringe Veränderungen im Altersaufbau zu erwarten, d. h. die tiefgreifenden Strukturveränderungen sind bereits zwischen 1950 und 1970 erfolgt.
Falls sich in Ungarn die Sterbeziffer so wie im europäischen Durchschnitt entwickelt hätte, hätte Ungarn auch in den 80er Jahren noch eine natürliche Bevölkerungszunahme von 1 Promille erzielt.

Tabelle 23. Ziffer der natürlichen Bevölkerungszunahme je 1000 Einwohner

Land	Natürliche Zunahme (Abnahme-) je 1000 Einwohner 1990	1980	1970	1960
Albanien	19,0	20,1	23,4	33,0
Irland	12,1	13,2	12,6	10,0
Sowjetunion	7,6	8,0	9,2	17,8
Jugoslawien	5,0	8,3	8,9	13,6
Niederlande	4,6	4,8	10,1	13,1
Frankreich	4,1	4,7	6,1	6,6
Polen	4,0	9,7	8,6	15,0
Norwegen	3,5	2,4	6,7	8,2
Schweden	3,4	0,6	3,8	3,7
Spanien	3,3	8,0	10,2	12,9
Finnland	3,1	3,9	4,4	9,5
Luxemburg	3,1	0,2	0,8	3,9
Schweiz	3,0	2,3	6,8	9,7
Rumänien	2,9	7,6	11,6	10,4
Portugal	2,2	6,5	10,0	13,4
Großbritannien	2,1	1,7	4,4	5,6
Belgien	1,9	1,1	2,4	4,5
Tschech. u. Slowakische Republik	1,7	4,1	4,4	6,7
Österreich	1,0	-0,2	1,8	5,2
Griechenland	0,9	6,3	8,1	11,6
Bulgarien	0,6	3,4	7,3	9,7
Italien	0,5	1,5	7,1	8,2
Dänemark	0,5	0,3	4,6	7,5
BRD	0,2	-1,5	1,3	5,8
DDR	-0,4	0,4	-0,2	3,4
UNGARN	-2,0	0,3	3,1	4,5

Quellen: Recent Demographic Developments in Europe and North America, 1990, 1991, 1992, 1993. Council of Europe, Strasbourg

6 Zusammenfassung

Die Teilung Europas nach dem Zweiten Weltkrieg hat bei einer Reihe von demographischen Prozessen zu einem Auseinanderdriften der beiden Blöcke geführt. Während es bei einigen Indikatoren wie z.B. dem durchschnittlichen Heiratsalter oder dem Durchschnittsalter der Erstgebärenden in Europa auch schon in vorkommunistischer Zeit deutliche Ost-West Disparitäten (und auch Nord-Süd-Disparitäten) gegeben hat und die Auswirkungen des realen Sozialismus lediglich den Abbau der Disparitäten verhindert haben, sind andere Ost-West-Disparitäten erst nach der kommunistischen Machtübernahme entstanden. Dabei ist jedoch zu berücksichtigen, daß die ehemals sozialistischen Länder insbesondere bei diversen Indikatoren der Fruchtbarkeit keinen einheitlichen Block darstellen und sowohl das unterschiedliche historische Erbe als auch eine unterschiedliche Familienpolitik zu divergierenden Entwicklungen geführt haben. Besonders gravierend ist wohl die Tatsache, daß die sozialistischen Länder hinsichtlich der Lebenserwartung, der Säuglingssterblichkeit, der Kleinkindersterblichkeit (1-4 Jahre) und der Herz-Kreislauferkrankungen etc. immer weiter hinter die europäischen Durchschnittswerte zurückgefallen sind. Bei den Scheidungsziffern, die in den 50er und 60er Jahren in den sozialistischen Ländern noch wesentlich höher waren, haben sich die Ost-West-Disparitäten im Laufe der letzten 2 Jahrzehnte dagegen weitgehend aufgelöst.

Ungarn hat in den letzten zwei bis vier Jahrzehnten seine frühere Extremposition hinsichtlich der höchsten Bruttoscheidungsziffern, der zweithöchsten Gesamtscheidungsziffern, der niedrigsten Brutto-Lebendgeburtenziffer, des niedrigsten Anteils von Kindern, die als drittes oder späteres Kind geboren wurden, an andere Länder abgegeben bzw. weitgehend die europäischen Durchschnittswerte erreicht. Hinsichtlich der durchschnittlichen Lebenserwartung, der standardisierten Sterbeziffern der 25 - 64-jährigen, der Selbstmordraten, der Todesursachen durch Krebserkrankungen, durch Erkrankungen des Kreislaufsystems und durch Krankheiten des Verdauungssystems (insbesondere Leberschrumpfung) etc. ist Ungarn auf den letzten oder zweitletzten Rang unter den europäischen Ländern zurückgefallen. Die vordringliche Aufgabe liegt also darin, die Lebensbedingungen so zu verbessern, daß die Lebenserwartung wieder das Niveau der westlichen Länder erreicht.

Literatur

Demographic Yearbook 1990, 1991, United Nations. New York.

Klinger, A. (1965): The Population of Hungary between the Two World Wars. Budapest.

Klinger, A. (1968): Demographic Composition of the Hungarian Population. Demográfia, 303-322

Klinger, A. (1969): The Hungarian Population Situation in the 1960s. Budapest, Statisztikai Szemle.

Klinger, A. (1972): The Population Policy in Hungary. Budapest.

Klinger, A. (1975): Changes in Hungary's Population Structure. Demográfia, 181-200

Klinger, A. (1977): Population Situation of Hungary 1971-1975. Budapest, Statisztikai Szemle: 117-135
Klinger, A. (1980): The Results of Population Policy 1973-1979. Budapest, Statisztikai Szemle, 453-469.
Klinger, A. (1982): Infant Mortality in Eastern Europe 1950-1980. WHO, Geneva.
Klinger, A. (1983): The Changes in Demographic Structure of the European Region. Budapest, Statisztikai Szemle: 516, 117-134.
Klinger, A. (1984): Population Policy Measures: Effects on Reproductive Behaviour in Hungary. New York, Population Bulletin of the United Nations, 64-79
Klinger, A. (1984): Mortality in Seven European Socialist Countries. Roma, Socio-Economic Differential Mortality: 269-281
Klinger, A. (1985): Population of Hungary during the last 40 years. Budapest, Statisztikai Szemle, 370-388
Klinger, A. (1986): Long-term Concepts of Hungarian Population Policy. Zeitschrift für Bevölkerungswissenschaft, 457-472
Klinger, A. (1987): Policy Response and Effects. European Population Conference, Helsinki, 387-430
Klinger, A. (1991): Les Politiques Familiales en Europe de l'Est. Population, 511-526
Klinger, A. (1991): Hungary, European Population. Vol. I., Paris, 209-223.
Klinger, A. (1992): Demographic Situation of the Hexagonale Countries. Demográfia, 9-43.
Klinger, A. (1992): Population Movements in Hungary in the 1980-1990s. Budapest, Statisztikai Szemle.
Todd, E. (1987): The Causes of Progress. Culture, Authority and Change. Oxford, New York.
WHO (1993): 1992 World Health Statistics Annual. Geneve.

Abstract

The Demographic Situation of Hungary between 1960 and 1990 in Comparison with Europe

The division of Europe after World War II led to a divergence of several demographic processes between the two blocs. There were clear East-West disparities that had been existing long before 1945; such as the average age of marriage or the average age of females at the birth of their first child. Others arose only after the communist takeover. One must consider, however, that the former socialist countries did not constitute a uniform bloc with respect to demographic processes. Both distinctive historical inheritances and different family policies led to divergent developments - especially in fertility levels - within the Eastern bloc. Indicators measuring life expectancy, infant mortality, mortality of young children and diseases of the heart and circulatory system show an increasing gap between the figures for the former socialist countries and the European average. Divorce rates, on the other hand, which were much higher in the socialist countries in the 1950s and 1960s, have decreased substantially during the last twenty years.

In the last two to four decades, Hungary passed her earlier extreme position regarding the highest gross divorce rate, the second highest total divorce rate, the lowest ratio of third children and children of a higher birth order on to other countries. They approached the average European values in these demographic characteristics. With regard to the average life expectancy, standardized death rates of 25-64 year old persons, suicide rates, deaths caused by neoplasms, diseases of the circulatory system and diseases of the digestive system (especially cirrhosis of the liver), Hungary fell behind to last or second to last place among the European countries. The most important task therefore, is to improve the living conditions of the Hungarian population in order to increase the average life expectancy.

Bedeutung und regionale Verteilung von Joint Ventures in Ungarn

Wolfgang Aschauer
Geographisches Institut, Bildungswissenschaftliche Hochschule Flensburg - Universität, Mürwiker Str. 77, D-24943 Flensburg

1 Einführung

Im allgemeinen Bewußtsein gehört Ungarn seit der Regierungsübernahme bürgerlicher Parteien im Frühjahr 1990 zu den demokratischen und damit auch marktwirtschaftlich organisierten Ländern. So sehr jedoch ein Datum Symbol und Markstein einer bestimmten Entwicklung sein kann, so wenig kann diese analytisch auf einen einzigen Zeitpunkt reduziert werden. Gerade im Falle Ungarns sind einerseits schon seit den 70er Jahren Schritte in Richtung marktwirtschaftlicher Orientierung festzustellen, andererseits ist dieser Prozeß auch heute noch nicht abgeschlossen.

Zunächst nur als Indikator, in jüngster Zeit zudem als integraler Bestandteil des Übergangs von der Planwirtschaft zur Marktwirtschaft - und das heißt auch zur Integration in die Weltwirtschaft - fungieren ausländische Direktinvestitionen. Neben dem Aufkauf ganzer Unternehmen oder Teilen derselben sind dazu v. a. die sogenannten Joint Ventures (oder Gemeinschaftsunternehmen) zu rechnen; darunter ist - im vorliegenden Fall - die Gründung eines gemeinsamen Unternehmens durch einen oder mehrere ungarische Partner und einen oder mehrere ausländische Partner zu verstehen.

Welche Bedeutung - als Zeichen wie als Element der Entwicklung hin zur Marktwirtschaft bzw. der politisch-ökonomischen Umwälzungen insgesamt - die Joint Ventures in Ungarn haben und hatten und welche Rückschlüsse daraus auf die wirtschaftlichen Gegebenheiten und Prozesse in Ungarn gezogen werden können, soll im folgenden untersucht werden.

Ungarns Ökonomie war nach dem Zweiten Weltkrieg nach sowjetischem Muster planwirtschaftlich organisiert worden. Die anfangs zaghafte, zumindest teilweise zum Zweck der innenpolitischen Befriedung durchgeführte ökonomische Außenorientierung an westlichen bzw. Weltmarkt-Maßstäben (ab den 70er Jahren) brachte die ungarische Planwirtschaft in ein Dilemma, nämlich: Wie kann eine derart organisierte Ökonomie an die ständig wechselnden Anforderungen des Weltmarktes angepaßt werden?

Die Antwort, die der ungarische Staat zu geben versuchte, lautete in etwa wie folgt: Die Gesamtwirtschaft sollte quasi als ein einziges großes und diversifiziertes Unternehmen am Weltmarktgeschehen teilnehmen, im Inneren aber sollte weiter - um im Bild zu bleiben - allein die Konzernführung über die Produktion und Ressourcendistribution in den einzelnen Produktionsabteilungen und -stätten entscheiden. Dementsprechend war auch in Ungarn kein Zulassen marktwirtschaftlicher Elemente vorgesehen; ein Joint Venture - also ein Unternehmen, das (im vorliegenden Fall) neben einem ungarischen Partner einen oder mehrere Partner aus kapitalistischen Ländern hat - stellte jedoch prinzipiell eine solche Absicht in Frage, da etwa das Staatseigentum an Produktionsmitteln oder die staatliche Verfügungsgewalt über die Gewinnverwendung und über die Arbeitsbedingungen etc. gefährdet sind. Andererseits jedoch war ein Joint Venture die beste und gefahrloseste Möglichkeit einer wirtschaftlichen Zusammenarbeit zwischen Ost und West. Vor allem die Möglichkeit der Einbindung in bestehende Finanzierungs- und Absatzkanäle wie auch des Transfers von westlicher Technologie, von Know-how und organisatorischem Wissen kann nicht hoch genug eingeschätzt werden (vgl. Jacobsen H. D., 1975, 145 ff.; Levcik F. und J. Stankovsky, 1977, 85 ff., 103 ff.; Mentz D., 1984, 87 ff.; Schenk K. E. u.a., 1977, 45 ff., 103 ff.).

2 Zahlenmäßige Entwicklung der Joint Ventures

In diesem Dilemma, die Vorteile von Joint Ventures nutzen zu wollen, ohne unter ihren systemgefährdenden Effekten leiden zu müssen, entschied sich die ungarische Wirtschaftspolitik bei der erstmaligen Zulassung von Joint Ventures im Jahre 1972 für eine typisch konservierende Herangehensweise. Der ausländische Partner durfte höchstens 49% des Kapitals besitzen, der Gewinnabfluß wurde restriktiv gelenkt, und als Branchen für Joint Ventures waren zunächst lediglich Handel und Dienstleistungen[1] (ab 1977 auch Produzierendes Gewerbe) vorgesehen.

Betrachtet man die Interessen der ausländischen Kapitaleigner, für die Ungarn zum einen wegen günstiger Lohn- und Energiekosten, zum anderen als Zugang zum Absatzmarkt des gesamten RGW attraktiv war, so nimmt es angesichts der geschilderten Restriktionen der Kapitalbewegungen und der Entscheidungsbefugnisse nicht wunder, daß in Ungarn innerhalb der 10 Jahre zwischen 1972 und 1982 lediglich 12 Joint Ventures gegründet wurden.[2] Wie aus Abb. 1 ersichtlich ist, hat seither die Zahl der Gemeinschaftsunternehmen permanent und in einer exponentiellen Kurve zugenommen (Holzamer H. H., 1990, V; Jacobsen D. H., 1975, 152; Levcik F. und J. Stankovsky, 1977, 90 f.; Mentz D., 1984, 86 f.; Schenk K. E. u.a., 1977, 139; Toldy-Ösz I., 1988, 45).

Obwohl in Ungarn zu Beginn der 90er Jahre generell ein rasanter Anstieg der Unternehmenszahlen stattfand (zwischen dem 30. September 1990 und dem 30. Juni 1991 stieg die Zahl der Unternehmen um mehr als 50%), wurde er von der Zunahme der Joint-Venture-Gründungen noch in den Schatten gestellt. So betrug

[1] Auch im folgenden wird entsprechend den Vorgaben der ungarischen Statistik der Dienstleistungssektor unterschieden in Dienstleistungen i.e.S. und Handel.

[2] So lag die Höhe bundesdeutscher Direktinvestitionen in Ungarn noch Ende 1987 bei 16 Mio DM, während es umgekehrt 55 Mio DM waren (Veit E., 1990, 17).

die Zahl der Joint Ventures am 1.1.1991 ca. 5.000 und damit etwa 16% aller (=30.500) Unternehmen in Ungarn. Ein Vierteljahr später ist dieser Anteil auf 20% (von 35.000 Unternehmen) gestiegen (Die Größe 1991, 4; Gabrisch H., 1991, 13; KSH Névjegyzék 1990/91).

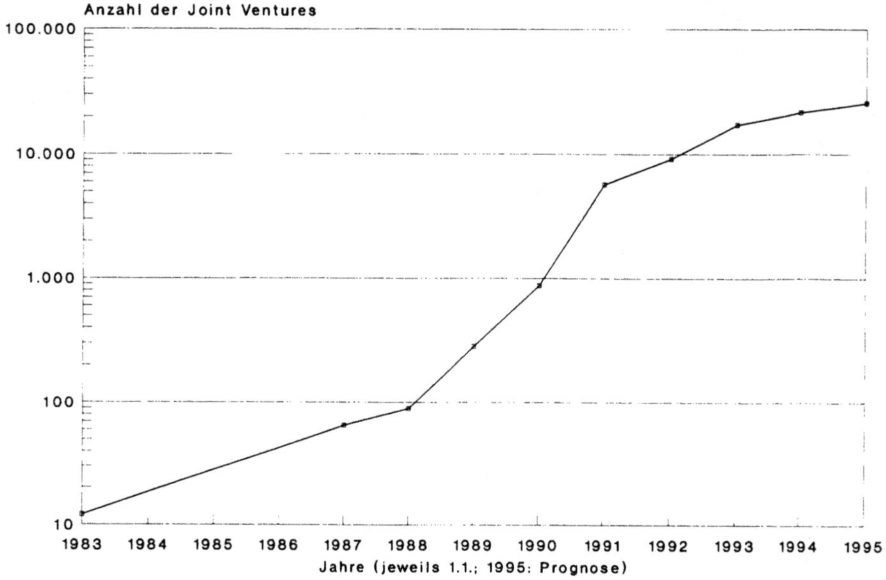

Abb. 1. Zahl der Unternehmen mit ausländischer Beteiligung (Joint Ventures) in Ungarn (1983-1994) (Quellen: Die Größe 1991, 4; Gabrisch H., 1991, 13; Nádory I., 1990, IV; Statistisches Bundesamt (Hrsg.) 1987, 46; Toldy-Ösz I., 1988, 45; Veit E., 1990, 28)

Von einem stetigen Verlauf der Zunahme kann jedoch nicht gesprochen werden. Denn es fand sowohl 1988 als auch 1990 eine deutliche Beschleunigung des Zuwachses statt. Dies war im wesentlichen darauf zurückzuführen, daß der sozialistische Staat zunächst in seiner Wirtschaftspolitik vor den Weltmarkteinflüssen bzw. den internen Widersprüchen zwischen binnenwirtschaftlicher Plan- und außenwirtschaftlicher Marktökonomie kapitulierte. Politisch artikulierte sich dies in der Ablösung Kádárs durch den Übergangsparteichef Grósz im Jahre 1988 und dessen Ablösung durch den Reformkommunisten Nyers im Jahre 1989; als juristische Marksteine für diese Thematik sind die Gesetze Nr. VI/1988 über die Wirtschaftsgesellschaften, Nr. XIII/1989 über die Umgestaltung von Wirtschaftsgesellschaften und Nr. XXIV/1988 über die Investitionen von Ausländern anzuführen, die den ausländischen Firmen das Eigentum an den betrieblichen Immobilien (Grundstücken, Gebäuden) einräumten, keine Mindestbeteiligung ungarischer Partner mehr vorschrieben (so wurden im Jahre 1990 230 Unternehmen in rein ausländischem Eigentum gegründet) und einen umfassenden Verstaatlichungsschutz garantierten. Letzteres ist insofern nebensächlich, als schon 1988 mehr als 10% der ungarischen Industrieunternehmen in private Hände gekommen sind (Bedingungen 1989, 2; Delegierte 1991; Einheitlicher Text

1991; Gesetz Nr. VI/1988; Gesetz Nr. XXIV/1988; Jahrbuch Ost-Wirtschafts-Report 1991, 116; Persányi F., 1991, 11; Veit E., 1990, 25 f.).

Ein zweiter Knick in der Kurve ist im Jahre 1990 festzustellen. Im Frühjahr dieses Jahres kapitulierte nicht mehr nur die sozialistische Wirtschaftspolitik vor den Realitäten, sondern gleich der ganze Staat. Auf die Gründung bzw. Existenz von Joint Ventures wirkte sich dies insofern aus, als in der Folgezeit eine Reihe übriggebliebener Hindernisse (z. B. ein umständliches Genehmigungsverfahren, mangelhafte Möglichkeiten des Gewinntransfers etc.) fortgefallen sind (Gömbös E., 1991, 5 f.; Toldy-Ósz I., 1991, 19 ff.).

Seit 1992 sinken die Zuwachsraten wieder, ohne daß die Zahl der Joint Ventures selbst zurückgehen würde.[3] Sicherlich sind hierfür eine Reihe von Gründen verantwortlich; zu nennen wären etwa gewisse Ernüchterungen angesichts des erwarteten, bisher aber weitgehend ausgebliebenen wirtschaftlichen Booms oder auch die Standortkonkurrenz mit anderen Reformstaaten wie Polen oder die Tschechische Republik. Nicht zuletzt deshalb können die Joint-Venture-Gründungen zwischen 1988 und 1992 zum einen als Hinweis auf die Erwartungen sowohl der ausländischen Anleger als auch der ungarischen Miteigentümer an die ungarische Wirtschaft und ihre Entwicklung gewertet werden. Zum anderen spiegeln sie Momente und Aspekte des Transformationsprozesses von der Plan- zur Marktwirtschaft wieder. Vor allem unter letzterem Aspekt und mit dem Zweck der Formulierung von Hypothesen zur Bedeutung ausländischer Unternehmen innerhalb dieses Prozesses soll die Quantität und Qualität der Joint Ventures im folgenden untersucht werden. Der zeitliche Schwerpunkt wird dementsprechend auf die frühen 90er Jahre gelegt (Nádory I., 1990, IV; Jahrbuch Ost-Wirtschafts-Report 1991, 116; Süddeutsche Zeitung Nr. 192 v. 22.8.1994, 16).

Folgende Fragen sollen hier behandelt werden:

1. Wozu werden Joint Ventures gegründet?
2. Von wem werden Joint Ventures gegründet?
3. Wo werden Joint Ventures gegründet?
4. Welche Arten von Joint Ventures werden gegründet?

3 Motive für die Gründung von Joint Ventures

Im wesentlichen können folgende Motive für das Engagement westlicher Firmen angeführt werden. Als erstes ist die frühzeitige Präsenz auf einem - wenn über-

---

[3] Die Interpretation der Abb.1 hat zu berücksichtigen, daß es sich bei den Zahlen für 1991 um Daten einer anderen Qualität (Steuerdaten) als in den übrigen Jahren (Genehmigungen bzw. Registrierungen) handelt. Insofern ist nicht auszuschließen, daß der Anstieg des Jahres 1990 und damit auch der Knick zum Jahr 1991 hier relativ übertrieben dargestellt ist. Für die Feststellung des Beginns sinkender Zuwachsraten ist diese Ungenauigkeit jedoch unerheblich.

haupt - nur langfristig prosperierenden Absatzmarkt zu nennen; zu Beginn der 90er Jahre kam keines der ehemals sozialistischen Länder als wichtiger Absatzmarkt in Frage. Für Firmen, die sich von diesem Motiv leiten ließen, kam es darauf an, die zukünftigen Chancen mit einer Art Pilot-Joint-Venture aus der Nähe zu untersuchen, das Potential geeigneter Mitarbeiter zu ergründen und selbst bekannter zu werden (Bagó J. und S. Kulcsár, 1990, 59; Gabrisch H., 1991, 6).

Ein zweites und noch wichtigeres Motiv für die Gründung von Joint Ventures war das der kurzfristigen und risikoarmen Gewinnmaximierung. Die für Umbruchssituationen typischen rechtsfreien Räume und die unübersichtlichen Marktverhältnisse machten ein Engagement gerade für Improvisationskünstler und Spekulanten, die sich bei kleinen Einsätzen hohe Gewinne versprachen, äußerst lohnend. Die Bedeutung dieses Motivs für die Gründung von Joint Ventures läßt sich nicht zuletzt durch die auffälligsten Trends bei Joint Ventures erkennen: die hohe Zahl kleiner Investitionen und die überwiegende Zahl von Neugründungen (Bagó J. und S. Kulcsár, 1990, 25; Gabrisch H., 1991, 6 f.; Simai M., 1990, 7; Toldy-Ősz I., 1991, 19 f.).

Nicht zuletzt die niedrigen Lohnkosten bilden einen Anreiz gerade für arbeitsintensive Produktionen, wobei die Investoren auf eine teilweise sehr gut ausgebildete Arbeiterschaft zurückgreifen können. Auch die Arbeitsmotivation der Beschäftigten wird als überaus hoch eingeschätzt - was bei einer Arbeitslosenquote von weit über 10 % auch nicht weiter verwundert (Süddeutsche Zeitung Nr. 13 v. 18.11.1993, 16).

Gegenüber den genannten Motiven für die Entstehung von Joint Ventures spielen andere, in der Literatur häufig angeführte Aspekte, wie der Zugang zum sowjetischen Markt, bei der Niederlassung amerikanischer oder japanischer Firmen die Funktion Ungarns als Sprungbrett für Exporte in die EG, oder etwa die Gründung von Joint Ventures als steuerliche Hilfe für einen ungarischen Handelspartner zumindest aktuell nur noch eine marginale Rolle (Gabrisch H., 1991, 6 f.).

Eine Reihe von Faktoren behindern die langfristige Kalkulierbarkeit der Erfolgsmöglichkeiten einer Direktinvestition in Ungarn und führen deshalb zu einer Betonung der kurzfristigen Gewinnmaximierung. Zu nennen wären hier unter anderem:

a) das Motivationsproblem. In der Literatur wird das bisherige Fehlen eines vielseitig strukturierten privaten Sektors dafür verantwortlich gemacht, daß bei den ungarischen Partnern z. T. ein sehr kurzfristiges, z. T. an bürokratischen Strukturen orientiertes Rentabilitätsdenken vorherrscht, das zu Reibungen mit dem ausländischen Partner führen kann und damit eine dauerhafte Perspektive gemeinsamen Wirtschaftens behindert. Auch das Verhalten der Banken wird von Investorenseite oft als träge und ineffektiv kritisiert (Gabrisch H., 1991, 7 f.; Jahrbuch Ost-Wirtschafts-Report 1991, 79; Süddeutsche Zeitung Nr. 13 v. 18.11.1993, 16).
b) das Absatzproblem. Die tiefe Rezession, in die Ungarn nach der Abschaffung der Planwirtschaft stürzte, ließ das Marktvolumen sowohl im Lande selbst als auch - wenn man die alte Exportorientierung auf den RGW miteinbezieht - in

den anderen ehemals sozialistischen Ländern schrumpfen. Da zumindest kurzfristig keine fundamentale Besserung der Wirtschaftslage zu erwarten ist, bleibt dieses Problem vor allem für die Außenhandelsfirmen, die mehr als ein Drittel aller Joint Ventures ausmachen, und für die Produktionsbetriebe unter den Joint Ventures auch in Zukunft bestehen (Gabrisch H., 1991, 8, 15; Jahrbuch Ost-Wirtschafts-Report 1991, 113 ff.).

c) das Infrastrukturproblem. Unerläßlich für die Wettbewerbsfähigkeit eines Unternehmens ist seine Präsenz am Markt und damit der Zugang zu einer ausgebauten Informations- und Transportinfrastruktur. Sowohl das desolate Telefonnetz als auch das veraltete Schienen- und Straßennetz waren in dieser Hinsicht ein oft beklagtes Hindernis für ökonomisch sinnvolles Handeln (Nádory I., 1990, IV; Jahrbuch Ost-Wirtschafts-Report 1991, 119; Hartel K., 1992, 48).

d) das Eigentumsproblem. Zwar ist es den Joint Ventures heute gestattet, Grund und Boden bzw. Gebäude zu erwerben; die unklare und widersprüchliche Privatisierungspolitik der ersten demokratisch gewählten (MDF-) Regierung hat jedoch zu einer ausgeprägten Unsicherheit hinsichtlich der heutigen und zukünftigen Besitzverhältnisse geführt, so daß ausländische Unternehmen ihr entsprechendes Engagement zurückgehalten und die endgültige Klärung der Eigentumsfragen abgewartet haben (Gabrisch H., 1991, 12; Gömbös E., 1991, 6 f.; Jahrbuch Ost-Wirtschafts-Report 1991, 118; Süddeutsche Zeitung Nr. 67 v. 20.03.1992, 34).

e) das Problem des gespaltenen Arbeitsmarktes. Darunter ist vor allem der Mangel an fähigen und motivierten Managern mit Fremdsprachenkenntnissen, aber auch an solchen Fachkräften zu verstehen, die mit neueren Technologien vertraut sind. Die ausländischen Investoren stehen vor dem Dilemma, entweder eigene Manager oder Facharbeiter nach Ungarn zu schicken bzw. den wenigen kompetenten ungarischen Managern ein entsprechend hohes Gehalt zu zahlen und damit die Lohnkostenvorteile der Produktion in Ungarn spürbar zu senken oder aber Produktivitätsausfälle zumindest in der Frühphase eines Joint Venture zu riskieren (Bagó J. und S. Kulcsár, 1990, 33 f., 42 ff.; Gabrisch H., 1991, 9, 14; Fuhrmann A., 1992, 48).

4 Von wem wurden Joint Ventures gegründet?

Sowohl bei der Anzahl der Unternehmen als auch bei den Investitionssummen ist die Verteilung der ausländischen Partner in etwa konstant geblieben. So hatten etwa Anfang 1988 von insgesamt 89 Joint Ventures jeweils 20 - also ein knappes Viertel - einen deutschen oder österreichischen Miteigentümer. Andere wichtige Herkunftsländer waren die Schweiz, die USA, Großbritannien, Schweden und Italien. Auch Ende 1990 - nach einer fast Verhundertfachung der Zahl von Joint Ventures - war eine ähnliche Zusammensetzung der ausländischen Investoren festzustellen: Jeweils ca. 25% kamen aus Deutschland und Österreich; weit dahinter folgten die USA mit etwa 6%, die Schweiz mit 5% und Italien sowie Großbritannien mit etwa 3% (Gömbös E., 1991, 4; Sebök E., ca. 1988; Ungarn Aktuell 1991, 7).

Ganz anders - und von der ökonomischen Bedeutung her einschneidender - sieht es aus, wenn man nicht die Zahl der ausländischen Investoren betrachtet, sondern die investierten Summen. Die Gesamthöhe der Auslandsanlagen in Ungarn betrug Mitte 1991 etwa 1,7 Milliarden US-$, von denen mehr als 40% allein aus den USA stammten. Erst mit großem Abstand folgten Länder wie Deutschland, Österreich und die Schweiz. Es kann zusammenfassend festgestellt werden, daß die größten und ökonomisch wichtigsten Joint Ventures von amerikanischer und auch japanischer Seite gegründet wurden (die bloße Anzahl von Joint Ventures mit japanischer Beteiligung ist hingegen sehr gering). Die vielen kleinen, vorrangig kurzfristig und mit dem Ziel der schnellen Gewinnrealisierung arbeitenden Joint Ventures hatten demgegenüber überwiegend deutsche oder österreichische Partner. Gerade bei einem solchen Typ von Unternehmen ist ja das rasche Erkennen von Marktlücken und -nischen innerhalb Ungarns wesentlich wichtiger als eine langfristig zutreffende Prognose. Daher waren für diese Joint Ventures schnell zu gewinnende, und das heißt auch räumlich nahe, Partner die erste Wahl (Die Größe 1991, 4; Gabrisch H., 1991, 13; Okolicsanyi K., 1991, 23; Veit E., 1990, 27).

Abb. 2. Komitate und Komitatshauptstädte in Ungarn

5 Standortverteilung von Joint Ventures in Ungarn

Eine Analyse von ungarischer Seite, die den Stand am Jahresende 1989 mit ca. 1 000 Unternehmen reflektiert, ergab eine Konzentration von 80% aller Joint Ventures und 75% ihres Gesamtkapitals auf die Agglomeration Budapest (Figyelő v. 20.9.1990). Nach Daten vom Jahresende 1990 (unveröffentlichte Steuerdaten), in denen insgesamt 5.348 Joint Ventures berücksichtigt worden sind und die auch den folgenden Ausführungen zugrunde liegen war dieser Anteil etwas geringer; demnach konzentrierten sich knapp 60% aller Joint Ventures auf Budapest und weitere 10% auf das Komitat Pest (vgl. Abb. 3).

Zum einen mag dieser Bedeutungsrückgang von Budapest an den hohen Mieten und Bodenpreisen liegen, die keinen Vergleich mit westeuropäischen Großstädten fürchten müssen, was zu einer Verlagerung der Neugründungen in andere Regionen geführt haben könnte. Zum anderen ist auch nicht auszuschließen, daß bei einer zunehmenden Suche nach kleinsten Marktnischen (da ja die Masse der Neugründungen aus Kleinstunternehmen besteht) auch von Budapest entfernte Räume als Standort attraktiv werden (Gabrisch H., 1991, 13; Jahrbuch Ost-Wirtschafts-Report 1991, 120).

Aufgrund der jedoch weiter bestehenden überragenden Bedeutung Budapests als Sitz von Joint Ventures soll die ungarische Hauptstadt in die folgende räumliche Analyse immer gesondert eingehen. Wirft man zunächst einen Blick auf die Standorte von Joint Ventures, unabhängig von der Anzahl der dort niedergelas-

Abb. 3. Standorte von Joint Ventures in Ungarn

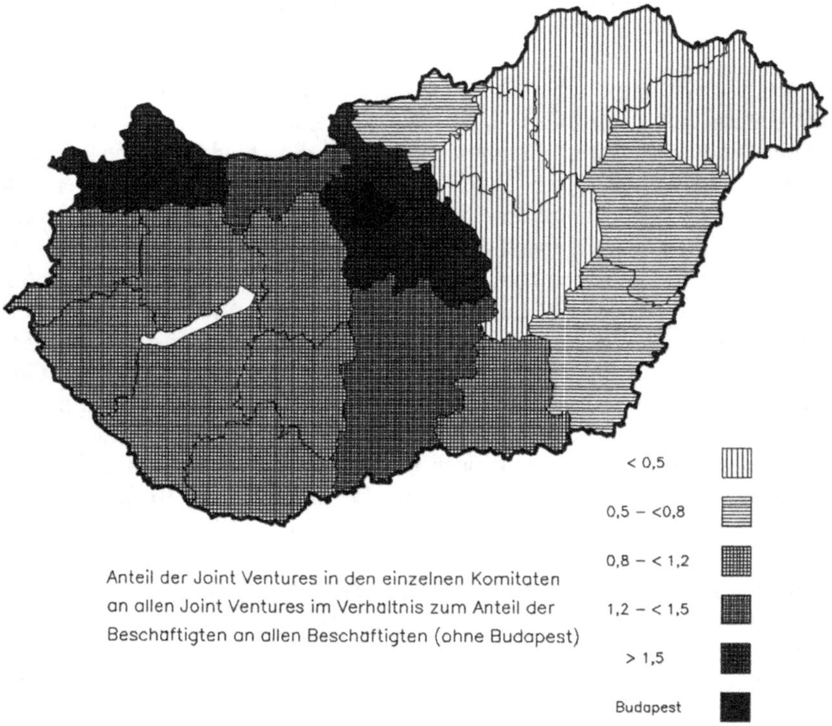

Abb. 4. Relative Joint-Venture-Dichte in Ungarn (nach Komitaten). Quelle: unveröffentlichte Steuerdaten. Stand Ende 1990

senen Unternehmen, dann fallen neben der Budapester Agglomeration drei Verdichtungslinien bzw. -räume auf (vgl. Abb. 3): die Straße Wien (bzw. Sopron)-Budapest, die Verbindung Budapest-Plattensee und der Plattensee selbst, sowie die Verteilung längs der Donau.

Um dieses recht grobe erste Bild zu präzisieren, wurde in Abb. 4 auf Komitatsebene die relative Joint-Venture-Dichte, das heißt der Anteil der Joint Ventures eines Komitats an allen Joint Ventures im Verhältnis zum Komitatsanteil der Beschäftigten (jeweils ohne Budapest), dargestellt. Diese Karte belegt erstens die bereits beschriebene Verdichtung der Joint Ventures entlang der Donau sowohl in West-Ost- als auch in Nord-Süd-Richtung; zum zweiten verdeutlicht sie das Fehlen einer herausragenden Joint-Venture-Dichte bei den Plattenseeanrainern (was wohl damit zu erklären ist, daß die hohe Joint-Venture-Dichte am Plattensee selbst durch andere, eher periphere Regionen der betreffenden Komitate kompensiert wird); und drittens bestätigt sie die deutliche Trennung Ungarns in einen West- bzw. Mittelteil mit hohen Investitionsquoten ausländischer Kapitalgeber und einen Ostteil mit eher geringer Joint-Venture-Dichte.

Betrachtet man zur weiteren Differenzierung lediglich die Orte mit mindestens 15 Joint Ventures (Abb. 5), zeigt sich zum einen eine Konzentration der Joint

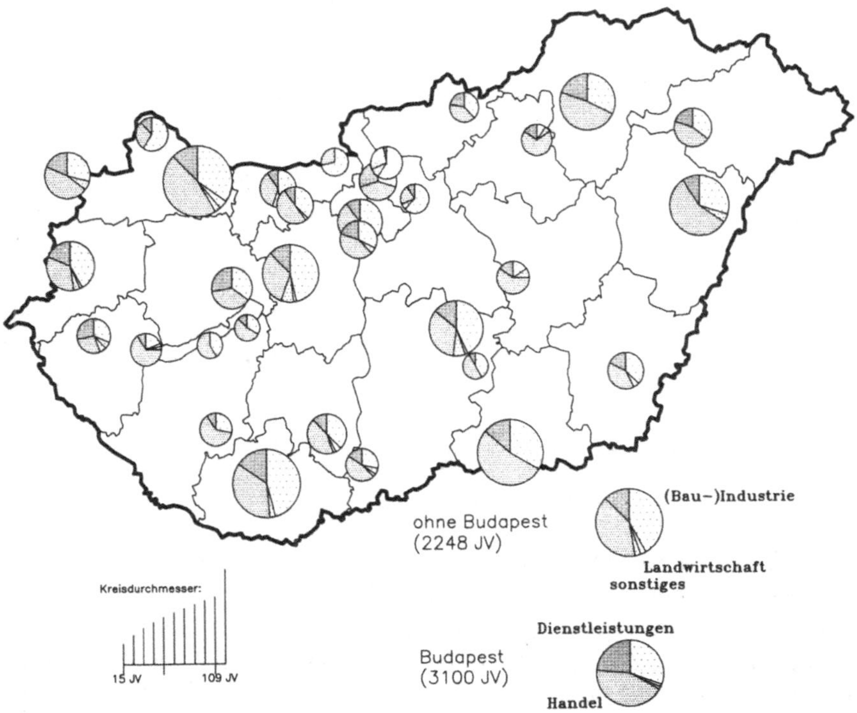

Abb. 5. Verteilung der Standorte von Joint Ventures und deren Branchenstruktur (ab 15 Joint Ventures/Ort). Quelle: unveröffentlichte Steuerdaten. Stand Ende 1990

Ventures um Budapest sowie an den bereits beschriebenen Achsen (West-Ost, Nord-Süd und am Plattensee), zum anderen treten besonders die Komitatshauptstädte und darunter gerade die größten Städte (Győr, Pécs, Szeged, Miskolc, Debrecen, Székesfehérvár oder Tatabánya) sowie noch einige konkurrierende Städte bzw. Nebenzentren (etwa Sopron oder Tata) in den Vordergrund.

Zieht man als Konzentrationsmaß innerhalb der Komitate den aus der Lorenz-Kurve gewonnenen, korrigierten GINI-Koeffizienten heran, läßt sich dieses Bild bestätigen und weiter präzisieren (vgl. Abb. 6). Der GINI-Koeffizient repräsentiert beim Wert 0 die völlige Gleichverteilung der Ausgangsdaten, beim Wert 1 hingegen die höchstmögliche Konzentration. Demzufolge entspricht dem Durchschnittswert für Ungarn ohne Budapest mit 0,7 bereits eine recht hohe räumliche Konzentration von Joint Ventures. Mit Budapest erreicht er sogar knapp 0,9.
Die höchsten Werte des GINI-Koeffizienten liegen recht eindeutig in den Komitaten mit den größten Städten vor: Baranya mit Pécs, Csongrád mit Szeged, Hajdú-Bihar mit Debrecen, daneben noch Borsod-Abaúj-Zemplén mit Miskolc, Fejér mit Székesfehérvár und Győr-Sopron mit Győr. Eine gewisse Ausnahme stellt hier das Komitat Vas mit Szombathely dar. Am anderen Ende der Skala befinden sich neben dem hauptortlosen Komitat Pest die eher kleinststädtisch strukturierten Komitate Nógrád, Szabolcs-Szatmár, Békés, Szolnok, Somogy und als ein

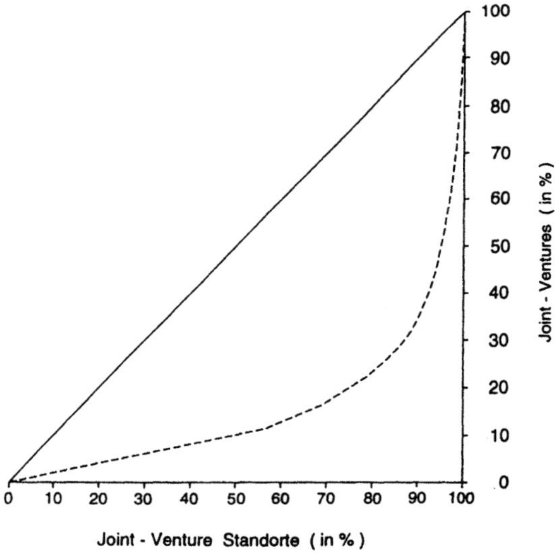

Abb. 6. Verteilung der Joint Ventures in Ungarn auf die einzelnen Standorte (ohne Budapest) - Lorenzkurve, Korrig. Gini-Koeffizient = 0,695

gewisser Sonderfall Veszprém (vgl. Abb. 7).

Festzuhalten bleibt also eine abgestufte Konzentration von Joint Ventures erstens auf Budapest und seine Agglomeration, zweitens auf die bedeutendsten Nebenzentren des Landes, drittens entlang der wichtigsten Verkehrsachsen und viertens auf den westlichen Landesteil.

6 Arten und Branchenverteilung der Joint Ventures in Ungarn

Um die Ergebnisse auch in Beziehung zur ökonomischen Struktur des Landes insgesamt setzen zu können, sei zunächst ein kurzer Blick auf die Unternehmensentwicklung und die Branchendifferenzierung geworfen.

Untersucht man die Branchenstruktur Ungarns, d. h. die Verteilung der Beschäftigten auf einzelne Unternehmenssparten insgesamt, so ergibt sich folgendes Bild (vgl. Abb. 8)[4]: In Budapest arbeiteten 1989 jeweils ca. 35% der Beschäftigten in der Industrie und im Dienstleistungssektor, daneben jeweils ca. 15% im Handel und in sonstigen Branchen (wie Wasserwirtschaft, Post oder Transport und Verkehr). Die entsprechende Verteilung in den Komitaten weicht von diesen Werten im wesentlichen darin ab, daß dort mehr als 20% der Beschäftigten in der Landwirtschaft, aber weniger als 20% im Dienstleistungssektor arbeiteten. Diese Branchenstruktur der ungarischen Provinz ist selbstverständlich nicht

[4] Abb. 8 und 10 liegen Clusteranalysen zugrunde.

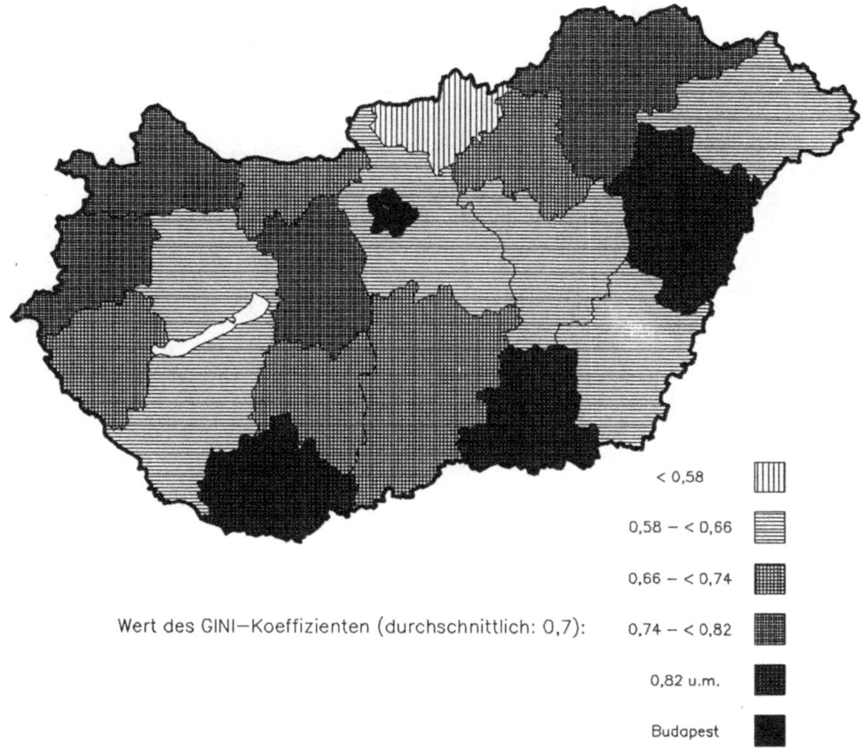

Abb. 7. Joint-Venture-Konzentration in Ungarns Komitaten (korrigierter GINI-Koeffizient)

durchgängig gültig. Betrachtet man die einzelnen Komitate gesondert, so ergibt sich folgendes Bild: Entlang der Nordgrenze bzw. entlang der Mittelgebirge zieht sich ein Streifen von industriell dominierten (das sind: Borsod-Abaúj-Zemplén, Nógrád, Komárom und Fejér) oder zumindest weitestgehend Durchschnittswerte erreichenden Komitaten (wie Heves, Győr-Sopron, Veszprém und Zala). Dieser Streifen wird nur von dem landwirtschaftlich strukturierten Komitat Pest unterbrochen. Der Rest des Landes ist vorrangig agrarisch strukturiert, mit Ausnahme der Komitate Baranya und Csongrád, in denen die Städte Szeged und Pécs sowie der Bergbau in Komló (bei Pécs) eine entscheidende Rolle spielen.

Widmet man sich nun der Zunahme von Unternehmen im letzten Quartal 1990 und den ersten zwei Quartalen 1991 (Abb. 9) und vergleicht man diese Entwicklung mit der Branchenstruktur (Abb. 8), so ergibt sich folgendes Resultat: In den ökonomisch besser entwickelten, sekundär und tertiär geprägten Komitaten gibt es die höchsten Quoten von Unternehmensneugründungen, während diese Zahlen in den agrarischen Regionen eher gering ausfallen. Als Beispiele für den ersten Fall wären etwa die Komitate Zala, Veszprém, Fejér oder Győr-Sopron zu nennen, aber auch Baranya und Csongrád, für den zweiten Fall Vas, Somogy und Tolna oder Szolnok und Békés.

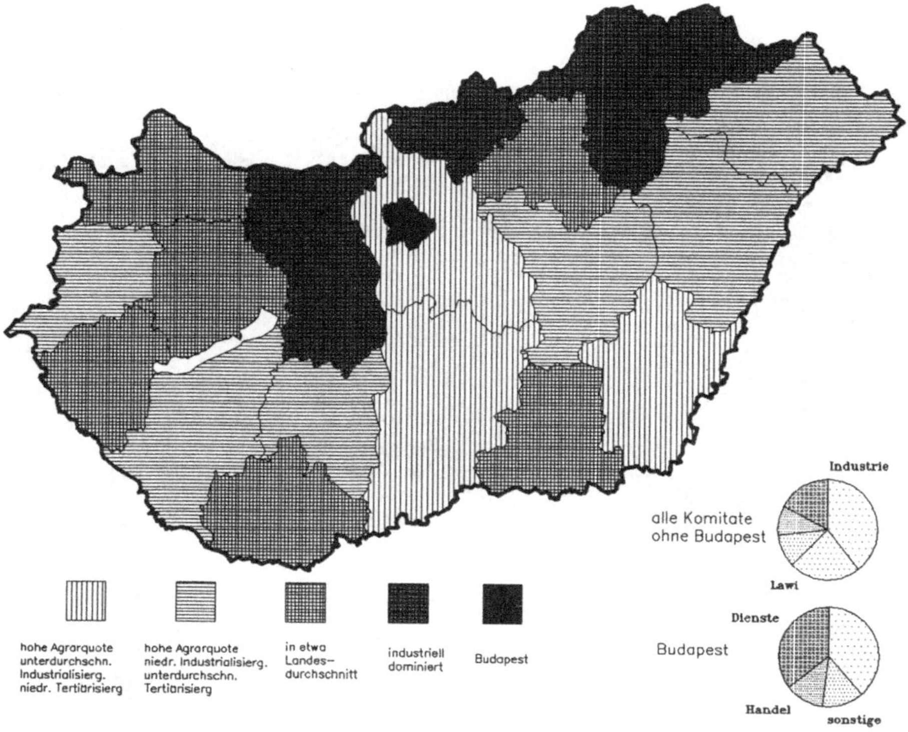

Abb. 8. Branchenstruktur in Ungarn (auf Komitatsebene) (Quelle: Statisztikai Évkönyv 1989; Területi Statisztikai Évkönyv 1989)

Zugleich sind aber wichtige Abweichungen von der beschriebenen Tendenz nicht zu übersehen: Zum einen wäre das Komitat Borsod-Abaúj-Zemplén zu nennen, in dem aufgrund der Depression der Schwerindustrie und daraus folgend der gesamten regionalen Ökonomie bei den Unternehmenszahlen nur unterdurchschnittliche Zuwachsraten festzustellen sind. Die zweite wichtige Ausnahme sind die Komitate Bács-Kiskun und v. a. Pest. Gerade hier dürfte die oben erwähnte Verortung der vielen Joint Ventures (vgl. Abb. 4) ein wichtiger Faktor für den steilen Anstieg von Firmengründungen sein.

7 Struktur der gegründeten Joint Ventures

Als eine von mehreren Entwicklungen ist die Schwerpunktverlagerung zu Klein- und Kleinstunternehmen hin festzustellen. So belief sich Ende 1990 bei zwei Drittel aller Joint Ventures das durchschnittlich investierte Auslandskapital auf weniger als 1 Mio Forint oder 20.000 DM. Im Jahre 1989 entfielen allein 23% aller Investitionen kleiner Firmen auf Joint Ventures. Zum anderen - und mit dem Sinken der durchschnittlichen Unternehmensgröße (sowohl was das Eigen-

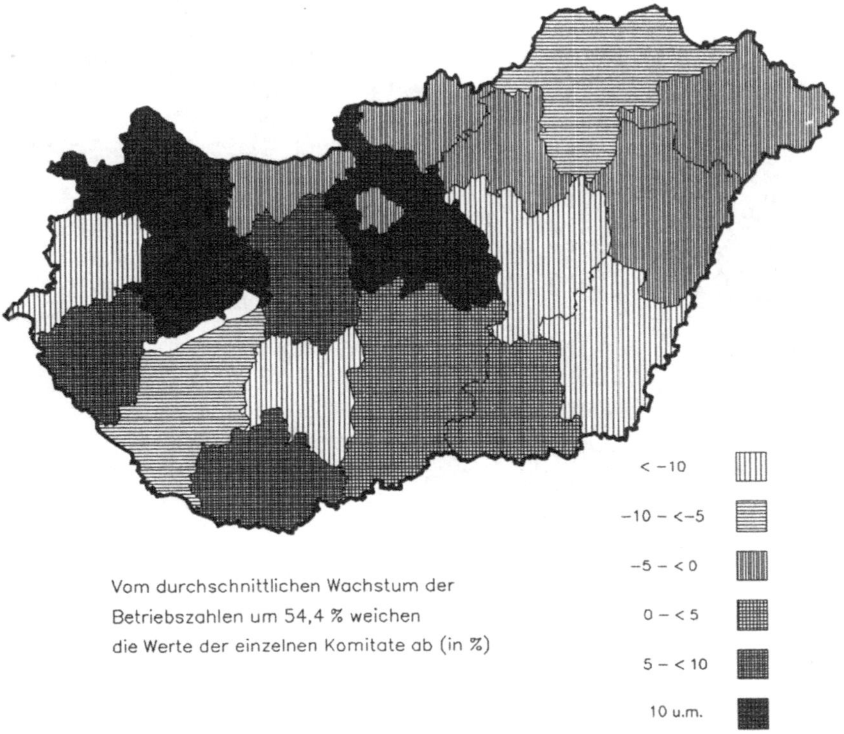

Abb. 9. Zunahme der Betriebe in Ungarn (nach Komitaten) vom 30.9.1990-30.6.1991 (Quelle: KSH Névjegyzék 1990/91)

kapital als auch was die Beschäftigtenzahl betrifft) eng verbunden - ist eine deutliche Verschiebung der Branchenstruktur von Joint Ventures zu konstatieren. Während bis 1988 das Hauptinteresse ausländischer Investoren bei der Industrie lag, dominiert ab 1989 der Tertiäre Sektor. Im Jahre 1989 wurden nur noch 39% der neu gegründeten Joint Ventures mit 47% des in diesem Jahr investierten Kapitals in der Industrie (mit dem Schwerpunkt Maschinenbau) registriert. Über 60% aller neuen Joint Ventures mit mehr als der Hälfte des ausländischen Kapitals wurden hingegen im Tertiären Sektor registriert, wobei der größte Anteil auf den Handel entfiel. So wurden im Jahre 1989 nicht weniger als 40% aller inländischen Investitionen im Handels- und Vertriebswesen durch Joint Ventures getätigt (Gabrisch H., 1991, 13).

Der Staat versuchte, diese Entwicklung zu bremsen, indem das System der Steuererleichterungen für Joint Ventures ab 1.1.1991 modifiziert wurde. Danach erhalten nur noch solche Joint Ventures Steuererleichterungen, die zwei Bedingungen erfüllen. Zum einen muß die ausländische Beteiligung mindestens 30% betragen und einen Wert von mehr als 50 Mio Forint oder 1 Mio DM aufweisen. Zum anderen gelten die Steuererleichterungen nur für solche Joint Ventures, die

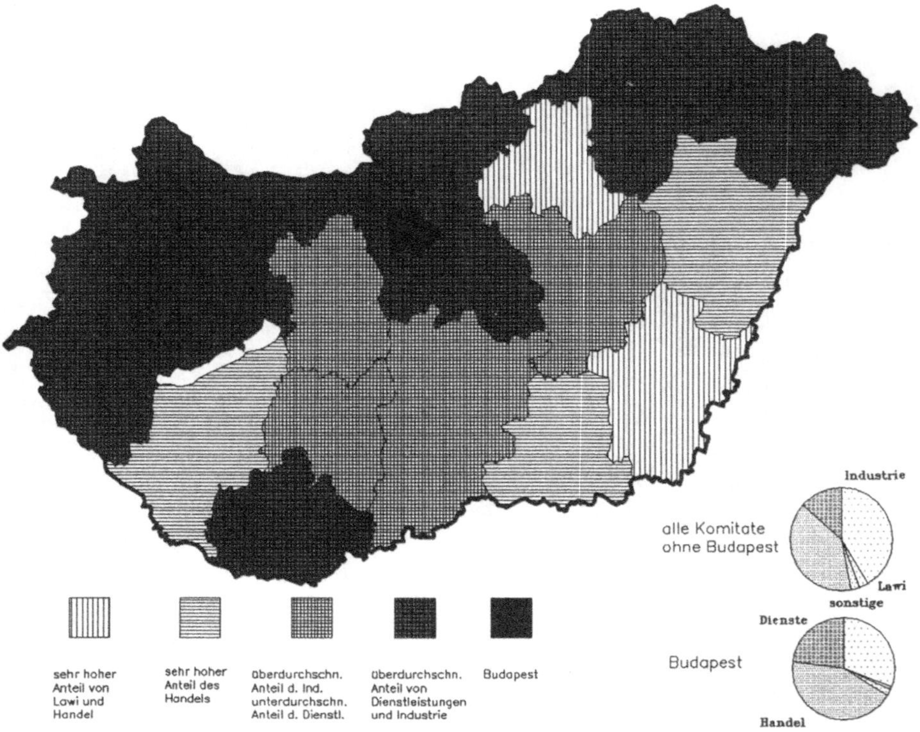

Abb. 10. Branchenstruktur der Joint Ventures in Ungarn (Komitatsebene) . Quelle: unveröffentlichte Steuerdaten. Stand Ende 1990

entweder ein selbst errichtetes Hotel führen oder wenigstens 50% ihrer Einnahmen aus dem Absatz von selbstproduzierten Waren beziehen. Auf diese Art und Weise sollen v. a. größere Investitionen und solche in die Industrie gefördert werden. Es ist zumindest teilweise als Erfolg dieser Politik zu werten, daß 1993 der Anteil von Investitionen in die Industrie ca. 65% betrug. (Gabrisch H., 1991, 14 f.; Toldy-Ösz I., 1991, 20 f.; Napi Világgazdaság Nr. 198 v. 28.08.1993, 1). Wie der Abb. 10 zu entnehmen ist, nahm sowohl in Budapest als auch in den Komitaten der Handel mit jeweils über 40% aller Joint Ventures die zentrale Position ein. Läßt man die Landwirtschaft und die sonstigen Branchen außer acht, so reduzierte sich der Unterschied zwischen Budapest und der "Provinz" auf die jeweilige Verteilung von Industrie und Dienstleistungen. Während in Budapest 31% der Joint Ventures in der Industrie und 23% in Dienstleistungssparten tätig waren, waren es in den Komitaten 42% bzw. 13%. Es liegt also eine Differenz von etwa 10% vor.

Zwischen den Komitaten selbst läßt sich eine deutliche Nord-Süd-Trennung feststellen, mit einem hohen Anteil von Industrie und Dienstleistungen in den nördlichen Komitaten und einer Betonung vor allem des Handels in den südlichen Komitaten. Damit entspricht die Qualität der Branchenverteilung der Joint

Ventures weitgehend derjenigen aller Unternehmen (vgl. Abb. 8). Drei wichtige Ausnahmen sind jedoch zu erwähnen, nämlich die Komitate Vas, Pest und Heves. In den eher ländlich strukturierten Komitaten Vas und Pest zeigten die Joint Ventures eine recht auffällige und gegenüber dem Landesdurchschnitt positiv abweichende Schwerpunktsetzung in den Bereichen Industrie und Dienstleistungen. Während im Komitat Pest eindeutig die Auswirkungen der Nähe von Budapests festzustellen sind, spielte im Fall des Komitats Vas die Lage an der österreichischen Grenze mit entsprechender Nachfrage ausländischer Kunden v. a. nach Dienstleistungen wie Zahnärzten, Friseuren etc. oder Produkten der Textilbranche und des metallverarbeitenden Gewerbes eine wichtige Rolle.

Der Fall des Komitats Heves ist schwerer zu analysieren. Eventuell könnten hier Auswirkungen der alten politischen Situation des Komitats von Bedeutung sein. So war dieses Komitat die wichtigste Bastion orthodoxer, konservativer Parteiströmungen innerhalb der USAP, die das Zuströmen ausländischen Kapitals sehr argwöhnisch betrachteten und im Genehmigungsverfahren äußerst restriktiv behandelten. Einzig Investitionen in die völlig unproduktive Branche des Handels scheinen zugelassen worden zu sein. Von diesem Blickwinkel aus hängt auch die Struktur der Joint Ventures im Komitat Baranya nicht nur mit der dortigen Branchenstruktur insgesamt zusammen, sondern ist zudem Ausdruck von dessen Vorreiterrolle im Bereich ökonomischer und politischer Liberalisierung.

Betrachtet man die Verteilung der einzelnen Branchen von Joint Ventures nicht nur auf die Komitate, sondern auch auf die wichtigsten Standorte (Abb. 5), ergibt sich folgendes Bild. Vor allem an kleinen Standorten und in Ostungarn dominiert der Handel, um Budapest herum und in den westungarischen größeren Städten (v.a. Pécs und Székesfehérvár) die Industrie, und im westlichen Grenzgebiet, wie auch in Budapest, haben die Dienstleistungen - im Vergleich zum Durchschnitt - die höchste Bedeutung.

8 Zusammenfassung

Zur regionalen wie gesamtökonomischen Bedeutung von Joint Ventures ist festzustellen, daß in Ungarn die übergroße Mehrzahl der Joint Ventures in der ersten Hälfte der 90er Jahre wenig Mitarbeiter und wenig Stammkapital hatte, sie war interessiert an kurzfristiger Gewinnmaximierung und aktiv in unproduktiven Bereichen. Ihre Standorte orientierten sich am aktuellen ökonomischen Entwicklungsstand und verstärkten dadurch die Diskrepanzen zwischen einzelnen Standorten wie auch Regionen. Insgesamt trugen sie nur wenig zu einer fundamentalen Weiterentwicklung und Modernisierung der ungarischen Wirtschaft bei.

Am günstigsten sind die Gründungen von Zuliefer- und Ersatzteilfabriken internationaler Automobilkonzerne einzuschätzen, mindern sie doch zumindest regional die hohe Arbeitslosigkeit.

Die geradezu euphorischen Erwartungen ungarischer Politiker, ja der ungarischen Bevölkerung insgesamt, die ausländischen Direktinvestitionen könnten als

Motor der Umgestaltung und Entwicklung in der Gesamtwirtschaft wirken, haben sich als illusorisch erwiesen. Joint Ventures sind gewinnorientierte Unternehmen wie andere auch; sie können Wirtschaftspolitik und ökonomische Entwicklungs- bzw. Strukturplanung nicht ersetzen. Es bleibt zu hoffen, daß mit der eingetretenen Enttäuschung eine nüchterne Einschätzung und Bewertung der Qualität und Funktion von Joint Ventures im Transformationsprozeß einhergehen wird. Die vorgestellten Hypothesen mögen ein Beitrag dazu sein.

Literatur

Bagó, J. and S. Kulcsár (1990): Experience with the Establishment and Operation of Industrial Joint Ventures. In: Hernadi A. (ed.): Foreign Direct Investments and Joint Ventures in Hungary: Experience and Prospects. Trends in World Economy 64, Budapest, 23-68.

Bedingungen für das Wirken von Auslandskapital in Ungarn. In: Newsletter (1989), 1 (1), 2-8.

Delegierte der Deutschen Wirtschaft (1991): Neuerungen im ungarischen Wirtschaftsrecht. Budapest.

Die Größe des in Ungarn angelegten Auslandskapitals. In: Newsletter Ungarn 1991, 3 (3), 4.

Einheitlicher Text des Gesetzes XXIV aus dem Jahre 1988 über die Anlagen von Ausländern in Ungarn mit den inzwischen eingetretenen Änderungen und Ergänzungen (1991). Budapest (Newsletter-Sonderausgabe 1/1991).

Figyelő Nr. 38 v. 20.9.1990.

Fuhrmann, Alexander: Gesucht: Manager für Ungarn. In: Süddeutsche Zeitung Nr. 95 v. 24.4.1992, S.48 (Beilage)

Gabrisch, H. (1991): Schwierigkeiten bei der Gründung von Joint Ventures in Osteuropa. Wiener Institut für Internationale Wirtschaftsvergleiche. Forschungsberichte 171. Wien.

Gesetz Nr. VI vom Jahre 1988 über die Wirtschaftsgesellschaften. In: Hungaropress Wirtschaftsinformationen - Sonderausgabe. Budapest, 1988.

Gesetz Nr. XIII vom Jahre 1989 über die Umgestaltung von wirtschaftenden Organisationen und Wirtschaftsgesellschaften. In: Hungaropress Wirtschaftsinformationen - Sonderausgabe. Budapest, 1989.

Gömbös, E. (1991): Joint Ventures in Hungary - Steady Expansion. Wien (IBR-Newsletter 21).

Hartel, Kurt: Mit Phantasie zu neuem Mittelstand. In: Süddeutsche Zeitung Nr. 95 v. 24.4.1992, S.48 (Beilage)

Holzamer, H. H. (1990): Joint-Ventures, aus der Ferne gesteuert. In: Süddeutsche Zeitung Nr. 210 v. 12.9.1990, Beilage Ungarn, V.

Jacobsen, H. D. (1975): Die wirtschaftlichen Beziehungen zwischen West und Ost. Reinbek.

Jahrbuch Ost-Wirtschafts-Report 1991. Wien, Düsseldorf.

KSH Névjegyzék (1990/91) - Negyedévenként aktualizált számítógépes adatbázis (Központi Statisztikai Hivatal Baranya Megyei Igazgatósága 1990. III.-IV. és 1991. I.-II. negyedév). o.O.

Levcik, F. und J. Stankovsky (1977): Industrielle Kooperation zwischen Ost und West. Studien über Wirtschafts- und Systemvergleiche 8, Wien, New York.

Mentz, D. (1984): Das internationale Steuerrecht der europäischen RGW-Länder im Hinblick auf die Wirtschaftstätigkeit von Ausländern. Studien zum internationalen Wirtschaftsrecht und Atomenergierecht 71, Köln.

Nádory, I. (1990): Steuererleichterungen wecken die Investitionslust. In: Süddeutsche Zeitung Nr. 210 v. 12.9.1990, Beilage Ungarn, IV.

Napi Világgazdaság Nr. 198 v. 28.8.1993

Okolicsanyi, K. (1991): Joint Ventures Begin to Have a Significant Impact on the Economy. In: Report on Eastern Europe v. 24.5.1991 2 (21), 23-26.

Persányi, F. (1991): Zunahme der ausländischen Investitionen in Ungarn. In: Ungarische Wirtschafts-Hefte 3, 11-13.

Schenk, K. E. u.a. (1977): Industrielle Ost-West-Kooperation: Handelskorrektiv, Technologiequelle, Finanzierungshilfe. Ökonomische Studien 25, Stuttgart, New York.

Sebök, E. (ca. 1988): Joint Ventures - a Complete List (Zusammenstellung, Stand: 1.1.1988). o.O.

Simai, M. (1990): Foreign Working Capital in Hungary: Introduction and Conclusions. In: Hernadi, A. (ed.): Foreign Direct Investments and Joint Ventures in Hungary: Experience and Prospects. Trends in World Economy 64, 7-21.

Statistisches Bundesamt (Hrsg.) (1987): Statistik des Auslandes. Länderbericht Ungarn 1987. Stuttgart, Mainz.

Statisztikai Évkönyv 1989 (Hrsg. Központi Statisztikai Hivatal): Budapest 1990.

Statisztikai Havi Közlemények 5/1994

Süddeutsche Zeitung, div. Ausgaben

Területi Statisztikai Évkönyv 1989 (Hrsg. Központi Statisztikai Hivatal). Budapest 1990.

Toldy-Ösz, I. (1988): Die ersten neun Monate des Joint Venture-Clubs. In: Ungarische Wirtschafts-Hefte 1, 42-45.

Toldy-Ösz, I. (1991): Joint Ventures können ohne Genehmigung gegründet werden. In: Ungarische Wirtschafts-Hefte 1, 19-21.

Ungarn Aktuell (1991): Licht am Ende des Tunnels: Hoffnungsträger Außenhandel. Länderanalysen der Frankfurter Allgemeine Zeitung GmbH Informationsdienste, Frankfurt.

Veit, E. (1990): Ungarn. In: Wirtschaftsverkehr Ausland, August/September 1990; Länder und Märkte 4.

Abstract

Significance and Regional Distribution of Joint Ventures in Hungary

Due to the transformation from a planned to a market economy, the number of joint ventures has been steadily increasing in Hungary. The inflow of foreign capital promotes the integration of the national economy into the world economy. Moreover, the structure of recently founded joint ventures represents the special quality of this integration: They consist mainly of small enterprises which operate in small market segments of distribution and service. Furthermore, they are more interested in short-term profit-maximizing than in developing long-term structures of production and sale. Until now, Hungarian economic policy has failed in modifying this structural development in favour of productive branches.

Raum und Gesellschaft Ungarns in der Übergangsphase zur Marktwirtschaft

Zoltán Cséfalvay
Forschungsinstitut der Ungarischen Nationalbank. Szabadság tér 8/9, H-1850 Budapest, Ungarn

1 Die Grundzüge der gegenwärtigen Umstrukturierung der Wirtschaft und des Arbeitsmarktes in Ungarn

Auf Grund der frühzeitigen Entfaltung des Privatsektors innerhalb der Planwirtschaft bildete sich in Ungarn in den 80er Jahren ein spezielles Wirtschaftssystem heraus, das man als dual bezeichnen kann. Die Arbeitnehmer haben sich im Sinne einer ökonomischen Rationalität auf die Spaltung des Arbeitsmarktes in einen staatlichen und einen "quasi-privatwirtschaftlichen" Bereich eingestellt und damit die Vor- und Nachteile beider Teilmärkte in ihrem Verhalten berücksichtigt. Ein weiteres Spezifikum stellt die enge, komplexe Verzahnung beider Teilmärkte dar.[1]

Im Verlauf der gegenwärtigen Transformation der Wirtschaft und Gesellschaft wird dieses System, - wie die Abbildung 1 graphisch darstellt, - durch zwei Prozesse abgelöst.[2] Einerseits sind sowohl im verstaatlichten Sektor als auch im "quasi-privatwirtschaftlichen" Bereich des Arbeitsmarktes Auflösungstendenzen zu beobachten. Andererseits erfolgt eine generelle Entkoppelung des staatlichen und privaten Teilarbeitsmarktes voneinander.

Im verstaatlichten Sektor können vier Gruppen von Betrieben unterschieden werden, nämlich:

- die Produktionszweige und Betriebe, welche wegen ihrer Ineffizienz und geringen Produktivität aufgelöst werden,
- die Unternehmen mit großer Instabilität, deren Schließung nur durch massive staatliche Investitionen verzögert wird,
- die bereits stabilisierten staatlichen Betriebe sowie

[1] Aus diesem Grund können die in westlichen Ländern etablierten Segmentationstheorien (Doeringer P. B. and M. J. Priore 1971; Sengenberger W. 1978), in denen die Segmente des Arbeitsmarktes per definitionem streng voneinander getrennt sind, für diesen Zeitraum nicht unmittelbar zur Beschreibung der ungarischen Verhältnisse herangezogen werden. Im einzelnen ist die Segmentierung des Arbeitsmarktes in Ungarn ein recht komplexes System, in dem sich mehrere Teilarbeitsmärkte überlagern (vgl. CSÉFALVAY Z. und W. ROHN, 1991).

[2] Der Transformationsprozeß der Wirtschaft und des Arbeitsmarktes läßt sich in Ungarn anhand eines fünfstufigen Modells beschreiben (vgl. Cséfalvay Z., 1991).

- **Betriebe, die im Zuge des staatlich forcierten Abbaus des Staatseigentums bereits an Private, infolge des Mangels an ungarischem Privatkapital, vorwiegend ausländischer Herkunft verkauft werden.**

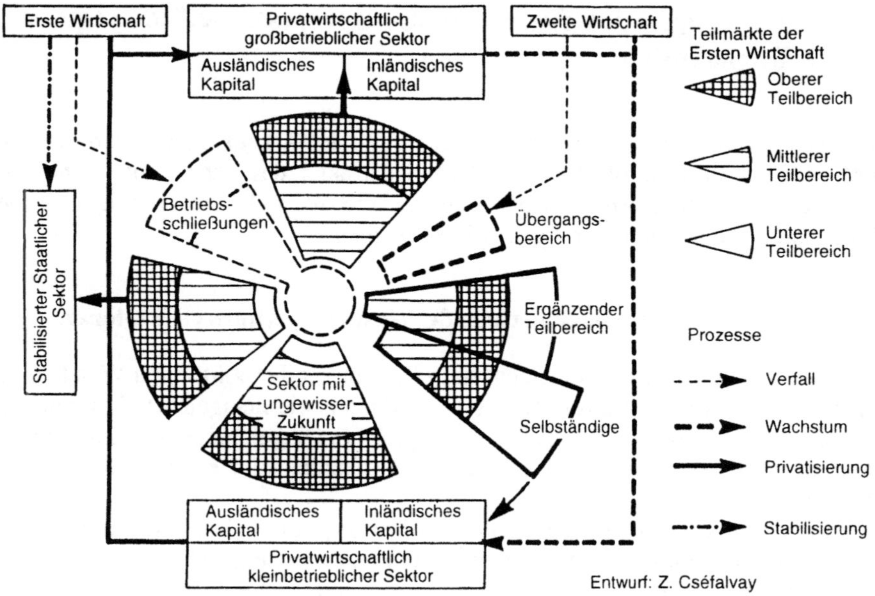

Abb. 1. Das Modell der gegenwärtigen Umstrukturierung des Arbeitsmarktes und der Ökonomie in Ungarn. Entwurf: Z. Cséfalvay

Auch innerhalb des "quasi-privatwirtschaftlichen" Wirtschaftsbereiches kommt es zu Auflösungstendenzen. Zum einen vollzog sich im Zeitraum von 1987 bis 1990 eine starke Umstrukturierung von den früheren "quasi-privatwirtschaftlichen" Organisationsformen zu den neuen effizienteren und echten privatwirtschaftlichen Organisationsformen.[3] Andererseits müssen sich die Erwerbstätigen mit einem doppelten Verdienst (teils in Staatsbetrieben, teils im privaten oder quasi-privaten Bereich) nun entscheiden, ob sie im privaten oder in dem noch verbleibenden Rest des staatlichen Sektors arbeiten wollen, so daß viele "Doppelexistenzen" aufgegeben werden müssen.

Im Rahmen dieser Transformationsprozesse entsteht derzeit in Ungarn ein neuer wirtschaftlicher Dualismus, nämlich ein dualer Arbeitsmarkt mit einem staatlichen und einem privaten Segment. Die Privatwirtschaft wird eine weitere Aufgliederung in ein großbetrieblich strukturiertes Teilsegment in überwiegend

[3] Im Zeitraum zwischen 1988 und 1990 sank die Zahl der früher eng mit der staatlichen Wirtschaft verknüpften "quasi-privaten" Organisationsform der innerbetrieblichen wirtschaftlichen Arbeitsgemeinschaften von 8.032 auf 264, hingegen ist im selben Zeitraum die Zahl der GmbH's von 451 auf 18.317 gestiegen (Cséfalvay Z. und A. Nikodémus 1991, 20).

ausländischem Besitz und in ein von ungarischen Klein- und Mittelbetrieben dominiertes Teilsegment erfahren.

2 Auswirkungen des Transformationsprozesses auf die regionalen Disparitäten

Die Transformationsprozesse der Wirtschaft und des Arbeitsmarktes verursachen tiefgreifende Veränderungen in der Regionalstruktur des Landes, die sich u. a. auf die zentral-peripheren Disparitäten, die Ost-West-Differenzierung und die innerstädtische Differenzierung auswirken werden.

2.1 Auflösungstendenzen innerhalb der einstigen peripheren Regionen

Die unterentwickelten Regionen hatten in Ungarn vor der politischen Wende eine ziemlich homogene Struktur, die durch Merkmale wie mangelhafte kommunale Infrastruktur, großes Arbeitsplatzdefizit, periphere Lage innerhalb des Landes bzw. innerhalb der Komitate und niedrige Bevölkerungsdichte etc. charakterisiert werden konnte.

Infolge des Niedergangs des staatlichen Sektors, des Aufschwungs der Privatwirtschaft, der Verbreitung marktwirtschaftlicher Bedingungen und Einflüsse sowie der Prozesse der Entindustrialisierung und Tertiärisierung wird dieses relativ homogene Bild nun durch eine komplexere Struktur der regionalen Ungleichheiten abgelöst. Diese Differenzierung führt zur Herausbildung folgender Typen von Problemgebieten

- altindustrialisierte Gebiete,
- strukturschwache Regionen,
- Agrargebiete und
- traditionelle periphere Regionen.

Im Zuge der Differenzierungsprozesse ist die Entstehung der industriellen Krisengebiete das auffallendste Phänomen. Das räumliche Muster der altindustrialisierten Gebiete sowie der krisenanfälligen Kleinregionen soll hier nach dem Stand im Jahre 1991 anhand der Abb. 2 dokumentiert werden. Die Typisierung erfolgt durch folgende Merkmale: regionale Dominanz (Monostruktur) einzelner Industriezweige, Verhältnis der wirtschaftlichen (finanziellen) Aufwendungen und der Erträge in der staatlichen Industrie, Arbeitslosigkeit, Entwicklungsgrad des Privatsektors sowie die geschätzte, kurzfristige Marktposition der staatlichen Betriebe.

Hinsichtlich der Art der Krise (vorübergehende, konjunkturelle oder tiefgreifende, strukturelle Krise) sowie der räumlichen Erscheinungsform der Krise lassen sich die industriellen Problemgebiete in drei Gruppen gliedern, nämlich:

- Krisengebiete (besonders Klein- und Mittelstädte), in denen Betriebe, die einen Monopolstatus in der Beschäftigung der Region hatten (z.B. Ózd), aufgelassen werden.
- Krisengebiete (besonders Mittelstädte), in denen wegen konjunktureller und struktureller Krisen verschiedene Betriebe zum gleichen Zeitpunkt (z.B. Salgótarján) schließen
- Gebiete (Kleinregionen), die im Zuge der Schließung ineffizienter Zweigbetriebe im ländlichen Raum eine zusammenhängende Krisenzone darstellen (z.B. Komitat Szabolcs-Szatmár-Bereg).

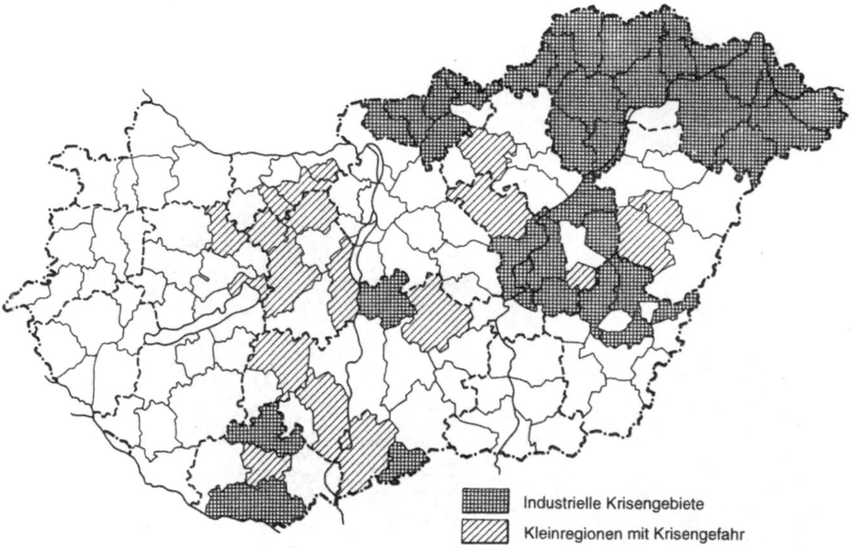

Abb. 2. Die industriellen Krisengebiete in Ungarn 1991.
Quelle: Informationsdienst des Ministeriums für Industrie und Handel der Republik Ungarn.

2.2 Die zunehmende Ost-West Differenzierung

Eine stark ausgeprägte Ost-West Differenzierung ist ein traditionelles Merkmal in der Raumstruktur der ostmitteleuropäischen Staaten. Diese ist allerdings in den letzten Jahrzehnten durch die zentral gesteuerte Regional- und Industriepolitik, welche den neuen Zentren und den zentralen Orten mittlerer Stufe den Vorrang gegeben hat, erheblich modifiziert worden. Im Zuge des ökonomischen Wandels und der Entfaltung der Privatwirtschaft gewinnt nun die Ost-West-Differenzierung wiederum eine neue Bedeutung, wobei in Ungarn drei Prozesse

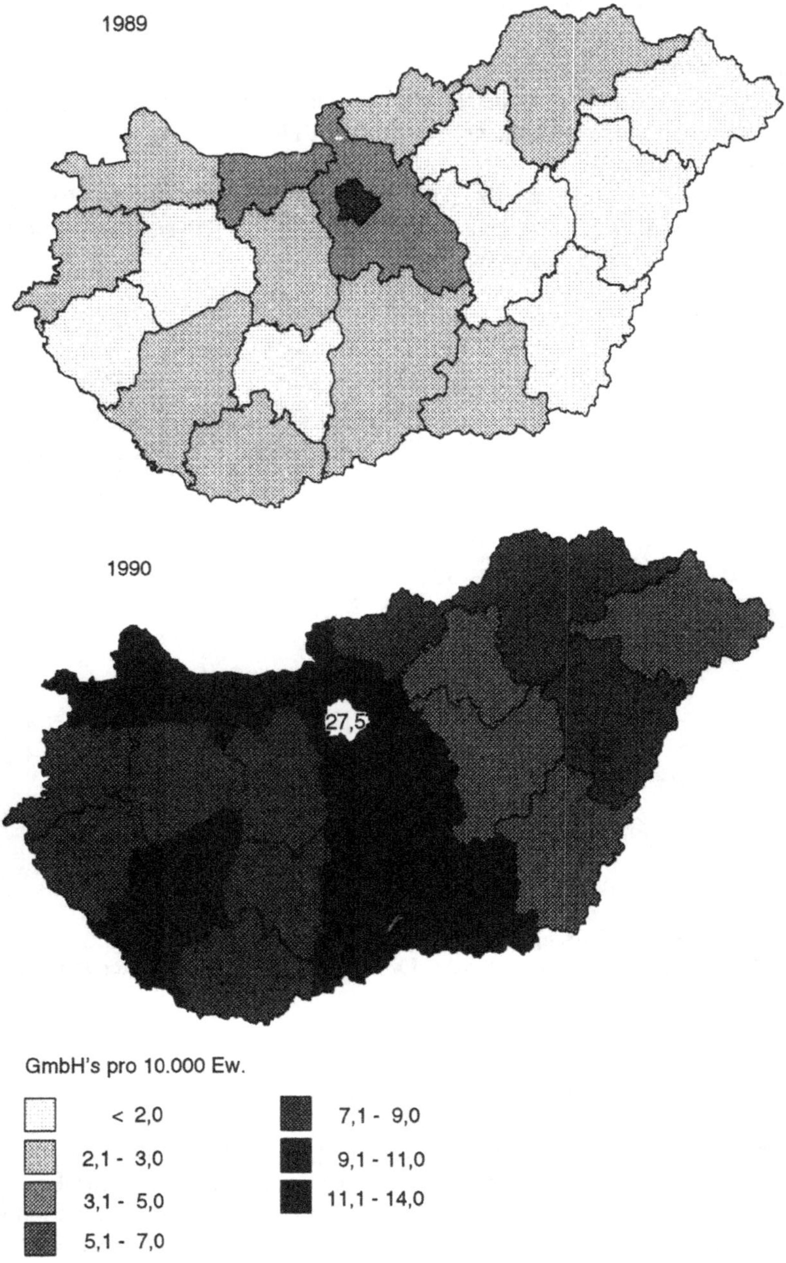

Abb. 3. Die räumliche Verbreitung der Privatwirtschaft in Ungarn in den Jahren 1989 und 1990. Quelle: Daten von Pénzügyi Számítástechnikai Intézet

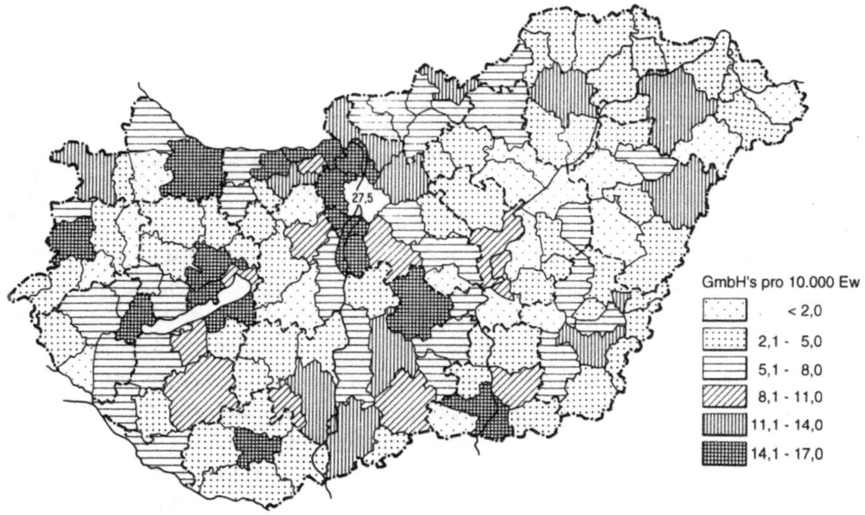

Abb. 4. Die räumliche Struktur des Privatsektors in Ungarn 1990
Quelle: Daten von Pénzügyi Számítástechnikai Intézet

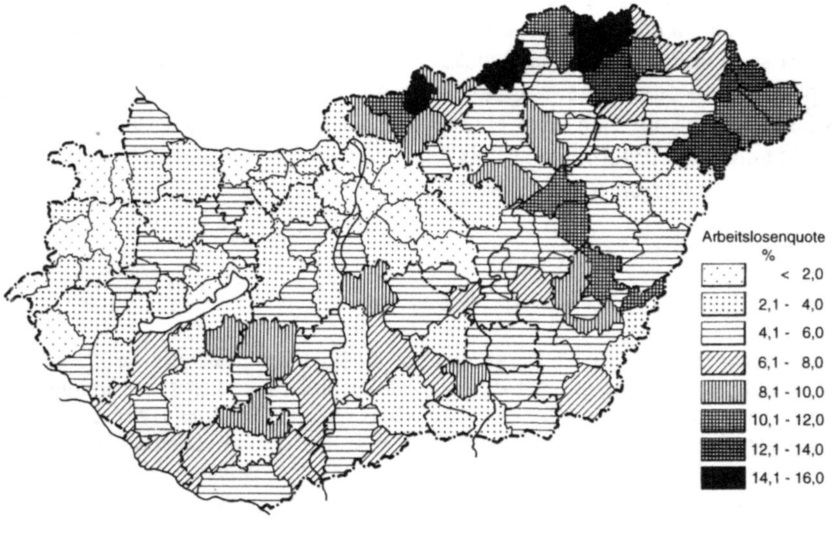

Abb. 5. Die räumliche Struktur der Arbeitslosigkeit in Ungarn
Quelle: Daten von Országos Munkaerőpiaci Központ. Stand: 22.06.1991

zu dieser Differenzierung beitragen:

- die langsame räumliche Diffusion der Privatwirtschaft von den Zentren nach Nordwest-Ungarn und Südost-Ungarn,
- die rasche räumliche Diffusion der Krise des Staatssektors von Nordost-Ungarn nach Nordwest-Ungarn und in die Zentren sowie
- die Entfaltung eines räumlich getrennten, dualen Arbeitsmarktes.

Die räumlich-zeitliche Diffusion der Privatwirtschaft, die dem klassischen, expansiven Diffusionsmodell vom Zentrum zur Peripherie (Hägerstrand T., 1968) folgt, hat in den Jahren zwischen 1989 und 1991 von der ungarischen Zentralregion (Budapest und Komitat Pest) ihren Ausgang genommen und sich dann in Richtung Nordwest-Ungarn (Komitate Komárom-Esztergom, Győr-Sopron-Moson) sowie nach Südost-Ungarn (Komitate Bács-Kiskun, Csongrád) ausgebreitet. Wie den Abb. 3 und 4 zu entnehmen ist, blieb die Dominanz der Primate City bei einem landesweit enormen Zuwachs der Zahl der GmbH's bestehen.

Ein ähnliches Verbreitungsmuster läßt sich auch im Falle der räumlichen Diffusion der "quasi-privaten" Organisationsformen feststellen.[4] Diese Parallelität bestätigt, daß die historisch persistenten Strukturen der Wirtschaft in einer engen Wechselbeziehung mit den Frühformen des Privatsektors stehen und daß beide Elemente für die gegenwärtige Entfaltung der Privatwirtschaft eine enorm große Rolle spielen. Die Abb. 4 belegt, daß es in Ungarn hinsichtlich der Entwicklung der Privatwirtschaft eine starke räumliche Dichotomie mit einer scharfen Grenze entlang der Donau gibt und daß sich in Anlehnung an das zentralörtliche System eine weitere zentral-periphere Differenzierung ergibt, die zu einer erheblichen Benachteiligung der peripheren Kleinregionen führt.

Die Fremdenverkehrsregionen und die Städte mit ausgeprägten tertiären Funktionen weisen ein hohes Entwicklungsniveau des Privatsektors auf (vgl. die starke Disparität zwischen dem hochentwickelten Südufer des Plattensees und den inneren peripheren Regionen im Komitat Somogy).[5] Die Großstädte im östlichen Teil des Landes (Miskolc, Debrecen, Nyíregyháza) weisen dagegen wesentlich niedrigere Anteile von Privatfirmen auf als die Großstädte in den westlichen und südlichen Entwicklungszonen (Győr, Pécs, Szeged).

---

[4] Im Zeitraum zwischen 1982 und 1987 hat sich die Zahl der "quasi-privaten" Organisationsformen in ganz Ungarn um 700% erhöht, infolge dieser räumlichen Ausbreitung sank der Anteil von Budapest von 47% auf 38% (Cséfalvay Z. und W. Rohn, 1991, 32).

[5] Aufgrund der gegenwärtigen Entwicklungstendenzen der Privatwirtschaft läßt sich vermuten, daß die junge Unternehmerschicht Ungarns ihre ökonomische Basis auf dem Dienstleistungssektor begründen wird. So wurden beispielsweise im Jahre 1991 60,5% der GmbH's im tertiären Sektor tätig. Diese Zahl bestätigt, daß die bereits in den 1980er Jahren einsetzende Tertiärisierung der Wirtschaft durch den Privatsektor noch verstärkt wird. Der Anteil der Beschäftigten im Dienstleistungssektor hat mit 44% schon im Jahre 1989 den Anteil der Industriebeschäftigten übertroffen (Andorka R. und I. Harcsa 1990, 91).

Tabelle 1. Regionale Merkmale des Arbeitsmarktes in Ungarn

regionaler Arbeitsmarkt	Arbeitslosenquote 01.03.1991 in %	Rückgang der Industriebeschäftigten im staatlichen Sektor 1988-1990 in %	Intensität der Privatwirtschaft GmbH's/10.000 Einwohner
TYP I. Budapest, Komitate Pest, Komárom-Esztergom	Niedrig	Hoch	Hoch
TYP II. Komitate Csongrád, Bács-kiskun, Győr-Sopron-Moson	Niedrig	Mittel	Mittel
TYP III. Komitate Vas, Veszprém, Fejér	Mittel-Niedrig	Niedrig-Mittel	Niedrig
TYP IV. Komitate Szabolcs-Szatmár-Bereg, Békés, Jásznagykun-Szolnok	Hoch	Niedrig	Niedrig

Hoch: Arbeitslosenquote (8,5-4,0%), Rückgang (85-75%), Intensität (GmbH'/10.000 Einw. 30-13).
Mittel: Arbeitslosenquote (3,9-2,6), Rückgang (99-86%), Intensität (GmbH's/10.000 Einw. 12,9-9,5).
Niedrig: Arbeitslosenquote (2,5-0,5%), Rückgang (115-100%), Intensität (GmbH's/10.000 Einw. 9,4-3,5)
Quelle: Informationsdienst des Ministeriums für Industrie und Handel der Republik Ungarn.

Parallel zum Aufschwung der Privatwirtschaft ist ein steiler Niedergang des staatlichen Sektors zu beobachten.[6] Dieser Niedergang des staatlichen Sektors führt einerseits zu einer "Peripherisierung" Ungarns innerhalb des weltwirtschaftlichen Systems andererseits auch zur Abwertung einiger Wirtschaftsstandorte innerhalb Ungarns (vgl. Makó Cs. und T. Gyekiczki, 1991). Die komplexe Struktur der äußeren und inneren Peripherisierung des staatlichen Sektors wird in der Abb. 5 durch die gegenwärtige räumliche Struktur der Arbeitslosigkeit dokumentiert.[7] Daraus ist zu entnehmen, daß vor allem zwei Gruppen von Regionen einen Bedeutungsverlust erleiden:

[6] Der Rückgang der Industrieproduktion betrug im September 1991 im Vergleich zum vergangenen Jahr rd. 17 % (Központi Statisztikai Hivatal (Hrsg.), 1991a, 59).

[7] Das Phänomen der Arbeitslosigkeit verbreitete sich im Zeitraum zwischen Herbst 1989 und Frühjahr 1991 schrittweise von Ost-Ungarn (Komitate Szabolcs-Szatmár-Bereg, Borsod-Abaúj-Zemplén) nach West-Ungarn und Budapest. Die Zahl der Arbeitslosen hat die Zahl der offenen Stellen in den Komitaten Nógrád und Heves im März 1990 über-

- die ehemaligen "Hochburgen" der staatlichen Industrie (Komitate Borsod-Abaúj-Zemplén, Veszprém, Fejér),
- die traditionellen strukturschwachen peripheren Regionen Ungarns (Komitate Szabolcs-Szatmár-Bereg, Somogy, Heves, Jásznagykun-Szolnok).

Infolge dieser gegenläufigen Verbreitungsprozesse lassen sich, wie die Tab. 1 belegt, vier verschiedene, räumlich klar getrennte Arbeitsmarkt-Typen unterscheiden. Die regionalen Arbeitsmarkttypen stellen ein breites Kontinuum dar; an dem einem Ende des Kontinuums sind die Regionen zu finden, in denen die Arbeitnehmer bewußt aus dem staatlichen Sektor ausgeschieden sind, um einen Arbeitsplatz in der Privatwirtschaft anzunehmen (Typ I), das andere Ende des Kontinuums stellen jene Komitate dar, die einen enormen Ausfall an Arbeitsplätzen des staatlichen Sektors, jedoch nur eine geringe Zunahme von Arbeitsplätzen der Privatwirtschaft verzeichnen (Typ IV).

2.3 Die Verstärkung der Primate-City Effekte

Die Primate City Budapest stellt, wie schon angedeutet wurde, den Motor der Entfaltung der Privatwirtschaft dar. Die zahlenmäßige Entwicklung der neuesten privaten Organisationsformen und der Joint Ventures zeigt den enormen Anteil von Budapest am Transformationsprozeß:

- Im Jahre 1991 waren rd. 55% der GmbH's in der Agglomeration von Budapest (inkl. Komitat Pest) konzentriert, die vergleichsweise nur ca. 28% der gesamten Wohnbevölkerung des Landes umfaßte.
- In ähnlicher Weise sind auch die Joint Ventures größtenteils auf Budapest konzentriert: im Jahre 1990 entfielen 80% der Joint Ventures auf Budapest und das angrenzende Komitat Pest; gleichzeitig sind drei Viertel des angelegten ausländischen Kapitals in diese Agglomeration geflossen (Nikodémus A. und I. Tózsa, 1991).
- Zwischen 1988 und 1991 wurden mehr als die Hälfte der gesamten, nach Ostmitteleuropa geflossenen ausländischen Kapitalinvestitionen - insgesamt 2,85 Milliarden US Dollar[8] - in Ungarn angelegt. Diese Zahlen zeigen sehr deutlich, daß es nicht nur innerhalb Ungarns sondern auch innerhalb Osteuropas eine starke räumliche Konzentration der ausländischen Kapitalinvestitionen gibt.

---

schritten, in den Komitaten Baranya und Vesztprén im September 1990, in den Komitaten Győr-Sopron-Moson und Pest im Dezember 1990 und in Budapest im April 1991 (Cséfalvay Z. und A. Nikodémus 1991, 21).

[8] Freundliche Mitteilung des Ministeriums für Internationale Wirtschaftsbeziehungen der Republik Ungarn

2.4 Die Entwicklung des privaten Sektors im Städtesystem

Durch die Entfaltung des Privatsektors entwickelte sich im ungarischen Städtesystem ein neuer Wettbewerb, wobei die Städte mit höherem zentralörtlichem Rang den größten Teil der GmbH's an sich ziehen konnten

Tabelle 2. Die Verteilung der GmbH's in Ungarn nach Siedlungstypen (Stand 1991)

Siedlungstypen	Zahl der GmbH's	in %
Budapest	17.553	46,3
Komitatshauptstädte	8.543	22,6
andere Städte	6.653	17,6
Dörfer	5.122	13,5
Ungarn gesamt	37.871	100,0

Quelle: freundliche Mitteilung des Ungarischen Statistischen Zentralamtes

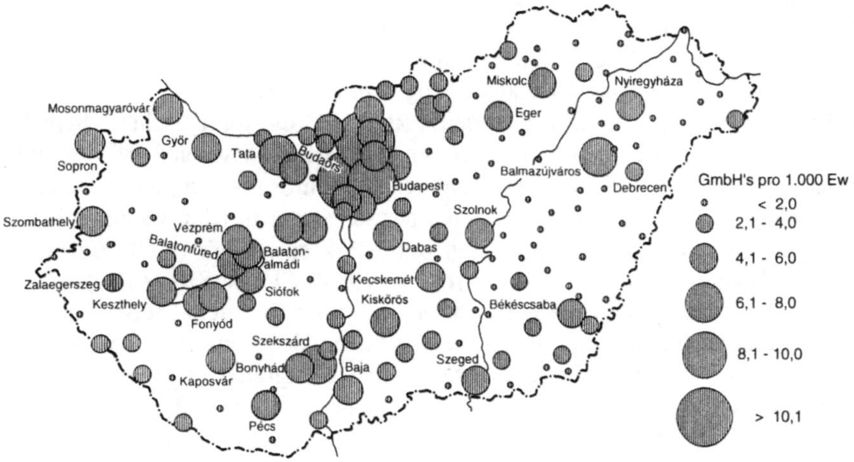

Abb. 6. Die räumliche Intensität der Privatwirtschaft im ungarischen Städtesystem
Quelle: freundliche Mitteilung von KSH, unveröffentlichte Daten. Stand: 22.12.1991

Als Gewinner des Wettbewerbs hinsichtlich der Entwicklung des Privatsektors sind folgende Städtetypen zu nennen (vgl. Abb. 6):

a) Städte mit höheren zentralörtlichen Funktionen. Da die Entfaltung des Privatsektors derzeit vorwiegend ein städtisches Phänomen darstellt, weisen die höherrangigen Zentren (insbesondere Komitatshauptstädte) den höchsten Entwicklungsgrad des Privatsektors auf. Dabei spielen sowohl die örtliche Nachfrage als auch die gut ausgerüstete Infrastruktur eine entscheidende Rolle.

b) Traditionelle Kleinstädte, die in der Zwischenkriegszeit über ein starkes autochtones Kleinbürgertum verfügten. Diese Städte wurden in der Nachkriegszeit durch eine diskriminierende Regionalpolitik gegenüber den neuen "sozialistischen Zentren" laufend benachteiligt. Ein spezielles Phänomen stellt der Gegensatz zwischen den neuen (sozialistischen) und den alten Komitatszentren dar, wie er etwa durch die Städte Kecskemét versus Baja, Tatabánya versus Esztergom, Békéscsaba versus Gyula oder Salgótarján versus Balassagyarmat repräsentiert wird. Durch die gegenwärtige Umstrukturierung der Wirtschaft bzw. durch ein Anknüpfen an die alte Tradition der Privatwirtschaft erleben diese Städte wieder eine enorme Aufwärtsentwicklung.

c) Städte, in denen in den 70er und 80er Jahren moderne Industriebetriebe angesiedelt wurden. Als Beispiele für diesen Typ können u.a. Hódmezövásárhely oder Orosháza angeführt werden. In diesen Städten fehlen zwar die bürgerlichen Traditionen, dafür bildet der große Anteil an jungen, qualifizierten Erwerbstätigen einen wichtigen Faktor zur Entfaltung der Privatwirtschaft.

d) Städte, in denen der Abbau des Staatseigentums schon weit fortgeschritten ist. Im Zuge der Privatisierung wurden die großen Kombinate meistens in kleinere selbständige Einheiten aufgeteilt. Städte, in denen diese Privatisierung von ehemaligen staatlichen Unternehmen weitgehend abgeschlossen ist (z. B. Ózd, Dunaújváros), weisen ebenfalls einen höheren Entwicklungsstand auf.

e) Kleinstädte und Gemeinden in Verdichtungsräumen. Besonders im Großraum von Budapest profitieren diese Städte vom Privatisierungsboom der Hauptstadt (z. B. Érd, Dabas, Dunakeszi, Szigetszentmiklós).

f) Fremdenverkehrsorte. Der Fremdenverkehr und die touristischen Dienstleistungen gehören zu den dynamischsten Branchen. Zwischen 1989 und 1991 ist beispielsweise in Ungarn die Zahl der Reisebüros von einigen Dutzend auf 700 angestiegen. Deshalb hat sich der private Sektor in Kleinstädten mit ausgeprägten touristischen Funktionen sehr stark entwickelt (z. B. Balatonalmádi, Balatonfüred, Gárdony, Fonyód, Keszthely, Siófok, Szentendre).

g) Städte an der Westgrenze des Landes. Aufgrund der grenzüberschreitenden Kooperationen sowie des zu Österreich bestehenden Lohn- und Kaufkraftgefälles haben die Städte nahe der ungarischen Westgrenze (z. B. Kőszeg, Mosonmagyaróvár, Sopron) große wirtschaftliche Impulse erfahren, welche die Entwicklung des privaten Sektors beschleunigt haben. Aber auch einige Städte an der Ost- und Südgrenze Ungarns haben durch den großen grenzüberschreitenden Warenverkehr einen konjunkturellen Aufschwung bzw. eine schnelle Entwicklung des Privatsektors erfahren (z. B. Barcs, Záhony).

h) Kleinstädte, in denen sprachliche Minderheiten mit starken bürgerlichen Traditionen wohnen. So ist z. B. in Bonyhád, dem Zentrum der Ungarndeutschen, ein stark ausgeprägter Privatsektor entstanden.

Als Verlierer im Wettbewerb innerhalb des Städtesystems sind folgende Städtetypen zu nennen:

a) Städte, die aus ideologisch-politischen Gründen von der früheren Regionalpolitik ausgesprochen bevorzugt worden sind. In diesen Städten stellt das spezielle Milieu der einst bevorzugten Arbeiterschichten (Bergleute oder Hochofenarbeiter etc.) das größte Hindernis für die Entfaltung der Privatwirtschaft dar (z. B. Dorog, Komló, Oroszlány, Tiszaújváros).
b) Kleinstädte, die an der Ostgrenze Ungarns (Biharkeresztes, Fehérgyarmat, Kisvárda) oder an den Komitatsgrenzen (Körmend, Pápa, Sarkad) liegen. Diese Regionen haben sich infolge der früheren, zentral gesteuerten Regionalpolitik zum "Niemandsland" innerhalb Ungarns entwickelt. Das enorme Arbeitsplatzdefizit und die mangelhafte Infrastruktur stellen die wichtigsten Barrieren für eine zukünftige Entwicklung des Privatsektors dar.
c) Regionen ohne Zentrale Orte (z. B. nördlicher Teil des Komitats Borsod-Abaúj-Zemplén, Komitat Jásznagykun-Szolnok). In den Städten dieser Regionen (z. B. Edelény, Encs, Szeghalom) ist der private Sektor erst sehr schwach entwickelt.
d) Kleinstädte, die ihren Status als Stadt erst in jüngster Zeit erworben haben (Hajdúdorog, Nagykáta, Pétervására, Tiszavasvári).

2.5 Zunehmende innerstädtische Differenzierung

Die zunehmende innerstädtische Differenzierung läßt sich vor allem in Budapest und insbesondere bei den wichtigsten "Marktschrauben" (Immobilien-, Wohnungs- und Arbeitsmarkt) nachweisen.

Auf dem Immobilien- und Wohnungsmarkt wurden durch die Einführung der Marktwirtschaft zwei Prozesse mit starken räumlichen Auswirkungen eingeleitet, nämlich:

- die Ablösung des im Sozialismus üblichen Systems der semi-marktwirtschaftlichen Transaktionen im Wohnungswesen durch die Entfaltung der marktwirtschaftlich orientierten Transaktionen[9] sowie,
- die Privatisierung der staatlichen Mietwohnungen und dadurch die langsame Aufhebung des Dualismus der geschützten (= verstaatlichten) und der ungeschützten (= privaten) Segmente des Wohnungswesens von Budapest.[10]

---

[9] Diese Transaktionen können als "semi-marktwirtschaftlich" eingestuft werden, weil in diesem Falle sowohl die Marktelemente als auch das eigentümliche Verantwortungsgefühl des sozialistischen Staates für die Versorgung der Bevölkerung mit Wohnungen zum Ausdruck kommt. Die Vermischung gegensätzlicher Bestrebungen hatte im Wohnungsmarkt von Budapest zur Entfaltung verschiedener Typen des Wohnungstausches geführt (vgl. Cséfalvay Z. und W. Rohn, 1992). Im Falle des Tausches von zwei staatlichen Mietwohnungen mußte beispielsweise der bisherige Mieter der kleineren und schlechter erhaltenen Wohnung dem bisherigen Mieter des größeren Objektes eine bestimmte Summe entrichten, obwohl die getauschten Wohnungen juristisch gesehen weiterhin im Eigentum des Staates verblieben.

[10] Im Jahre 1990 umfaßte der Wohnungsbestand in Budapest 789.177 Wohnungen, die Zahl der verstaatlichten Mietwohnungen betrug 398.764 (Központi Statisztikai Hivatal (Hrsg.) 1991b, 98; Központi Statisztikai Hivatal (Hrsg.) 1990, 164).

Die erste Auswirkung der Abschaffung des semi-marktwirtschaftlichen Systems sowie der Entfaltung eines nach Marktregeln funktionierenden Wohnungsmarktes bestand darin, daß sich der stadtökologische Status der Wohnungen (Lage, Bebauungsweise, soziales Milieu, Wohnumfeld etc.) auf die Preise ausgewirkt hat, was zu einer enormen Steigerung der Wohnungspreise und zu einer raschen räumlichen Differenzierung der Wohnungspreise geführt hat (Kovács Z., 1990; Vajda A. und J. Farkas, 1990).

Tabelle 3. Die Privatisierung des Mietwohnungsektors in Ungarn

Jahr	Zahl der privatisierten Mietwohnungen Ungarn	Budapest
1988	8.729	1.602
1989	18.711	5.582
1990	54.023	22.156

Quelle: Heti Világgazdaság 1990, Központi Statisztikai Hivatal 1991c, S.138.

Tabelle 4. Die Privatisierung der staatlichen Mietwohnungen nach Siedlungstypen im Jahre 1991.

Siedlungstyp	Zahl der privatisierten Mietwohnungen
Budapest	46.991
Städte mit Komitatsrecht	20.698
andere Siedlungen	14.429
Ungarn gesamt	82.118

Quelle: freundliche Mitteilung von Központi Statisztikai Hivatal.
Städte mit Komitatsrecht waren: Pécs, Miskolc, Szeged, Székesfehérvár, Győr, Debrecen, Nyíregyháza

Eine erste Privatisierung des staatlichen Mietwohnungssektors wurde schon am Anfang der 80er Jahre unter äußerst günstigen finanziellen Bedingungen initiiert.[11] Wie die Tabelle 3 zeigt, ist der Ankauf einer bis dahin gemieteten staatlichen Wohnung erst infolge der rasch ansteigenden Inflation für breite Sozialschichten zu einer ökonomisch sinnvollen Strategie geworden[12], wobei dieser Innovationsprozeß wiederum von Budapest und den größeren Zentren ausgegan-

[11] Durch diese juristische Regelung ist es möglich geworden, daß der jeweilige Mieter die Wohnung zu 15 - 30% des geschätzten Marktpreises erwerben kann.

[12] Bis zum Sommer 1991 wurden 144.000 Ansuchen um Ankauf des bisher gemieteten Objektes eingereicht und im Falle von 116.000 Wohnungen waren die jeweiligen Körperschaften bereits zum Verkauf berechtigt (Magyar Nemzet 1991). Dies bedeutet, daß bis Ende 1992 etwa die Hälfte der einstigen Mietwohnungen in der Hauptstadt in das Eigentum der früheren Mieter übergegangen sind.

gen ist. Im Jahre 1991 entfielen 82,4% aller privatisierten Wohnungen auf nur 8 Städte an der Spitze der Städtehierarchie (Tab. 4).

Hinsichtlich des Ankaufs von staatlichen Mietwohnungen gab es in Budapest beträchtliche innerstädtische Unterschiede (vgl. Abb. 7). Zum Teil wurden gut erhaltene, erst kürzlich renovierte Mietwohnungen in guter Wohnlage zu weit unter dem Marktniveau liegenden Preisen privatisiert, was in der Geschichte der Wohnungspolitik und aus marktwirtschaftlicher Sicht als ein einmaliger und erstaunlicher Vorgang zu betrachten ist.

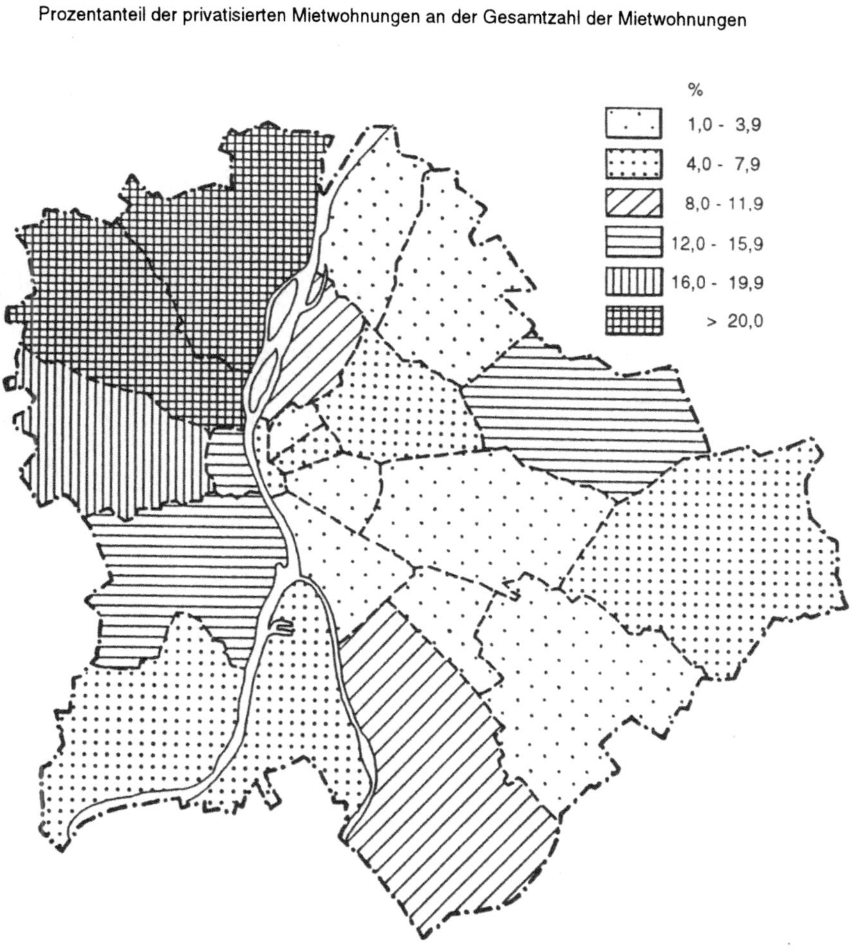

Abb. 7. Die Privatisierung des Mietwohnungssektors in Budapest nach Bezirken 1982-1990

Quelle: Központi Statisztikai Hivatal 1983, Budapest, 210; Főváros Tanácsa Lakáspolitikai Főosztálya 1989, 5; freundliche Mitteilung der Abteilung für Bauindustrie des Ministeriums für Industrie und Handel der Republik Ungarn

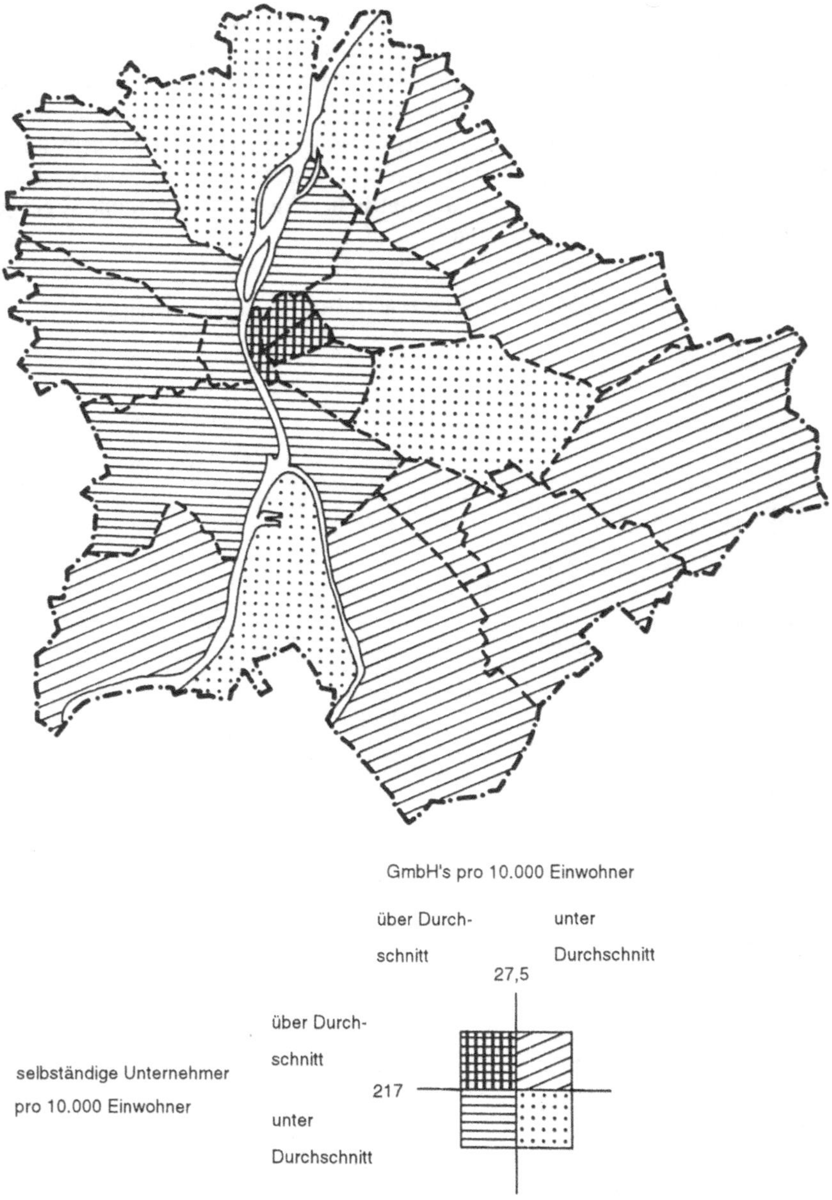

Abb. 8. Die räumliche Struktur der Privatwirtschaft in Budapest 1990
Quelle: Daten von Pénzügyi Számítástechnikai Intézet

Auf dem Arbeitsmarkt von Budapest sind zwei unterschiedliche Verteilungsmuster zu beobachten (vgl. Abb. 8). Die Betriebe selbständiger Unternehmer sind vorwiegend in der Innenstadt und im sogenannten zweiten Wohngürtel von Budapest, der von den großen Wohnsiedlungen geprägt wird, konzentriert. Die Standorte der GmbH's liegen hingegen vorwiegend im CBD und auf der Budaer Seite. Im Jahre 1991 waren 37% der Budapester GmbH's im CBD (5. Bezirk) und auf der Budaer Seite (2., 11. und 12. Bezirk) konzentriert. In diesen vier Bezirken der Stadt Budapest waren sogar 17% aller ungarischen GmbH's konzentriert, obwohl dort insgesamt nur 4% der Gesamtbevölkerung des Landes wohnten.[13]

Auch diese Verbreitungsmuster wurden von ähnlichen Faktoren beeinflußt wie einige Jahre vorher die sogenannten quasi-privatwirtschaftlichen Organisationsformen (vgl. Nemes-Nagy J. und É. Ruttkay, 1989; Pomázi I., 1988). Die "Gesellschaften mit beschränkter Haftung" bevorzugten die Gebiete mit guter Infrastruktur und mit hochqualifizierten Arbeitskräften, die Selbständigen dagegen folgten der Nachfrage und verlagerten die Produktionsstätten zu den Großwohnanlagen der Budapester Peripherie.

Im Zuge dieser Prozesse wurde in Budapest bereits eine Citybildung dualer Art eingeleitet, was innerhalb der ehemaligen Ostblockländer wiederum als einmalig zu betrachten ist. Die vorwiegend mit ausländischem Kapital und als Joint Ventures gegründeten Großbetriebe des Dienstleistungssektors (Einkaufszentren, Luxushotels, Geschäftsleitungen von Banken und Versicherungen) und die privaten Kleinstbetriebe des Handels und Dienstleistungsgewerbes bilden die zwei Hauptkomponenten der zukünftigen dualen Stadtstruktur von Budapest (vgl. Seger M., 1991).

3 Szenarien für die zukünftige Entwicklung der regionalen Disparitäten in Ungarn

Hinsichtlich des Einflusses des Transformationsprozesses auf die zukünftige Entwicklung der ungarischen Regionalstruktur sind drei Szenarien denkbar:

Nach dem sogenannten "Eisernen-Vorhang-Szenario" wird die Regionalstruktur Ungarns überwiegend durch politische Kriterien beeinflußt. Ob die Ost-West-Differenzierung zu- oder abnehmen wird, hängt nach diesem Szenario davon ab, ob an der Ostgrenze Ungarns ein neuer "Eiserner Vorhang" entsteht oder ob die Grenzen zu den Nachfolgerepubliken der ehemaligen Sowjetunion offen bleiben. Bei der ersten Version (neuer Eiserner Vorhang) muß die Ostregion, die fast ein Drittel Ungarns umfaßt, auf längere Sicht mit staatlicher Hilfe gestützt werden. Bei der zweiten Version (offene Grenzen) könnten aus den Standortvorteilen der Grenze (wie Kooperationen mit den neuen Republiken der ehemaligen Sowjetunion, Ostregion als "Vorzimmer" der ausländischen Investoren für die Märkte der ehemaligen Sowjetunion, Lohn- und Kaufkraftgefälle etc.) wichtige neue Impulse für die wirtschaftliche Entwicklung der Ostregion entstehen.

Gemäß dem "Lateinamerika-Szenario" werden die gegenwärtigen Konzentrationstendenzen durch den Einfluß der ausländischen Investoren verstärkt, so daß

[13] Eigene Berechnung aufgrund einer freundlichen Mitteilung des Statistischen Zentralamtes von Ungarn

ein neuer Dualismus (Antagonismus) zwischen der hochentwickelten Hauptstadt und der vernachlässigten, unterentwickelten Peripherie entsteht. Budapest bietet schon jetzt die weitaus besten Standortvorteile (Infrastruktur, Qualifikation der Arbeitskräfte, kulturelles Angebot etc.) an. Diese Vorteile werden durch zusätzliche Investitionen noch weiter verbessert werden können, so daß sich die Disparitäten zwischen der Hauptstadt und dem Rest des Landes noch weiter vergrößern werden.

Schließlich besteht auch die Möglichkeit, daß im Sinne des sogenannten "K. u. K.-Szenarios" durch die immer enger werdenden ökonomischen und kulturellen Verflechtungen zwischen Transdanubien, Österreich, Nord-Italien, der Slowakei und der Tschechischen Republik die einstige Kernregion der Donau-Monarchie wirtschaftlich wieder neu belebt wird. Die Verwirklichung dieses Szenarios wird allerdings in hohem Maße vom Aufbau neuer, effizienter Verkehrs- und Kommunikationsnetze abhängen. Gegenwärtig besitzen die erwähnten Szenarien annähernd gleiche Chancen. Das Problem besteht vor allem darin, daß alle drei Szenarien zu einer Verstärkung der regionalen und sozialen Disparitäten führen können.

Literatur

Andorka, R. u. I. Harcsa (1990): Foglalkoztatás. In: Andorka R., Kolosi, T. u. Gy. Vukovich (Hrsg.): Társadalmi Riport. Tárki, Budapest,

Budapest Főváros Tanácsa Lakáspolitikai Főosztálya, Hrsg. (1989): Az ingatlankezelési tevékenység kerületi önértékelésének összegzése és fővárosi szintű áttekintése. Budapest, 11.10. 1989.

Cséfalvay, Z. (1991): Die Transition des ungarischen Arbeitsmarktes - ein Fünf-Stufen-Modell. In: Lichtenberger, E. (Hrsg.): Die Zukunft von Ostmitteleuropa. ISR-Forschungsberichte, Heft 2, Wien, 21-26.

Cséfalvay, Z. u. A. Nikodémus (1991): A tervtől a piacig. Félúton az elrugaszkodás előtt? In: Valóság 34. Jg., 10, 11-21.

Cséfalvay, Z. u. W. Rohn (1991): Der Weg des ungarischen Arbeitsmarktes in die duale Ökonomie. ISR-Forschungsberichte, Heft 1, Wien.

Cséfalvay Z. u. W. Rohn (1992): Wohnungsmarktsegmentation in Ungarn und Budapest. ISR-Forschungsberichte, Heft 7, Wien.

Doeringer, P. B. and M. J. PIORE (1971): Internal Labour Markets and Manpower Analysis. Lexington.

Hägerstrand, T. (1968): Innovation Diffusion as a Spatial Process. Chicago.

Heti Világgazdaság 06.04. 1990.

Kovács, Z. (1990): Rich and Poor in the Budapest Housing Market. In: The Journal of Communist Studies. Jg. 6, 2, 100-124.

Központi Statisztikai Hivatal, Hrsg., (1983): Budapest Statisztikai Évkönyve 1982, Budapest.

Központi Statisztikai Hivatal, Hrsg. (1990): 1990. évi népszámlálás 1. Előzetes adatok. Budapest.

Központi Statisztikai Hivatal, Hrsg. (1991a): Gazdasági jelzőszámok. In: Gazdaság és Statisztika 6. S.59.

Központi Statisztikai Hivatal, Hrsg. (1991b): Budapest Statisztikai Zsebkönyve 1990. Statiqum, Budapest.

Központi Statisztikai Hivatal, Hrsg. (1991c): Lakásstatisztikai Évkönyv 1990. Budapest.

Központi Statisztikai Hivatal, Hrsg. (1992): A nemzetgazdaság szervezeti struktúrája. Budapest.

Magyar Nemzet 28.06.1991.

Makó, Cs. u. T. Gyekiczki (1990): A munkanélküliség néhány közgazdasági-szociológiai problémájáról. In: MTA Szociológiai Kutató Intézet (Hrsg.): Munkanélküliség, megoldások és terápiák, Budapest, 13-33.

Matolcsy, G. (1991): A magyar tőkefelhalmozás. In: Valóság, Jg.34, 1, 1-13.

Nemes Nagy, J. u. É. Ruttkay (1989): A második gazdaság földrajza. Országos Tervhivatal, Budapest.

Nikodémus, A. u. I. Tózsa (1991): A vállalkozások környezeti feltételrendszere Budapest belvárosában. In: MTA Földrajztudományi Kutató Intézet (Hrsg.): Műhely, Heft 2, Budapest.

Pomázi, I. (1988): A kisvállalkozások elterjedésének területi egyenlőtlenségei Magyarországon. In: Földrajzi Értesítő 1-4, 179-192.

Seger, M. (1991): Aktuelle Probleme und Zukunfschancen der Großstädte. In: Lichtenberger, E. (Hrsg.): Die Zukunft von Ostmitteleuropa. ISR-Forschungsberichte Heft 2, 33-36.

Sengenberger, W. (1978): Der gespaltene Arbeitsmarkt - Probleme der Arbeitsmarktsegmentation. Frankfurt am Main.

Vajda, A. u J. Farkas (1990): Lakáshelyzet. In: Andorka, R., Kolosi, T. u. G. Vukovich (Eds.): Társadalmi Riport 1990. Tárki, Budapest, 131-164.

Abstract

Regional Change and Society during the Transition in Hungary

The dissolution of the state-controlled labour market in Hungary started in the early 80's, leading to the creation of a dual labour market where state and semi-private employment coexisted. Due to the transition, this dual labour market has disintegrated quickly and has been divided into four parts. The crisis of the state sector and the rapid quantitative growth of entrepreneurial activity have played a key role in this process. As a consequence of the restructuring of the labour market, rapid regional changes have been taking place in Hungary. They include:

- an acceleration of internal differentiation within peripheral regions,
- a growing polarisation between eastern and western regions,
- an overdomination of Budapest in the regional structure of the country,
- an increasing internal differentiation of the big cities.

While the state of certain peripheral regions has been improved (e. g. the western regions along the Austrian border), new problems have arisen in other regions (e. g. old industrial regions). A marked east-west differentiation can be observed by looking at geographical patterns of unemployment and new firm formation. The strengthening of the primate city effect is indicated by the fact that Budapest has become the centre of foreign direct investment in Central Eastern Europe. Consequently, it is growing rapidly.

Three scenarios seem probable in the near future. According to the so-called "iron curtain" scenario, the east-west differentiation becomes the key element of regional processes. While rapid development can be observed along the Western border, a new "iron curtain" arises simultaneously in the eastern part. The so-called "Latin American" scenario emphasizes the increasing concentrations of investment and growth, which leads to a duality between the overdomination of the capital and total underdevelopment of the other regions. According to the "K. and K." scenario, West-Transdanubia and Budapest will be integrated into the North Italian - Austrian - South German region. Their "pulling effect" will spread to other regions of the country with a certain time-lag.

Einige Probleme des wirtschaftlichen Strukturwandels in Ungarn

István Berényi
Geographisches Forschungsinstitut der Ungarischen Akademie der Wissenschaften.
Andrássy út 62. P.O.B. 64, H-1388 Budapest, Ungarn

1 Einleitung

Zum wirtschaftlichen Strukturwandel in Ungarn sind in den letzten paar Jahren schon zahlreiche Publikationen erschienen. Viele dieser Arbeiten haben die regionale Verteilung einzelner Erscheinungen der Umgestaltung analysiert und daraus Schlußfolgerungen über den gesamten Transformationsprozeß gezogen. So interessant und wichtig diese Untersuchungen über einzelne Aspekte des Wandels waren, so ist es bisher noch nicht gelungen, den Transformationsprozeß in seiner Gesamtheit zu erfassen. Ein solcher Versuch wird nicht zuletzt durch die sehr schwierige Datenlage erschwert. Insbesondere die sich in der Wirtschaft abspielenden Prozesse bleiben weitgehend verborgen. Aus politischen Erwägungen werden nun oft verallgemeinernde negative oder positive Ansichten über die Tiefe der Umgestaltung geäußert, über die Tatsachen wissen wir jedoch in Wirklichkeit noch wenig und nicht zuletzt werden auch konkrete Zahlen von einzelnen Autoren noch sehr unterschiedlich bewertet. So ist etwa die Anzahl der Organisationen, die Rechtsfähigkeit besitzen (juristische Personen), bis Ende 1993 auf 85.638 gestiegen und das statistische Zentralamt (KSH) hat 1993 die Gründung von 4.286 Unternehmen mit ausländischer Beteiligung registriert (Központi Statisztikai Hivatal, 1993). Der Anteil der ausländischen Investitionen am Gründungsvermögen der Joint Ventures betrug 56%. Wie sollen nun diese Fakten bewertet werden, ist diese Anzahl von Unternehmensgründungen als hoch oder niedrig einzustufen, welche Vergleichszahlen wären für eine solche Bewertung heranzuziehen?

Laut offiziellen Quellen hat die industrielle Produktion den Tiefpunkt bereits hinter sich und 1993 übertraf die gesamte Produktion den Vorjahreswert um 4% (Tájékoztató 1994/3, KSH, 36). Etwa 40-50% des Nationaleinkommens ergaben sich 1993 aus der Produktion des Privatsektors. Über die Produktion des Privatsektors und über die Struktur der Produktion stehen allerdings nur Teilinformationen zur Verfügung. Was den Geldumsatz betrifft, werden zum Beispiel nur solche Organisationen mit Rechtsfähigkeit in der Berechnung berücksichtigt, deren Jahresumsatz 25 Millionen Forint übersteigt bzw. die mehr als 20 Personen beschäftigen (KSH, 1993). Der größte Teil der Beschäftigten des Privatsektors arbeitet aber in Unternehmen, die weniger als 20 Personen beschäftigen.

Diese Studie setzt sich zum Ziel, die regionalen Unterschiede des Strukturwandels auf der Basis der Komitate und Städte sowie innerhalb von Budapest zu erfassen und mit der bekannten wirtschaftlichen und sozialen Raumstruktur des Landes in Beziehung zu setzen (vgl. (Bernát T., Bora Gy. und L. Fodor, 1972). Die sozioökonomischen Ursachen des Wandels können jedoch regional sehr verschieden sein. Die regionalen Unterschiede des Transformationsprozesses können deshalb zwar registriert werden, die Erklärung beruht aber häufig auf den bisherigen Kenntnissen der Raumstrukturen.

2 Die regionalen Unterschiede des wirtschaftlichen Strukturwandels

Die Auswirkungen der Wende von 1989 und noch viel mehr die politischen Veränderungen nach den Parlamentswahlen von 1990 lassen sich u. a. an der Erhöhung der Anzahl der Organisationen mit Rechtsfähigkeit veranschaulichen (Abb. 1). Es ist bekannt, daß in den staatlichen Industrieunternehmen die "innerbetriebliche" Dezentralisierung der Entscheidungsstrukturen bereits Anfang der 80er Jahre begonnen hat, indem gewisse Einheiten oder Betriebsstätten der Großbetriebe im ländlichen Raum selbständig geworden oder in "Wirtschaftseinheiten mit Selbstabrechnung" umgewandelt worden sind. Dies kann aus heutiger Sicht als eine wichtige Vorstufe der späteren Privatisierung aufgefaßt werden. Diejenigen Firmen, die bereits Anfang der 80er Jahre das Recht bekamen, selbständig Außenhandel zu betreiben, wurden nach und nach zu einem Joint Venture mit ausländischer Beteiligung umgestaltet, was eine schnelle Integration des ausländischen Kapitals ermöglichte. Dies ist einer der Gründe, warum Ungarn zwischen 1990-1994 rd. die Hälfte des nach Ostmitteleuropa geflossenen Kapitals, nämlich ca. 7 Milliarden US Dollar, an sich gezogen hat (Tájékoztató 1994/3, KSH, 36). Die Kritiker dieses Prozesses beanstanden, daß dadurch die frühere "staatliche Struktur" eine Kapitalinjektion erhalten habe und sich so über die schon früher notwendige Umstrukturierung hinüber retten konnte und daß dabei das inländische Kapital verdrängt worden sei. Etwaige negative Auswirkungen dieser Kapitalzufuhr in den ehemals staatlichen Sektor lassen sich wohl erst langfristig nachweisen.

Da beinahe die Hälfte der staatlichen Großunternehmen ihren Sitz (Hauptgeschäftsleitung) in Budapest hatte (Barta Gy., 1992) und die organisatorische Umwandlung von oben nach unten stattgefunden hat, war auch die Anzahl der neuen Organisationen mit Rechtsfähigkeit in Budapest am größten, so daß sie im Jahre 1993 zu 44% in Budapest konzentriert waren. Dieses räumliche Zusammentreffen der alten und neuen Strukturformen der Industrie ist wohl kein Zufall. Budapest hatte beim wirtschaftlichen Strukturwandel, besonders beim Prozeß der Privatisierung eine bestimmende Rolle.

Die Investitionen für importierte Maschinen wurden zwar nicht nur durch einen Kapitalimport realisiert, die regionalen Unterschiede dieser Kapitalimporte kennzeichnen jedoch sehr prägnant die regionalen Zentren des Strukturwandels der Industrie. Die Investitionen für Importmaschinen konzentrieren sich auf die

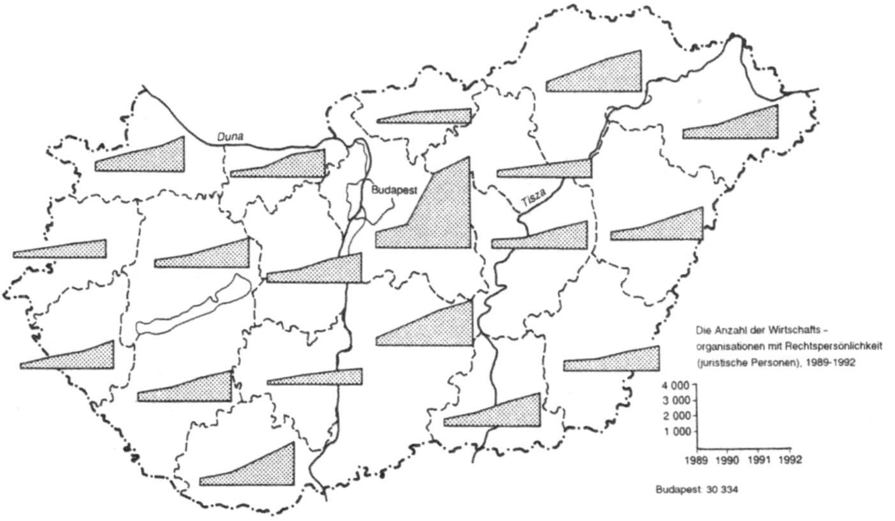

Abb. 1. Die Zunahme der neuen Wirtschaftsorganisationen. Quelle: Területi Statisztikai Évkönyv 1989-1992. Központi Statisztikai Hivatal

obersten Stufen der Siedlungshierarchie des Landes (Budapest, Győr, Pécs, Miskolc, Debrecen und Szeged), wobei diese Verteilung der Kapitalinvestitionen auch durch die besser entwickelte Infrastruktur von Transdanubien beeinflußt wurde.

Es erhebt sich nun die grundlegende Frage, inwiefern sich jene Betriebsstätten im ländlichen Raum, deren Unternehmensleitung sich in Budapest befindet, selbständig machen und sich in den Privatisierungsprozeß einschalten können. Die Anzahl der neuen Unternehmen mit Rechtsfähigkeit (juristische Personen) nahm besonders in jenen Komitaten zu, in welchen die Anzahl der selbständigen staatlichen Betriebsstätten groß war. Das Auftreten dieser neuen Organisationen ist also vor allem auf die innere Umgestaltung oder die Ausgliederung einzelner Teile von schon bestehenden Betrieben der ehemaligen Staatsunternehmen und weniger auf die Gründung neuer Unternehmen oder Betriebsstätten zurückzuführen. Die Zunahme der Arbeitslosigkeit war daher gesetzmäßig und dort besonders stark, wo der unterentwickelte oder nur langsam expandierende Tertiäre Sektor die aus den Staatsunternehmen entlassenen Beschäftigten nicht aufnehmen konnte. Eine weitere wichtige Ursache für diese Arbeitslosigkeit war natürlich auch das niedrige Ausbildungsniveau der aus den Staatsunternehmen oder Genossenschaften entlassenen Arbeitnehmer (Dövényi Z., 1993).

Die regionale Konzentration des ausländischen Kapitals hat jedoch die Vermutung, daß das ausländische Kapital vor allem durch die früheren staatlichen Industrieunternehmen angezogen worden sei, nicht bestätigt. Der für die Entwicklung der Industriestruktur wichtige Kapitalimport für Maschineninvestitionen hat sich nämlich gerade nicht auf Budapest konzentriert, sondern auf zwei Komitate

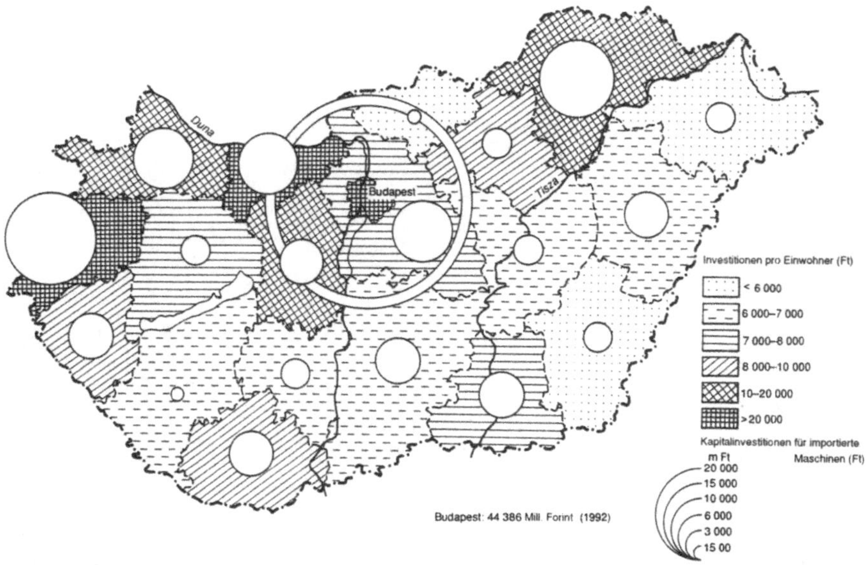

Abb. 2. Kapitalinvestitionen für importierte Maschinen, 1992
Quelle: Területi Statisztikai Évkönyv 1989-1992. Központi Statisztikai Hivatal

in Transdanubien (Abb. 2). Beide Kapital-Konzentrationen (Suzuki, General Motors) gehen zwar auf ein Regierungsabkommen zurück, d. h. die Innovation ging von der Hauptstadt aus, es handelte sich jedoch jeweils um Investitionen auf der "grünen Wiese".

Verallgemeinernd kann also festgestellt werden, daß die regionale Konzentration und die strukturverändernde Wirkung des in- und ausländischen Kapitals den besser entwickelten Gebieten des Landes zu weiteren Vorteilen verholfen haben, wodurch die bereits bestehenden regionalen Entwicklungsunterschiede noch weiter vertieft worden sind. Für die Regionalpolitik ergibt sich deshalb die Frage, wie die regionalen Unterschiede in der Periode des Überganges zur Marktwirtschaft vermindert werden können. Die zwischen 1992 und 1994 entstandenen regionalen Entwicklungsprogramme, die vor allem zur Verbesserung der Infrastruktur eingeleitet worden sind, waren zwar notwendig, jedoch nicht ausreichend. Die ländlichen Regionen können ihre lokalen wirtschaftlichen und sozialen Ressourcen derzeit noch nicht mobilisieren. Es ist auch kaum zu erwarten, daß z. B. die Agrarwirtschaft und Lebensmittelindustrie der Ungarischen Tiefebene im Hinblick auf den europäischen Markt große komparative Vorteile aufweisen könnten. Scheinbar kann weder das inländische noch das ausländische Kapital die vorhandenen Möglichkeiten nutzen.

Viel erfreulicher und überschaubarer ist der Strukturwandel des Tertiären Sektors, besonders des Einzelhandels (Abb. 3). Der schnelle Ausbau des Tertiären Sektors ist vor allem den neuen Privatunternehmen zu verdanken und nicht der Herauslösung von tertiären Funktionen aus dem früheren staatlichen oder

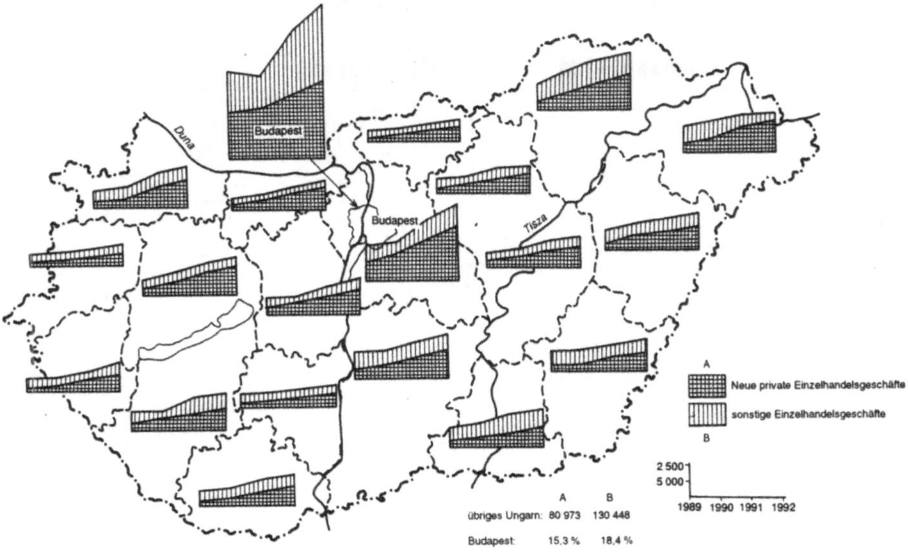

Abb. 3. Die Anzahl der Einzelhandelsgeschäfte, 1989-1992
Quelle: Területi Statisztikai Évkönyv 1989-1992. Központi Statisztikai Hivatal

genossenschaftlichen Sektor. Der genossenschaftliche Sektor hat seine Rolle im Einzelhandel allerdings dadurch mehr oder weniger behalten können, daß er das Netz seiner Handelsgeschäfte den neuen Unternehmern des Einzelhandels vermietet, jedoch das Eigentum und Vermögen behalten hat. Die Tatsache, daß die Genossenschaften zwischen dem Vermögen der Selbstverwaltung und den neuen Privatunternehmen gleichsam eine Vermittlerrolle gespielt haben, wird von vielen beanstandet und als "Rettungsaktion" der früheren Elite betrachtet. Dies ist zur Zeit jedoch eher eine politisch gefärbte Beurteilung, denn einerseits haben die früheren Genossenschaftsleitungen in dieser Übergangsperiode wichtige organisatorische Funktionen übernommen, die von dem größten Teil der neuen Unternehmer kaum hätten wahrgenommen werden können, andererseits bedeutete diese Kontinuität für die Banken eine gewisse Garantie für ihre Kredite. Der Zuwachs der Zahl der Handelsunternehmen hängt also eindeutig mit dem politischen Wandel nach 1990 zusammen, wobei diese Entwicklung, abgesehen von der überdurchschnittlich großen Expansion in der Hauptstadt Budapest, keine bedeutenden regionalen Unterschiede aufweist.

Eine wichtige Grundlage des wirtschaftlichen Strukturwandels und der Innovationsfähigkeit der Regionen und Siedlungen ist der Entwicklungsgrad der Infrastruktur und vor allem des Kommunikationssystems. Die Periode zwischen 1990 und 1992 brachte eine grundlegende Veränderung in der Entwicklung des Telephonnetzes (Abb. 4) mit sich. In einigen Komitaten hat sich die Anzahl der angeschlossenen Telefonhauptanschlüsse innerhalb von zwei Jahren verdoppelt. Obwohl 43% des landesweiten Zuwachses an Telefonhauptanschlüssen auf die Hauptstadt entfielen, gehören das Komitat Pest und die Agglomeration von Bu-

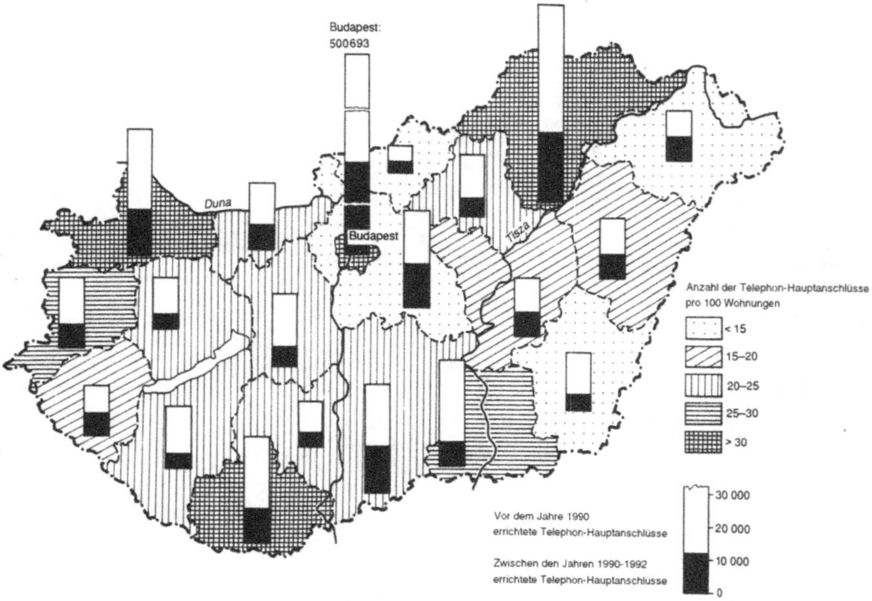

Abb. 4. Die Entwicklung der Anzahl von Telefonhauptanschlüssen, 1990-1992
Quelle: Területi Statisztikai Évkönyv 1989-1992. Központi Statisztikai Hivatal

dapest zu jenen Regionen, die relativ noch am schlechtesten mit Telefonhauptanschlüssen ausgestattet sind. Die Entwicklung des Kommunikationssystems steht mit der hierarchischen Abstufung des Siedlungssystems in Zusammenhang, wobei sich die Bedeutung der Innovationszentren in der Periode des Überganges zur Marktwirtschaft eindeutig verstärkt hat.

Betrachtet man das Eisenbahn- und Straßennetz des Landes sowie das Programm zur Entwicklung der Autobahnen, nach welchem fast jede bedeutende Stadt des Landes innerhalb von zwei Stunden erreichbar sein wird, liegt es auf der Hand, daß sich die auf Budapest zentrierte regionale Struktur des Landes auch in Zukunft nicht wesentlich ändern wird. Es ist anzunehmen, daß die Marktwirtschaft die zentrale und dominierende Rolle von Budapest in bestimmten Bereichen (z. B. Bankwesen) sogar noch verstärken wird. Mit Rücksicht auf das entwickelte Verkehrs- und Kommunikationssystem des Landes bedeutet dies jedoch nicht mehr den klassischen Gegensatz zwischen "Stadt und Land" sondern eher die funktionale Arbeitsteilung zwischen den Regionen.

3 Auswirkungen des wirtschaftlichen Strukturwandels auf die innerstädtische Verbreitung von Funktionen in Budapest

Die größten Veränderungen fanden bisher im Tertiären Sektor statt, in zweiter Linie wurde die Industrie betroffen, während die Umgestaltung der Eigentums- und Betriebsverhältnisse in der Landwirtschaft am wenigsten weit fortgeschritten bzw. noch voll im Gange ist. Daraus folgt auch, daß der wirtschaftliche Strukturwandel zwischen 1990 und 1994 in erster Linie in den Städten und zwar vor allem in der Hauptstadt stattgefunden hat. Es ist bekannt, daß Budapest weder verkehrsmäßig noch bezüglich der Kommunikationseinrichtungen, des technischen Zustandes der Infrastruktur oder bezüglich der Bausubstanz die Voraussetzungen einer modernen Metropole erfüllt. Durch die Verwirklichung der Marktwirtschaft und durch die Vertiefung der europäischen Integration wird eine weitere Konzentration der euroregionalen Funktionen (mitteleuropäische Banken, Versicherungsgesellschaften, Firmen etc.) auf die Stadt Budapest erfolgen (Enyedi, Gy. und V. Szirmai, 1992). Die Stadtplanung hat daher diejenigen Konfliktzonen der Stadtstruktur zu erschließen, welche besonders entwickelt und umgestaltet werden müssen.

Bei der Erfassung und Erschließung der strukturschwachen Zonen können vergleichende stadtgeographische Analysen eine bedeutende Hilfe leisten. In den letzten Jahren haben sich zwischen den geographischen Instituten der TU München (Kovács Z., 1993), der Universität Wien (Cséfalvay Z. und W. Rohn, 1992) und dem Institut für Regionalforschung der Ungarischen Akademie der Wissenschaften in Budapest (Földrajztudományi Kutató Intézet) intensive gemeinsame Forschungsprogramme entwickelt, die von verschiedenen Institutionen der Forschungsförderung (DFG, OTKA-Budapest, ÖAW-Wien usw.) unterstützt wurden.

Für Budapest können hier jene funktionalen Zonen, die in den kommenden Jahren eine ähnliche Umwandlung mitmachen werden, wie es in den vergleichbaren funktionalen Zonen von München oder Wien in den Jahren zwischen 1965 und 1980 geschehen ist, nur noch skizzenhaft behandelt werden. Die "Phasenverschiebung" von Budapest (Konrád Gy. und J. Szelényi, 1971) ergab sich aus der langsamen Entwicklung der postindustriellen Struktur und zum Teil aus der strukturkonservierenden Wirkung des sozialistischen Systems (die Vernachlässigung der Infrastruktur war z. B. eine typisch systemspezifische Erscheinung).

Durch den Übergang zur Marktwirtschaft werden in Budapest folgende Zonen besonders stark umgestaltet werden oder Nutzungskonflikte erfahren.

3.1 Umgestaltung des historischen Stadtkerns von Budapest

Die Umgestaltung des historischen Stadtkerns von Budapest und im Zusammenhang damit die City-Bildung unterscheiden sich von der Umgestaltung des Stadtkerns von Wien oder München grundsätzlich dadurch, daß sich der bedeutende mittelalterliche Stadtkern (Buda), bedingt durch seine topographische Isoliertheit (er wird durch die Donau vom modernen Stadtkörper getrennt), nicht erneuern und nicht in die Struktur der modernen Großstadt integrieren konnte, wie es etwa beim Burgviertel in Wien oder bei der Residenzstadt in München der Fall war.

Da die Altstadt von Budapest keine räumlich geschlossene, einheitliche Struktur hat, werden sich die einzelnen Stadtteile im Rahmen der durch die Kapitalinvestitionen beschleunigten Stadtentwicklung aufgrund der unterschiedlichen topographischen Gegebenheiten und Ausbaumöglichkeiten in unterschiedliche Richtungen hin entwickeln. Im einzelnen bieten die verschiedenen funktionalen Einheiten der historischen Stadtstruktur folgende Entwicklungsmöglichkeiten an:

a) Das Burgviertel

Das Burgviertel, das nur einen Teil des Stadtbezirks I darstellt, hat an und für sich schon eine zweigeteilte Struktur und Funktion. Es besteht einerseits aus dem Bereich, der den ehemaligen Königspalast und die ehemalige Regierungsresidenz umfaßt, und andererseits aus der mittelalterlichen Bürgerstadt. Das im 2. Weltkrieg zerstörte königliche Burgviertel bekam diverse kulturelle Funktionen. Diese Entwicklung war zwar sehr passend und ästhetisch, stellte jedoch wegen der Verkehrssperre trotzdem nicht die beste Lösung dar. Wesentlich besser war die frühere Funktion als Regierungsresidenz, wie das im Falle von Wien und Prag beibehalten wurde. Ausländisches Kapital wird also an diesem Bereich kaum Interesse haben.

Im Gegensatz zum Residenzviertel hat das Bürgerstadtviertel der Burg seine frühere Wohnfunktion zum Teil behalten, obwohl es nach dem Wiederaufbau, besonders aber seit den 70er Jahren immer stärker vom Fremdenverkehr überformt wurde. Der Aufschwung des Fremdenverkehrs hat hier zu bedeutenden Investitionen (Hotels, Restaurants, Geschäfte usw.) geführt und ausländisches Kapital angezogen, was die Erneuerung des Burgviertels erleichterte. Ein bedeutender Teil des Burgviertels steht allerdings unter Denkmalschutz, so daß in Zukunft keine Um- oder Neubauten und kein größerer Funktionswandel vorstellbar sind, die diesen Charakter gefährden. Dies wird das Prestige dieses Stadtteils vermutlich weiter erhöhen, so daß mit einem weiteren Anstieg der Immobilienpreise zu rechnen ist.

b) Das Gebiet der historischen Stadt Pest

Eine grundsätzlich andere Umgestaltung hat die Pester Seite des historischen Stadtteils (das Gebiet der historischen Stadt Pest) erfahren, welche die City von Budapest umfaßt. Aus der während der Gründerzeit bzw. der "Jugendstilepoche" um- und ausgebauten mittelalterlichen Siedlung entfaltete sich die Großstadt Budapest. Dem historischen Stadtteil von Pest entspricht der etwa bis zum 1. Weltkrieg ausgebaute Stadtkörper, der sich zwischen Stadthain (Városliget) - Volkshain (Népliget) und der Donau erstreckt und dessen äußere Zone nur noch entlang der Hauptstraßen eine großstädtische Bebauung aufweist.

Im nördlichen Teil des Stadtbezirks V entstand zwischen 1889-1910 das Verwaltungsviertel der Hauptstadt. Diese Konzentration von Institutionen der öffentlichen Verwaltung verstärkte sich nach dem 2. Weltkrieg noch weiter. Dadurch stieg die Anzahl der Arbeitsplätze für Intellektuelle stark an, während sich die Bedeutung der Wohnfunktion immer mehr verringerte. Dieser Prozeß kann schwer gestoppt werden. Es ist zwar gesetzlich verboten, Wohnungen für andere Zwecke umzuwidmen, das Vermieten von Wohnungen für Nicht-Wohnzwecke (z. B. Bürofunktionen) ist jedoch nicht ausgeschlossen. Nachdem ab 1989 die Zahl der Privatfirmen geradezu explosionsartig zugenommen hat, gab es immer mehr Büros, die in Wohnungen eingerichtet wurden.

Das Geschäftsviertel von Pest umfaßt den südlichen Teil des Stadtbezirks V, der ab 1870 allmählich umgebaut worden ist. Die hier konzentrierten Handelsfunktionen wurden durch den politischen und wirtschaftlichen Wandel erneut stark wiederbelebt. Die wichtigsten Handelsfunktionen der Stadt konzentrieren sich jedoch nicht nur auf die Innenstadt im klassischen Sinne, sondern sie erstrecken sich auch auf die Ringstraßen und Avenuen, die aus dem historischen Stadtkern hinausführen bzw. ihn kreuzen (Kleiner Ring und Großer Ring).

Die wirtschaftliche Bedeutung dieses Geschäftsviertels ist bis zum Ende des 2. Weltkriegs unverändert geblieben, obwohl die gesellschaftliche Basis der Handelsfunktion infolge der Sanktionen gegen das jüdische Klein- und Großbürgertum und später durch die Verfolgung der Juden stark erschüttert worden ist. Das Leben der City ist zwar zwischen 1945-1949 noch einmal kurz aufgeblüht, ihr Vorkriegsprestige konnte jedoch nicht mehr wiederhergestellt werden. Die Krise dieses Stadtteils wurde dann durch die Aufhebung der Marktwirtschaft bzw. durch die Verstaatlichung des Groß- und Einzelhandels und der Banken etc. noch weiter verschärft. Das Pester Bürgertum wurde durch diese Maßnahmen endgültig aus dem Wirtschaftsleben hinaus gedrängt und zum Angestellten ohne Entscheidungsbefugnisse degradiert. Durch den teilweisen Wegzug des Großbürgertums, durch die Schließung oder Umgestaltung vieler Geschäfte, durch den Rückgang der Anzahl der Unterhaltungsmöglichkeiten etc. ist die City-Bildung während der sozialistischen Periode nicht nur eingestellt sondern sogar rückgängig gemacht worden.

Nach den Reformbestrebungen des Jahres 1968 und besonders ab Mitte der 70er Jahre gab es wieder auf Privatinitiativen beruhende, zum Teil auf Privateigentum basierende Einzelhandels- und Dienstleistungsunternehmen. Während der 80er Jahre versuchte die Planwirtschaft in immer mehr Bereichen, insbesondere im Handels- und Dienstleistungsbereich, Elemente des Marktes einzubauen. Hinter diesen Reformen standen gesellschaftliche Ansprüche, die nur mit marktsensiblen Unternehmen erfüllt werden konnten.

Die massenhafte Konzentration von Privatunternehmen in der Innenstadt verursachte Konflikte bezüglich der Gebäudenutzung. Da hinsichtlich der Rückgabe der verstaatlichten Geschäfte kein Präzedenzfall geschaffen werden konnte, war die Verwaltung gezwungen, die Errichtung von Geschäften und Verkaufsstellen in Hauseingängen, Treppenhäusern, Lagerräumen im Erdgeschoß und Kellern zu genehmigen. Mitte der 80er Jahre begannen die Geschäfte in den besonders frequentierten Straßen die Wohnungen im ersten Stockwerk zu besetzen. Im Geschäftsviertel entstand zu Beginn der 90er Jahre hinsichtlich der räumlichen Anordnung der Handelsgeschäfte eine eigenartige "duale Struktur" nach Eigentumsverhältnissen. An der Straßenfront befanden sich nun die früher verstaatlichten Geschäfte sowie die vor der Privatisierung in ausländischen Besitz überge-

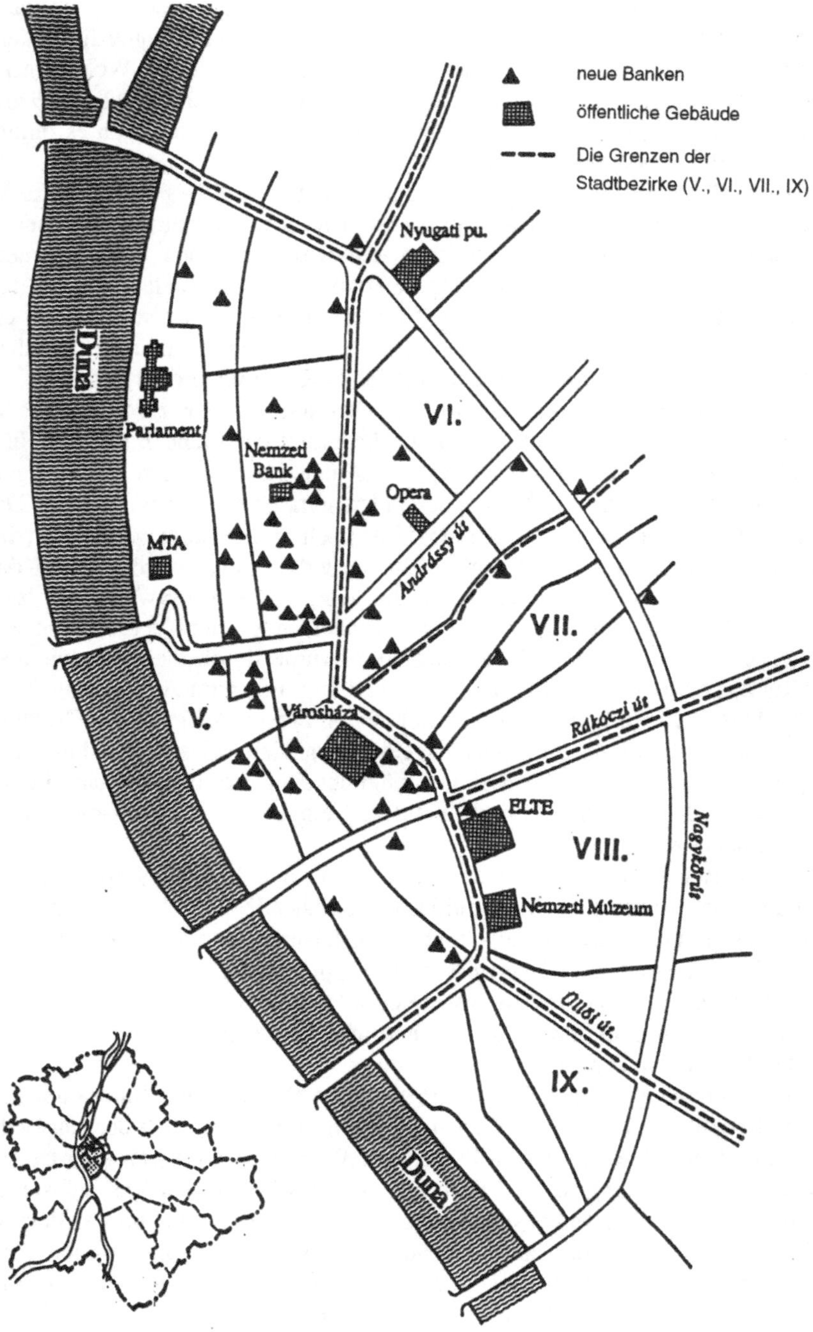

Abb. 5. Die neuen Banken im City-Bereich von Budapest. Quelle: Kovács Z. (1994)

gangenen Geschäfte, während die Geschäfte der neuen Unternehmerschicht oft nur noch einen Platz in den Innenhöfen der großen Blöcke oder in den Nebenstraßen gefunden haben.

Parallel damit begann auch die horizontale Ausweitung der Handelsfunktionen, die nun den Kleinen Ring, die Grenze der "klassischen" Innenstadt, überschritten haben und zur Erneuerung der während des Krieges zugrunde gegangenen oder anschließend beschlagnahmten Geschäfte des Stadtbezirks VII beigetragen haben. Diese Ausdehnung verlief gleichzeitig mit der in diesem Stadtbezirk angefangenen Stadterneuerung, was in der kapitalarmen Periode des Sozialismus natürlich nur sehr langsam vor sich gegangen ist.

Der nach der politischen Wende von 1989 einsetzende Zustrom von Kapital brachte eine rasche Aufwärtsentwicklung der Cityfunktionen mit sich: das Standortnetz der Handelsbetriebe wurde schnell verdichtet, auf den unbebauten Grundstücken wurden Hotels, Handelszentren, Bürohäuser und Banken (Abb. 5) errichtet. Es ist anzunehmen, daß in der Innenstadt ein weiterer Funktionswandel stattfinden wird, der vor allem zu Lasten der Wohnfunktion gehen wird. Auch die horizontale Ausdehnung der City wird sich vergrößern, und zwar zum Teil in südliche Richtung und im Zusammenhang mit der Stadterneuerung im Stadtbezirk VII.

An die beiden vorher genannten funktionalen Stadtviertel des historischen Stadtteils von Pest schließt sich außerhalb des Kleinen Rings eine innere Wohnzone an, die in der gründerzeitlichen Periode des Städtebaus zwischen 1870 - 1910 ausgebaut wurde. Diese Wohngebiete weisen allerdings auch zahlreiche andere Funktionen auf, einerseits öffentliche Institutionen (Theater, Schulen, Büros usw.), andererseits sind hier im Erdgeschoß der Wohnhäuser auch Geschäfte zu finden. Trotz dieser funktionalen Durchmischung ist dieses Gebiet die am dichtesten bewohnte Zone der Hauptstadt. Der Verfall dieser inneren Wohnzone ist zum Teil damit zu erklären, daß die Stadtentwicklung zwischen 1960 und 1980 nur die Großwohnsiedlungen in den gemischten Regionen und an der Peripherie der Stadt finanziert hat.

Nach Ansicht des Verfassers wird die Region zwischen dem Kleinen und Großen Ring des historischen Stadtteils von Pest in der Zukunft eine immer engere Beziehung zum Stadtkern erhalten und City-Funktionen übernehmen. Diese Entwicklung erscheint unvermeidbar zu sein, weil sich das Geschäftsviertel nicht in Richtung der verkehrsmäßig abgesperrten Budaer Seite ausdehnen kann. Dieser Stadtkern wird im Norden durch das Verwaltungsviertel abgeschlossen, so daß es nur noch in Richtung Osten, Südosten und bei entsprechender Stadterneuerung nach Süden zu einer Ausdehnung der Cityfunktionen kommen kann, ohne daß dadurch die Anzahl der Wohnungen wesentlich vermindert wird oder mit einem weiteren Auszug der Bevölkerung gerechnet werden muß. Die Voraussetzung für diese Entwicklung ist jedoch eine umfassende Wohnungs- bzw. Stadterneuerung, an der das Kapital aus dem Ausland nur geringes Interesse hat.

3.2 Umgestaltung der Zone mit gemischten Funktionen

Zur Zone mit gemischten Funktionen gehören in Budapest die ehemaligen Vorstädte, wie z. B. die Stadtbezirke XIII (Angyalföld), X (Kőbánya) und IX (Ferencváros). Diese Zone liegt zwischen dem Ring Róbert Károly, Hungária und Könyves Kálmán sowie dem Rande der historischen Stadt. An der Peripherie der sich in der zweiten Hälfte des 19. Jahrhunderts rasch entwickelnden Stadt ist die Industrie angesiedelt: in Süd-Pest die Lebensmittelindustrie, in Nord-Pest der Maschinenbau (Angyalföld) und im Norden der Csepel-Insel (Stadtbezirk XXI) die Schwerindustrie, die sich hier zwischen den beiden Weltkriegen rasch ausgeweitet hat.

Auf der Pester Seite entstanden die Zonen mit gemischter Funktion dadurch, daß die ehemaligen vorstädtischen Siedlungen durch Ausbau und Erweiterung der industriellen Betriebsstätten nicht verschwunden sind (Angyalföld, Zugló, Kőbánya usw.), sondern gleichzeitig auch zu Wohnregionen der Industriearbeiter wurden. Die Industriebetriebe und die Stadtverwaltung versuchten hier bereits zwischen den beiden Weltkriegen, die Arbeitnehmer durch Wohnbauprojekte in der Nähe der Industriebetriebe anzusiedeln. Nach dem Zweiten Weltkrieg hat die zentral gelenkte Industrieplanung die Aufmerksamkeit auf die Modernisierung der "Arbeiterbezirke" gerichtet, der "Arbeiter-Wohnungsbau" ist sogar zu einer wichtigen politischen Frage geworden. Der Wohnungsbau begann in dieser Zone daher bereits in den 50er Jahren, so daß in diesen Stadtbezirken die verschiedensten Typen des Wohnsiedlungsbaus vertreten sind.

Anfang der 70er Jahre ist es offensichtlich geworden, daß diese Zone die industrielle Entwicklung, die Ansiedlung neuer Industriebetriebe und den weiteren massenhaften Wohnungsbau nicht mehr aufnehmen kann. Aus der Sicht der Stadtentwicklungsplanung sind deshalb nun die nach dem Zweiten Weltkrieg in die Hauptstadt eingemeindeten äußeren Bezirke interessant geworden. Der Ausbau der städtischen Grundfunktionen ist in der Zone der gemischten Funktionen von Pest immer dringender geworden, der Ausbau der Subzentren begann an den aus dem Stadtkern hinausführenden Hauptstraßen sowie an den Schnittpunkten der äußeren Ringe, die zu Knotenpunkten des öffentlichen Verkehrs geworden sind. Seit Mitte der 80er Jahre, besonders aber nach der Wende von 1989 sind an den äußeren Ringen und in den erwähnten Subzentren auch typisch städtische Institutionen erschienen, wie Banken, Versicherungsgesellschaften, Außenhandelsfirmen und Warenhäuser usw.. Daraufhin begann die Eingliederung der gemischten Zone in die Stadtstruktur, was durch die vorteilhafte Verkehrslage (U-Bahn, Straßenverkehr) beschleunigt wurde.

Aus der Sicht der Stadtentwicklung weist diese Zone der gemischten Funktionen den größten Kapitalbedarf der Hauptstadt auf. Hier ist die grundlegende städtische Infrastruktur erst mangelhaft oder in geringer Kapazität vorhanden, hier ist unbedingt eine umweltfreundliche selektive Industrieentwicklung erforderlich, hier muß der kleinstädtische, manchmal sogar dörfliche Wohnungsbestand erneuert werden und die städtischen Funktionen sind zu Subzentren auszubauen. Diese Ziele setzen jedoch ein modernes Verkehrssystem voraus, das nicht nur den Verkehr innerhalb der Region beschleunigt, sondern auch imstande ist, die Verbindung zwischen der äußeren Wohnzone und der Innenstadt herzustellen. Es ist von großem Vorteil, daß der Umbau nicht an besonders strenge architektonische Vorschriften gebunden ist.

3.3 Umgestaltung der Außenzone von Budapest

Die Stadtbezirke (XV-XXI), welche die äußere Zone von Pest bilden, sind erst 1950 in die Hauptstadt eingemeindet worden. Dies sind typische Pendlerorte, die Mehrheit der Bevölkerung ist zwischen den beiden Weltkriegen in diese noch einen Dorfcharakter aufweisenden Siedlungen außerhalb der damaligen Verwaltungsgrenzen von Budapest gezogen. Dieser Lebensstil mit Garten und Einfamilienhaus entsprach damals den Ansprüchen und Möglichkeiten der aus dem Lande zugezogenen Arbeiterfamilien besser, weil sie neben der Arbeit in der Industrie durch Anbau von Gemüse im Hausgarten einen Nebenverdienst erzielen konnten. Der in den 70er Jahren massenweise begonnene, industrielle Wohnungsbau hat die freien Flächen zwischen diesen noch weitgehend dörflichen Siedlungen ausgenutzt, somit sind die Großwohnsiedlungen und die Wohngebiete mit Einfamilienhäusern nebeneinander anzutreffen.

Der rasche und in großem Stil vollzogene Wohnungsbau am Stadtrand wurde nicht von einem Ausbau der Subzentren (mit einem entsprechenden Angebot an städtischen Funktionen) begleitet, so daß die Wohnsiedlungen reine "Schlafstädte" geblieben sind und die hier wohnende Bevölkerung weiterhin die Funktionen der inneren Stadtteile in Anspruch nimmt, was den Verkehr zwischen Zentrum und Peripherie verstärkt. Mit dieser Zunahme des Verkehrs konnte das öffentliche Verkehrsnetz der Stadt nicht Schritt halten, auch das weitere Ring-System, der Autobahnring und das damit verbundene Versorgungs- und Dienstleistungsnetz sind ebenfalls nicht entsprechend ausgebaut worden. Deshalb kann hier mit einem bedeutenden in- und ausländischen Kapitalzustrom gerechnet werden. Die ersten diesbezüglichen Investitionen sind an den Hauptstraßen und am vorgesehenen Autobahn-Ring (Budaörs) bereits getätigt worden.

Das Budaer Villenviertel, der Siedlungsteil der Hauptstadt mit Grünzonenfunktion, dessen Entstehung mit der Vereinigung von Buda und Pest bzw. mit dem Bau der Brücken zusammenhängt, ist in der Periode der raschen Stadtentwicklung Ende des 19. Jahrhunderts und noch mehr nach der Jahrhundertwende zum bevorzugten Wohngebiet des städtischen Großbürgertums und der Aristokratie geworden (Probáld F., 1974). Die bis zur Donau hinziehenden Hügel des Ofener (Budaer) Gebirges (Gellért-Berg, Rosenhügel) waren auch zur Zeit der Stadtvereinigung Ausflugsziele des städtischen Bürgertums.

Seit den 60er Jahren haben in diesem Viertel - auch bedingt durch die Verschlechterung des Wohnungsbestandes in den inneren Wohnvierteln - immer mehr (wohlhabende) Einwohner Einfamilienhäuser gebaut oder sich an organisiertem Hausbau von Wohnbaugesellschaften beteiligt. Die Bebauung der Budaer Seite hat sich nicht nur horizontal sondern auch vertikal ausgebreitet, es wurden durch Wohnbaugesellschaften mehrstöckige Wohnhäuser gebaut und durch Zerstückelung der Grundstücke ist es auch zu einer hohen Bebauungsdichte gekommen. Für diese Zone gibt es auf dem Immobilienmarkt außerordentlich reges Interesse, so daß hier Beschränkungen hinsichtlich der Bebauung zu erwarten sind.

Literatur

Barta, Gy. (1992): Fordulóponton a magyar településfejlesztési politika, avagy szem elöl veszítjük-e a francia mintát? - Tér és Társadalom 1992. 1/2, 17-36.

Berényi, I. (1986): Conflicts in land-use in Suburbia: The example of Budapest. In: Heinritz, G. und E. Lichtenberger (Ed.): The take-off of Suburbia. Stuttgart, 125-133.

Bernát, T., Bora, Gy. und L. Fodor (1972): Budapest társadalmának és gazdaságának száz éve 1872-1972. Közgazdasági és Jogi Könyvkiadó. Budapest.

Csanádi, G. und J. Ladányi (1992): Budapest térbeni-társadalmi szerkezetének változásai. Akadémiai Kiadó, Budapest.

Cséfalvay Z. und W. Rohn (1992): Die Transition des ungarischen und Budapester Wohnungsmarktes. ISR Forschungsberichte 6, Wien.

Dövényi, Z. (1993): Unemployment as a new Phenomenon of the Transition. In: Hajdu, Z. (ed): Hungary: Society, State, Economy and Regional Structure in Transition. Pécs, 185-208.

Enyedi, Gy. and V. Szirmai (1992): Budapest. A Central European Capital. London

Konrád, Gy. und J. Szelényi (1971): A késleltetett városfejlödés társadalmi konfliktusa. Valóság, 12, 19-35.

Kovács, Z. (1993): Rich and Poor in the Budapest Housing Market. In: Hann, C.M. (ed).: Market Economy and Civil Society in Hungary. London, 110-124.

Kovács, Z. (1994): A City at the Crossroads: Social and Economic Transformation of Budapest. In: Urban Studies 31, 1081-1096.

Kovács, Z. (1993): Der Aufschwung der Innenstädte: Das Beispiel Budapest. In: Ernst, R.W., Borst, R., Krätke, S. und G. Nest (Hrsg.): Arbeiten und Wohnen in städtischen Quartieren. Basel, 328-343.

Probáld, F. (1974): A Study of Residential Segregation in Budapest. Annales Universitatis Scientiarium Budapestiensis de R. E. Seperatum: sectio geographica, tom IX, Budapest.

Abstract

Regional Differences of the Economic Transition in Hungary

This paper deals with some aspects of the socio-economic transition in Hungary (and especially in Budapest) after 1989, considering a number of indicators such as the proportion of new enterprises, the state of telecommunications, and changing urban functions. Most of the new enterprises are of small or medium size, but a few multinational corporations are also present (SUZUKI, General Motors, Philips etc). Joint ventures play an important role in the privatization of Hungarian industry. The supporting role of the state was intensified mainly by investment in infrastructure in order to attract domestic and foreign capital and enterprises. The communication network was extended considerably.

This transformation process took place mainly in the central region of Hungary (in and around Budapest) and in those parts of Transdanubia where infrastructure and industry had been fairly developed (Győr, Székesfehérvár, Veszprém). On the other hand, conditions in the mining regions and in the locations of the once vital socialist heavy industry began to decline rapidly. Production was reduced or closed down, and unemployment reached a level twice as high as the national average. The crisis reached its peak in the middle of 1992. Since then, slow improvements and stabilization have been taking place even in the areas most affected by the crisis. The economic transition and functional shift could be observed especially well in urban areas. Accordingly, the second part of this paper deals with the transformation process in Budapest.

Die strukturellen und territorialen Besonderheiten der Arbeitslosigkeit in Ungarn

Zoltán Dövényi
Geographisches Forschungsinstitut der Ungarischen Akademie der Wissenschaften. Andrássy út 62. P.O.B. 64, H-1388 Budapest, Ungarn

1 Einführung und historischer Rückblick

Ein großes historisches Mißgeschick der ehemals sozialistischen Länder Ostmitteleuropas besteht darin, daß die schwierigsten Jahre der gesellschaftlichen und wirtschaftlichen Umgestaltung zeitlich mit einer krisenhaften Periode der Weltwirtschaft zusammengetroffen sind. Die sich ab 1991 vertiefende weltweite Rezession hat die Arbeitslosigkeit in den meisten Ländern stark ansteigen lassen. In den OECD-Ländern gab es Mitte 1994 schon etwa 36 Millionen Arbeitslose, was eindeutig belegt, daß nicht einmal die hochentwickelten Industrieländer dieses Problem bewältigen können. Deshalb ist es wohl keine Überraschung, daß die Arbeitslosigkeit in den wirtschaftlich wesentlich schwächeren Ländern von Ostmitteleuropa eine beinahe katastrophale Größenordnung erreicht hat und in dieser Region als Folge der Umwandlungsprozesse bis Mitte 1994 fast 10 Millionen Menschen arbeitslos geworden sind.

Auch in Ungarn ist die massenhafte Arbeitslosigkeit mittlerweile zum schwerwiegendsten Problem der Umgestaltung geworden, was auch durch Meinungsumfragen bestätigt wird. Im Jahre 1990 hat die ungarische Bevölkerung die Arbeitslosigkeit noch als das viertschwierigste Problem beurteilt, im Februar 1992 wurde sie bereits als größtes Problem angesehen (In: Népszabadság vom 7. April 1992, 1). Bei einer Umfrage im September 1993 hat die ungarische Bevölkerung zwar die Inflation als größtes Problem betrachtet, als zweitgrößtes Problem wurde jedoch die Arbeitslosigkeit genannt (In: Focus vom 8. November 1993, 48.).

Die Arbeitslosigkeit entstand jedoch in den ehemals sozialistischen Ländern nicht von heute auf morgen und war nicht ausschließlich eine Folge des Übergangs von der Planwirtschaft zur Marktwirtschaft, sondern sie war latent auch in den vorangehenden Jahrzehnten vorhanden. Nach der Machtübernahme durch die kommunistische Partei (1948) bestand eine der grundlegenden Zielsetzungen der sogenannten sozialistischen Planwirtschaft in der Schaffung der Vollbeschäftigung, die es jedoch in der Realität nie gab. Neben dem in den Jahrzehnten des Sozialismus oft erwähnten Arbeitskräftemangel existierte auch eine "latente" Arbeitslosigkeit. Sie betraf in erster Linie die wirtschaftlich zurückgebliebenen Regionen, wo gewisse Bevölkerungsgruppen von dem engen und/oder einseitigen Arbeitsmarkt nicht aufgenommen wurden. Eine solche typische Gruppe war z. B. die der arbeitsfähigen, jedoch nicht erwerbstätigen Frauen. Viele dieser Frauen sind nämlich nicht freiwillig, sondern zwangsmäßig Hausfrauen geworden, weil es keine entsprechenden Arbeitsplätze für sie gab. Der Anteil dieser "zwangsweisen Hausfrauen" war noch in den 80er Jahren in den nördlichen und nordöstlichen Regionen des Landes sowie in einigen Kleindörferregionen von Transdanubien sehr hoch. Diese regionale Abgrenzung stimmt so auffällig mit den räumlichen Unterschieden der heutigen Arbeitslosigkeit überein, daß es sich kaum um einen Zufall handeln kann.

Trotz der offiziell deklarierten Vollbeschäftigung gab es in den Jahrzehnten des Sozialismus eine Arbeitslosenrate von 1-3% (Ferge Zs., 1988). Wesentlich größer war jedoch die sogenannte "Arbeitslosigkeit hinter den Betriebstoren ". Im Sprachgebrauch der sozialistischen Länder bedeutete diese Redewendung, daß ein Teil der Werktätigen zwar über einen Arbeitsplatz verfügte, in Wirklichkeit jedoch nicht arbeitete, da ihre Anstellung aus der Sicht des Betriebes gar nicht nötig gewesen wäre. Obwohl diese verdeckte Arbeitslosigkeit in Ungarn nie empirisch erfaßt wurde, gibt es keinen Grund zur Annahme, daß sie in Ungarn weniger verbreitet gewesen wäre als in anderen sozialistischen Ländern. Nach (Faßmann H., 1992) hätte der Produktionsstand der europäischen sozialistischen Länder mit 80% oder weniger der tatsächlich Beschäftigten erreicht werden können. Dies belegen im übrigen auch die Mitte der 60er Jahre in Ungarn durchgeführten Berechnungen. Im Laufe der Vorbereitungen der Wirtschaftsreform von 1968 wurde die Schlußfolgerung gezogen, daß die Realisierung der Marktwirtschaft eine Arbeitslosigkeit von einer halben Million Menschen mit sich bringen würde (Fóti J. und S. Illés, 1992). Diese Berechnungen wurden damals nicht publiziert und die führenden Kräfte des Landes wollten keine Verantwortung für die aus einer offenen Arbeitslosigkeit resultierenden Konflikte übernehmen. Erst Anfang 1989 wurde durch die Einführung des Arbeitslosengeldes offiziell zugegeben, daß es auch in Ungarn Arbeitslosigkeit gibt.

2 Strukturelle Züge der Arbeitslosigkeit

In den fünf Jahren zwischen 1989 und 1994 kann die Arbeitslosigkeit in Ungarn in drei Perioden unterteilt werden:

I. Periode der "schleichenden Arbeitslosigkeit". Diese dauerte von Anfang 1989 bis etwa Sommer 1990. Für diesen Zeitraum ist es charakteristisch, daß die Anzahl der registrierten Arbeitslosen nur langsam stieg und erst im September 1990 die Zahl von 50.000 übertraf. Mit rd. 1% im Sommer 1990 konnte damals die Höhe der Arbeitslosenrate noch vernachlässigt werden. Die damalige Entwicklung der Arbeitslosigkeit begründete auch noch einen gewissen Optimismus, daß die Umgestaltung der ungarischen Wirtschaft auch ohne massenhafte Arbeitslosigkeit durchführbar sei. Diese Illusion beruhte unter anderem auch darauf, daß damals die Anzahl der offenen Stellen die der Arbeitsuchenden noch erheblich überstieg. Erst ab Mai 1990 war die Anzahl der offenen Stellen fast immer geringer als die der Arbeitslosen (Abb. 1).

II. Epoche des "rasanten Anstiegs der Arbeitslosigkeit". Während dieser etwa zweieinhalb Jahre zwischen dem Sommer 1990 und dem Jahresbeginn 1993 stieg die Anzahl der Arbeitslosen von 45-50.000 auf über 700.000 an, die Arbeitslosenrate explodierte von 1% auf über 13%. Die in diesem Zeitraum auftretende massenhafte Arbeitslosigkeit schien höchst bedenklich und nicht mehr zu bewältigen zu sein.

III. Epoche der "sinkenden oder stagnierenden Arbeitslosigkeit". Nach einem Höchststand der Arbeitslosigkeit im Februar 1993 begann die Anzahl der Arbeitslosen - zur nicht geringen Überraschung - wieder zu sinken, im Februar 1994 wurden nur noch 630.000 Arbeitsuchende registriert (Abb. 1) und die Arbeitslosenrate war Anfang 1994 auf weniger als 13% gesunken, was zwar eine Verbesserung der Situation, im internationalen Vergleich jedoch immer noch einen sehr hohen Wert darstellte.

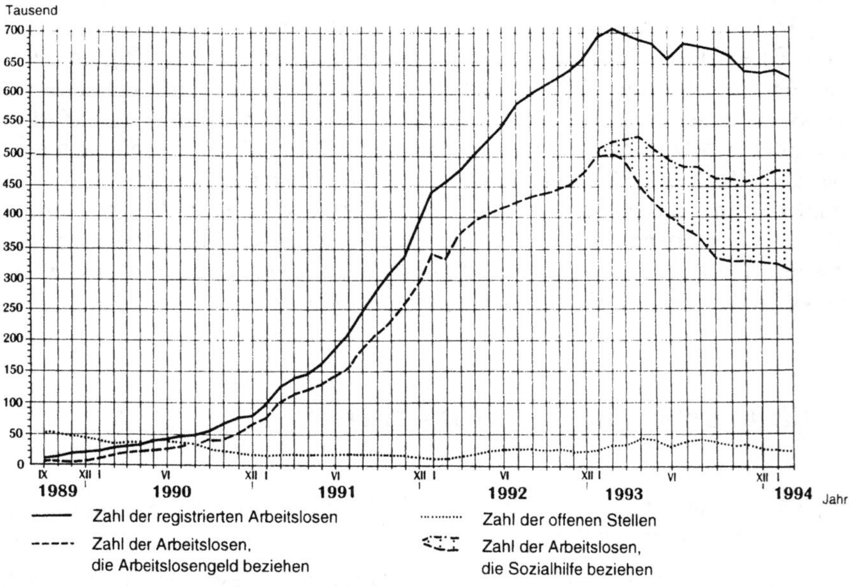

Abb. 1. Die Veränderung der Arbeitslosigkeit in Ungarn (1989-1994)
Quelle: Landesarbeitsamtszentrale

Der Rückgang der Anzahl der registrierten Arbeitslosen bedeutete jedoch noch nicht, daß nun in gleichem Maße der wirtschaftliche Aufschwung begonnen hätte, sondern die Abnahme der Arbeitslosigkeit wurde vor allem dadurch verursacht, daß inzwischen die Zahl jener Personen zugenommen hat, die nicht mehr zum Bezug von Arbeitslosengeld berechtigt waren und deshalb auch nicht mehr in den Arbeitsämtern registriert waren.

Die Tatsache, daß ein immer geringer werdender Anteil der Arbeitslosen berechtigt ist, Arbeitslosenhilfe zu beziehen bzw. daß die Anzahl der Empfänger von Arbeitslosengeld schneller sinkt, als die der registrierten Arbeitslosen (Abb. 1) führt immer mehr zu sozialen Spannungen. Anfang 1994 war nur noch die Hälfte der nach Arbeit suchenden Menschen zum Bezug von Arbeitslosenunterstützung berechtigt, in einigen, von Arbeitslosigkeit besonders stark betroffenen Komitaten betrug der Anteil der Berechtigten sogar weniger als 40%. Da es aus sozialer Sicht unvertretbar war, daß mehrere hunderttausend Arbeitslose ohne jegliche Unterstützung bleiben, wurde es ab Sommer 1992 ermöglicht, daß die Arbeitslosen nach Ablauf der auf ein Jahr begrenzten Arbeitslosenversorgung Sozialhilfe beziehen können. Die Sozialhilfe für registrierte Arbeitslose ist zwar zeitlich nicht begrenzt, die Auszahlung und die Höhe dieser Sozialhilfe hängt jedoch von der Höhe des Familieneinkommens des Arbeitslosen ab. Zu dieser Sozialhilfe ist man nur berechtigt, wenn das Familieneinkommen das gesetzlich vorgeschriebene Minimum (umgerechnet ca. 100 DM) nicht übertrifft. Die Sozialhilfe ist also auch für ungarische Verhältnisse sehr niedrig, so daß sie die sozialen Spannungen nicht abbaut. Außerdem sind nicht alle Arbeitslosen zum Bezug dieser bescheidenen Sozialhilfe berechtigt (Abb. 1).

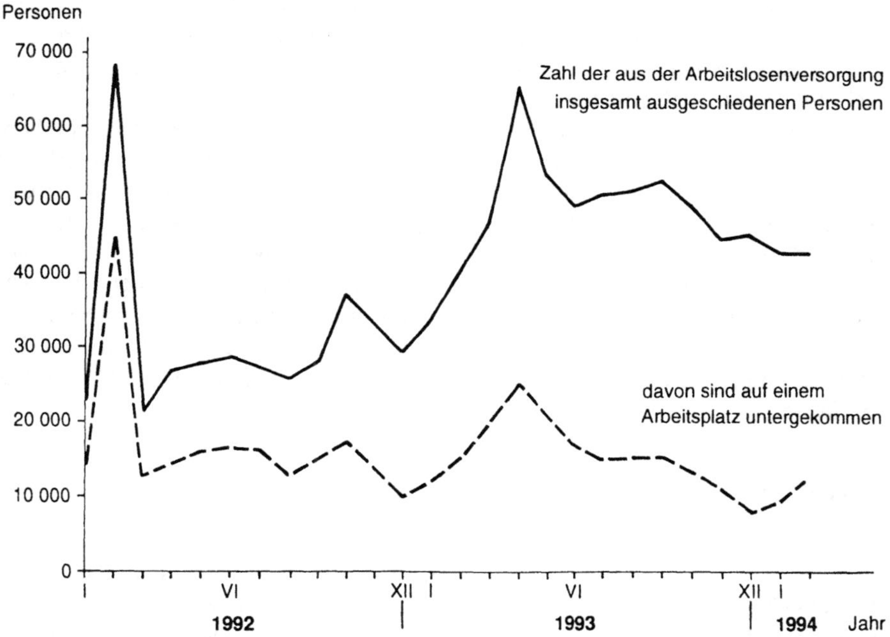

Abb. 2. Die Zahl der Personen, die aus der Arbeitslosenversorgung ausgeschieden sind
Quelle: Landesarbeitsamtszentrale

Die Mehrheit der Arbeitslosen ist also nicht deshalb aus der Arbeitslosenversorgung ausgeschieden, weil sie eine Arbeit gefunden haben, sondern weil die Unterstützungsperiode abgelaufen ist. Die Schere zwischen den beiden Indizes wurde bis Ende 1993 laufend größer, was eindeutig die Verschlechterung der Lage beweist. Anfang 1994 hat sich die Situation zwar wieder etwas gebessert, es ist jedoch keinesfalls sicher, ob eine dauerhafte Verbesserung der Situation zu erwarten ist (Abb. 2).

Ab Mai 1990, als die Zahl der Arbeitslosen die der offenen Stellen erstmals übertroffen hat, ist die Differenz zwischen der Zahl der Arbeitslosen und der Zahl der offenen Stellen immer größer geworden (Abb. 1), so daß es Anfang 1994 auf 20 Arbeitslose nur noch eine offene Stelle traf. Diese ungünstige Relation wird noch dadurch verschärft, daß sich die Struktur der Arbeitsuchenden deutlich von den angebotenen Arbeitsmöglichkeiten unterscheidet. Auf dem ungarischen Arbeitsmarkt des Jahres 1994 bestand in erster Linie eine Nachfrage nach hochqualifizierten, über spezielle Kenntnisse verfügenden Personen, also nach Kriterien, welche die meisten Arbeitslosen nicht erfüllten.

Die Arbeitslosigkeit betrifft die einzelnen Berufsgruppen sehr unterschiedlich. Zu Beginn des Strukturwandels waren vor allem Hilfsarbeiter ohne abgeschlossene Ausbildung und Büroangestellte von Arbeitslosigkeit betroffen, weil die Arbeitgeber zuerst den überdimensionierten Verwaltungsapparat und die nicht qualifizierten Arbeiter abgebaut haben. Dadurch ist z. B. ein erheblicher Teil der Zigeuner arbeitslos geworden. In weiterer Folge wurden auch höher ausgebildete Berufsgruppen von der Arbeitslosigkeit erfaßt; im Jahre 1994 bildeten die Facharbeiter unter den Arbeitslosen die zahlenmäßig stärkste Berufsgruppe (Abb. 2).

Im Laufe der Zeit hat sich die Zahl der Arbeitslosen je nach Ausbildungsniveau sehr unterschiedlich verändert. Geradezu dramatisch hat sich die Arbeitslosigkeit unter den Erwerbstätigen mit Facharbeiterausbildung erhöht. Während im September 1989 die Facharbeiter unter den Arbeitslosen noch einen Anteil von 20,2% ausmachten, waren im Dezember 1993 bereits 36,2 % aller Arbeitslosen Erwerbstätige mit Facharbeiterausbildung, während beispielsweise der Anteil der Hochschul- und Universitätsabsolventen unter den Arbeitslosen von 4,3% auf 2,3% und jener der Abiturienten von 12,6% auf 7,3% zurückgegangen ist. Anders ausgedrückt, zwischen September 1989 und Dezember 1993 hat sich die Zahl der Arbeitslosen mit Hochschul- oder Universitätsausbildung um rd. das 15-fache erhöht, jene der Arbeitslosen mit Facharbeiterausbildung um mehr als das 52-fache.

Tabelle 1. Die Zahl der Arbeitslosen nach dem Ausbildungsniveau

Ausbildungsniveau	Zahl der Arbeitslosen			
	September 1989		Dezember 1993	
kein Grundschulabschluß	3.390	15,6	47.814	7,6
Grundschulabschluß	7.662	35,4	220.822	34,9
Facharbeiterausbildung	4.385	20,2	228.969	36,2
Fachmittelschule mit Abitur	2.570	11,9	73.862	11,7
Abiturienten (Gymnasium)	2.734	12,6	46.195	7,3
Hochschul- und Universitätsabsolventen	941	4,3	14.388	2,3
gesamt	21.682	100,0	632.050	100,0

Quelle: Landesarbeitsamtzenrale.

Diejenigen, die nicht einmal eine Grundschule abgeschlossen haben, haben ihre Arbeitsplätze bereits zu Beginn des Transformationsprozesses verloren, so daß ihr Anteil an den Arbeitslosen später schon eine sinkende Tendenz aufwies. Die Erwerbstätigen mit Abitur, Universitäts- oder Hochschulabschluß konnten ihre Lage auf dem Arbeitsmarkt ebenfalls verbessern, im Sommer 1990 betrug der Anteil der Erwerbstätigen mit Universitäts- oder Hochschulabschluß an den Arbeitslosen 5,5%, im Dezember 1993 nur noch 2,3% (Abb. 3).

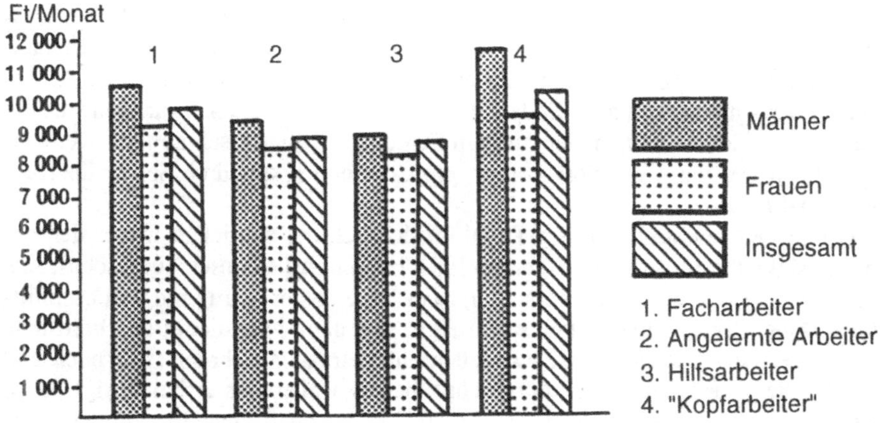

Abb. 3a. Die Verteilung des monatlichen Arbeitslosengeldes nach Geschlecht und Berufskategorien im August 1993
Quelle: Landesarbeitsamtszentrale

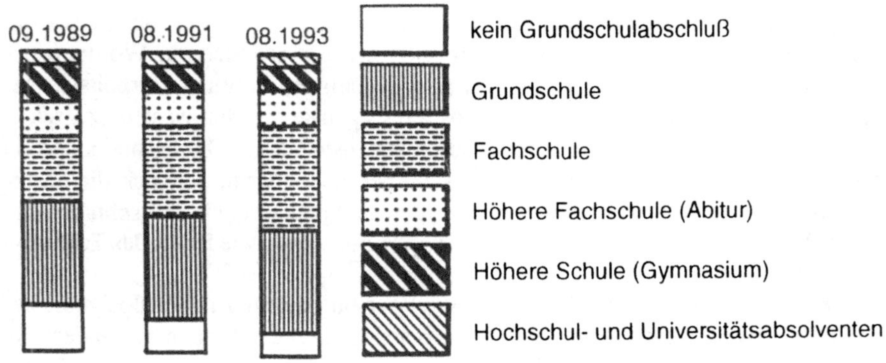

Abb. 3b. Das Bildungsniveau der Arbeitslosen
Quelle: Landesarbeitsamtszentrale

Die Arbeitslosigkeit hat auch die einzelnen Altersgruppen unterschiedlich betroffen. Am stärksten war der Anstieg der Arbeitslosigkeit bei den über 35-Jährigen, deren Anteil an den Arbeitslosen zwischen dem Sommer 1990 und dem Dezember 1993 von 39% auf fast 50% angestiegen ist. Bei den übrigen Altersgruppen gab es keine eindeutigen Tendenzen sondern eher zyklische Schwankungen. Das gilt besonders für die Anfänger des Berufslebens, d. h. für die Arbeitnehmer unter 20 Jahren, deren Anteil unter den Arbeitslosen in diesem Zeitraum zwischen 7% und 16% schwankte. Unabhängig von dieser Schwankung ist die Arbeitslosigkeit unter den Jugendlichen eines der schwierigsten Probleme des ungarischen Arbeitsmarktes.

Die nur wenige Jahre alte ungarische Arbeitslosenstatistik ist nicht im Stande, alle interessanten Aspekte der Arbeitslosigkeit abzudecken. So gibt es etwa über die Verteilung der Arbeitslosigkeit nach Wirtschaftssektoren keine Daten. Aus den unterschiedlichen, einander gelegentlich sogar widersprechenden Erhebungen läßt sich jedoch feststellen, daß es im Bereich der Dienstleistungen die geringste Arbeitslosigkeit gibt. Ende 1992 hat der tertiäre Sektor zwar mehr als die Hälfte aller Erwerbstätigen aber nur ein Drittel der Arbeitslosen umfaßt. Dementsprechend war die Arbeitslosigkeit im primären und sekundären Sektor überproportional hoch.

Lange Zeit hindurch war der Trend hinsichtlich der zeitlichen Dauer der Arbeitslosigkeit eindeutig. Im Sommer 1991 hat ein Arbeitsloser durchschnittlich seit 165 Tagen keine Arbeit gefunden, zwei Jahre später betrug die durchschnittliche Dauer der Arbeitslosigkeit schon 280 Tage, dann ging die durchschnittliche Dauer der Arbeitslosigkeit wieder zurück und betrug im Februar 1994 noch 232 Tage. Dieser Rückgang der durchschnittlichen Dauer der Arbeitslosigkeit ist jedoch nicht ein Zeichen für die Besserung der Beschäftigungssituation sondern resultiert aus der Verkürzung des Zeitraumes, für den eine Unterstützung bezahlt wird, nämlich von 18 Monaten auf 12 Monate.

Im Vergleich zur Situation in den OECD-Ländern ist sogar dieser sinkende Wert sehr hoch und kennzeichnet zugleich eine wichtige Eigenschaft der ungarischen Arbeitslosigkeit. Im Gegensatz zu den hochentwickelten Ländern gibt es in Ungarn unter den Arbeitslosen eine sehr niedrige Mobilität. Dies hängt sowohl mit dem Mangel an Arbeitsplätzen als auch mit der schwierigen Wohnungssituation zusammen. In Ungarn bleiben also diejenigen, die einmal arbeitslos geworden sind, relativ lange Zeit arbeitslos, im Gegensatz zu den westeuropäischen Ländern, wo eine relativ starke Fluktuation festzustellen ist. Die besonders große Gefahr einer langen Arbeitslosigkeit besteht besonders darin, daß sich die beruflichen Qualifikationen und Kenntnisse der Langzeitarbeitslosen schnell verschlechtern, so daß es für diese immer schwieriger wird, wieder in das Erwerbsleben einzutreten.

Die am meisten auffallende Besonderheit der ungarischen Arbeitslosigkeit besteht aber zweifelsohne darin, daß die Arbeitslosigkeit der Frauen zumindest bis 1994 geringer war als die der Männer (vgl. Aufsatz von Meusburger in diesem Band). In den meisten Ländern ist es genau umgekehrt, obwohl die Beschäftigungsrate der Frauen niedriger ist als die der Männer. Die verhältnismäßig erfreuliche Lage der ungarischen Frauen auf dem Arbeitskräftemarkt kann durch mehrere Kennziffern belegt werden. Die Beschäftigung der Frauen ging zwischen 1989 und 1994 in einem geringeren Maße zurück als die der Männer. Zwischen 1989 und 1993 verringerte sich in Ungarn die Anzahl der Beschäftigten um 21% (von 5,5 Millionen auf 4,35 Millionen), die der Frauen jedoch nur um 19,3%.

In diesen 5 Jahren war der Rückgang des Personalstandes in jenen Wirtschaftssektoren am größten, in denen Männer zahlenmäßig dominiert haben, während ein wesentlicher Zuwachs des Personalstandes in jenen Branchen zu verzeichnen war, in denen die Frauen am stärksten vertreten waren (Frey M., 1992). Infolge dessen hat der Frauenanteil unter den Beschäftigten zu Beginn des Jahres 1994 schon fast 50% erreicht. Auch die sogenannte "wirtschaftliche Aktivitätsrate"[1], die Anfang 1993 bei den Männern 54,8% und bei den Frauen 48,2% betrug, war schon fast ausgeglichen. Im Bereich der Arbeitslosigkeit ist es jedoch zu keinem solchen Ausgleich gekommen, unter den Arbeitslosen war der Anteil der Frauen schon immer niedriger, als unter den Beschäftigten. In Ungarn betrug der Anteil der Frauen unter den Arbeitslosen im September 1989 45,5 %, im Sommer 1990 42%, im März 1991 bloß 37% und Ende 1993 wieder 40,5%.

Das weist darauf hin, daß in Ungarn - im Gegensatz zu zahlreichen anderen Ländern - nicht die Frauen die größten Verlierer der Wirtschaftskrise sind. Das läßt sich wohl damit erklären, daß in Ungarn nur ein Krisensektor, nämlich die Landwirtschaft, einen bedeutenden Anteil von weiblichen Arbeitskräften aufgewiesen hat, während in den übrigen Krisenbranchen (z. B. Eisen- und Stahlindustrie, Bergbauwesen, Bauindustrie) überwiegend Männer beschäftigt waren. Nicht zuletzt wirkt sich auch die günstige Entwicklung des Tertiären Sektors positiv auf die Arbeitsmarktsituation von Frauen aus. Außerdem gibt es im Tertiären Sektor einige Branchen, die man zum "geschützten Arbeitsmarkt" zählen kann, wie z. B. das Unterrichts- und Gesundheitswesens, in welchem rd. drei Viertel der Erwerbstätigen Frauen sind.

Für die relativ günstige Lage der Frauen auf dem ungarischen Arbeitsmarkt spricht auch, daß die Arbeitslosen ursprünglich überwiegend manuelle Arbeiter waren (Ende 1993=83%), unter denen die Frauen erwartungsgemäß einen wesentlich geringeren Anteil (Ende 1992 = 38,6%) eingenommen haben als die Männer (61,4%). Unter den "Kopfarbeitern", die unter den Arbeitslosen nur 17% stellten, überwogen dagegen die Frauen (Ende 1992 rd. 60%). Unter den arbeitslosen Arbeitern mit manueller Tätigkeit überstieg der Anteil der Frauen jenen der Männer nur in der Gruppe der angelernten Arbeiter, während mehr als drei Viertel der arbeitslosen Facharbeiter und beinahe zwei Drittel der nach Arbeit suchenden Hilfsarbeiter Männer waren.

Die relative Verbesserung der Lage der Frauen auf dem Arbeitsmarkt führte nicht nur auf der Makro- sondern auch auf der Mikroebene (z. B. beim traditionellen Familienmodell) zu Veränderungen. Früher war in den meisten Familien der Mann der primäre Geldverdiener, das Einkommen der Frau hatte zwar eine sehr wichtige, aber doch eher nur ergänzende Rolle. Nun entsteht immer mehr die Situation, daß der Mann arbeitslos geworden ist, die Frau dagegen einen

[1] Die wirtschaftliche Aktivitätsrate wird definiert durch den Anteil der wirtschaftlich aktiven Bevölkerung (Erwerbspersonen, noch arbeitende Rentner und Rentnerinnen, Mutterschaftsgeld beziehende Frauen) an der Zahl der erwerbsfähigen Personen (Männer 15-60, Frauen 15-55) sowie der noch arbeitenden Rentner und Rentnerinnen.

Arbeitsplatz hat. Somit ist in manchen Familien die Frau zum primären Geldverdiener geworden und dieser Rollenwechsel verläuft innerhalb der Familien nicht immer problemlos.

Infolge der hohen Inflation (1993: 23%) und der Tatsache, daß die Arbeitslosigkeit auch die höheren Einkommensschichten erfaßt hat, wurde der Betrag der Arbeitslosenhilfe kontinuierlich erhöht, im Februar 1994 betrug der Durchschnittsbetrag des monatlichen Arbeitslosengeldes bereits 10.220 Ft (umgerechnet etwa 170 DM), was nur knapp unter dem gesetzlich vorgeschriebenen monatlichen Mindestlohnes liegt. Die durchschnittliche Höhe der Arbeitslosenhilfe ist natürlich unter den einzelnen Berufskategorien unterschiedlich. Die auch im Sozialismus vorhandene, traditionelle Benachteiligung der Frauen bei Löhnen und Gehältern spiegelt sich auch in der Höhe der Arbeitslosenhilfe wider, so daß die Frauen als Auswirkung der auch früher bestehenden geschlechtsspezifischen Lohnunterschiede in allen Kategorien eine niedrigere durchschnittliche Arbeitslosenunterstützung erhalten als die Männer (Abb. 3).

3 Die regionalen Unterschiede der Arbeitslosigkeit

Die Wirtschaftsstruktur Ungarns ist seit Jahrhunderten durch große regionale Gegensätze geprägt. Aufgrund der unterschiedlichen Arbeitsmarktstrukturen wurden die einzelnen Regionen Ungarns im Rahmen des Transformationsprozesses in unterschiedlichem Maße von der Arbeitslosigkeit betroffen. Die früher von der zentralen Planwirtschaft bevorzugten und zentral finanzierten Wirtschaftssektoren (wie z. B. Metallurgie, Bergbauwesen) gerieten sehr schnell in eine Krise, so daß in den betreffenden Gebieten innerhalb kurzer Zeit eine Massenarbeitslosigkeit entstand.

Auch die Landwirtschaft wurde in wenigen Jahren vom Erfolgssektor zu einer Krisenbranche und zwar nicht zuletzt deshalb, weil der Agrarsektor Ungarns durch den Wegfall des RGW-Absatzmarktes besonders hart betroffen wurde. Infolge der Absatzkrise von agrarischen Produkten kam es auch in der Landwirtschaft fast zwangsläufig zu einer Erhöhung der Arbeitslosigkeit. Der drastische Rückgang der Exporte in die Länder des ehemaligen RGW-Marktes verursachte aber auch in allen anderen Wirtschaftsklassen, in welchen die ehemaligen sozialistischen Länder die wichtigsten Abnehmer der ungarischen Produkte waren, eine krisenhafte Situation. Infolge des Zerfalls eines als sicher geltenden Absatzmarktes sind früher als stabil beurteilte Großunternehmen ins Wanken geraten, wobei deren Produktionsrückgang oder Konkurse jeweils auch die Beschäftigungssituation einiger anderer kleiner oder großer Unternehmen in Mitleidenschaft gezogen haben.

Insgesamt wird die Entwicklung der Arbeitslosigkeit in den einzelnen Gebieten dadurch bestimmt, in welcher Kombination die günstigen und ungünstigen Faktoren zusammenwirken. Bei einer Darstellung der Arbeitslosigkeit auf Komitatsebene werden durch die Arbeitslosenquoten jene regionalen Disparitäten der wirtschaftlichen Entwicklung bestätigt (Abb. 4), die in Ungarn seit Jahrhunderten bekannt sind. Dementsprechend gibt es in Transdanubien sowie in Budapest und Umgebung eine wesentlich geringere Arbeitslosigkeit als in der Ungarischen Tiefebene und in Nordungarn.

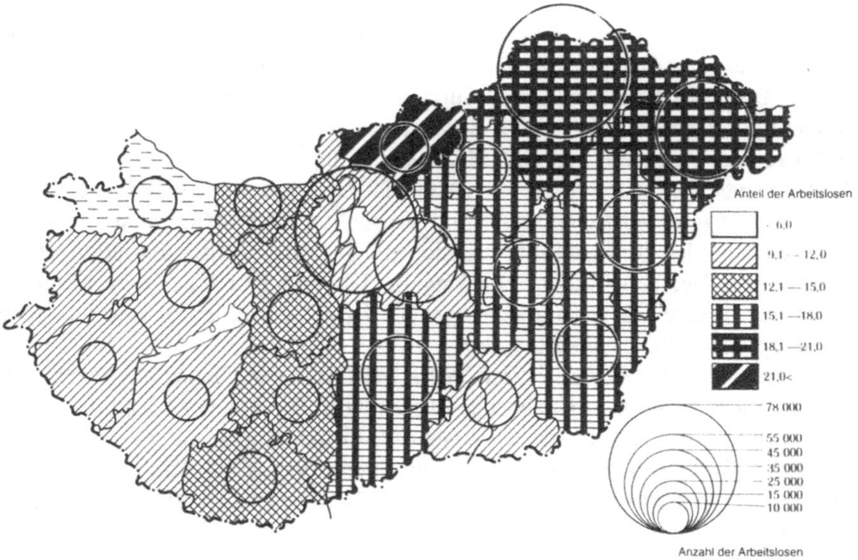

Abb. 4. Regionale Disparitäten der Arbeitslosigkeit in Ungarn im September 1993
Quelle: Landesarbeitsamtszentrale

Die regionalen Unterschiede der Arbeitslosigkeit markieren die regional unterschiedliche Leistungsfähigkeit der Wirtschaft, die unterschiedliche Anpassungsfähigkeit an die Wirtschaftskrise und die unterschiedlichen Möglichkeiten zur Erneuerung der Wirtschaft. In jenen Gebieten, in denen die Wirtschaftsstruktur relativ modern ist, wo der Strukturwandel mehr oder weniger stattgefunden hat und wo der Arbeitsmarkt schon von vornherein nicht einseitig auf eine Branche orientiert war, scheint die Arbeitslosigkeit auch langfristig zu bewältigen zu sein. Eine derartige Region ist vor allem Budapest und Umgebung, wo die Arbeitslosigkeit bis zum Sommer 1991 praktisch unbekannt war und wo auch Anfang 1994 der Anteil der Arbeitslosen mit nur 6,2% weit unter dem Landesdurchschnitt lag. Auch die Arbeitslosenrate des Komitats Pest lag damals mit 9,1% noch unter dem Landesdurchschnitt. Zu den Regionen mit relativ geringer Arbeitslosigkeit gehören auch die Grenzgebiete zu Österreich, wo der Anteil der Arbeitsuchenden Anfang 1994 nur 9% betrug. Diese Komitate an der Westgrenze Ungarns hatten bereits historisch eine gut entwickelte Wirtschaftsstruktur, hier waren die sogenannten krisenhaften Industriezweige nur zu einem geringen Anteil vertreten und diese Grenzregion profitierte auch nach dem Systemwechsel von ihrer günstigen geographischen Lage. Außer in Budapest konnte hier das vom westlichen Ausland kommende Kapital am besten ausgenützt werden (z. B. Betrieb von Opel in Szentgotthárd. Audi-Motorenfabrik in Győr), hier wirkte die

Nachfrage der aus dem Westen kommenden Konsumenten und Touristen als wichtiger Impuls zur Entwicklung, was z. B. einen raschen Aufschwung im Bereich der Dienstleistungen ermöglichte. Diese rasche Entwicklung der Wirtschaft führte zur Entstehung zahlreicher neuer Arbeitsplätze, so daß ein bedeutender Teil der in ehemaligen Staatsbetrieben abgebauten Arbeitskräfte wieder neue Arbeitsplätze finden konnte.

Diese günstige Situation trifft jedoch nicht für alle Gebiete Transdanubiens zu, auch in Westungarn gibt es Regionen, die strukturelle Probleme aufweisen und wo die Arbeitslosigkeit den Landesdurchschnitt etwas übersteigt. Eine derartige Krisenregion ist z. B. das Komitat Baranya, wo infolge der Krise des Kohle- und Uranbergbaus Tausende von Erwerbstätigen ihren Arbeitsplatz verloren haben, ohne daß entsprechender Ersatz an Arbeitsplätzen geschaffen werden konnte.

Die schwierigste Wirtschaftskrise und die höchsten Arbeitslosenraten traten jedoch im Zuge der Umstrukturierung nicht in Transdanubien auf sondern in der Ungarischen Tiefebene und in Nordungarn. Die drei Komitate in Nordungarn, die an der Grenze ein zusammenhängendes Gebiet darstellen, hatten von vornherein die höchsten Arbeitslosenraten.

Für die schwierige Situation und Wirtschaftskrise der Ungarischen Tiefebene sind vor allem zwei wichtige Ursachen verantwortlich. Als erstes sind die negativen Auswirkungen der früheren, sozialistischen Industriepolitik zu nennen. Ein erheblicher Teil der während der 60er Jahre unter dem Motto "Industrialisierung des ländlichen Raumes" in der Ungarischen Tiefebene errichteten Industriebetriebe hat sich unter den neuen Verhältnissen als nicht wettbewerbsfähig erwiesen. Diese Betriebe sind auch vorwiegend als Maßnahme zur Schaffung von Arbeitsplätzen errichtet worden, ihr technisches Niveau war schon von allem Anfang an sehr niedrig und ihre Produkte waren veraltet und nicht konkurrenzfähig. So erstaunt es nicht, daß sie unter Marktverhältnissen schnell in Konkurs geraten sind und die Arbeitskräfte entlassen mußten. Das andere schwierige Problem der Ungarischen Tiefebene ist die Landwirtschaft, für deren Produkte die Sowjetunion Jahrzehnte hindurch als wichtiger Aufnahmemarkt funktionierte. Vor dem politischen Wandel wurden etwa die Hälfte der Agrarprodukte der Ungarischen Tiefebene und etwa ein Viertel der Agrarprodukte von ganz Ungarn in die RGW-Länder exportiert. Infolge der Auflösung des RGW und der Sowjetunion hat die Landwirtschaft der Ungarischen Tiefebene nun keinen sicheren Markt mehr, so daß sie große Absatzprobleme zu bewältigen hat. Die Krise der landwirtschaftlichen Großbetriebe ist eine der wesentlichsten Ursachen für die massenhafte Arbeitslosigkeit in der Ungarischen Tiefebene.

Die Massenarbeitslosigkeit in Nordungarn, vor allem in den Komitaten Nógrád und Borsod-Abaúj-Zemplén, läßt sich dagegen auf andere Faktoren zurückführen. Diese Gebiete sind traditionell Schwerindustrie- und Bergbauregionen, wobei diese beiden Wirtschaftsklassen die örtliche Wirtschaft und Beschäftigungsstruktur stark dominiert haben. Während der Jahrzehnte der "sozialistischen Planwirtschaft" wurden das Eisen- und Stahlhüttenwesen sowie der Kohlebergbau ganz erheblich durch staatliche Finanzmittel unterstützt, so daß sie praktisch nie einem marktwirtschaftlichen Wettbewerb ausgesetzt waren. Infolgedessen waren ihre technischen Anlagen total veraltet und ihre Produkte nicht mehr zeitgemäß. Diese Probleme wurden der Öffentlichkeit jedoch erst dann voll bewußt, als die neue Wirtschaftspolitik nicht mehr gewillt war, die verlustreiche Produktion aus staatlichen Geldern zu finanzieren. Die Folge war, daß zahlreiche Fabriken und Bergwerke zusammenbrachen oder Konkurs anmelden mußten und die Arbeitskräfte massenhaft entlassen wurden (Abb. 4).

Diese großräumigen Unterschiede der Arbeitslosigkeit können anhand der 180 Arbeitsamtsbezirke noch weiter differenziert werden. Die Arbeitsamtsbezirke mit der schwierigsten Situation (Anteil der Arbeitslosen über 20%) bilden zum überwiegenden Teil eine zusammenhängende Zone entlang der nördlichen, nordöstlichen und östlichen Landesgrenze. Kleinere Konzentrationen von Arbeitsamtsbezirken mit mehr als 20% Arbeitslosen finden sich auch im mittleren Teil der Ungarischen Tiefebene (Abb. 5). Diese regionale Verteilung der Massenarbeitslosigkeit ist nicht zufällig entstanden, sondern diese Regionen mit der größten Arbeitslosigkeit sind identisch mit jenen Regionen, die auch früher von offiziellen Stellen als rückständig bezeichnet worden sind. In diesen Regionen hat der wirtschaftliche und soziale Abstieg also schon vor längerer Zeit eingesetzt, die massenhafte Arbeitslosigkeit hat diesen Prozeß allerdings so dramatisch verschärft, daß eine ernste Gefahr besteht, daß die örtliche Gesellschaft zerfällt und die Gebiete veröden. In solchen Gebieten werden die unzumutbaren Lebensbedingungen zu einer großen Abwanderung führen, so daß vorwiegend nur noch alte, kranke und arbeitsunfähige Menschen zurück bleiben werden. Wenn es der Regional- und Sozialpolitik nicht rasch gelingt, diese Entwicklung zu stoppen, ist mit einer starken Entvölkerung und einer Aufgabe kleinerer Siedlungen zu rechnen.

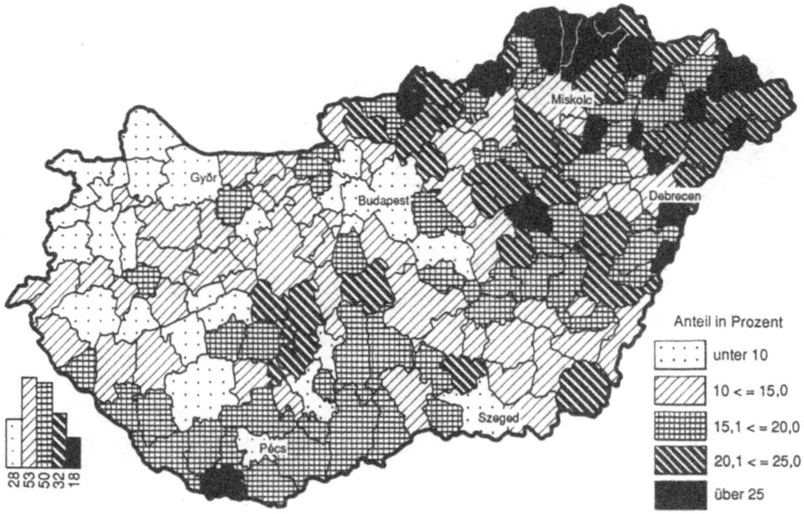

Abb. 5. Anteil der Arbeitslosen in Ungarn nach Arbeitsamtsbezirken im Juni 1993
Quelle: Landesarbeitsamtszentrale und Volkszählung 1990

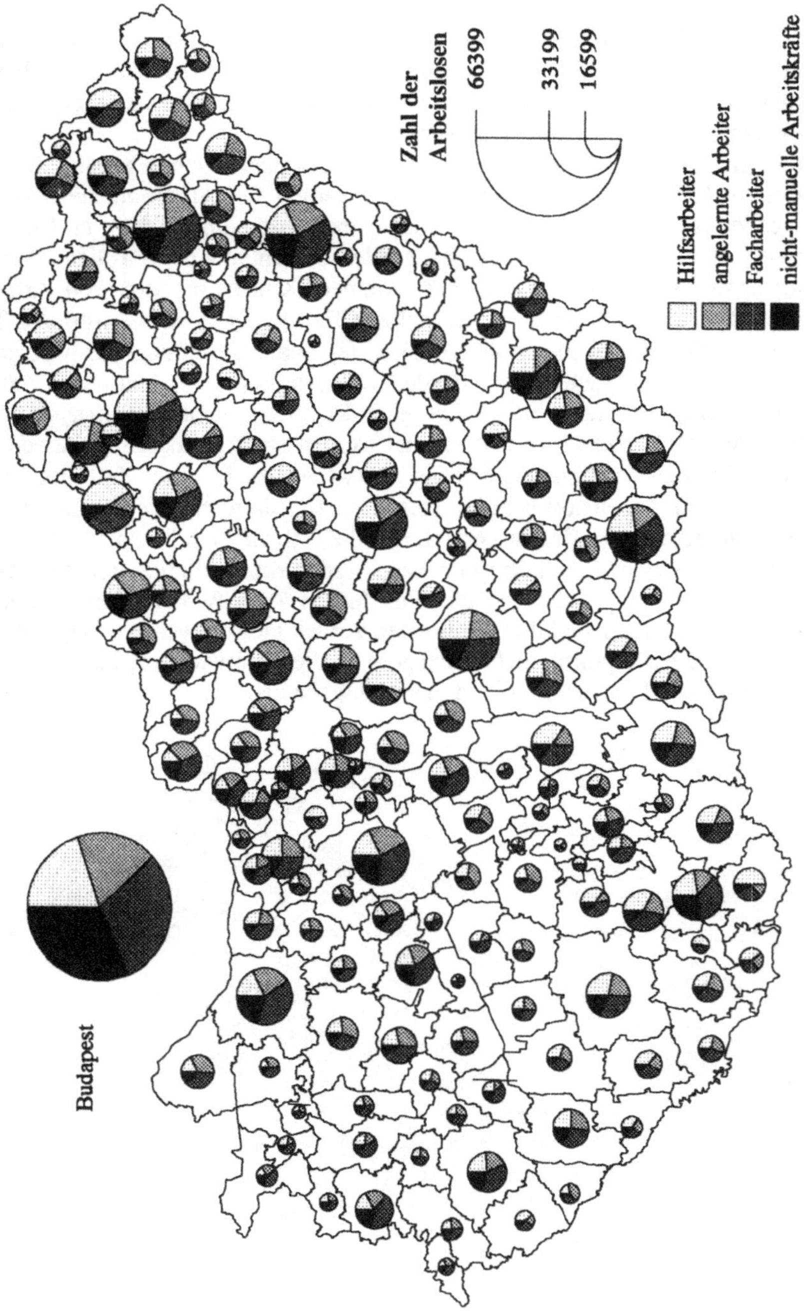

Abb. 6. Anzahl der Arbeitslosen nach der beruflichen Qualifikation und nach Arbeitsamtsbezirken in Ungarn im Mai 1993
Quelle: Landesarbeitsamtszentrale und Volkszählung 1990

Die Massenarbeitslosigkeit ist jedoch nicht nur ein Problem der (rückständigen) Industrie- und Bergbaugebiete sondern hat auch die Dörfer im ländlichen Raum erfaßt bzw. wird dies noch verstärkt tun. Ende 1993 wohnten mehr als ein Drittel der aktiven Erwerbstätigen, jedoch beinahe die Hälfte der Arbeitslosen in Dörfern. Vor allem in den Dörfern mit weniger als 1.000 Einwohnern, die schon bisher schlecht mit nicht-agrarischen Arbeitsplätzen und Infrastruktureinrichtungen ausgestattet waren und deshalb eine hohe Abwanderung zu verzeichnen hatten, ist die Arbeitslosigkeit sehr hoch. Nur wenige Arbeitsamtsbezirke Ungarns hatten im Juni 1993 eine Arbeitslosenquote von weniger als 10%. Diese Arbeitsamtsbezirke lagen vorwiegend in Budapest und Umgebung sowie in der Nordwest-Region von Transdanubien. Auch die größeren Städte, vor allem die Komitatshauptstädte, hatten eine viel niedrigere Arbeitslosenquote als die umliegenden ländlichen Gebiete (Abb. 5).

Ein weiteres Problem besteht darin, daß das Ausbildungsniveau der Arbeitslosen gerade in jenen Arbeitsamtsbezirken am niedrigsten ist, welche die höchste Arbeitslosenquote aufweisen (Abb. 6). Dieser Zusammenhang läßt darauf schließen, daß in diesen Regionen mit einer langen Dauer der Massenarbeitslosigkeit zu rechnen ist.

4 Ausblick in die Zukunft

Die Bewältigung der Arbeitslosigkeit wird in Ungarn eine langfristige Aufgabe sein. Ein Großteil der Arbeitslosigkeit entstand noch nicht durch die Friktionen der strukturellen Modernisierung sondern durch den Abbau von Arbeitsplätzen. Erst ein wirtschaftlicher Aufschwung kann zu einer grundsätzlichen Verbesserung der Situation führen. Obwohl in einigen Branchen bereits eine Verbesserung der Arbeitsmarktsituation festzustellen ist, ist kurzfristig wohl noch kaum mit einem nachhaltigen Aufschwung der Wirtschaft zu rechnen, so daß für 1994 mit einer durchschnittlichen Arbeitslosenzahl von etwa 650.000 gerechnet wird. Die Zahl der Arbeitsuchenden wird kurzfristig kaum unter 600.000 fallen aber auch nicht über 700.000 ansteigen.

Auch ohne einen größeren wirtschaftlichen Aufschwung könnte in Ungarn mehr gegen die Arbeitslosigkeit getan werden. Die ungarische Regierung finanziert zwar derzeit die Arbeitslosigkeit ziemlich großzügig, mit 5% des Bruttonationalprodukts gibt Ungarn mehr für die Arbeitslosen aus als der Durchschnitt der OECD-Länder, fast 90% des finanziellen Aufwandes wird jedoch für passive Maßnahmen (z. B. für die Unterstützung der Arbeitslosen) aufgewendet, während für aktive Maßnahmen zur Verbesserung der Arbeitsmarktsituation relativ wenig Mittel zur Verfügung gestellt werden. Die Asymmetrie zwischen passiven und aktiven Fördermaßnahmen hängt wahrscheinlich damit zusammen, daß die ungarische Regierung die Arbeitslosigkeit bisher nicht zu den hochrangigen Prioritäten gezählt hat und die Minderung der Inflation oder die Bewahrung der Zahlungsfähigkeit höher eingestuft hat. Damit hängt wohl auch zusammen, daß bisher nicht einmal ein umfassendes Konzept zur Beschäftigungspolitik erstellt worden ist. Maßnahmen der Beschäftigungspolitik wie z. B. Kurzarbeit oder Teilzeitbeschäftigung wurden in Ungarn bisher kaum eingesetzt. Während in den meisten OECD-Ländern die Teilzeitbeschäftigung stärker zunimmt als die Vollbeschäftigung, ging in Ungarn die schon bisher geringe Anzahl von wenigen Zehntausenden Teilzeitbeschäftigten in der letzten Zeit sogar noch zurück (Frey M. und I. Gere, 1994), und dies obwohl in Ungarn die Voraussetzungen für Teilzeitarbeit nicht schlecht sind. Durch entsprechende Unterstützung der Teilzeitbeschäftigung könnte ohne Zweifel eine spürbare Minderung der Arbeitslosigkeit erzielt werden. Auch wirksamere Maßnahmen gegen die Schwarzarbeit könnten die Arbeitslosenquoten verringern. Laut Schätzungen arbeiten in Ungarn etwa 10-20% der eine Arbeitslosenunterstützung beziehenden Personen illegal. Die Schwarzarbeit ist vor allem in der Hauptstadt und in den größeren Städten von Bedeutung, während es in den rückständigen ländlichen Regionen kaum eine Möglichkeit zur Schwarzarbeit gibt.

Der Vollständigkeit halber ist auch noch die verdeckte Arbeitslosigkeit zu erwähnen. Über die Zahl der nicht registrierten "Arbeitslosen" gibt es durchaus unterschiedliche Schätzungen, die sich zwischen 100.000 und 200.000 Personen bewegen. Die Zahl der illegal Arbeitslosenunterstützung beziehenden Personen wird also in etwa durch die Zahl der nicht registrierten Arbeitslosen aufgehoben. Das Ziel der Vollbeschäftigung ist wohl in weiter Ferne, längerfristig wäre es schon als großer Erfolg anzusehen, wenn in Ungarn die Arbeitslosenquote auf 5 - 10% verringert werden könnte.

Literatur

Faßmann, H. (1992): Phänomene der Transformation - Ökonomische Restruktuierung und Arbeitslosigkeit in Ost-Mitteleuropa. Petermanns Geographische Mitteilungen, 136, 1, 49-59.

Ferge, Zs. (1988): Teljes foglalkoztatás - foglalkoztatáspolitika - munkanélküliség (Vollbeschäftigung - Beschäftigungspolitik - Arbeitslosigkeit). Valóság, H. 6, 19-31.

Fóti, J. u. S. Illés (1992): A munkanélküliség demográfiai vonatkozásai (Demographische Aspekte der Arbeitslosigkeit). KSH Népességtudományi Kutató Intézetének Kutatási Jelentései, 43. Budapest

Frey, M. (1992): Nők és munkanélküliség (Frauen und Arbeitslosigkeit). Budapest.

Frey, M. u. I. Gere (1994): A részmunkaidős foglalkoztatás a munkáltatók szemszögéből (Die Kurzarbeit aus der Perspektive der Arbeitgeber). Munkaügyi Szemle, H.4, 8-14.

Abstract

Structural and Spatial Aspects of Unemployment in Hungary

Unemployment affected the unqualified labour force (e. g. the Gypsies) most seriously and the qualified, skilled workers to a lesser extent. A unique feature of Hungarian unemployment is that it affects females less than males. Thus, a "typical" Hungarian unemployed male is older than 35, skilled, and has been unemployed for more than 8 months. Regional differences in unemployment actually reflect differences in economic development in certain parts of the country. The unemployment rate in traditional and new areas of crisis (mostly in

North and Northeastern Hungary) exceeds the national average (12-13%) considerably, while in the capital, its surroundings, and in Northwestern Hungary, it reaches only half to two thirds of the average. Unemployment affects rural regions more seriously than urban areas. Otherwise underdeveloped rural regions are in the deepest crisis, where mass unemployment may lead to the collapse of local societies.

Zur Veränderung der Frauenerwerbstätigkeit in Ungarn beim Übergang von der sozialistischen Planwirtschaft zur Marktwirtschaft[1]

Peter Meusburger
Geographisches Institut der Universität Heidelberg, Im Neuenheimer Feld 348.
D-69120 Heidelberg

1 Frauenerwerbstätigkeit in der kommunistischen Ideologie und in den Szenarien für den Übergang zur Marktwirtschaft

Weltweit wurden in keiner anderen Region so hohe Frauenerwerbsquoten erreicht wie in den sozialistischen Ländern Mittel- und Osteuropas und in der UdSSR (Moghadam V. M., 1992a, 5).[2] Für diese außerordentlich hohe Frauenerwerbstätigkeit können sowohl ideologische als auch ökonomische Gründe angeführt werden. Einerseits wurde in der marxistisch-leninistischen Ideologie die Familie als Hort des Traditionalismus und Konservativismus bzw. in den Worten von Bucharin als der "konservativste Stützpunkt des alten Regimes" angesehen (Lapidus G., 1992, 37). Deshalb wurde insbesondere in den ersten Jahrzehnten nach der Oktoberrevolution mit aller Macht versucht, den Einfluß der Familie auf die Kinder zurückzudrängen bzw. die Sozialisation der Kinder in die Hände staatlicher Institutionen zu legen, weil nur so der "neue sowjetische Mensch" geschaffen werden könne. Zweitens war nach Lenin "ein Sieg des Sozialismus so lange unmöglich, als Frauen Sklaven des Haushalts und der Familie sind" (Lenin W. I. 1970; Fogarty M. P., Rapoport R. and R. N. Rapoport 1971, 48). Gemäß dem Slogan "die Rolle der Frau im Produktionsprozeß bestimmt ihre Stellung in der sozialistischen Gesellschaft" (Lange I., 1969; vgl. auch Kohli M., 1994, 41) wurde die Gleichberechtigung der Frauen in den sozialistischen Staaten dann als erfüllt betrachtet, wenn die Erwerbsquoten von Männern und Frauen annähernd

---

[1] Dieses Projekt wurde von der Deutschen Forschungsgemeinschaft finanziert, der ich an dieser Stelle ausdrücklich danken möchte. Bei der Installierung der Datenbank, der statistischen Auswertung der Daten und der graphischen Darstellung der Ergebnisse haben sich U. Berger, T. Homrighausen und M. Oesterer (alle Geographisches Institut der Universität Heidelberg) besonders intensiv engagiert. Wertvolle Anregungen erhielt ich auch durch Gespräche mit István Berényi, Zoltán Dövényi und Judit Timár (Ungarische Akademie der Wissenschaften) sowie mit Bela Sárfalvi und Ferenc Probáld (Eötvös Loránd Universität). Ihnen und mehreren Mitarbeitern des Ungarischen Statistischen Zentralamtes darf ich an dieser Stelle herzlich danken.

[2] Die hohen Frauenerwerbsquoten in Skandinavien und den USA enthalten einen hohen Prozentsatz von Teilzeitbeschäftigten und sind deshalb mit den Frauenerwerbsquoten in den sozialistischen Ländern nicht vergleichbar.

gleich hoch waren (Lapidus G., 1976, 119). Hohe Frauenerwerbsquoten wurden in den sozialistischen Ländern stets als Errungenschaft des Sozialismus, als Zeichen eines hohen ökonomischen Entwicklungsniveaus bzw. als Beweis dafür zitiert, daß der Marxismus-Leninismus optimale Bedingungen für eine harmonische Verbindung von Erwerbsarbeit und Familienrolle geschaffen hat und dem Kapitalismus überlegen ist.

Das ideologische Ziel einer hohen Frauenerwerbstätigkeit wurde in den sozialistischen Ländern mit ökonomischen und politischen Maßnahmen durchgesetzt. Erstens wurden die Löhne in allen sozialistischen Staaten so niedrig angesetzt, daß für die Masse der Bevölkerung der Lohn eines Ehepartners für den Unterhalt einer Familie bei weitem nicht ausreichte. In Ungarn sind beispielsweise die Reallöhne allein zwischen 1949 und 1953 um 20% gesunken, obwohl schon von 1948 auf 1949 eine Reduzierung vorgenommen worden war (Pető I., 1990, 30). Durch die ideologische Aufwertung der Arbeit und die Einführung einer betriebszentrierten Sozialpolitik wurden "nicht-erwerbstätige" Frauen in vielfältiger Weise benachteiligt. Wer in sozialistischen Ländern nicht erwerbstätig war, dem war der Zugang zu zahlreichen Sozialleistungen versperrt. Denn die Betriebe vermittelten u. a. die Zuteilung von Wohnungen sowie den Zugang zu Erholungseinrichtungen, Kinderkrippen, Betriebsberufsschulen, medizinischer Betreuung und zahlreichen kulturellen Dienstleistungen (vgl. Kohli M., 1994, 42-43). In den sozialistischen Ländern hatten die meisten Frauen schon aus ökonomischen Gründen nicht die Wahl, ob sie beispielsweise während der Kleinkinderphase ihre Erwerbstätigkeit für einen kurzen Zeitraum unterbrechen wollten oder nicht.

Zweitens gab es in der kommunistischen Ideologie nicht nur ein Recht sondern auch eine Pflicht, zu arbeiten. Um die ehrgeizigen Ziele der ersten Fünfjahrespläne nach dem 2. Weltkrieg zu erreichen, mußten alle Arbeitskräfte mobilisiert werden und wurde der Bevölkerung eine große Arbeitsleistung abverlangt. Die Nicht-Erfüllung von Planzielen konnte als krimineller Akt behandelt werden. In Ungarn wurden 1950-1953 wegen Nicht-Erfüllung des Plans Gerichtsverfahren gegen 650.000 Personen eingeleitet; die Polizei verhängte wegen kleinerer Versäumnisse während der Arbeit Strafen gegen 850.000 Personen (Pető I., 1990, 29).

Weil sich Marktwirtschaft und sozialistische Planwirtschaft gerade hinsichtlich der altersspezifischen Frauenerwerbstätigkeit besonders stark voneinander unterschieden haben, hat die Mehrzahl der Autoren hinsichtlich der zukünftigen Entwicklung der Frauenerwerbstätigkeit in den ehemals sozialistischen Ländern sehr negative Szenarien entworfen (vgl. u.a. Moghadam V. M. 1992b, 5-7; WZB-Mitteilungen 52; Maier F., 1991, 107) und die erwerbstätigen Frauen zu den zukünftigen Hauptverlierern des Transformationsprozesses erklärt. Die negativen Szenarien zur zukünftigen Frauenerwerbstätigkeit wurden besonders damit begründet, daß sich marktwirtschaftlich geführte Unternehmen die hohen Kosten eines ideologisch begründeten Personalüberhanges, die Kosten der in der Planwirtschaft tolerierten häufigen Absenzen der Mütter während der Arbeitszeit

(Warteschlangen beim Einkauf, Behördengänge, Betreuung kranker Kinder etc.)[3] und die Kosten der betriebsinternen Kinderbetreuung nicht leisten können und deshalb viele Frauen entlassen werden müßten. Ohne die kostenlosen Einrichtungen der Kinderbetreuung müßten insbesondere viele alleinerziehende Mütter ihre Erwerbstätigkeit aufgeben (Moghadam V. M., 1992b, 19). Unter Berufung auf die Erfahrungen in den kapitalistischen Ländern wurde von einigen Autoren auch prognostiziert, daß in der parallel zum Transformationsprozeß ablaufenden wirtschaftlichen Strukturkrise Frauen eher in die Arbeitslosigkeit entlassen würden als Männer. Ein weiteres Argument der negativen Szenarien bezog sich darauf, daß 70 bzw. 40 Jahre sozialistischer Arbeitsmarktpolitik keineswegs eine geschlechtsspezifische Segmentierung des Arbeitsmarktes verhindert hätten (WZB-Mitteilungen 1991, 6). Im Gegensatz zu den Verheißungen der marxistischen Ideologie seien Frauen auch in den ehemals sozialistischen Staaten überproportional stark auf niedrigen Qualifikations- und Lohnstufen und in Betrieben mit einer veralteten Technologie beschäftigt gewesen, welche unter den Bedingungen der Marktwirtschaft entweder als erste schließen oder im Rahmen der Modernisierung des Maschinenparks am meisten Arbeitskräfte entlassen müßten.

Für diese geschlechtsspezifische Segmentierung waren in den sozialistischen Ländern sowohl die Einstellungspolitik der Betriebsleiter als auch die Berufswahl der Frauen verantwortlich. Obwohl oder gerade weil es in den sozialistischen Ländern für erwerbstätige Mütter so viele Regelungen zur Vereinbarkeit von Beruf und Familie gab, haben viele Betriebe bei der Einstellung von Frauen mit Anpassungsstrategien reagiert, die zu einer geschlechtsspezifischen Arbeitsmarktsegmentation geführt haben. Viele Regelungen zum Schutz erwerbstätiger Mütter wurden also deshalb zum Bumerang der Frauenerwerbstätigkeit (vgl. WZB-Mitteilungen 52, 1991, 6), weil sie den Zugang von Frauen zu wichtigen Entscheidungsfunktionen erschwert haben. Deshalb gab es in den sozialistischen Ländern angesichts der hohen Frauenerwerbstätigkeit an den Schaltstellen der Macht (d. h. unter den Angehörigen der Nomenklatura) erstaunlich wenig Frauen (vgl. Aufsätze von Harcsa und Nagy in diesem Band). Andererseits haben die voraussehbaren Probleme bei der Vereinbarkeit von Beruf und Familie nicht nur die Berufswahl von Mädchen zugunsten traditioneller Frauenberufe beeinflußt, sondern auch zur Abwanderung von Müttern mit kleinen Kindern aus gewerblich-technischen Tätigkeiten in sogenannte Frauenberufe geführt (WZB-Mitteilungen 1991, 6).

Nicht zuletzt wurde von einigen Autoren (Lapidus G., 1985, 30, Kommentar von Devereux; Moghadam V. M., 1991b; Fong M. and G. Paull, 1992; Einhorn B., 1992) auf den schon lange vor dem Systemwechsel beginnenden Wertewandel hingewiesen, der sich in einigen sozialistischen Ländern schon in den 70er Jahren gegen die vom Kommunismus propagierten gesellschaftlichen Ziele richtete und dem privaten Bereich sowie der Familie wieder einen höheren Stellenwert

---

[3] In der Tschechoslowakei konnten nach einer von der ILO finanzierten Umfrage (1991) bis zu 70% der erwerbstätigen Frauen ihren Betrieb während der Arbeitszeit verlassen, davon konnten 37% jederzeit weggehen "ohne (im Betrieb) Probleme zu bekommen" und 33% konnten ihren Arbeitsplatz in Ausnahmefällen verlassen (Paukert L., 1992, 31). Ähnlich großzügige Regelungen gab es auch in anderen sozialistischen Staaten.

verliehen hat. Die Familie, die gemäß der orthodoxen marxistischen Ideologie ständig an Bedeutung verlieren hätte sollen, wurde in den letzten zwei bis drei Jahrzehnten der sozialistischen Mangelwirtschaft nicht zuletzt auch aus Gründen des ökonomischen Überlebens wieder aufgewertet. Um die lebensnotwendigen Konsumgüter zu bekommen, mußte sich zumindest ein Familienmitglied ständig in irgendeiner Schlange anstellen. Man war in vielen Lebensbereichen auf die Hilfe von Familienangehörigen und Freunden angewiesen und auch der informelle Sektor (Schattenwirtschaft) stützte sich in hohem Maße auf die Familie (Timár J., 1993, 2).

Dieser von vielen nicht erwartete und insbesondere von westlichen Feministinnen als Rückschritt beklagte Wertewandel und (kurzfristige) Rückzug eines Teils der Frauen aus der Erwerbstätigkeit kann wohl nur von jenen nachvollzogen werden, welche die Begleitumstände kennen, unter denen ein großer Teil der Frauen in den sozialistischen Ländern Haushalt, Familie und Beruf vereinen mußten. In den meisten sozialistischen Ländern gab es zwar sehr fortschrittliche Gesetze zur Gleichberechtigung der Frauen (vgl. Gerhard U., 1994), in denen z. T. ausdrücklich festgelegt war, daß sich beide Ehepartner die Arbeit in Haushalt und Kindererziehung teilen müßten (vgl. Artikel 10 des Familiengesetzes der DDR, Lehrkommentar). Auch die Parteitage haben sich intensiv für die Rechte der Frauen eingesetzt, aber in der Realität haben verschiedene Maßnahmen und Versäumnisse der staatlichen Politik genau das Gegenteil von dem bewirkt, was durch die Einführung dieser Gesetze hätte erreicht werden sollen. So wurden z. B. die Ressourcen jahrzehntelang zu stark in die Investitionsgüterindustrie gelenkt, während jene Bereiche, die den Frauen die alltägliche Belastung durch Arbeit und Familie erleichtert hätten, vernachlässigt worden sind (Ofer G. and A. Vinokur, 1985, 330). Die schlechte Versorgung mit Konsumgütern (stundenlanges Anstellen um Lebensmittel), der chronische Wohnungsmangel, die extrem kleinen Wohnungen (z. T. weniger als 10 qm pro Person), die mangelhafte Ausstattung vieler Haushalte mit arbeitssparenden Geräten (in Moskau hatten 1960 nur etwa 10% der Wohnungen heißes Wasser, so daß sich ein Familienwaschtag in solchen Haushalten über 2 Tage dahingezogen hat (Fogarty M. P., Rapoport R. and R. N. Rapoport, 1977)), die schlechte Bezahlung der Frauen (Frauen bekamen je nach Land nur 50 - 65% des ohnehin schon sehr niedrigen Durchschnittslohnes der Männer (Moroney J. R., 1979, 141; Ofer G. and A. Vinokur, 1985)), die ungesunden und manchmal sogar gefährlichen Arbeitsbedingungen der Frauen und andere Mißstände haben zu einer kontinuierlichen und kaum vorstellbaren Überbelastung vieler Frauen geführt und die guten Absichten der Gesetzgeber von Anfang an durchkreuzt (vgl. auch Fogarty M. P., Rapoport R. and R. N. Rapoport, 1977; Lapidus G., 1985, 22). Dazu kam noch die sehr mangelhafte Qualität vieler Einrichtungen der Kinderbetreuung. Insbesondere jene Kinderbetreuungsanstalten, in denen die Kinder mehrere Tage ohne Kontakt mit den Eltern untergebracht waren, standen schon in den 60er Jahren im Kreuzfeuer der Kritik von Wissenschaftlern aus der CSSR, der DDR und der Sowjetunion (Fogarty M. P., Rapoport R. and R. N. Rapoport, 1971, 86-87). Die Tatsache, daß die Säuglingssterblichkeit in den sozialistischen Ländern im Jahre 1990 um 36-113% über dem europäischen Durchschnittswert lag (nur die DDR und die CSSR erreichten die Werte der westlichen Länder) und daß auch die Sterblichkeit der 1- bis 4-jährigen Kinder in mehreren sozialistischen Ländern weit über dem europäischen Durchschnitt lag (vgl. Aufsatz von Klinger in diesem Band), stellt den staatlichen Einrichtungen der Kinderbetreuung in den meisten sozialistischen Staaten kein gutes Zeugnis aus.

Nur wer über diese Mißstände und die extreme Belastung der Frauen in den sozialistischen Ländern informiert war, ist nicht überrascht, daß in Osteuropa in den letzten Jahren "a cult of domesticity and ideology of family attachment" im Entstehen war (Moghadam V. M., 1991b, 21) bzw. die Privatsphäre und die Familie wieder an Bedeutung gewonnen haben (Fong M. and G. Paull, 1992, 48; Einhorn B., 1992, 66). In einigen sozialistischen Ländern (z. B. Ungarn) wurde die Aufwertung der Familie in den letzten 2-3 Jahrzehnten aus bevölkerungspolitischen Gründen vom Staat sogar noch unterstützt. Solange jedoch die ökonomische Situation den Frauen keine andere Wahl ließ, konnte sich dieser Wertewandel noch nicht in größerem Umfang auf die Frauenerwerbstätigkeit auswirken.

Aufgrund dieser Ausgangslage haben die meisten Autoren für die Entwicklung der Frauenerwerbstätigkeit in den ehemals sozialistischen Ländern sehr düstere Prognosen abgegeben. Positive Entwicklungsaussichten für die Frauenerwerbstätigkeit, die sich z. B. aus dem Ausbau des früher stark unterentwickelten tertiären Sektors oder der vorher fast unbekannten Teilzeitarbeit bzw. aus einem wirtschaftlichen Aufschwung ergeben könnten, wurden entweder nicht gesehen oder erst für die ferne Zukunft erwartet. Auch die Tatsache, daß die sozialistischen Länder in Wirklichkeit nie einen "einheitlichen Block" gebildet haben, sondern sich sowohl hinsichtlich ihrer Wirtschafts- und Sozialstruktur, als auch in bezug auf ihre Familien- und Wirtschaftspolitik unterschieden haben, wurde bei diesen Szenarien weitgehend vernachlässigt.

2 Ziele und methodische Vorgangsweise dieser Untersuchung

Das Ziel dieser Arbeit besteht darin, anhand der Individualdaten der beiden Volkszählungen 1980 und 1990 den Strukturwandel der Frauenerwerbstätigkeit in Ungarn zu analysieren. Die Wahl der beiden Stichjahre 1980 und 1990 basiert nicht nur auf pragmatischen Gründen (Verfügbarkeit der Daten), sondern sie läßt sich auch aus theoretischer Sicht begründen. Denn in Ungarn hat die Abkehr von der "reinen Lehre" der sozialistischen Planwirtschaft bzw. die vorsichtige Hinwendung zu Prinzipien der Marktwirtschaft nicht erst mit dem Zusammenbruch des kommunistischen Regimes "über Nacht" begonnen, sondern viele Jahre zuvor. Fast jeder Versuch, das sozialistische Wirtschaftssystem zu reformieren, hat ein schrittweises Abrücken von der orthodoxen Ideologie beinhaltet. Auch die innere Verabschiedung der Bevölkerung vom realen Sozialismus hat viele Jahre vor dem Systemwechsel begonnen. In Ungarn hat sich die kulturelle und wirtschaftliche Elite in den 70er und 80er Jahren viel stärker von der Ende der 40er

Jahre in die Machtpositionen aufgestiegenen sozialistischen Parteielite entfernt als in anderen sozialistischen Ländern. Hier wurden im Zuge der Wirtschaftsreformen auch nicht wenige Intellektuelle in die Führungspositionen der Wirtschaft und der staatlichen Verwaltung aufgenommen bzw. die früheren Wirtschaftskommissare von einer neuen Managerschicht abgelöst (Kolosi T., 1992, 73; vgl. auch Aufsätze von Harcsa und Lengyel in diesem Band). Das Stichjahr 1980 kennzeichnet zwar nicht die Phase, in welcher in Ungarn die Prinzipien der sozialistischen Planwirtschaft noch am ehesten befolgt worden sind (dies war in den 50er Jahren der Fall), es gibt jedoch die typischen Merkmale eines kommunistischen Systems noch besser wieder als etwa ein Stichjahr kurz vor dem politischen Systemwechsel.

Diese Studie unterscheidet sich in einigen Punkten von den meisten anderen Studien zur Frauenerwerbstätigkeit. Auf Empfehlung der ILO-Resolution von 1954 wird die altersspezifische Frauenerwerbsquote in den amtlichen Statistiken in der Regel als Prozentanteil der erwerbstätigen und arbeitslosen Frauen an der Gesamtzahl der Frauen der entsprechenden Altersgruppe definiert. In dieser Studie wird die Frauenerwerbsquote jedoch ohne Berücksichtigung der Arbeitslosen berechnet. Nach der Definition von R. Schettkat (1987b, 14) wäre dies also eine "Erwerbstätigenquote". Die Arbeitslosen werden in dieser Untersuchung in der Frauenerwerbsquote deshalb nicht berücksichtigt, weil es angesichts eines derart tiefgreifenden Strukturwandels, der mit so hoher Arbeitslosigkeit verknüpft ist, nicht sehr sinnvoll erscheint, die Erwerbstätigen und die Arbeitslosen in einer Kategorie "Erwerbsquote" zusammenzufassen. Zweitens wird hier die Erwerbsquote nicht, wie allgemein üblich, für Fünfjahresgruppen, sondern für jeden einzelnen Jahrgang ausgewiesen. Dies ist bei Studien über die ehemaligen sozialistischen Länder besonders wichtig, weil hier der familienzyklusbedingte Rückzug der Frauen aus der Erwerbstätigkeit jeweils nur auf ganz wenige Jahre beschränkt war. Die Berechnung der Erwerbsquote nach Fünfjahresgruppen, wie dies etwa in den Arbeiten von Y. Ben-Porath and R. Gronau (1985), B. Knauth (1992), G. Lapidus (1985), P. J. McMahon (1986), P. Meusburger (1993), G. Ofer and A. Vinokur (1985), C. Sorrentino (1983), G. Wagner und J. Schupp (1991) etc. geschehen ist, kann zwar einige grobe Unterschiede zwischen marktwirtschaftlichen und sozialistischen Ländern aufzeigen, sie verwischt jedoch die entscheidenden schichtspezifischen und räumlichen Disparitäten innerhalb der sozialistischen Länder, so daß mit einer so berechneten Erwerbsquote wichtige Auswirkungen des Transformationsprozesses auf die Frauenerwerbsquote nicht hinreichend erfaßt werden könnten.

Mit Hilfe einer räumlichen Differenzierung von sozio-ökonomischen Indikatoren können das Ausmaß der im Sozialismus existierenden sozialen und ökonomischen Ungleichheiten, die dafür verantwortlichen Einflußfaktoren und die durch den Transformationsprozeß ausgelösten Strukturveränderungen besser erkannt werden, als wenn "die" Wirtschaft oder Gesellschaft anhand von gesamtstaatlichen Durchschnittswerten analysiert werden. Die regionalen oder die zentral-peripheren Disparitäten innerhalb eines Landes sind in den meisten Fällen größer und zeitlich stabiler als die Unterschiede der staatlichen Durchschnittswerte. Mehrere typische Strukturunterschiede zwischen dem sozialistischen und dem marktwirtschaftlichen System zeigen sich sogar nur in der räumlichen Dimension. Deshalb wirkt sich eine Vernachlässigung der räumlichen Dimension gerade bei einem Systemvergleich besonders nachteilig aus.

3 Schichtspezifische, demographische und räumliche Disparitäten der Frauenerwerbsquoten während des sozialistischen Systems (1980)

Studien, welche die Auswirkungen des Übergangs von der sozialistischen Planwirtschaft zur Marktwirtschaft analysieren wollen, sollten sich nicht in erster Linie auf die in den sozialistischen Ländern offiziell publizierten Statistiken stützen, sondern zuerst anhand der nach der Wende erstmals verfügbaren Originaldaten die während des sozialistischen Regimes tatsächlich existierenden schichtspezifischen und räumlichen Disparitäten untersuchen. Weil der politische Anspruch erhoben wurde, daß es im Sozialismus keine oder eine geringere soziale Ungleichheit gebe als im Kapitalismus, und daß die Gleichberechtigung der Frauen in den sozialistischen Ländern längst erreicht sei, wurde die Existenz von geschlechtsspezifischen Ungleichheiten im Sozialismus weitgehend geleugnet. Deshalb wurden in den sozialistischen Ländern beispielsweise Statistiken über geschlechtsspezifische Lohnunterschiede bis in die 80er Jahre nicht publiziert (Ofer G. and A. Vinokur, 1985, 331). Auch Berichte über die vielfachen beruflichen Diskriminierungen der Frauen, über ihre ungesunden und unsicheren Arbeitsbedingungen, über die extreme Arbeitsbelastung und die geringe Präsenz der Frauen in den Führungspositionen von Partei, Staat und Wirtschaft durften in den sozialistischen Staaten jahrzehntelang nicht oder nur auf einer Aggregationsebene veröffentlicht werden, auf der diese sozialen und geschlechtsspezifischen Unterschiede nicht mehr als so gravierend erschienen. Chruschtschow hat zwar auf einer landwirtschaftlichen Konferenz im Dezember 1961 erklärt, "die Männer machen die Verwaltung und die Frauen arbeiten" (Iswestija 26.12.1961, zit. bei Lapidus G., 1976, 128). Ab Mitte der 60er Jahre wurden in den Parteigremien der UdSSR auch vereinzelt gewisse "Unzulänglichkeiten" hinsichtlich der Situation sowjetischer Frauen diskutiert, aber diese Mißstände wurden von offizieller Seite nicht unter dem Blickwinkel der sozialen Ungleichheit gesehen.[4] Als es die erste (im Untergrund erschienene) feministische Zeitschrift der UdSSR Ende der 70er Jahre wagte, an der offiziellen Version, daß die "Frauenfrage gelöst" sei, Zweifel anzumelden, wurden die 4 Herausgeberinnen dieser Zeitschrift des Landes verwiesen (Lapidus G., 1985, 14-15).

---

[4] Die auch in den sozialistischen Ländern feststellbare, starke geschlechtsspezifische Segmentation auf dem Arbeitsmarkt wurde von regimetreuen Autoren beispielsweise mit biologischen Unterschieden zwischen Mann und Frau erklärt (vgl. Shkaratan O. I., 1973, 76, zit. bei Moroney J. R., 1979, 153).

3.1 Die altersspezifischen Frauenerwerbskurven in Ungarn im Jahre 1980

Aus den vorher beschriebenen Gründen hatten in den sozialistischen Ländern die altersspezifischen Erwerbskurven von Männern und Frauen eine sehr ähnliche Form. Im Gegensatz zu vielen westlichen Ländern, in denen die Frauenerwerbskurven auch in den 80er Jahren noch deutliche Familienzyklusphasen aufwiesen, schien in den Kurven der sozialistischen Länder, zumindest bei der Verwendung von Fünfjahresgruppen, keine "Familienphase" mehr auf. Wenn die Erwerbsquoten jedoch für einzelne Jahre aufgeschlüsselt werden (was für sozialistische Länder nie getan wurde), ist auch in den Frauenerwerbskurven dieser Länder eine deutliche "Kleinkinder- oder Familienphase"[5] festzustellen. Der Beginn, die Dauer und vor allem die "Tiefe" dieser Kleinkinder- oder Familienphase kann in den sozialistischen Ländern als ein besonders feiner Gradmesser für regionale und schichtspezifische Unterschiede der Frauenerwerbstätigkeit herangezogen werden.

---

[5] Der Begriff "Familienphase" wird in dieser Arbeit nur dann verwendet, wenn 15 oder mehr Jahrgänge einen deutlichen Einbruch der Frauenerwerbsquoten aufweisen oder das erste Maximum der Erwerbstätigkeit (vor dem Beginn der Kleinkinderphase) später nie mehr erreicht wird. Wenn die Erwerbstätigkeit nur für einige wenige Jahre unterbrochen bzw. das erste Maximum der Frauenerwersquoten später sogar noch deutlich übertroffen wird, wird der Begriff "Kleinkinderphase" verwendet. Die Kleinkinderphase kann auf unterschiedliche Weise definiert werden. Einerseits kann die Erwerbskurve als Kriterium herangezogen werden, wobei die Kleinkinderphase zu dem Zeitpunkt beginnt, wo die Erwerbsquote das erste Maximum überschritten hat, und zu dem Zeitpunkt endet, wo die Erwerbsquote nach Durchlaufen des Minimums den Wert des ersten Maximums wieder erreicht. Die "Tiefe" der Kleinkinderphase wird definiert durch die Differenz zwischen dem ersten Maximum der Erwerbsquote und dem Minimum während der reproduktiven Phase der Frauen. Andererseits kann (in Ungarn) zur Abgrenzung der Kleinkinder- oder Familienphase auch der Anteil jener Frauen herangezogen werden, die ihre Erwerbstätigkeit nach Geburt eines Kindes unterbrechen und in dieser Zeit Kinderpflegegeld beziehen. Die Länge der Kleinkinderphase kann z. B. durch die Zahl der Jahre definiert werden, in denen mindestens 20% der Frauen Kinderpflegegeld beziehen. Drittens könnte man auch die "Flächen" zwischen der männlichen und der weiblichen Erwerbskurve berechnen, was jedoch sehr aufwendige mathematische Verfahren erfordern und gegenüber den ersten beiden Methoden kaum einen zusätzlichen Erkenntnisgewinn bringen würde. Bei allen drei Methoden benötigt man die Erwerbsquoten einzelner Jahrgänge. Um die hohen Abtreibungsraten und den starken Geburtenrückgang zu stoppen, wurde in Ungarn 1967 ein sogenanntes Kinderpflegegeld eingeführt, das folgende Regelungen beinhaltete. Die ersten 20 Wochen nach der Geburt eines Kindes konnten die Mütter bei vollem Lohnbezug zuhause bleiben. Nach diesem Zeitraum konnten die Mütter bis zur Vollendung des dritten Lebensjahres des Kindes ebenfalls zuhause bleiben und das sogenannte Kinderpflegegeld beanspruchen, das jedoch nur 600 Forint betrug; dies entsprach damals rd. 31% des Durchschnittslohnes eines Facharbeiters (skilled workers). Da Frauen Ende der 60er Jahre aber nur selten mehr als 1.300 Forint verdienten, entsprach dieses Kinderpflegegeld ca. 46% des Durchschnittseinkommens von Frauen (Szabady E., 1969, 67; Gömöri E., 1980, 73). Nur für das 2. oder 3. Kind etc. wurden etwas höhere Zuschüsse genehmigt.

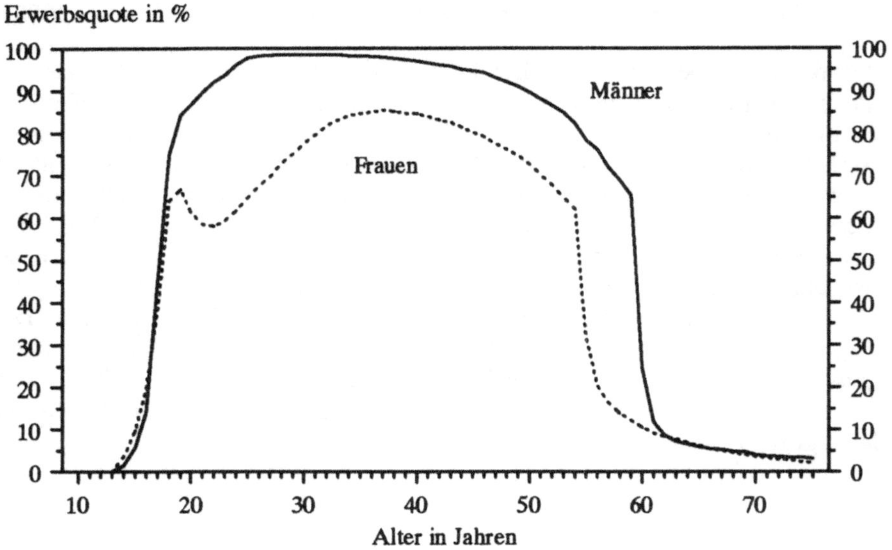

Abb. 1. Erwerbsquoten der ungarischen Bevölkerung nach Alter und Geschlecht im Jahre 1980. Quelle: Sonderauswertung der ungarischen Volkszählung 1980, Heidelberger Ungarn-Datenbank

Im Jahre 1980 gab es in der Erwerbskurve der ungarischen Frauen eine deutliche Kleinkinderphase (Abb. 1), die nach der ersten Berechnungsmethode rd. 6,5 Jahre dauerte, d. h. das erste Maximum der Erwerbstätigkeit (66,79%), das bei den 19-jährigen Frauen festzustellen war, wurde erst wieder von den 26-jährigen Frauen (67,53%) erreicht. Nach der ersten Berechnungsmethode betrug die "Tiefe" der Kleinkinderphase, also die Differenz der Erwerbsquote zwischen dem ersten Maximum im 19. Lebensjahr (66,79%) und dem Minimum im 22. Lebensjahr (58,04%), 8,75%. Wenn man einen Anteil von 20% Frauen, die Kinderpflegegeld beziehen (also ihre Erwerbstätigkeit unterbrochen haben), als Maßstab nimmt, dauerte die Kinderphase 8 Jahre, nämlich vom 20. bis zum 27. Lebensjahr, wobei zwischen dem 22. und 24. Lebensjahr jeweils mehr als 30% aller Frauen Kinderpflegegeld bezogen.

Diese relativ kurze Dauer der Kleinkinderphase hat in Ungarn zwar eine lange Tradition, sie wurde aber durch familien- und wohnungspolitische Maßnahmen des ungarischen Staates noch verstärkt. Ende der 60er Jahre wurde in Ungarn ein Plan verabschiedet, innerhalb von 15 Jahren 1 Mio Wohnungen zu errichten. Junge Ehepaare konnten dabei vom Staat eine beträchtliche Unterstützung bekommen (bei einer Zweizimmerwohnung mit Gesamtkosten von 260.000 Forint betrug der Zuschuß des Staates beispielsweise rd. 60.000 Forint), die dann nicht zurückzuzahlen war, wenn das unterstützte Ehepaar innerhalb von 6 Jahren zwei Kinder bekommen hat. Da sich kaum ein junges Paar eine Wohnung leisten konnte, ohne diese staatliche Subvention in Anspruch zu nehmen, hat sich die

Familienplanung vieler Ehepaare in erstaunlichem Maße an diesen staatlichen Vorgaben orientiert.

3.2 Frauenerwerbsquoten im Jahre 1980 nach dem Ausbildungsniveau der Frauen

Ähnlich wie in marktwirtschaftlichen Systemen standen auch in den sozialistischen Staaten das Niveau und der Verlauf der altersspezifischen Frauenerwerbskurve in einem engen Zusammenhang mit dem Ausbildungsniveau der Frauen. Das Ausbildungsniveau der Frauen hat sowohl das Maximum als auch den Verlauf der Erwerbskurve (insbesondere den Beginn und die "Tiefe" der Kleinkinderphase) sehr stark beeinflußt (vgl. Abb. 2). Die Erwerbsquoten der 22- bis 50-jährigen Universitätsabsolventinnen lagen in Ungarn im Jahre 1980 um 14-26% über jenen der gleich alten Pflichtschulabsolventinnen und um 32-44% über den Erwerbsquoten jener Frauen, die keine Schule abgeschlossen hatten. Bei den weiblichen Universitätsabsolventen trat 1980 die "Kleinkinderphase" bzw. das erste Minimum der Erwerbstätigkeit nicht nur in einem höheren Alter (bei den 26-jährigen) auf als bei den Pflichtschulabsolventinnen (bei den 22-jährigen), sondern auch das Minimum der Kleinkinderphase lag bei den Universitätsabsolventinnen auf einem viel höheren Niveau der Erwerbskurve (83,96%) als bei den Pflichtschulabsolventinnen (51,82%) oder den Frauen ohne Schulabschluß (42,13%). Nicht zuletzt war von den Universitätsabsolventinnen ein höherer Anteil (88,13%) vor Beginn der Kinderphase erwerbstätig als von den Pflichtschulabsolventinnen (65,08%) oder von den Frauen ohne abgeschlossene Grundschule (45,19%). Ein großer Teil der niedrig qualifizierten Frauen hat also, vor allem wegen ihres frühen Heiratsalters und dem frühen Zeitpunkt der Geburt des ersten Kindes, erst nach Abschluß der Kleinkinderphase erstmals eine Erwerbstätigkeit aufgenommen. Deshalb war bei den Pflichtschulabsolventinnen auch die Differenz der Erwerbsquote zwischen dem Tiefpunkt während der Kleinkinderphase (22. Lebensjahr) und dem Höhepunkt der Erwerbstätigkeit (36. Lebensjahr) mehr als doppelt so hoch (31,39%) als bei den Universitätsabsolventinnen, wo es zwischen dem Minimum (mit 26 Jahren) und dem Maximum der Erwerbsquote (mit 44 Jahren) nur eine Differenz von 14,02% gab.

Im Jahre 1980 war bei den ungarischen Universitätsabsolventinnen auch die Tiefe der Kleinkinderphase deutlich geringer (das erste Maximum unterschied sich von dem darauf folgenden Minimum nur um 4,18%) als bei den weiblichen Pflichtschulabsolventen, wo die entsprechende Differenz 13,26% betrug. Ähnlich große Unterschiede hinsichtlich der Tiefe der Kleinkinderphase gab es bei der zweiten Berechnungsmethode. Am Höhepunkt ihrer Kleinkinderphase haben 1980 32,01% aller ungarischen Frauen, aber nur 14,49% der Universitätsabsolventinnen Kinderpflegegeld bezogen.

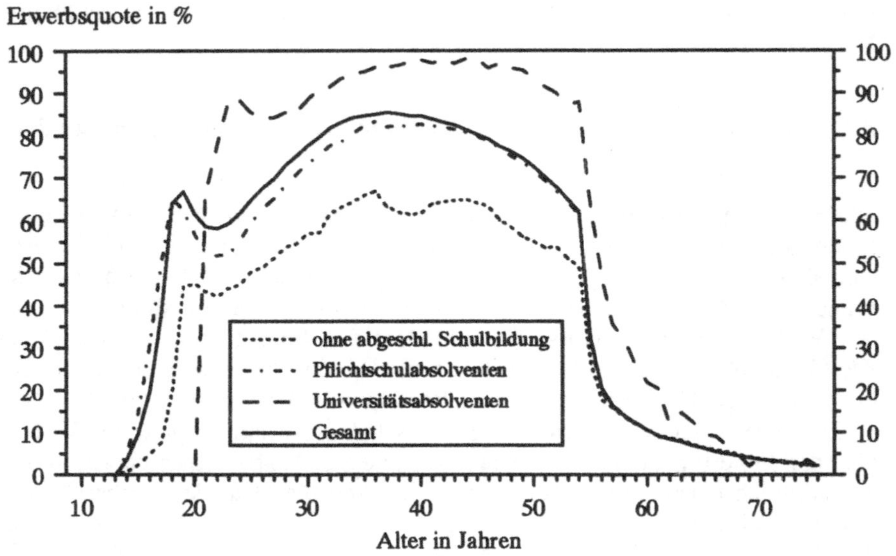

Abb. 2. Erwerbsquoten der ungarischen Frauen nach Alter und Ausbildungsniveau im Jahre 1980. Quelle: Sonderauswertung der ungarischen Volkszählung 1980, Heidelberger Ungarn-Datenbank

Die geringere Tiefe der Kleinkinderphase von Universitätsabsolventinnen bzw. deren seltenere Inanspruchnahme des Kinderpflegegeldes kann u. a. damit erklärt werden, daß sich hochqualifizierte Frauen eher mit ihrem Beruf identifiziert haben, daß für sie eine längere Unterbrechung der Berufstätigkeit eher einen Karriereknick zur Folge hatte, daß sie, weil ihre Arbeitsplätze stärker in den Großstädten konzentriert waren, eher auf Institutionen der Kinderbetreuung zurückgreifen konnten und daß bei ihnen die Einkommensverluste bei einer Inanspruchnahme des Kinderpflegegeldes höher waren als bei Pflichtschulabsolventinnen. Wie groß die schichtspezifischen Disparitäten der Frauenerwerbstätigkeit in den sozialistischen Staaten waren, wird deutlich, wenn man die Erwerbsquoten der ungarischen Zigeunerinnen[6] (vgl. Abb. 3), von denen ein großer Teil keine Grundschule abgeschlossen hat, mit jenen der weiblichen Gesamtbevölkerung oder gar mit jenen der Universitätsabsolventinnen vergleicht.

[6] Zigeuner wurden bei den ungarischen Volkszählungen sowohl beim Merkmal "Muttersprache" als auch bei der Frage "Nationalität" erfaßt, wobei es sich in beiden Fällen um eine Selbsteinstufung bzw. um ein Bekenntnis handelt. Beim Begriff "Muttersprache" war die Zahl der Zigeuner stets deutlich geringer (1990 = 48.072 Personen) als beim Begriff "Nationalität" (1990 = 142.683 Personen). Obwohl sich bei den letzten Volkszählungen nur etwa ein Drittel der Zigeuner unter der Frage "Nationalität" als Zigeuner eingetragen hat, vermitteln die Volkszählungsergebnisse trotzdem einen sehr guten Einblick in die sozio-ökonomische Situation der Zigeuner. Bei einer Erhebung des Ungarischen Statistischen Zentralamtes über die Zahl der Zigeuner im Jahre 1993, die auf Angaben der örtlichen Gemeindeverwaltungen basiert, wurden rd. 480.000 Zigeuner gezählt (Központi Statisztikai Hivatal, 1994).

Während sich die Erwerbsquoten der Universitätsabsolventinnen im Alter von 30 bis 50 Jahren auf einem Niveau zwischen 88,4% und 98,0% bewegten, erreichten die Erwerbsquoten der Zigeunerinnen in diesem Altersabschnitt nur Werte zwischen 24,5% und 45,2%.

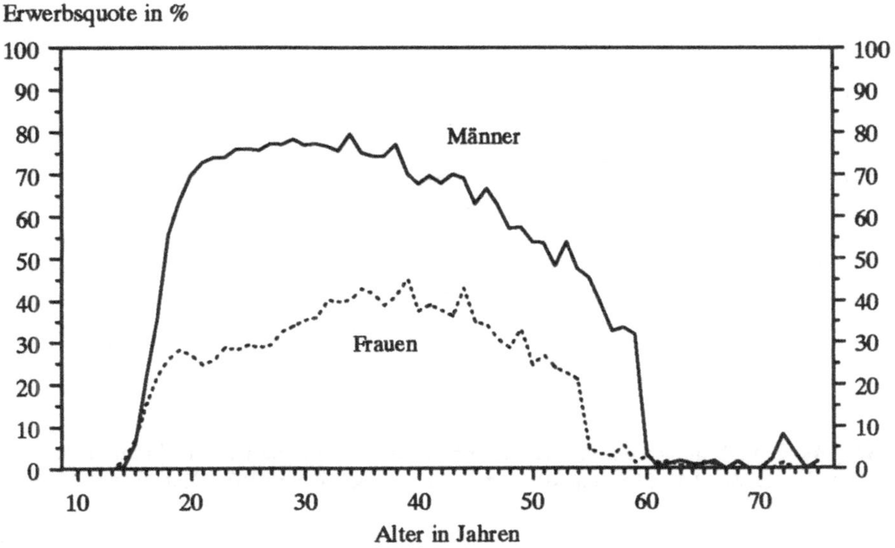

Abb. 3. Erwerbsquoten der ungarischen Zigeuner nach Alter und Geschlecht im Jahre 1980. Quelle: Sonderauswertung der ungarischen Volkszählung 1980, Heidelberger Ungarn-Datenbank

3.3 Frauenerwerbsquoten nach der Zahl der Kinder (1980)

Falls die Gleichberechtigung der Frauen, die Einstellung der Mütter mit Kindern zur Erwerbstätigkeit, die Unterstützung der erwerbstätigen Frauen durch staatliche Institutionen der Kinderbetreuung und die Arbeitsteilung der Geschlechter im Haushalt so gewesen wäre, wie es die offizielle Propaganda der sozialistischen Staaten geschildert hat, hätte die Kinderzahl auf die Erwerbstätigkeit der Mütter keinen großen Einfluß ausüben dürfen. In Wirklichkeit gab es jedoch in Ungarn im Jahre 1980 einen sehr engen Zusammenhang zwischen Kinderzahl und Frauenerwerbsquote. Je mehr Kinder eine Frau hatte, um so später trat sie ins Erwerbsleben ein und um so niedriger war im Durchschnitt die Frauenerwerbsquote. Im Jahre 1980 hatten beispielsweise die 24-jährigen Frauen ohne Kind eine Erwerbsquote von 91,2%, die gleich alten Frauen mit einem Kind waren zu 55,8% erwerbstätig, jene mit zwei Kindern zu 40,2% und die 24-jährigen Frauen mit drei oder mehr Kindern hatten nur eine Erwerbsquote von 36,0%. Mit zunehmendem Alter der Frauen ist erwartungsgemäß der Einfluß der Kinderzahl auf die Erwerbsquote geringer geworden. Bis zum 33. Lebensjahr hatten Frauen ohne Kinder die höchsten Erwerbsquoten, ab dem 34. Lebensjahr

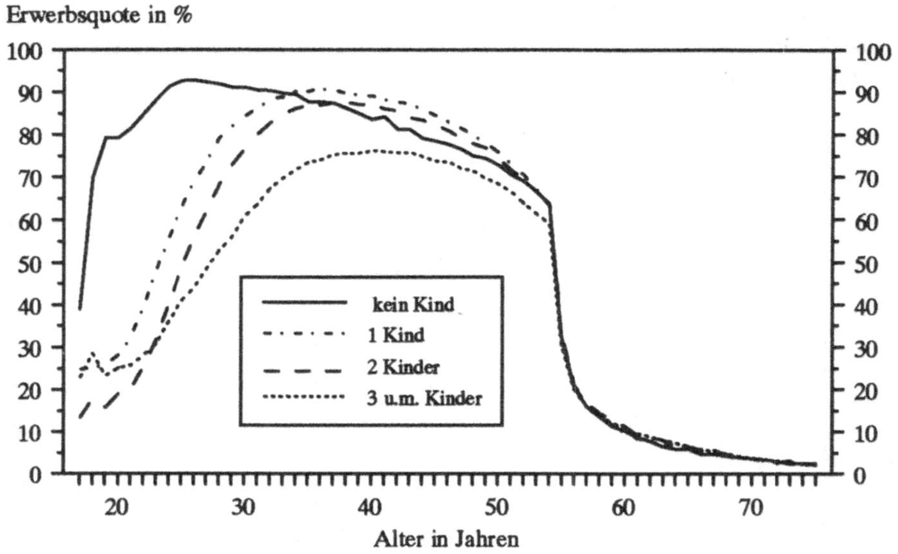

Abb. 4a. Erwerbsquoten der ungarischen Frauen nach Alter und Kinderzahl im Jahre 1980. Quelle: Sonderauswertung der ungarischen Volkszählung 1980, Heidelberger Ungarn-Datenbank

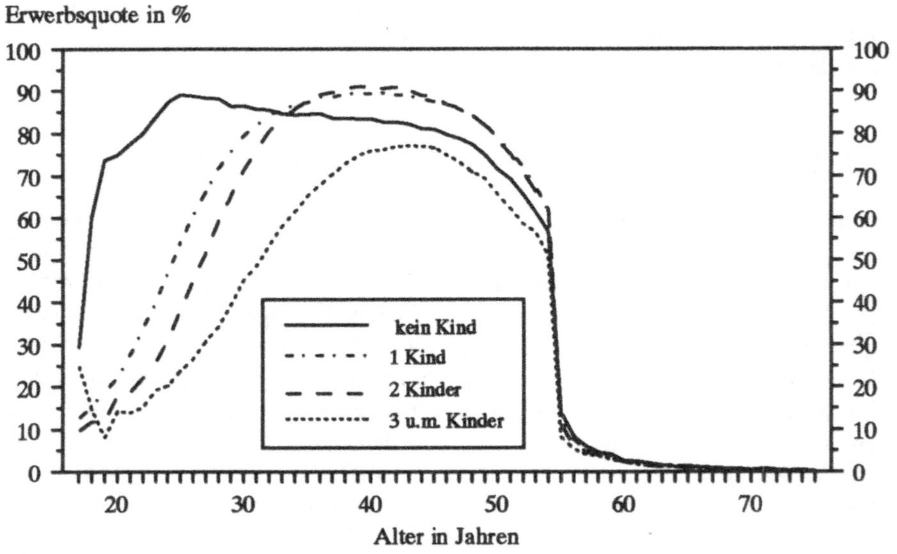

Abb. 4b. Erwerbsquoten der ungarischen Frauen nach Alter und Kinderzahl im Jahre 1990. Quelle: Sonderauswertung der ungarischen Volkszählung 1990, Heidelberger Ungarn-Datenbank

wurden diese von Frauen mit einem Kind und ab dem 37. Lebensjahr sogar von Frauen mit zwei Kindern überholt (Abb. 4a).

Bei der Interpretation der Abb. 4a muß allerdings berücksichtigt werden, daß 1980 unter den 34-jährigen erwerbstätigen Frauen nur 11,6% und unter den 37- bis 47-jährigen nur 9,3 - 10,0% kein Kind hatten, daß also die Kategorie der kinderlosen Frauen in dieser Altersgruppe nur eine kleine Minderheit bildete. Die durchschnittliche Kinderzahl pro Frau hing natürlich auch im realen Sozialismus mit dem Ausbildungsniveau der Frauen zusammen. Im Jahre 1980 hatten unter den 20- bis 50-jährigen Universitätsabsolventinnen noch 60,37% maximal ein Kind, unter den gleichalten Pflichtschulabsolventinnen jedoch nur 35,36% und bei den Frauen ohne Schulabschluß betrug der entsprechende Wert 32,10%. Vier oder mehr Kinder hatten im Jahre 1980 24,78% der 20- bis 50-jährigen Frauen, die keinen Grundschulabschluß vorzuweisen hatten, 11,32% der gleichalten Pflichtschulabsolventinnen, jedoch nur 5,31% der Universitätsabsolventinnen.

Der Zusammenhang zwischen Frauenerwerbstätigkeit und Kinderzahl ist allerdings nicht so eindeutig, wie es manchmal dargestellt wird, sondern er hängt auch von den gesellschaftlichen und wirtschaftlichen Rahmenbedingungen ab. Einerseits verlängert jedes zusätzliche Kind die sogenannte "Kleinkinderphase" einer Frau und erhöht auch den Arbeits- und Zeitaufwand für Haushalt und Familie, so daß im Durchschnitt die Frauenerwerbstätigkeit mit zunehmender Kinderzahl abnimmt bzw. auf die postfamiliäre Phase verschoben wird. Andererseits erhöht eine große Zahl von Kindern auch den finanziellen Aufwand für eine Familie, was zumindest in einkommensschwachen Schichten die Frauen zu einer Erwerbstätigkeit zwingt. Deshalb ist beispielsweise zwischen 1980 und 1990 die Erwerbsquote der Frauen mit 2 Kindern in der postfamiliären Phase stärker angestiegen als jene der Frauen mit einem Kind (Abb. 4b).

3.4 Räumliche Unterschiede der Frauenerwerbstätigkeit in Ungarn im Jahre 1980

Auch in kommunistischen Ländern gab es aufgrund der funktionalen räumlichen Arbeitsteilung, als Folge der regionalen Konzentration der politischen und wirtschaftlichen Nomenklatura, als Auswirkung der sozialen Segregation und aufgrund historisch zu begründender Besonderheiten des regionalen (lokalen) Arbeitsplatzangebotes (z. B. durch Bergbau geprägte Monostruktur) große regionale und zentral-periphere Disparitäten der Frauenerwerbstätigkeit bzw. einen engen statistischen Zusammenhang zwischen der Hierarchie des Siedlungssystems[7] und den altersspezifischen Erwerbskurven der Frauen. Fast alle Einflußfaktoren,

[7] Die Hierarchie des Siedlungssystems wird in der Regel anhand der Rangstufen der zentralen Orte abgegrenzt. Da diese Abstufug in den einzelnen Ländern mit sehr unterschiedlichen Methoden erfolgt, wird die Hierarchie des Siedlungssystems in dieser Arbeit näherungsweise durch die Gemeindegröße dargestellt. Diese repräsentiert zwar einen hohen Grad der Abstraktion, hat sich aber in vielen Studien als sehr aussagekräftige sozio-ökonomische Variable erwiesen.

welche die Frauenerwerbstätigkeit beeinflussen, waren auch in sozialistischen Ländern räumlich ungleich verteilt. Da solche räumlichen Disparitäten die Existenz von sozialer Ungleichheit belegen, wurden in den sozialistischen Ländern zumindest die ideologisch sensiblen Statistiken in der Regel nur großräumig aggregiert publiziert, so daß es erst nach der Wende möglich wurde, das Ausmaß dieser Ungleichheiten empirisch nachzuweisen.

3.4.1 Regionale Unterschiede der Frauenerwerbsquoten im Jahre 1980

Die regionalen bzw. die zentral-peripheren Disparitäten der Frauenerwerbsquoten wurden je nach Lebenszyklusphase durch sehr unterschiedliche Faktoren verursacht. Zu Beginn der Erwerbstätigkeit wurden regionale Unterschiede der Frauenerwerbsquoten vor allem dadurch verursacht, daß es auch in den sozialistischen Ländern große schichtspezifische und regionale Unterschiede des Bildungsverhaltens gab. In Budapest und den größeren Komitatshauptstädten hat also ein wesentlich höherer Anteil der 18- bis 24-jährigen Mädchen und Frauen eine weiterführende Schule, Hochschule oder Universität besucht als in den mittelgroßen und kleinen Gemeinden (vgl. Abb. 5). In der Gemeindegrößenklasse bis 500 Einwohner waren 1980 8,11% der 21-jährigen und 4,58% der 22-jährigen Frauen Studentinnen, in Budapest dagegen 18,56 der 21-jährigen und 13,05% der 22-jährigen. Die in kleinen Gemeinden wohnhaften Frauen haben 1980 durchschnittlich früher mit einer Erwerbstätigkeit begonnen, früher geheiratet, mehr Kinder bekommen und im Alter zwischen 20 und 30 Jahren zu einem höheren Anteil das Kinderpflegegeld in Anspruch genommen als die in Budapest oder den anderen Großstädten wohnenden Frauen. Außerdem waren im Jahre 1980 in den kleinen und mittelgroßen Gemeinden die Maxima der Frauenerwerbskurven deutlich niedriger als in Budapest und nicht zuletzt war in den kleinen und mittleren Gemeindegrößenklassen der Anteil jener Frauen, die weder erwerbstätig waren, noch Kindergeld und auch keine Pension erhalten haben, also entweder keinerlei Einkommen hatten oder in der Schattenwirtschaft (im informellen Sektor) tätig waren, je nach Altersgruppe zwei- bis dreimal so hoch als in Budapest.

Neben diesen zentral-peripheren Disparitäten lassen sich in Ungarn auch große (historisch bedingte) Ost-West-Disparitäten nachweisen. In den im Osten Ungarns liegenden Arbeitsamtsbezirken erreichten die 15- bis 55-jährigen Frauen im Jahre 1980 wesentlich niedrigere Erwerbsquoten als in der Zentralregion oder in Transdanubien (vgl. Abb. 6a). Während die Zentralregion von Ungarn, die vom Arbeitsamtsbezirk Vác im Norden über Budapest bis zum Arbeitsamtsbezirk Dúnaujváros im Süden reicht, im Jahre 1980 bei den 15- bis 55-jährigen Frauen Erwerbsquoten von über 70% verzeichnete, wobei die Arbeitsamtsbezirke Budapest (77,9%), Százhalombatta (78,2%), Budaörs (75,2%), Dunakeszi 74,8% und Szigetszentmiklós (74,1%) die höchsten Werte erreichten, waren die Frauenerwerbsquoten in den im Osten Ungarns liegenden Arbeitsamtsbezirken um bis zu 30% niedriger. In Nagyecsed (49,4%), Csenger (49,1%), Komádi (48,3%), Nyíregháza (47,3%), Nádudvar (47,0%) und Vámospércs (45,4%) erreichten die

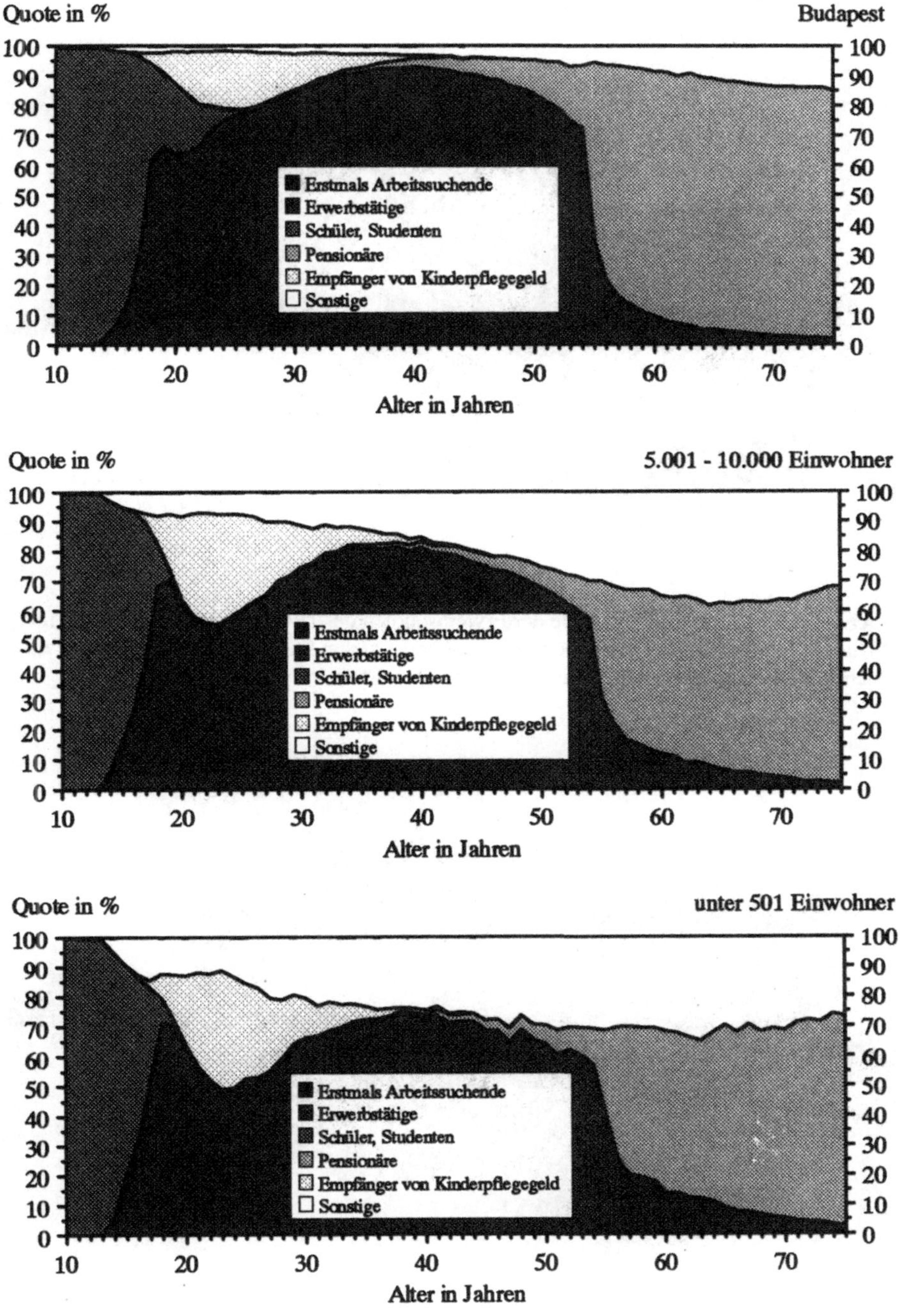

Abb. 5. Die wirtschaftliche Aktivität der ungarischen Frauen im Jahre 1980 nach der Größe des Wohnortes. Quelle: Sonderauswertung der ungarischen Volkszählung 1980, Heidelberger Ungarn-Datenbank

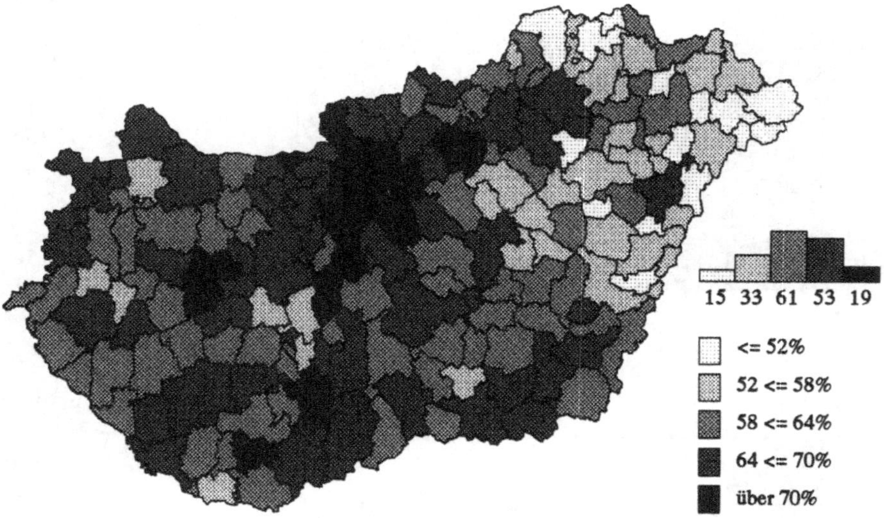

Abb. 6a. Regionale Unterschiede der Erwerbsquoten der 15- bis 55-jährigen Frauen in Ungarn im Jahre 1980 nach Arbeitsamtsbezirken. Quelle: Sonderauswertung der ungarischen Volkszählung 1980, Heidelberger Ungarn-Datenbank

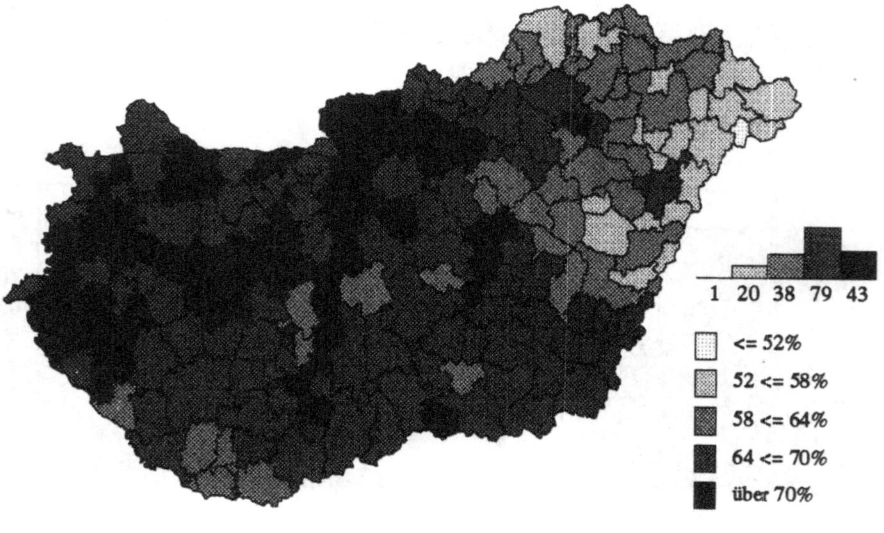

Abb. 6b. Regionale Unterschiede der Erwerbsquoten der 15- bis 55-jährigen Frauen in Ungarn im Jahre 1990 nach Arbeitsamtsbezirken. Quelle: Sonderauswertung der ungarischen Volkszählung 1990, Heidelberger Ungarn-Datenbank

Erwerbsquoten der 15- bis 55-jährigen Frauen im Jahre 1980 nicht einmal 50%. Auch diese großen regionalen Disparitäten belegen sehr deutlich, wie weit entfernt in den sozialistischen Staaten die reale Situation vom ideologischen Anspruch der sozialen und geschlechtsspezifischen Gleichheit war.

3.4.2 Unterbrechung der Frauenerwerbstätigkeit während der Kleinkinderphase im Jahre 1980

Auch hinsichtlich der Dauer und "Tiefe" der Kleinkinderphase gab es während des sozialistischen Systems große regionale und soziale Ungleichheiten. Je kleiner die Gemeindegröße des Wohnortes war, um so tiefer und um so länger war die Kleinkinderphase (Abb. 5 und 7). Bei den Pflichtschulabsolventinnen betrug die Differenz zwischen dem ersten Maximum der Erwerbsquoten (mit 19 oder 20 Jahren) und dem ersten Minimum (mit 22 oder 23 Jahren) in Budapest 2,21%, in der Gemeindegrößenklasse von 20.001 bis 100.000 Einwohnern 5,28%, in der Gemeindegrößenklasse von 2.001 - 5.000 Einwohner betrug die Differenz 11,05% und in der Gemeindegrößenklasse mit weniger als 500 Einwohner 11,74%. Bei den Universitätsabsolventinnen betrug die entsprechende Differenz in Budapest 6,33% und in den Gemeinden bis 5.000 Einwohnern (wegen der geringen absoluten Zahlen wurden die kleinen Gemeindegrößen zusammengefaßt) 14,24%.

Auch wenn man die Tiefe der Kleinkinderphase am Anteil der Frauen mißt, die Kinderpflegegeld bezogen haben, ergibt sich dasselbe Bild. Während in Budapest am Höhepunkt der Kleinkinderphase (25-jährige Frauen) nur 19,44% der Frauen Kinderpflegegeld bezogen haben, haben in den kleineren Gemeindegrößenklassen, wo der Höhepunkt der Kleinkinderphase im 23. Lebensjahr auftrat, zwischen 28,13% und 40,21% der Frauen Kinderpflegegeld in Anspruch genommen (Abb. 5). Die Länge der Kleinkinderphase dauerte 1980 (vgl. Abb. 7) nach der ersten Berechnungsmethode (= Anzahl der Jahre zwischen dem ersten Maximum vor der Kleinkinderphase und dem Zeitpunkt, wo nach der Kleinkinderphase der Wert des ersten Maximums wieder erreicht wird) in den ländlichen Gebieten (z. B. in den 2 Gemeindegrößenklassen unter 1.000 Einwohnern) fast fünfmal so lange (14 - 15 Jahre) als in den Großstädten über 100.000 Einwohner (3 Jahre). Bei der zweiten Berechnungsmethode (= Zahl der Jahre, in denen mindestens 18% der Frauen eines Altersjahrganges Kinderpflegegeld beziehen) dauerte die Kleinkinderphase in den Gemeindegrößenklassen unter 10.000 Einwohnern rd. 10 Jahre, in der Größenklasse von 20.000 bis 100.000 Einwohner rd. 8 Jahre und in Budapest 4 Jahre (vgl. Abb. 5). Wenn man den Anteil der Kinderpflegegeldempfängerinnen auf die 20- bis 30-jährigen Frauen bezieht (vgl. Abb. 8a), erreichten im Jahre 1980 die Städte Budapest (17,2%), Pécs (18,6%), Szeged (19,1%) und Debrecen (21,9%) sowie die Arbeitsamtsbezirke Mórahalom (20,9%), Marcali (21,2%), Biharkeresztes (21,4%), Kistelek (21,7) und Gönc (21,9%) die niedrigsten Werte, während die höchsten Anteile von "Kinderpflegegeldempfängerinnen" in Mór (33,5%), Enying (32,2%), Csorna (32,2%) und Zirc (32,1%) festzustellen waren.

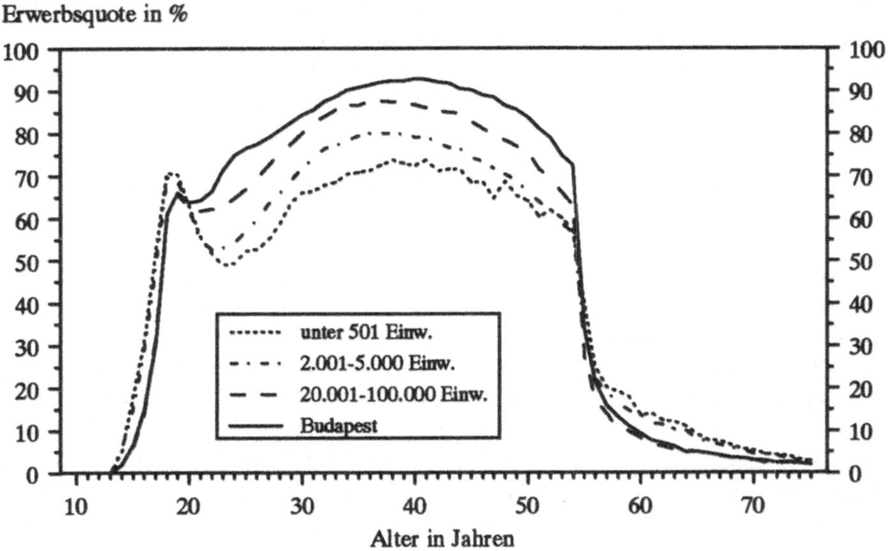

Abb. 7. Altersspezifische Erwerbskurven der ungarischen Frauen nach der Gemeindegröße ihres Wohnortes im Jahre 1980. Quelle: Sonderauswertung der ungarischen Volkszählung 1980, Heidelberger Ungarn-Datenbank

Die regionalen und die zentral-peripheren Disparitäten hinsichtlich der Dauer und Tiefe der Kinderphase sind im sozialistischen System von einer Reihe von Einflußfaktoren verursacht worden. In Großstädten hatten die erwerbstätigen Frauen im Durchschnitt ein höheres Ausbildungsniveau und attraktivere Berufe als im ländlichen Raum. In Großstädten war der Anteil der nicht verheirateten Frauen wesentlich größer als im ländlichen Raum, in Großstädten heirateten die Frauen im Durchschnitt etwas später, in Großstädten war die Fertilität (Zahl der Kinder) der verheirateten Frauen niedriger als im ländlichen Raum, Großstädte hatten größere Scheidungsraten und einen höheren Anteil von unvollständigen Familien. Im Jahre 1980 hatten die 20- bis 50-jährigen Frauen, welche in Gemeinden mit weniger als 500 Einwohnern lebten, zu 24,23% drei oder mehr Kinder, in Gemeinden mit 2.001 - 5.000 betrug dieser Prozentsatz noch 22,08%, in Gemeinden zwischen 10.001 und 20.000 Einwohnern 19,52%, in Gemeinden zwischen 100.001 - 1 Mio waren es 15,20% und in Budapest nur noch 14.27%. Kein Kind hatten 1980 in Budapest 27,26% der 20- bis 50-jährigen Frauen, in der Gemeindegrößenklasse zwischen 100.001 und 1 Mio betrug der betreffende Wert 21,79% und in den Gemeindegrößenklassen unter 10.000 Einwohnern schwankten die Prozentzahlen zwischen 13,88 und 15,88%. Andererseits waren in Großstädten aufgrund der höheren Lebenshaltungskosten auch die ökonomi schen Zwänge zur Erwerbsarbeit von Frauen größer als im ländlichen Raum. Im Jahre 1980 konnten es sich in den Großstädten Ungarns nur wenige Familien leisten, das sogenannte Kinderpflegegeld in Anspruch zu nehmen und damit zweieinhalb Jahre lang auf die Erwerbstätigkeit eines Ehepartners zu verzichten

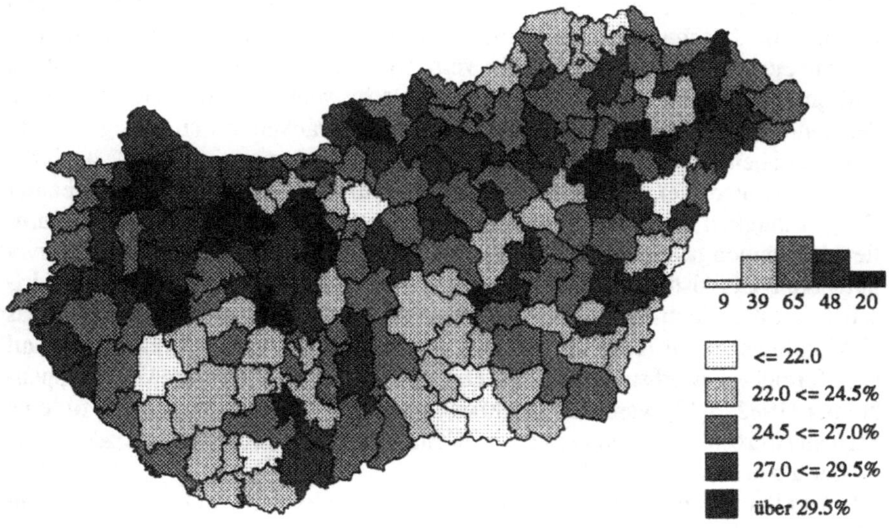

Abb. 8a. Regionale Unterschiede des Anteils der 20-30-jährigen Frauen, die 1980 Kinderpflegegeld bezogen haben (nach Arbeitsamtsbezirken). Quelle: Sonderauswertung der ungarischen Volkszählung 1980, Heidelberger Ungarn-Datenbank

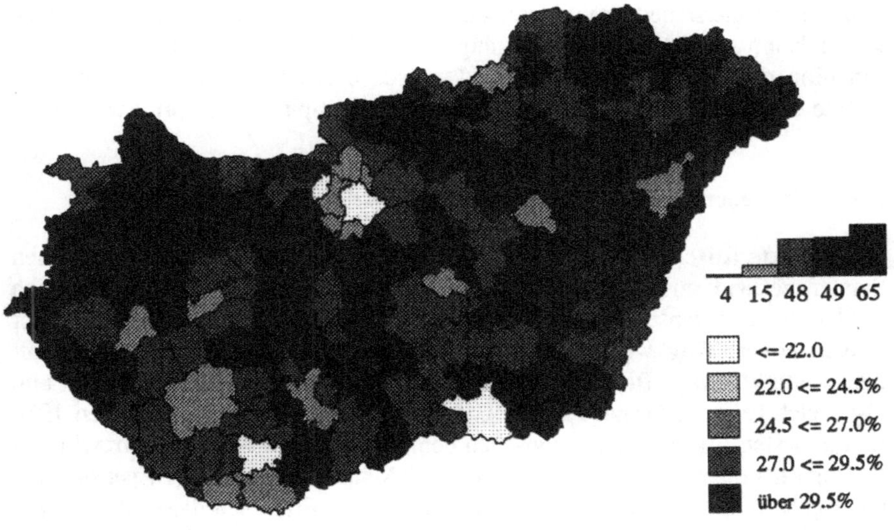

Abb. 8b. Regionale Unterschiede des Anteils der 20-30-jährigen Frauen, die 1990 Kinderpflegegeld bezogen haben (nach Arbeitsamtsbezirken). Quelle: Sonderauswertung der ungarischen Volkszählung 1990, Heidelberger Ungarn-Datenbank

(vgl. EINHORN B., 1992, 62), so daß hier Frauen ihre Erwerbstätigkeit während der Kinderphase in geringerem Umfang aufgegeben haben als im ländlichen Raum. Für hochqualifizierte Frauen und für Frauen in Führungspositionen brachte eine dreijährige Abwesenheit vom Arbeitsplatz mehr berufliche Nachteile und größere finanzielle Einbußen mit sich als für wenig qualifizierte Frauen. In den landwirtschaftlichen Staatsgütern oder Kooperativen waren dagegen nicht nur die Lebenshaltungskosten und, gemäß der "reference group theory", auch die Ansprüche niedriger, sondern hier hatten die Frauen auch bei einer Aufgabe der Erwerbstätigkeit noch viele Möglichkeiten, in bedeutendem Maße zum Familieneinkommen beizutragen, etwa durch Bewirtschaftung des 1 ha großen, privat nutzbaren Grundstückes oder im Rahmen der weit verbreiteten Schattenwirtschaft. Deshalb konnten es sich die Frauen im ländlichen Raum eher leisten, das Kinderpflegegeld in Anspruch zu nehmen und während ihrer "Kinderphase" auf eine formelle Erwerbstätigkeit zu verzichten. In der Sprache von V. K. Oppenheimer (1982, 6-12) waren also 1980 in Ungarn die "economic squeezes" für eine Frauenerwerbstätigkeit während der Kleinkinderphase in den Großstädten viel größer als in ländlichen Gebieten.

Ein weiterer Grund für die längere Dauer der Kinderphase im ländlichen Raum dürfte darin liegen, daß das vorher erwähnte Wohnungsbauprogramm, welches Familien, die in 6 Jahren zwei Kinder bekommen haben, finanziell stark begünstigt hat, vorwiegend in größeren Städten sowie in einigen Bergbau- und Industriezentren verwirklicht worden ist (Mitteilung von Herrn Dövényi) und somit im ländlichen Raum keinen Einfluß auf die Familienplanung hatte.

Eine andere Hypothese lautet, daß es hinsichtlich der Einstellung zu Familie und Kindererziehung zwischen dem ländlichen Raum und den Großstädten signifikante Unterschiede gab. Unterschiedliche Werte und Normen können sich jedoch kaum auf die Frauenerwerbstätigkeit auswirken, so lange die ökonomische Situation den Frauen gar keine Wahl zwischen Alternativen läßt. Außerdem konnte die Gültigkeit dieser Hypothese noch nicht empirisch überprüft werden.

3.4.3 Frauenerwerbstätigkeit nach Abschluß der Kinderphase[8] (1980)

Ein charakteristisches Merkmal der Frauenerwerbstätigkeit in den sozialistischen Staaten bestand darin, daß der Höhepunkt der Frauenerwerbstätigkeit erst nach der Kinderphase einsetzte bzw. in dieser Lebensphase ein viel höherer Anteil der Frauen erwerbstätig wurde als in der Mehrheit der europäischen Länder mit einem marktwirtschaftlichen System (siehe Vergleich zwischen Ungarn und Österreich bei Meusburger P., 1993). Auch die ungarischen Frauen haben 1980 ihre höchsten Erwerbsquoten zwischen dem 40. und 50. Lebensjahr erreicht. Da in Ungarn Frauen schon mit 55 Jahren und Männer mit 60 Jahren pensionsberechtigt waren, nahmen die Erwerbsquoten mit dem Erreichen dieses Alters wieder schlagartig ab. Dieses extrem niedrige Pensionierungsalter der Frauen sollte

---

[8] Obwohl das Ende der Kinderphase mit dem Ausbildungsniveau der Frauen, der Zahl ihrer Kinder und der Gemeindegröße ihres Wohnortes variiert, wird sie hier aus pragmatischen Gründen mit dem 35. Lebensjahr festgelegt.

einerseits eine Kompensation für ihre außerordentlich hohe Belastung sein, zum zweiten hat eine so frühe Pensionierung der "Großmüttergeneration" einen wichtigen Beitrag zur Aufrechterhaltung der hohen Frauenerwerbstätigkeit während der Familienphase geleistet. Diese über 55-jährigen Frauen konnten wichtige Aufgaben im Haushalt und in der Betreuung der Enkel übernehmen und dadurch die erwerbstätigen Mütter entlasten. Da andererseits die Renten im sozialistischen System sehr niedrig waren, mußte oder wollte ein Teil dieser Pensionistinnen, unabhängig von der beruflichen Qualifikation, auch noch nach der Pensionierung einer Erwerbstätigkeit nachgehen. Im Gegensatz zu vielen westlichen Ländern hat der ungarische Staat bis zum Systemwechsel bei einer Erwerbstätigkeit die Renten (Pensionen) nicht gekürzt, so daß es für Pensionisten einen großen finanziellen Anreiz gab, weiterhin erwerbstätig zu sein (vgl. Abb. 2, 4a, 16). Im Jahre 1980 waren beispielsweise von den weiblichen Pensionistinnen noch 20,44% der 56-jährigen, 10,59% der 60-jährigen, 5,51% der 66-jährigen, 3,68% der 70-jährigen und 2,21% der 75-jährigen erwerbstätig. Frauen mit einem höheren Ausbildungsniveau waren nach der Pensionierung generell bis in ein höheres Alter erwerbstätig als Pflichtschulabsolventinnen. Mit 56 Jahren waren noch 46,81% der Universitätsabsolventinnen, aber nur 19,61% der Pflichtschulabsolventinnen erwerbstätig, mit 60 Jahren noch 21,90% der Universitätsabsolventinnen jedoch nur 10,38% der Pflichtschulabsolventinnen. Die in kleinen Gemeindegrößenklassen wohnhaften Pensionistinnen hatten wesentlich höhere Erwerbsquoten als die in Budapest bzw. in den anderen Großstädten wohnenden Pensionistinnen. Die in Gemeinden unter 1.000 Einwohnern lebenden 70 - 75-jährigen Frauen hatten beispielsweise fast doppelt so hohe Erwerbsquoten als die in Großstädten (über 100.000 Einwohner) wohnenden Frauen, was nicht zuletzt auf die sehr niedrigen Pensionen in den landwirtschaftlichen Genossenschaften und Staatsgütern sowie auf die Möglichkeit, als mithelfendes Familienmitglied angestellt zu werden, zurückzuführen war.

Angesichts dieser großen sozialen und regionalen Ungleichheiten der Frauenerwerbstätigkeit kann eine nostalgische Feststellung, daß es im Sozialismus eine Chancengleichheit der Geschlechter gegeben habe, wohl nur noch in jenen ehemals sozialistischen Ländern auf Zustimmung hoffen, in welchen die hier analysierten empirischen Daten nach wie vor nicht zugänglich sind oder noch nicht ausgewertet wurden.

4 Veränderungen der altersspezifischen Erwerbsstruktur in Ungarn zwischen 1980 und 1990

4.1 Die Gewinner und Verlierer des Strukturwandels

Zwischen 1980 und 1990 hat sich in Ungarn die altersspezifische Erwerbskurve der Frauen deutlich verändert, allerdings nicht in dem Sinne, wie es von der

Mehrzahl der Autoren prognostiziert worden ist. Der Transformationsprozeß von der Planwirtschaft zur Marktwirtschaft hat nämlich zumindest in seiner ersten Phase nicht zu einer generellen Abnahme der Frauenerwerbsquoten sondern zu einer Akzentuierung der Erwerbskurven nach Lebenszyklusphasen geführt. In drei Phasen des Erwerbslebens, nämlich bei den 15- bis 18-jährigen, den 23- bis 36-jährigen und bei den über 52-jährigen ungarischen Frauen haben die Erwerbsquoten im Zeitraum 1980-1990 abgenommen, während in zwei Phasen, nämlich bei den 20- bis 22-jährigen Frauen und bei den 38- bis 52-jährigen Frauen, also bei insgesamt 18 Altersjahrgängen, ein Zuwachs der Erwerbsquoten festzustellen war (Abb. 9 und 16). Diese Zunahme der Frauenerwerbsquoten ist um so erstaunlicher, als bei den Männern die Erwerbsquoten ohne Ausnahme in allen Altersjahrgängen zwischen 15 und 75 Jahren abgenommen haben (Abb. 10).

Insgesamt hat sich zwischen 1980 und 1990 in 154 von 181 Arbeitsamtsbezirken Ungarns die Frauenerwerbsquote erhöht, lediglich im Zentralraum um Budapest und in einigen anderen Großstädten ist es zu einer Abnahme der dort schon hohen Frauenerwerbsquoten gekommen (Abb. 11, 6a und 6b). Obwohl auch in Ostungarn einige Arbeitsamtsbezirke ihre Frauenerwerbsquoten (ausgehend von einem niedrigen Niveau) beträchtlich steigern konnten (z. B. Szikszó, Mezőcsát, Tiszafüred, Kunhegyes, Törökszentmiklós und Martfű etc.), wurde insgesamt der Vorsprung Westungarns gegenüber dem Ostteil des Landes in den 80er Jahren noch vergrößert.

Diese relativ günstige Entwicklung der Frauenerwerbstätigkeit in Ungarn wird auch durch die Arbeitslosenquoten belegt. Die Arbeitslosenquoten der Männer waren in Ungarn 1990 in allen Altersgruppen höher als die der Frauen (vgl. Abb. 12). Zwischen 1990 und 1994 sind die Arbeitslosenquoten zwar noch erheblich angestiegen, aber auch Mitte 1994 hatten in Ungarn die Frauen insgesamt noch niedrigere Arbeitslosenquoten als die Männer. Das Argument, daß die Arbeitslosenquoten die Situation auf dem Arbeitsmarkt nicht richtig wiedergeben bzw. daß Frauen nur deshalb eine niedrigere Arbeitslosenquote hätten, weil sich viele nicht als arbeitslos registrieren ließen, wird u. a. dadurch widerlegt, daß zwischen 1980 und 1990 die Zahl der von Männern eingenommenen Arbeitsplätze ebenfalls stärker abgenommen hat (Abnahme um 12,31%) als die von Frauen eingenommenen Arbeitsplätze (Abnahme um 8,57%), so daß der Anteil der Frauen an der Arbeitsbevölkerung in diesen 10 Jahren sogar von 43,44% auf 44,48% angestiegen ist. Im ersten Jahr des Systemwandels (dem schon einige Jahre der schrittweisen Anpassung an die Marktwirtschaft vorangegangen sind) war also ein höherer Anteil von Arbeitsplätzen mit Frauen besetzt als zu Zeiten des sozialistischen Systems bzw. vor der Einführung von marktwirtschaftlichen Reformen.

Die ungarischen Frauen haben insofern von der bestehenden Segmentierung des Arbeitsmarktes profitiert, als fast alle Wirtschaftsklassen des Tertiären Sektors, in denen Frauen schon 1980 überdurchschnittlich hohe Anteile hatten, zwischen 1980 und 1990 ein starkes Wachstum der Beschäftigtenzahlen erlebt haben, während die von Männern dominierten Branchen des Sekundären Sektors starke Einbußen zu verzeichnen hatten. In der Industrie hat die Zahl der Arbeitsplätze zwischen 1980 und 1990 um 21,35% abgenommen, während im Ter-

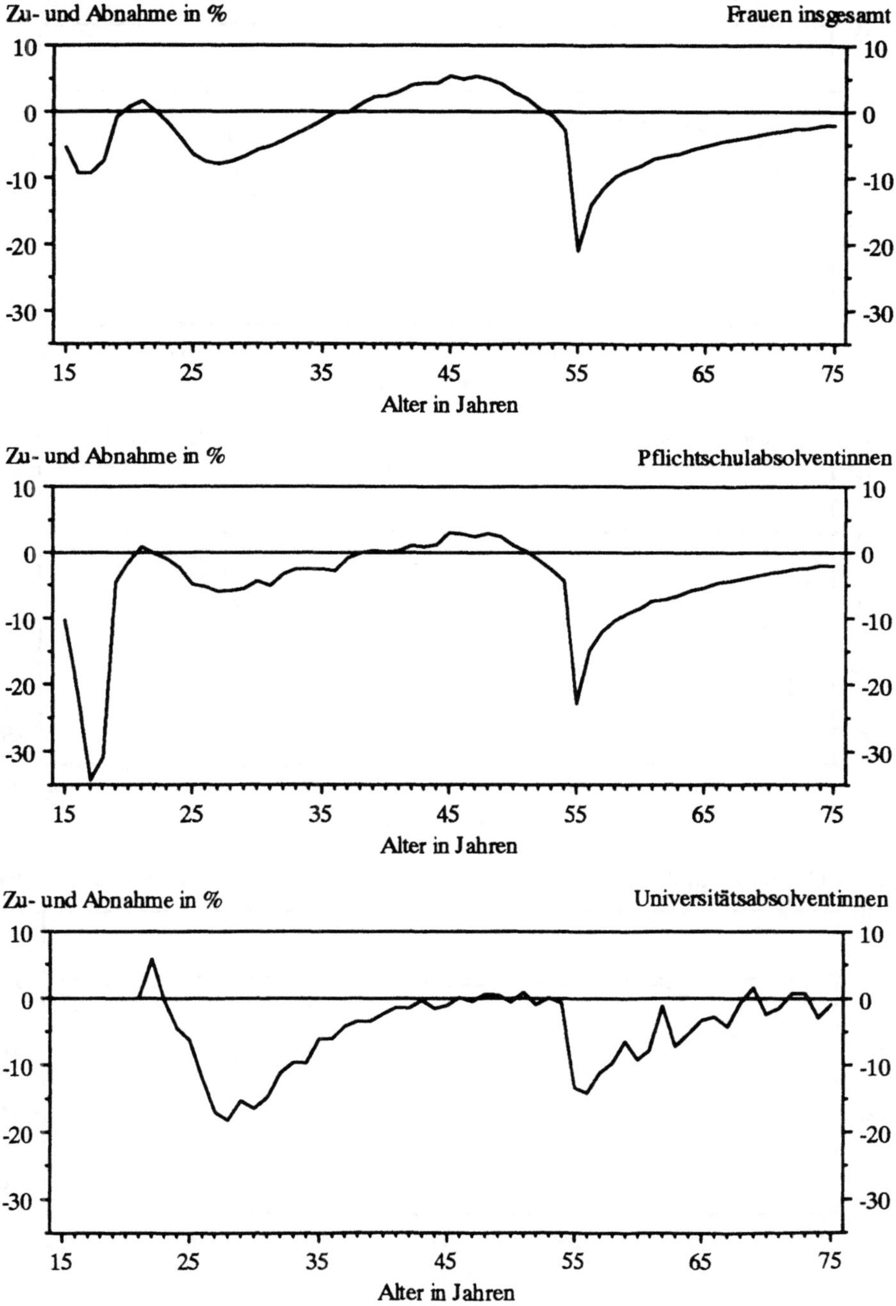

Abb. 9. Die Veränderung der Erwerbsquoten der ungarischen Frauen zwischen 1980 und 1990 nach Alter und Ausbildungsniveau. Quelle: Sonderauswertung der ungarischen Volkszählungen 1980 und 1990, Heidelberger Ungarn-Datenbank

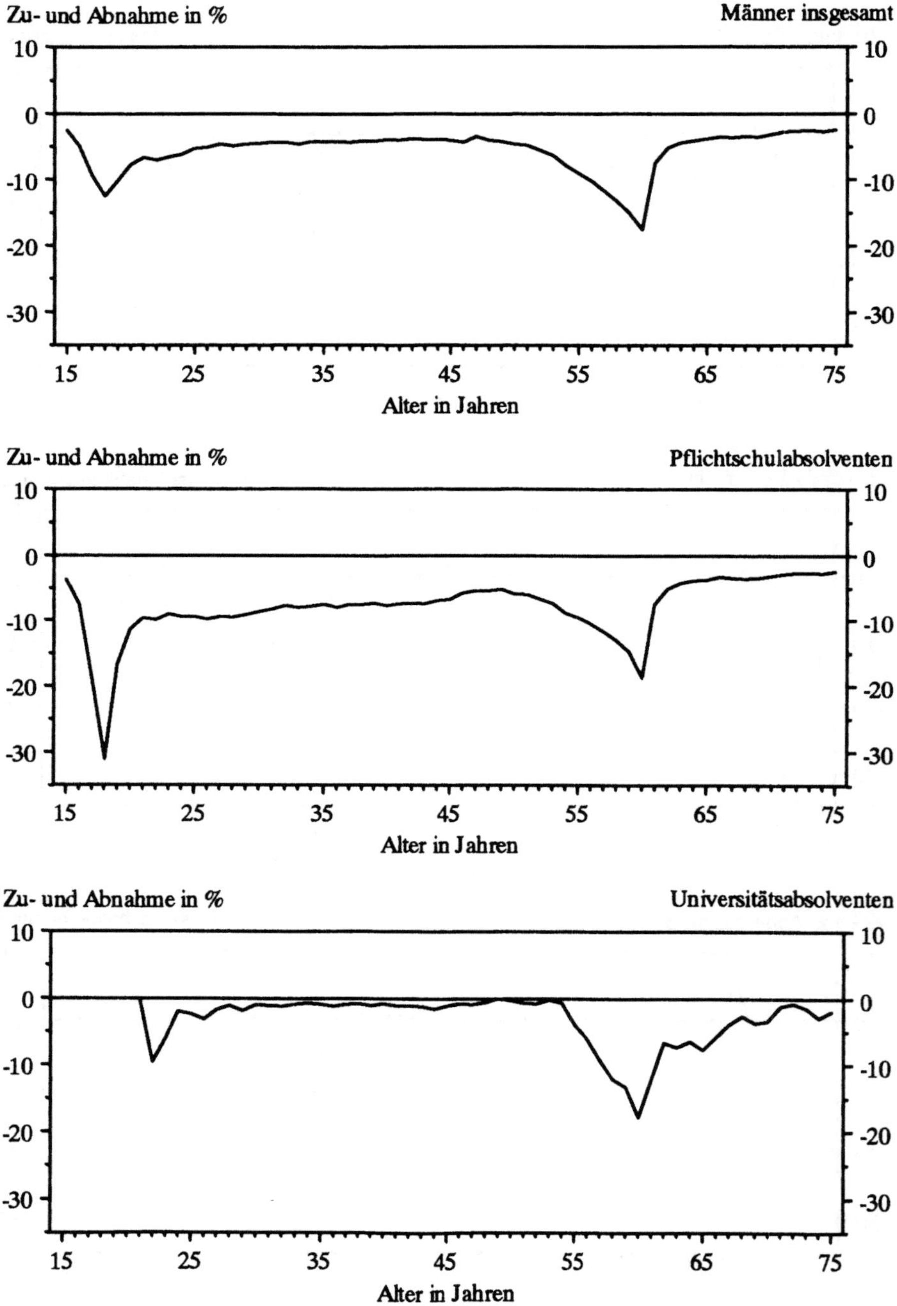

Abb. 10. Die Veränderung der Erwerbsquoten der ungarischen Männer zwischen 1980 und 1990 nach Alter und Ausbildungsniveau. Quelle: Sonderauswertung der ungarischen Volkszählungen 1980 und 1990, Heidelberger Ungarn-Datenbank

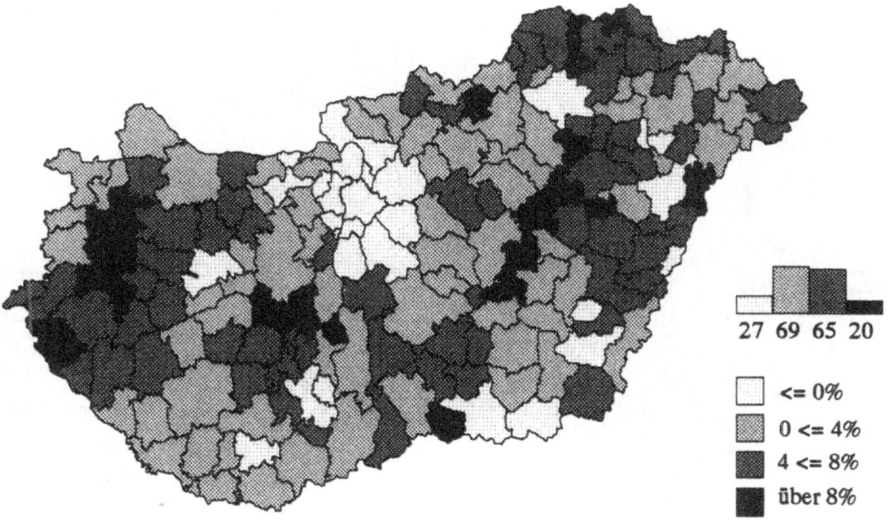

Abb. 11. Regionale Unterschiede in der Veränderung der Erwerbsquoten der 15- bis 55-jährigen Frauen in Ungarn zwischen 1980 und 1990 nach Arbeitsamtsbezirken. Quelle: Sonderauswertung der ungarischen Volkszählungen 1980 und 1990, Heidelberger Ungarn-Datenbank

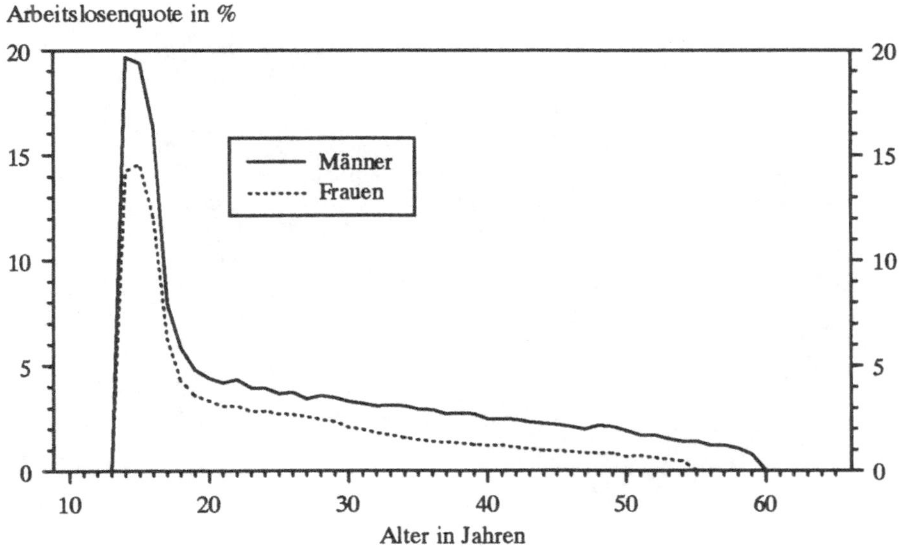

Abb. 12. Die Arbeitslosenquoten in Ungarn nach Alter und Geschlecht im Jahre 1990. Quelle: Sonderauswertung der ungarischen Volkszählung 1990, Heidelberger Ungarn-Datenbank

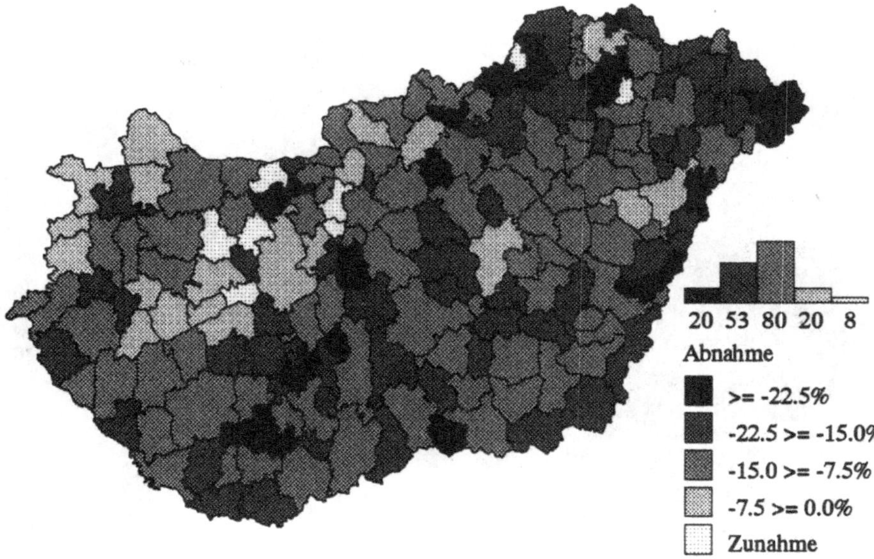

Abb. 13a. Regionale Unterschiede in der Entwicklung der von Männern eingenommenen Arbeitsplätze in Ungarn zwischen 1980 und 1990. Quelle: Sonderauswertung der ungarischen Volkszählungen 1980 und 1990, Heidelberger Ungarn-Datenbank

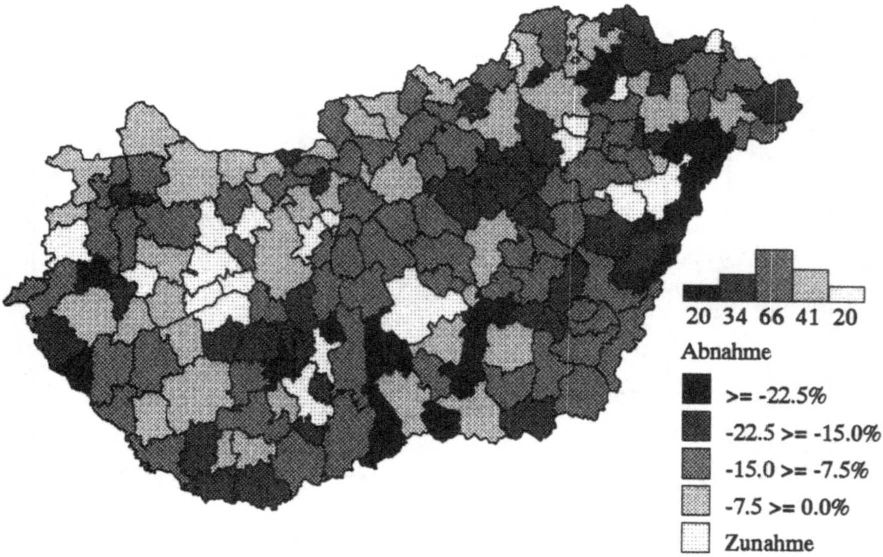

Abb. 13b. Regionale Unterschiede in der Entwicklung der von Frauen eingenommenen Arbeitsplätze in Ungarn zwischen 1980 und 1990. Quelle: Sonderauswertung der ungarischen Volkszählungen 1980 und 1990, Heidelberger Ungarn-Datenbank

tiären Sektor die Zahl der Arbeitsplätze um 10,37% zugenommen hat. Da auch die Land- und Forstwirtschaft in diesem Zeitraum 26,08% ihrer Arbeitsplätze verloren hat, verwundert es nicht, daß die Städte über 100.000 Einwohner (ohne Budapest) die großen Gewinner waren und hier die von Frauen besetzten Arbeitsplätze sogar um 8,16% zugenommen haben und daß auch die anderen Gemeindegrößenklassen über 10.000 unterdurchschnittlich wenig Arbeitsplätze verloren haben. Die großen Verlierer des Strukturwandels der 80er Jahre waren die Gemeindegrößenklassen unter 10.000 Einwohner, welche insgesamt 19,9% ihres Arbeitsplatzangebotes (bzw. 19,6% der von Frauen eingenommenen Arbeitsplätze) verloren haben. In den Gemeinden unter 10.000 Einwohnern ist die Zahl der in der Land- und Forstwirtschaft von Frauen eingenommenen Arbeitsplätze um rd. 40 % zurückgegangen (absolut ein Minus von 123.118 Arbeitsplätzen), im Sekundären Sektor gab es in diesen Gemeindegrößenklassen einen Verlust von 25,1% aller von Frauen eingenommenen Arbeitsplätze (absolut 132.801 Arbeitsplätze), während im Tertiären Sektor in diesen Gemeindegrößenklassen die Zahl der von Frauen eingenommenen Arbeitsplätze um 191.157 gestiegen ist.

Zwischen 1980 und 1990 sind in 73 Arbeitsamtsbezirken die von Männern besetzten Arbeitsplätze um mehr als 15% zurückgegangen, während die Frauen nur in 54 Arbeitsamtsbezirken einen gleich hohen Verlust an Arbeitsplätzen hinnehmen mußten. Die Zahl der von Frauen besetzten Arbeitsplätze hat in 20 Arbeitsamtsbezirken zugenommen, jene der von Männern eingenommenen Arbeitsplätze jedoch nur in 8 Arbeitsamtsbezirken (Abb. 13a und 13b). Dramatische Verluste an Arbeitsplätzen verzeichneten die Frauen in den nordöstlichen und östlichen Arbeitsamtsbezirken Biharkerestes (-37,09%), Létavértes (-36,87%), Vasvár (-36,24%) und Sajószentpéter (- 35,97%) sowie in dem an der Südgrenze gelegenen Mórahalom (-35,08%). Ein deutlicher Anstieg an Frauenarbeitsplätzen war in mehreren Arbeitsamtsbezirken Transdanubiens, vor allem in Balatonfüred (+9,86%), Balatonmódi (+7,35%), Sümeg (+6,30%), Zirc (+5,20%), Siófok (+3,65%), Veszprém (+3,43%) und Mór (+1,44%) sowie in Debrecen (+2,52%) und Kecskemét (+1,81) festzustellen. Die Erhöhung des Arbeitsplatzangebotes für Frauen in Leninváros (+8,91%) und Záhony (+7,08%) fällt dagegen weniger ins Gewicht, da diese Zunahme von einem niedrigen Ausgangsniveau aus erfolgte.

Die frühe Liberalisierung in Ungarn und die schrittweise Annäherung an die Marktwirtschaft in der Endphase des sozialistischen Systems haben also dazu beigetragen, daß die Frauen, entgegen der weit verbreiteten Prognosen, weniger stark vom Arbeitsmarkt verdrängt wurden als die Männer. Diese Umbruchsphase hat auch nicht zu einer generellen Abnahme der Frauenerwerbsquoten sondern vielmehr zu einer Akzentuierung der Lebenszyklusphasen in den altersspezifischen Erwerbskurven geführt. Die Erwartung, daß die Frauen auf dem Wege von der Planwirtschaft zur Marktwirtschaft zu den Hauptverlierern des Transformationsprozesses zählen werden, trifft eher in jenen ehemals sozialistischen Ländern zu, in denen die Öffnung des Landes und die Tertiärisierung der Wirtschaft erst mit Verspätung erfolgte. Zu den Verlierern des Transformationsprozesses sind in

Ungarn vor allem die ganz jungen Altersjahrgänge und die Pensionisten zu zählen.

4.1.1 Veränderungen der Frauenerwerbstätigkeit zu Beginn der Berufslaufbahn

Die Ungewißheit der Betriebe über die ökonomischen Folgen des politischen und wirtschaftlichen Systemwechsels und die Notwendigkeit, den bestehenden Überhang an Personal abzubauen, haben sich vor allem auf die Beschäftigung von Berufsanfängern und von "erwerbstätigen" Pensionisten negativ ausgewirkt (Abb. 9 und 10). Nur bei den Jugendlichen war der Rückgang der Frauenerwerbstätigkeit auf eine zunehmende Arbeitslosigkeit zurückzuführen (Abb. 12 und 14). Die Abnahme der Erwerbstätigkeit in der Familienphase (Kleinkinderphase) wurde dagegen zumindest im Jahre 1990 noch nicht von einer zunehmenden Arbeitslosigkeit begleitet. Auch bei den Berufsanfängern, welche vom Strukturwandel hart betroffen wurden, hatten die männlichen Jugendlichen zwischen 1980 und 1990 wesentlich stärkere Einbrüche der Erwerbstätigkeit zu verzeichnen als die weiblichen Jugendlichen (vgl. Abb. 9 und 10). Bei den weiblichen Jugendlichen betrug die maximale Abnahme der Erwerbsquote 9,32% (bei den 16-jährigen), bei den männlichen Jugendlichen ging die Erwerbsquote um maximal 12,47% zurück (bei den 18-jährigen). Wie die Abb. 12 zeigt, hatten die weiblichen Jugendlichen 1990 insgesamt auch deutlich niedrigere Arbeitslosenquoten als die männlichen. Eine Ausnahme bildeten lediglich jene weiblichen Jugendlichen zwischen 14 und 18 Jahren, welche keine Schule abgeschlossen hatten. Diese verzeichneten 1990 Arbeitslosenquoten von 30,0 (18-jährige) bis 46,8% (14-jährige), während die gleich alten und gleich unqualifizierten Männer "nur" Arbeitslosenquoten von 23,8 - 28,2% aufwiesen (Abb. 14). Auch in der Gemeindegrößenklasse von 20.001 bis 100.000 Einwohner hatten die jungen Frauen eine höhere Arbeitslosenquote als die gleich alten Männer (Abb. 15). Erwartungsgemäß waren die Arbeitslosenquoten bei beiden Geschlechtern um so niedriger, je höher das Ausbildungsniveau war (Abb. 14). Die leichte Erhöhung der Erwerbsquote bei den 20 - 22-jährigen Frauen geht vor allem auf das Konto der Frauen mit weiterführender Schulbildung, bei den Pflichtschulabsolventinnen war in dieser Lebensphase nur bei den 21-jährigen eine geringfügige Erhöhung der Erwerbsquoten von 0,82% zu verzeichnen (Abb. 9). Während bei den Männern und insbesondere bei männlichen Jugendlichen die Arbeitslosenquote in den Gemeinden unter 2.000 Einwohnern weitaus am höchsten (Maximum bis zu 45%) und in den Gemeinden zwischen 20.001 und 100.000 Einwohnern am niedrigsten war (Maximum 5%), hatte bei den Frauen die Gemeindegrößenklasse des Wohnortes kaum einen Zusammenhang mit deren Arbeitslosenquote (lediglich der Anteil der Empfängerinnen von Kinderpflegegeld variierte mit der Gemeindegröße). Nur in der Gemeindegrößenklasse von 20.001 bis 100.000 Einwohnern war die Frauenarbeitslosigkeit höher als die Männerarbeitslosigkeit (Abb. 15)

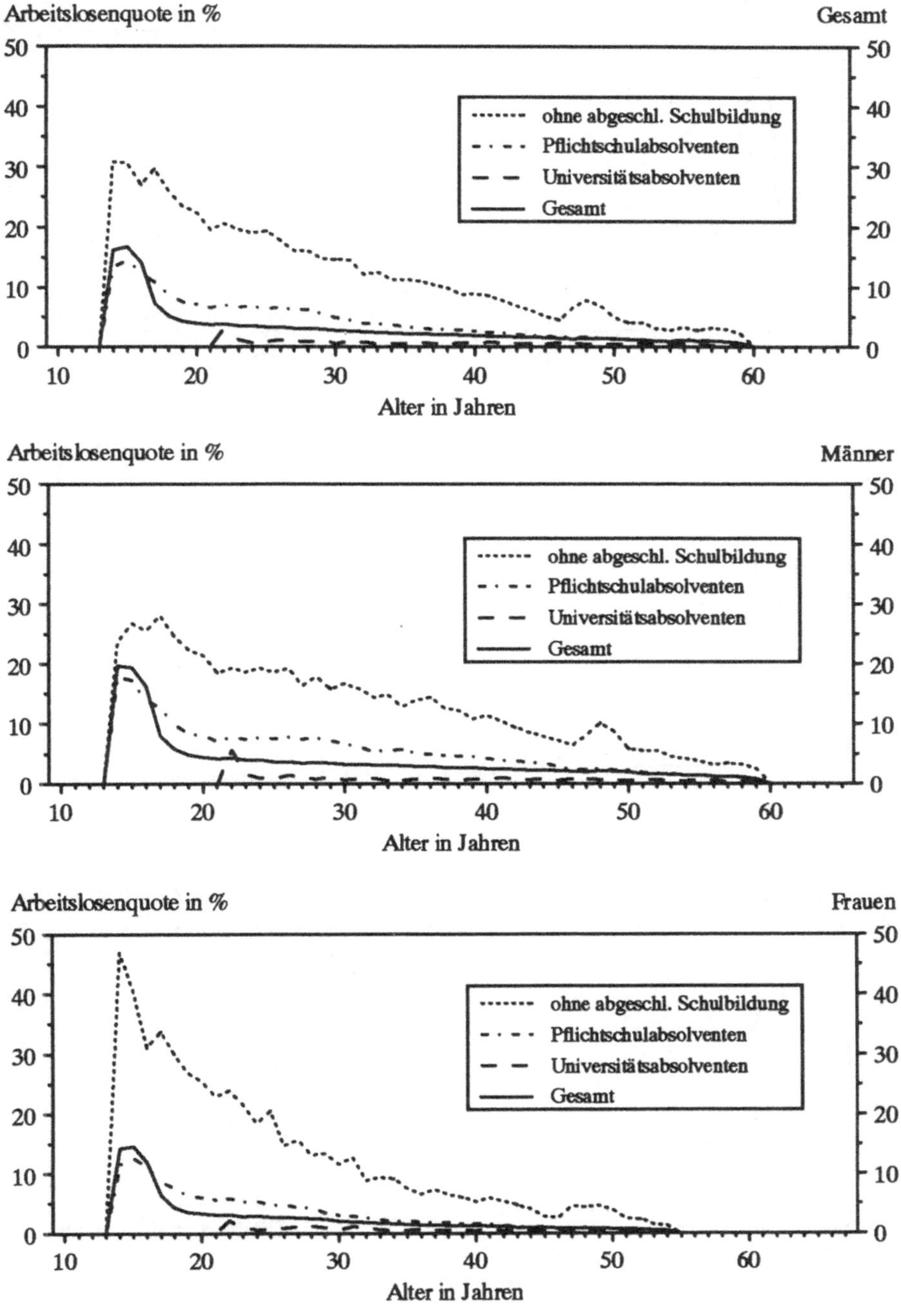

Abb. 14. Die Arbeitslosenquoten in Ungarn nach Alter, Geschlecht und Ausbildungsniveau im Jahre 1990. Quelle: Sonderauswertung der ungarischen Volkszählung 1990, Heidelberger Ungarn-Datenbank

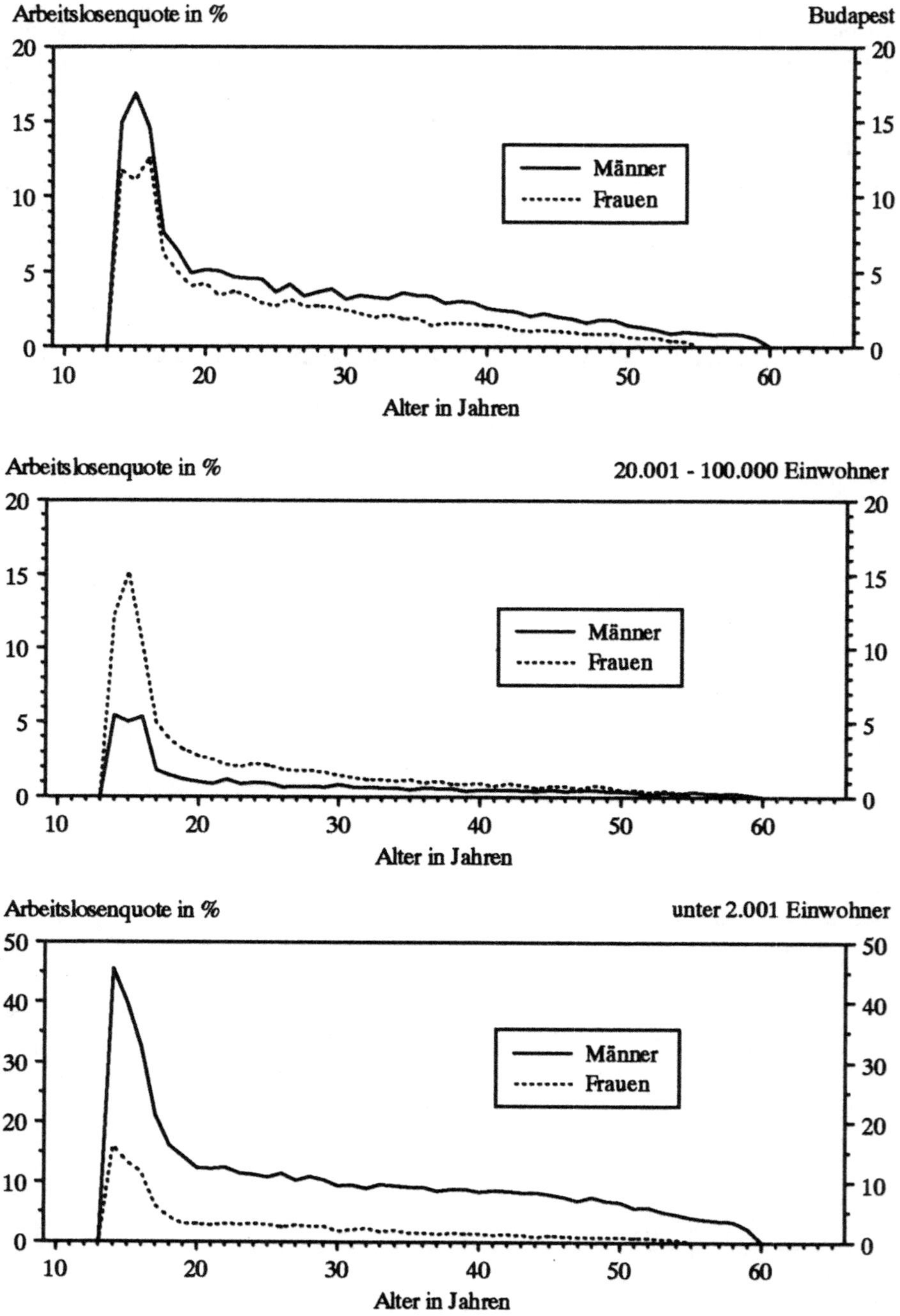

Abb. 15. Die Arbeitslosenquoten in Ungarn nach Alter, Geschlecht und Größe des Wohnortes im Jahre 1990. Quelle: Sonderauswertung der ungarischen Volkszählung 1990, Heidelberger Ungarn-Datenbank

4.1.2 Veränderungen der Frauenerwerbstätigkeit in der Kleinkinder- oder Familienphase

Tiefgreifende Veränderungen der Frauenerwerbstätigkeit gab es vor allem während der Kinder- oder Familienphase und zwar vor allem bei den hochqualifizierten Frauen. Dieser Wandel kann sowohl anhand der Erwerbskurven als auch mit Hilfe des Anteils der Frauen, die Kinderpflegegeld beziehen, beschrieben werden. Was die Erwerbskurve aller ungarischen Frauen betrifft (Abb. 16), hat sich zwischen 1980 und 1990 die Dauer der Kleinkinderphase in den Erwerbskurven zwar deutlich verlängert (von rd. 6,5 Jahren auf rd. 9 Jahre) aber nur geringfügig vertieft (1980 betrug das Minimum der Erwerbsquote während der Kleinkinderphase 58,04% und 1990 57,67%). Die zeitliche Ausdehnung der Kleinkinderphase resultierte vor allem daraus, daß sich in diesem Zeitraum die Erwerbsquoten der 26 - 28-jährigen Frauen um 7,48 - 7,85% und die der 29 - 31-jährigen Frauen um 5,15 - 6,73% verringert haben (Abb. 9).

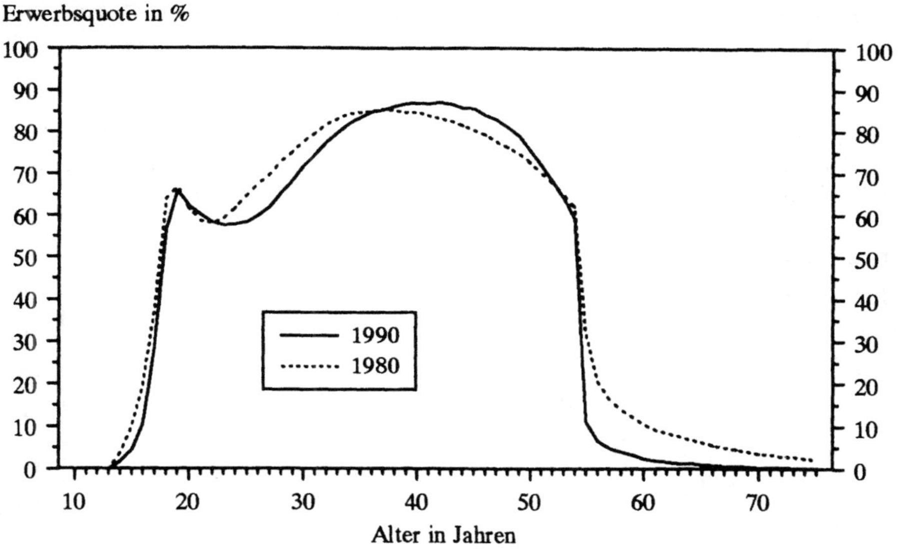

Abb. 16. Die Veränderung der altersspezifischen Frauenerwerbskurven in Ungarn zwischen 1980 und 1990. Quelle: Sonderauswertung der ungarischen Volkszählungen 1980 und 1990, Heidelberger Ungarn-Datenbank

Überraschenderweise haben sich die Erwerbsquoten während der Kinderphase bei den Universitätsabsolventinnen in viel stärkerem Maße verringert als bei den Frauen mit einem niedrigeren Ausbildungsniveau (Abb. 17). Insgesamt war bei den Universitätsabsolventinnen zwar in allen Altersjahrgängen zwischen 23 und 43 Jahren eine Abnahme der Erwerbsquote festzustellen, bei den 26- bis 32-jährigen Universitätsabsolventinnen ist die Erwerbsquote jedoch um mehr als 10% zurückgegangen. Dadurch ist bei den Universitätsabsolventinnen zwischen 1980 und 1990 auch das Minimum der Erwerbsquote (am Höhepunkt der Klein-

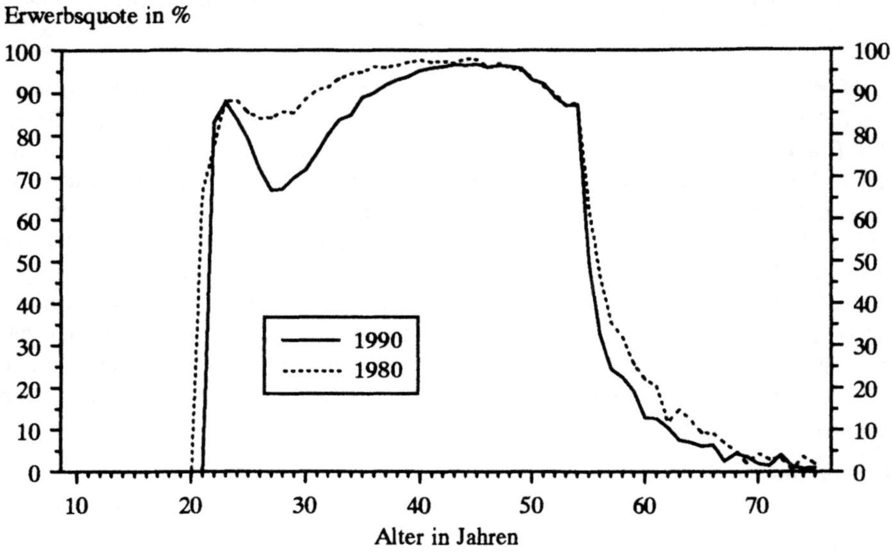

Abb. 17a. Die Veränderung der altersspezifischen Erwerbskurven der ungarischen Universitätsabsolventinnen zwischen 1980 und 1990. Quelle: Sonderauswertung der ungarischen Volkszählungen 1980 und 1990, Heidelberger Ungarn-Datenbank

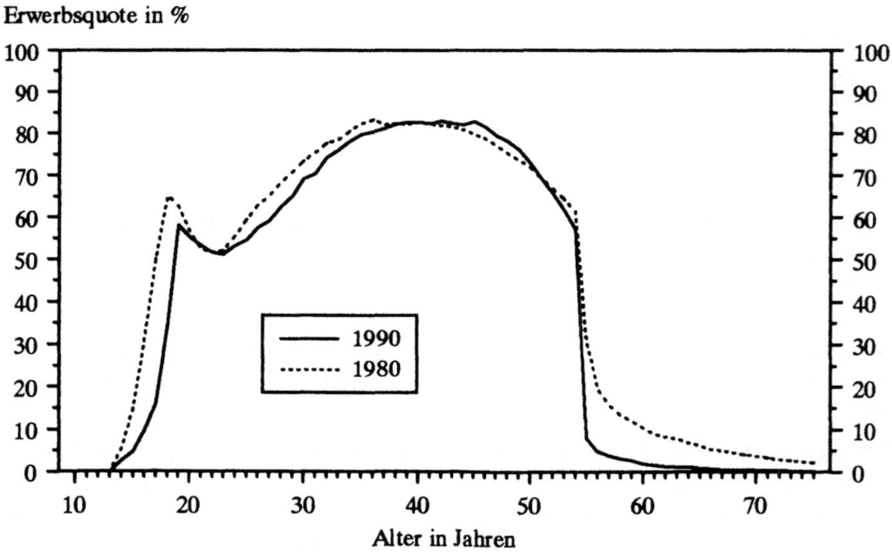

Abb. 17b. Die Veränderung der altersspezifischen Erwerbskurven der ungarischen Pflichtschulabsolventinnen zwischen 1980 und 1990. Quelle: Sonderauswertung der ungarischen Volkszählungen 1980 und 1990, Heidelberger Ungarn-Datenbank

kinderphase) von 83,96%auf 67,02% also um 16,94% gesunken, während sich bei den Pflichtschulabsolventinnen das Minimum zwischen 1980 und 1990 nur um 0,58%, nämlich von 58,04% auf 57,67%, verringert hat. Während 1980 die Erwerbsquote der Universitätsabsolventinnen zwischen dem 23. und dem 27. Lebensjahr nur um 4,17% differierte, war 1990 innerhalb dieser 4 Altersjahrgänge ein Absinken der Erwerbsquote um 20,76% festzustellen. Dieser starke Rückgang der Erwerbstätigkeit in der Kleinkinderphase war bei den Universitätsabsolventinnen jedoch nicht von einem Anstieg der Arbeitslosenquoten begleitet (1990 betrugen die Arbeitslosenquoten der Universitätsabsolventinnen zwischen dem 23. und 30. Lebensjahr nur 0,51-1,19%) sondern wurde von einem Anstieg der Kinderpflegegeldempfängerinnen kompensiert.

Während sich bei der Gesamtzahl der Frauen das Maximum des Anteils der Kinderpflegegeld beziehenden Frauen zwischen 1980 (= 32,01%) und 1990 (= 32,06%) nicht erhöht hat und lediglich eine Verschiebung der Kurve um rd. 2 Jahre festzustellen war (vgl. Abb. 18), bestand bei den Universitätsabsolventinnen der große Wandel weniger in der zeitlichen Verschiebung der Kinderphase (das Maximum lag in beiden Stichjahren bei den 27-jährigen), sondern in einer Verdoppelung des Maximums von 14,49% auf 30,63%.

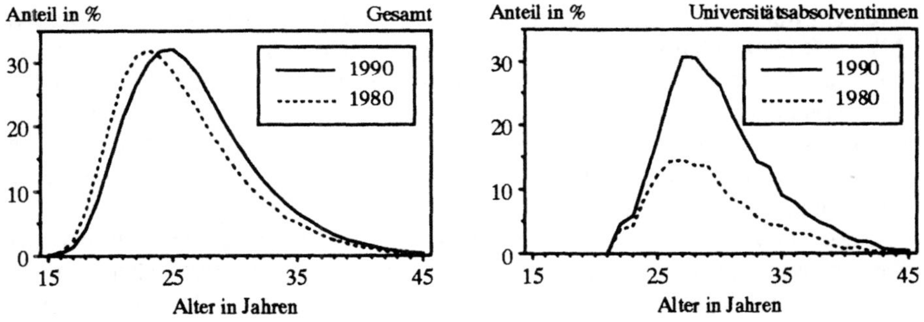

Abb. 18. Die Veränderung der Kleinkinderphase der ungarischen Frauen zwischen 1980 und 1990 . Quelle: Sonderauswertung der ungarischen Volkszählungen 1980 und 1990, Heidelberger Ungarn-Datenbank

Dieser große schichtspezifische Wandel hat sich natürlich auch in der räumlichen Dimension manifestiert. Wenn man die Entwicklung der Frauenerwerbsquoten während der Kleinkinderphase nach der Gemeindegröße des Wohnortes differenziert, haben sich in diesem Jahrzehnt z. T. überraschend große Veränderungen ergeben. Obwohl die Frauenerwerbsquoten während der Kleinkinderphase zwischen 1980 und 1990 in allen Gemeindegrößenklassen abgenommen haben, sind hinsichtlich der Intensität des Wandels deutliche zentral-periphere Disparitäten festzustellen. Einer der wichtigsten Unterschiede zwischen den Großstädten und den kleineren Gemeindegrößenklassen bzw. dem ländlichen Raum besteht darin, daß in den Großstädten die Frauenerwerbsquoten in der Kleinkinder- oder Familienphase in den 80er Jahren viel stärker und in einer größeren Zahl von Jahrgängen abgenommen haben als in den kleinen Gemeindegrößenklassen (Abb. 19-20). In Budapest waren z. B. 24 Jahrgänge (die 22 - 45-

jährigen Frauen) von einer Abnahme der Erwerbsquote betroffen, wobei die 26 - 31-jährigen Frauen mit einem Rückgang der Erwerbsquoten von 7,88 - 9,05% den größten Rückzug in die Familie verzeichneten. In der Gemeindegrößenklasse bis 500 Einwohner hat die Frauenerwerbsquote vergleichsweise nur in 5 Altersjahrgängen (bei den 21 - 25-jährigen Frauen) und in einem deutlich geringeren Umfang (maximal 4,80% bzw. 5,36% bei den 24 und 25-jährigen Frauen) abgenommen.

Während die Veränderung der Erwerbskurven keine Rückschlüsse auf die Ursachen des Wandels zuläßt, kann anhand des Anteils der Empfängerinnen von Kinderpflegegeld belegt werden, daß die Vertiefung der Kleinkinderphase bei den Universitätsabsolventinnen und den Frauen in den Großstädten nicht bedeutet, daß diese Frauen bei der Geburt eines Kindes durchschnittlich länger zu Hause geblieben sind bzw. als Erwerbslose oder "discouraged workers" länger auf eine Erwerbstätigkeit verzichtet haben, sondern dieser Wandel war mit einer Erhöhung der Fertilität der Hochqualifizierten verbunden. In Budapest und den anderen Städten über 20.000 Einwohnern kam es zwischen 1980 und 1990 sowohl zu einer zeitlichen Verschiebung als auch zu einer Erhöhung des Maximums der Bezieherinnen von Kinderpflegegeld, während in den kleineren Gemeindegrößenklassen die Maximalwerte mehr oder weniger stabil geblieben sind und sich nur die gesamte Kinderphase um rd. 2 Jahre verschoben hat (Abb. 21, 22). In Budapest hat sich das Maximum der Bezieherinnen von Kindergeld von 19,44 auf 22,91% erhöht, in den Städten zwischen 100.001 und 1 Mio stieg der Wert von 28,13 auf 30,72%, in Städten zwischen 10.001 und 20.000 Einwohnern erhöhte sich der Anteil von 35,97 auf 36,71% und in den Gemeinden zwischen 5.001 und 10.000 Einwohnern nur noch von 37,01 auf 37,49%. In den kleineren Gemeindegrößenklassen haben die Maxima sogar abgenommen.

Diese Tendenz ist insofern überraschend, als die Erwerbsquoten während der Kinderphase gerade in jenen Gemeindegrößenklassen besonders abgenommen haben, wo die Arbeitsmarktsituation für Frauen relativ günstig bzw. die Arbeitslosigkeit besonders niedrig war.

Während die Veränderungen der Frauenerwerbsquote bei Jugendlichen oder Pensionisten durch einige wenige Einflußfaktoren (bei Jugendlichen: höhere Bildungsbeteiligung und höhere Arbeitslosigkeit; bei Pensionisten: Abbau des Personalüberhangs) erklärt werden können, ist für die Veränderungen der Frauenerwerbsquoten während der Kleinkinder- oder Familienphase ein sehr komplexes Geflecht von Ursachen verantwortlich, das neben den Zwängen des Arbeitsmarktes auch Elemente eines Wertewandels bzw. einer freiwilligen Entscheidung beinhaltet. Für die Erklärung der Tatsache, daß zwischen 1980 und 1990 in den Großstädten die Frauenerwerbsquote während der Familien- bzw. Kleinkinderphase stärker abgenommen hat als in ländlichen Gebieten oder Kleinstädten, und daß auch bei den Universitätsabsolventinnen die Abnahme der Erwerbsquoten während der Kinderphase größer war als bei den Pflichtschulabsolventinnen, bieten sich mehrere Hypothesen an. Erstens war der Trend, während der Familienphase die Erwerbstätigkeit für einige Jahre aufzugeben und dafür das sogenannte Kinderpflegegeld zu beziehen, in den ländlichen Gebieten (in den kleinen Gemeindegrößenklassen) Ungarns auch schon während der kommunistischen

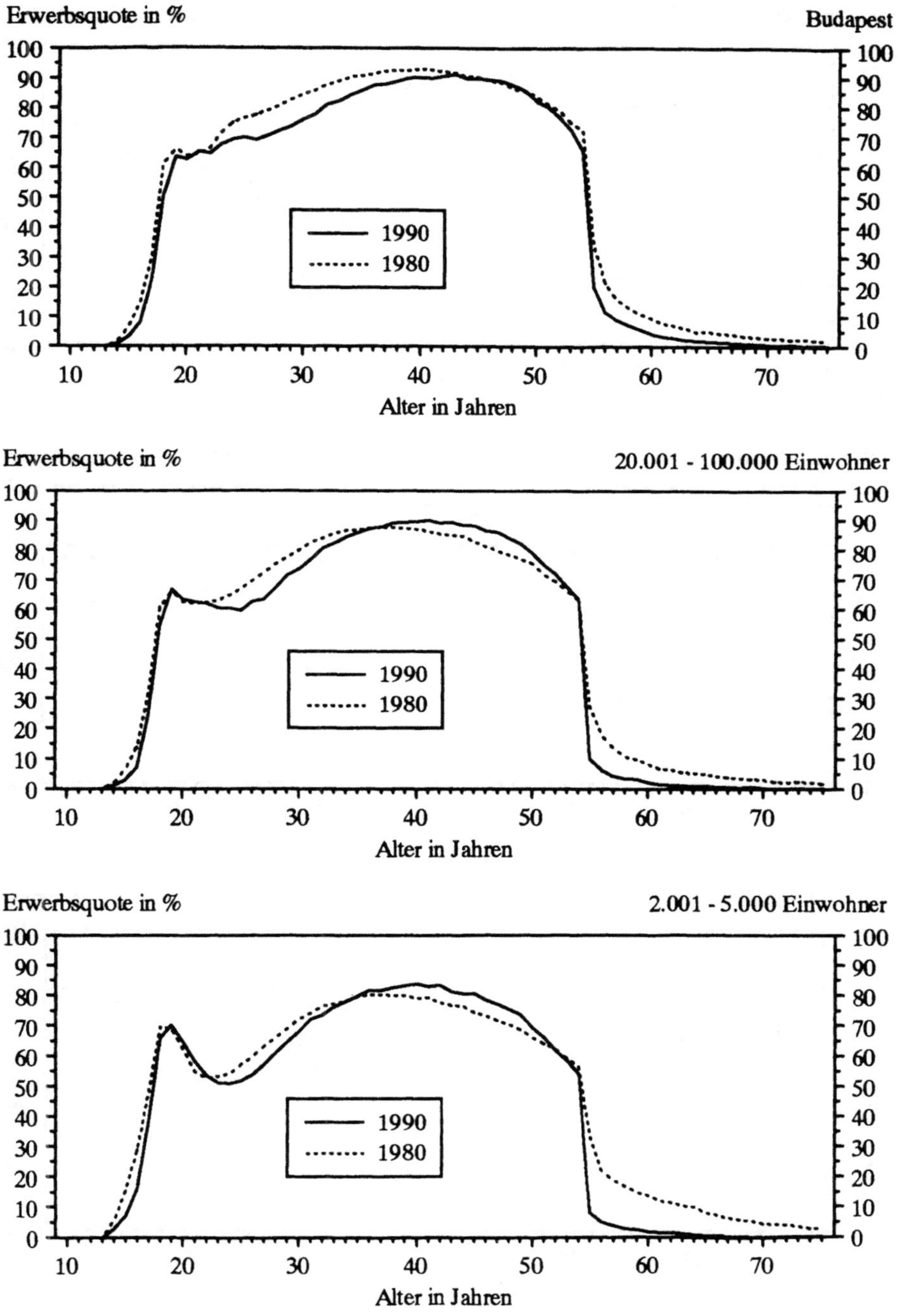

Abb. 19. Die Veränderung der altersspezifischen Frauenerwerbskurven zwischen 1980 und 1990 nach Gemeindegrößenklassen. Quelle: Sonderauswertung der ungarischen Volkszählungen 1980 und 1990, Heidelberger Ungarn-Datenbank

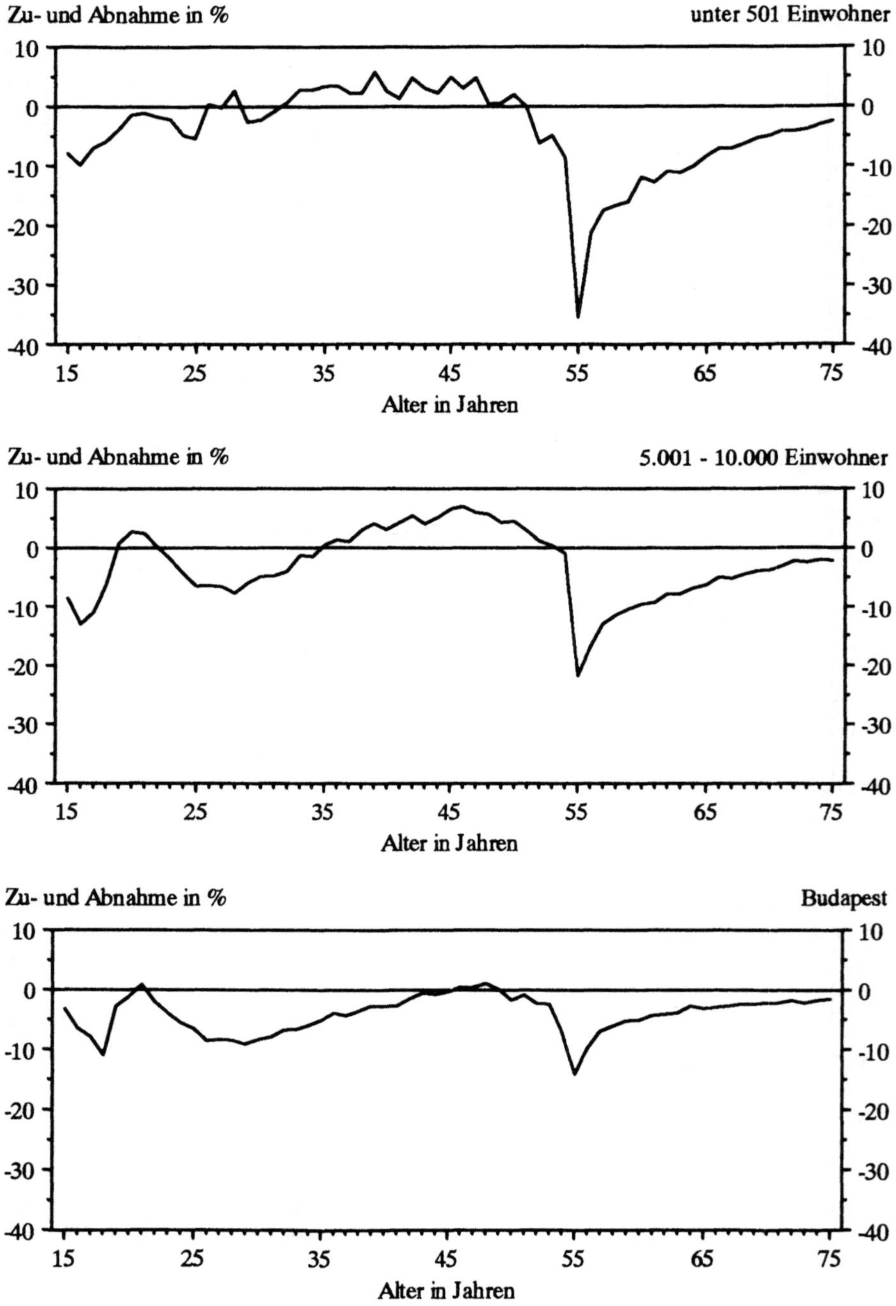

Abb. 20. Die Veränderung der altersspezifischen Frauenerwerbsquoten zwischen 1980 und 1990 nach der Gemeindegrößenklasse des Wohnortes. Quelle: Sonderauswertung der ungarischen Volkszählungen 1980 und 1990, Heidelberger Ungarn-Datenbank

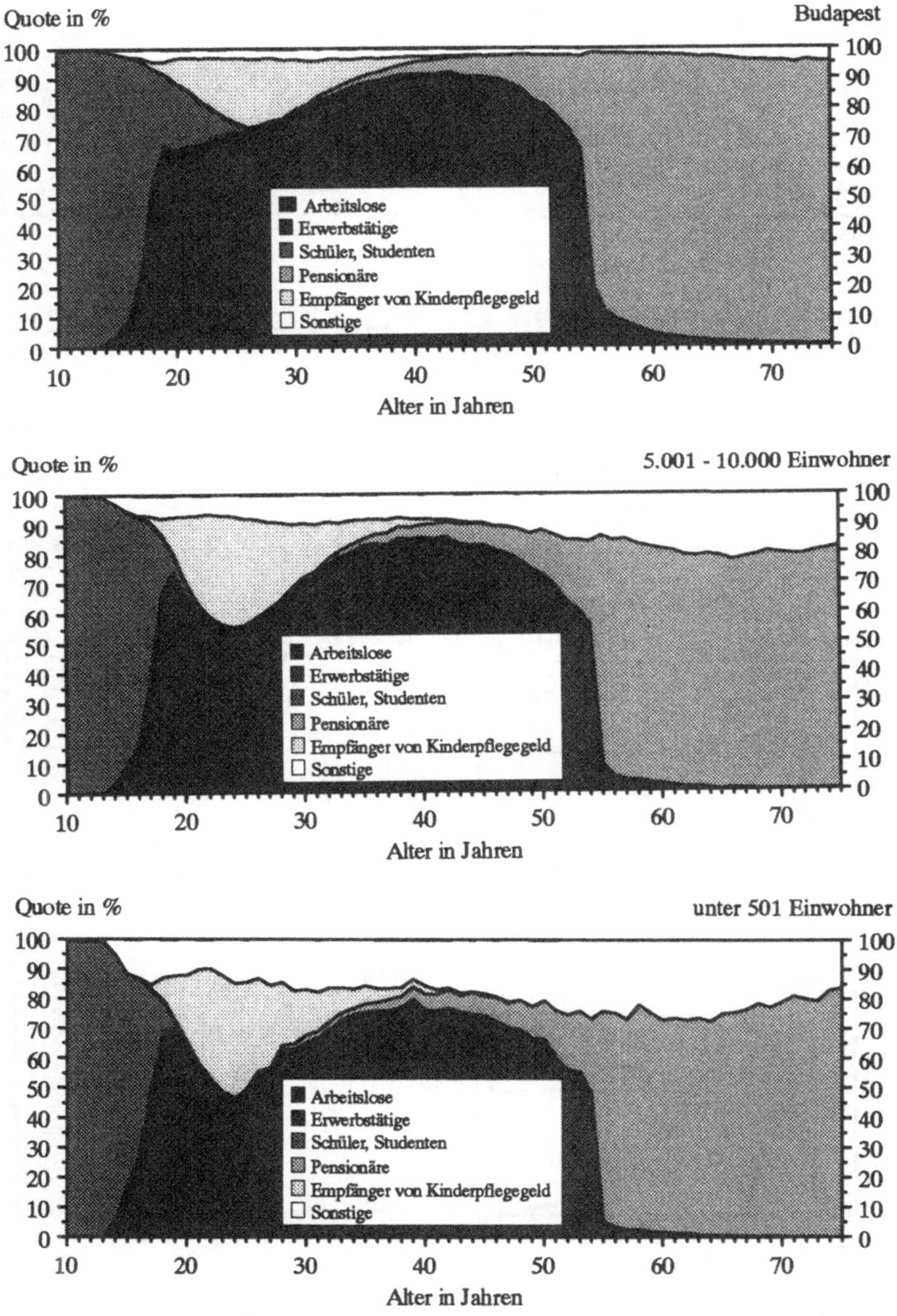

Abb. 21. Die wirtschaftliche Aktivität der ungarischen Frauen nach der Gemeindegrößenklasse ihres Wohnortes im Jahre 1990. Quelle: Sonderauswertung der ungarischen Volkszählung 1990, Heidelberger Ungarn-Datenbank

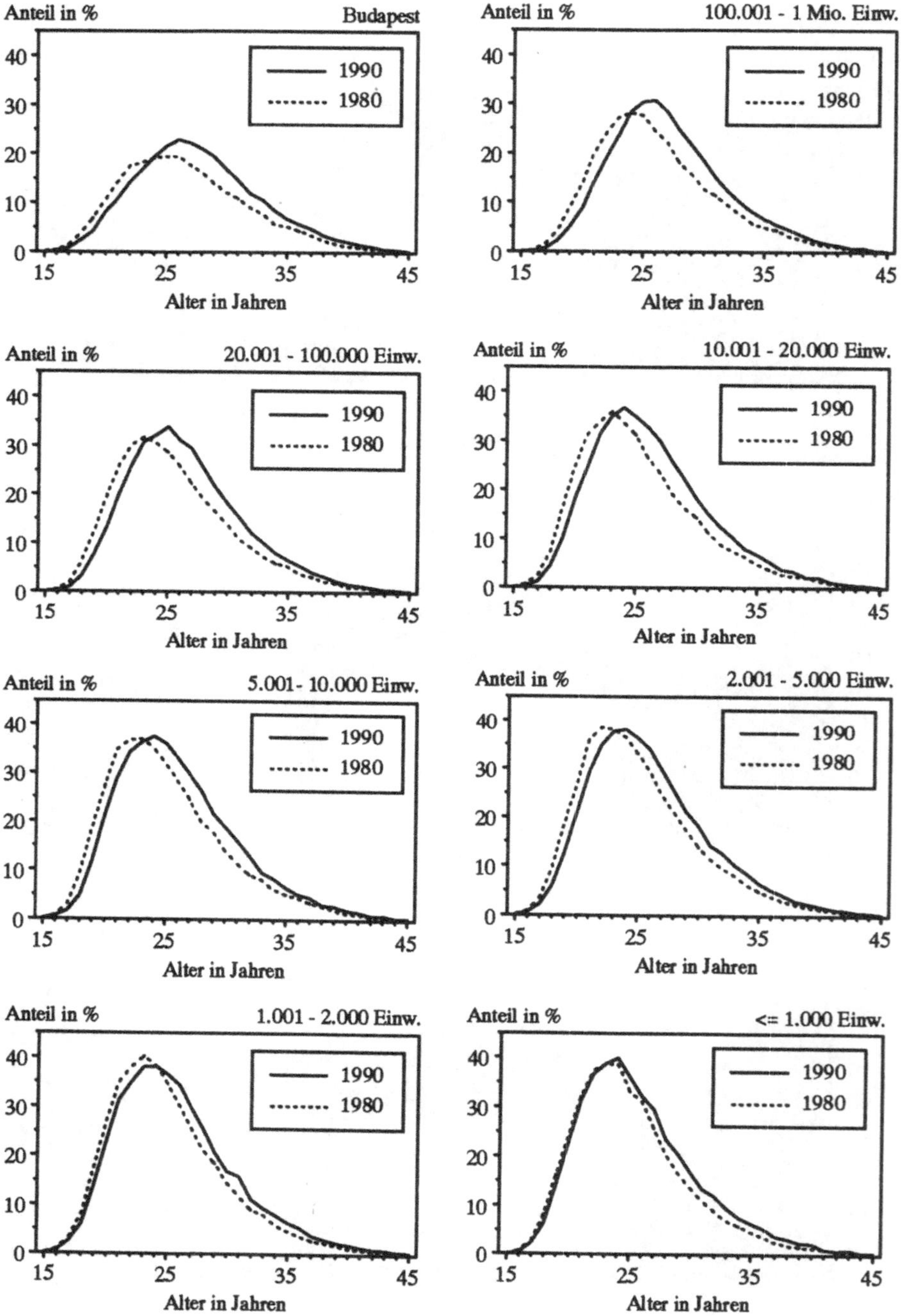

Abb. 22. Die Veränderung der Kleinkinderphase der ungarischen Frauen zwischen 1980 und 1990 nach Gemeindegrößenklassen. Quelle: Sonderauswertung der ungarischen Volkszählungen 1980 und 1990, Heidelberger Ungarn-Datenbank

Zeit viel stärker ausgeprägt als in den Großstädten. In den kleinen Gemeinden bzw. im ländlichen Raum hatte der Einbruch der Erwerbstätigkeit bei den 25- bis 27-jährigen Frauen schon 1980 fast westliche Größenordnungen erreicht, so daß hier der Wandel der 80er Jahre weniger Auswirkungen hatte als in den Großstädten, wo sich früher aus den schon erwähnten ökonomischen Gründen weniger Frauen einen zwei- bis dreijährigen Rückzug aus der Erwerbstätigkeit leisten konnten. Eine zweite wichtige Ursache für diesen Wandel war wohl eine familienpolitische Maßnahme, welche die höher qualifizierten Frauen in verstärktem Maße bewogen hat, nun ebenfalls das Kinderpflegegeld in Anspruch zu nehmen und länger ihre Kleinkinder zu betreuen. Anfang der 80er Jahre wurde den Müttern zusätzlich zur bisherigen Regelung eine Alternative angeboten. Nach der Geburt eines Kindes konnten die Mütter nun wählen, ob sie entweder bis zum dritten Lebensjahr des Kindes das Kinderpflegegeld beanspruchen oder ob sie nur eineinhalb Jahre lang ihre Erwerbstätigkeit unterbrechen und dafür in diesem kürzeren Zeitraum eine deutlich höhere Unterstützung erhalten. Für die meisten Frauen, insbesondere für höher qualifizierte Frauen und für weibliche Führungskräfte, war diese zweite Alternative attraktiver als die frühere Lösung, so daß sie sich nun ebenfalls verstärkt für die Dauer dieser Phase aus dem Erwerbsleben zurückgezogen haben. Außerdem haben die Universitäts- und Hochschulabsolventinnen zwischen 1980 und 1990 ihr generatives Verhalten in Richtung einer größeren Kinderzahl geändert. Zwischen 1980 und 1990 hat sich der Anteil der 20- bis 50-jährigen Universitäts- und Hochschulabsolventen ohne Kind von 33,57 auf 24,58% verringert, während der Anteil der gleich qualifizierten Frauen mit zwei oder drei Kindern von 21,03 auf 46,56% gestiegen ist. Nur der Anteil der Universitäts- und Hochschulabsolventinnen mit 4 oder mehr Kindern ist in diesem Zeitraum gesunken.

Die Hypothese, daß die Frauenerwerbsquote in Budapest und den übrigen Großstädten deshalb so stark zurückgegangen ist, weil diese Großstädte Innovationszentren des ökonomischen Wandels sind und hier der Transformationsprozeß eben mehr Arbeitsplätze von Frauen zerstört habe als anderswo, wird durch die Daten eindeutig widerlegt. In jenen Altersgruppen, in denen die Frauenerwerbsquoten besonders stark abgenommen haben, waren keineswegs höhere Arbeitslosenquoten festzustellen, sondern der Einbruch der Frauenerwerbsquoten während der Kleinkinderphase wurde fast zur Gänze durch Empfängerinnen von Kinderpflegegeld gefüllt. Auch für die These des "discouraged workers" gibt es bisher keine Anhaltspunkte. Ganz im Gegenteil, der Strukturwandel der 80er Jahre und vor allem die Expansion des Tertiären Sektors haben die Arbeitsmarktsituation für Frauen in den Großstädten gegenüber den ländlichen Gebieten noch deutlich verbessert. Der überaus starke Rückgang der Erwerbsquoten bei den Universitätsabsolventinnen deutet eher darauf hin, daß die Möglichkeit, sich eine "Kleinkinder- oder Familienphase" leisten zu können, ähnlich wie in einigen anderen ehemaligen sozialistischen Ländern auch in Ungarn schon zu einem Statussymbol geworden ist und eine Renaissance der Familienwerte begonnen hat. "...staying at home is becoming fashionable, as women seek greater involvement in raising their children ..." (Fong M. and G. Paull, 1992, 48). Um diese These abzusichern bzw. die wahren Motive herauszufinden, müßten allerdings noch Untersuchungen auf der Mikroebene durchgeführt werden.

4.1.3 Veränderungen in der postfamiliären Phase

Die schon 1980 hohen Erwerbsquoten der 35- bis 50-jährigen Frauen haben sich bis 1990 nochmals in bemerkenswerter Weise erhöht, wobei die höchsten Steigerungen (4,26 - 5,35%) bei den 43- bis 49-jährigen zu verzeichnen waren. Infolge der Verschiebung der Kleinkinderphase hat sich auch das Maximum der Erwerbsquote zwischen 1980 und 1990 vom 37. Lebensjahr (85,35%) auf das 42. Lebensjahr (87,09%) verlagert (Abb. 19). Die Abnahme der Erwerbsquote während der Familienphase wurde also z. T. durch eine Zunahme der Erwerbsquote nach der Familienphase kompensiert. Im Sinne von V. K. Oppenheimer (1982) könnte man also die These aufstellen, daß die ungarischen Familien nach Abschluß der Kinderphase mit einem weiteren "economic squeeze" konfrontiert wurden, der zu einer erhöhten Frauenerwerbstätigkeit geführt hat. Diese These wird auch dadurch gestützt, daß in Ungarn 1980 - 1990 die Erwerbsquoten von Frauen mit zwei Kindern zwischen dem 40. und 50. Lebensjahr wesentlich stärker (je nach Jahr um 3,8 - 6,6%) angestiegen sind als die Erwerbsquoten der Frauen mit einem Kind (0,35 - 4,11%). Deshalb hatten im Jahre 1990 die 35- bis 48-jährigen Frauen, die 2 Kinder hatten, eine höhere Erwerbsquote als die gleich alten Frauen mit einem Kind oder ohne Kind (vgl. Abb. 4b). Nur die Frauen mit 3 oder mehr Kindern waren durch Familie und Haushalt offensichtlich so belastet, daß ihre Erwerbsquote je nach Alter um 15 - 24% hinter der Erwerbsquote der Frauen mit 2 Kindern zurückgeblieben ist. Der ökonomische Zwang, in der Post-Kinder-Phase eine Erwerbstätigkeit aufzunehmen, hat sich für die ungarischen Frauen vermutlich auch deshalb erhöht, weil es für die Männer in den 80er Jahren zunehmend schwieriger geworden ist, im Rahmen der Schattenwirtschaft eine zweite und dritte Erwerbsquelle zu finden und weil Männer ab 1989 auch in höherem Maße arbeitslos geworden sind als Frauen. Die These, daß die hohen Erwerbsquoten in der postfamiliären Phase vor allem durch ökonomische Zwänge verursacht worden sind, wird u. a. auch dadurch gestützt, daß nur die niedrigsten Ausbildungsebenen ihre Erwerbsquoten in der postfamiliären Phase stark gesteigert haben. Bei den Universitätsabsolventinnen war eher ein gegenläufiger Trend festzustellen, bei ihnen hat die Erwerbsquote der 37- bis 53-jährigen Frauen in 12 von 17 Jahrgängen abgenommen, lediglich 5 Jahrgänge konnten das Niveau halten bzw. geringfügige Zunahmen von 0,11 - 0,83% verzeichnen. Im Gegensatz dazu stieg die Erwerbsquote der Pflichtschulabsolventinnen in allen Jahrgängen zwischen dem 37. und 53. Lebensjahr an, wobei die 47- bis 49-jährigen die höchsten Steigerungen (4,62 - 5,44%) verzeichneten. Eine Analyse dieser Frauenerwerbsquoten in der räumlichen Dimension scheint sowohl die These eines "economic squeeze" als auch eines sozialen Wandels (Nachholbedarfs) zu unterstützen, weil der Anstieg der Frauenerwerbstätigkeit in der postfamiliären Phase vor allem in den ländlichen Regionen und den Krisenregionen bzw. in den Gebieten, die 1980 noch sehr niedrige Frauenerwerbsquoten hatten, relativ hoch war. In den kleinen Gemeindegrößenklassen bis 10.000 Einwohner war der Anstieg der Erwerbsquoten während der postfamiliären Phase am stärksten und in Budapest am geringsten. In der Gemeindegrößenklasse bis 500 Einwohner sind die Erwerbsquoten bei 19 Jahrgängen (den 32- bis 50-jährigen) angestiegen, wobei die maximale Steigerung 5,72% betrug, in den Gemeindegrößenklassen von 5.001 - 10.000 Einwohner waren 18 Jahrgänge (35- bis 52-jährige) von einem Anstieg der Erwerbsquoten betroffen (maximale Steigerung 6,92%), während in Budapest nur 4 Jahrgänge (46- bis 49-jährige) eine geringfügige Steigerung von 0,15 bis 1,10% aufwiesen. Auch die Abb. 23

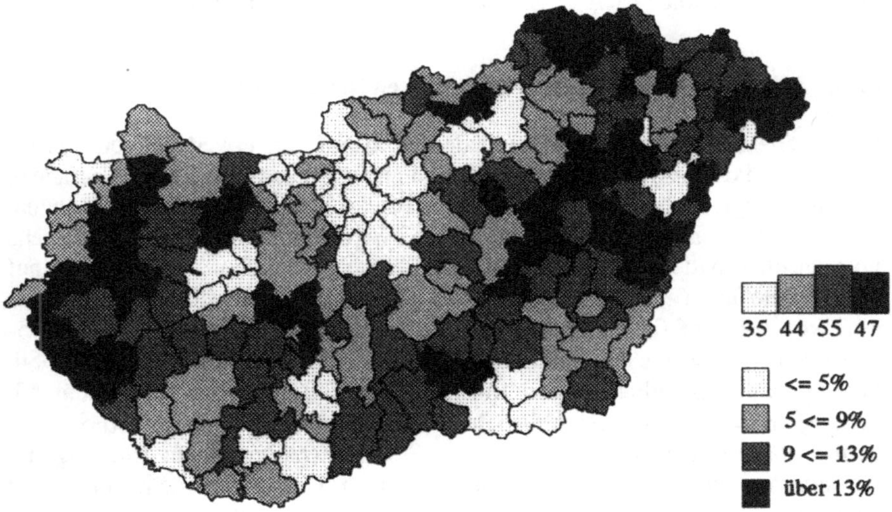

Abb. 23. Regionale Unterschiede in der Veränderung der Erwerbsquoten der 35- bis 50-jährigen Frauen in Ungarn zwischen 1980 und 1990 nach Arbeitsamtsbezirken. Quelle: Sonderauswertung der ungarischen Volkszählungen 1980 und 1990, Heidelberger Ungarn-Datenbank

belegt, daß die Frauenerwerbsquote während der postfamiliären Phase im Großraum Budapest (inkl. der Arbeitsamtsbezirke Szentendre, Dunakeszi, Százhalombatta, Vác, Budaörs, Zsámbék), in Pécs, Sopron, Debrecen, Szeged und um den Plattensee, also in Arbeitsamtsbezirken, in denen die Quoten bereits 1980 sehr hoch waren, fast gleichgeblieben sind, während es in der ländlichen Peripherie in diesen Altersgruppen, ausgehend von einem niedrigeren Niveau, zu einer beträchtlichen Steigerung der Frauenerwerbsquoten gekommen ist. Die höchsten Steigerungen der Erwerbsquoten der 35- bis 55-jährigen Frauen gab es in Ostungarn, nämlich den Arbeitsamtsbezirken Nádudvar (Steigerung um +21,9%), Vámospércs (+21,9%), Derecske (+17,5%) und Fehérgyarmat (+17,3%), einen zweiten regionalen Schwerpunkt mit einer starken Steigerung der Frauenerwerbsquoten in der postfamiliären Phase stellte die Krisenregion in Nordostungarn dar, also u. a. die Arbeitsamtsbezirke Szikszó (Steigerung um

19,5%), Mezőcsát (+19,1%), Tokaj (+18,0), Encs (+17,6%) und Edelény (+17,2%). Als drittes Gebiet sind die Arbeitsamtsbezirke Kunhegyes (+19,6), Tiszafüred (+17,6) und Csenger (16,9%) zu nennen und viertens kam es auch in den Grenzregionen zu Österreich, also in den Arbeitsamtsbezirken Zalaszentgrót (+21,4%), Vasvár (+18,0%) und Celldömölk (+17,1%), in der postfamiliären Phase zu einer beträchtlichen Steigerung der Frauenerwerbsquoten.

Aufgrund dieser zwei gegensätzlichen Trends (Stagnation oder Abnahme der Erwerbsquoten in den Großstädten, Zunahme im ländlichen Raum bzw. in den kleinen und mittleren Gemeindegrößenklassen) haben sich in den 80er Jahren sowohl die schichtspezifischen als auch die zentral-peripheren Disparitäten der Frauenerwerbsquoten nach Abschluß der Kinderphase deutlich verringert.

4.1.4 Rückgang der Frauenerwerbstätigkeit in der Pensionsphase

Eine weitere wichtige Strukturveränderung betraf die erwerbstätigen Frauen jenseits der Pensionsgrenze. Zwischen 1980 und 1990 gab es in Ungarn geradezu erdrutschartige Einbrüche hinsichtlich der Erwerbstätigkeit der Pensionistinnen. Die Erwerbsquote der 55-jährigen Frauen, welche die Pensionsgrenze bereits überschritten hatten, verringerte sich in diesem Jahrzehnt von 32,05% auf 11,11%, die der 56-jährigen nahm von 20,44% auf 6,44% ab, die der 65-jährigen ging von 6,17 auf 0,96% zurück und die Erwerbsquoten der über 70- bis 75-jährigen Frauen erreichten 1990 nur noch etwa ein Zehntel der Werte von 1980. Für den außerordentlich großen Rückgang der Erwerbsquoten nach dem 55. Lebensjahr ist nicht nur der Abbau des Personalüberhanges verantwortlich, sondern es haben auch Veränderungen der Steuergesetze zu einem Rückzug der Pensionisten aus der Erwerbstätigkeit beigetragen. Da nach dem Systemwechsel Pensionisten bei einer zusätzlichen Erwerbstätigkeit steuerpflichtig wurden (d. h. nicht nur ihren zusätzlichen Verdienst sondern auch die Pension versteuern mußten) wurde für viele Pensionisten eine zusätzliche Erwerbstätigkeit finanziell nicht mehr attraktiv.

Da die kleinen Gemeindegrößenklassen, insbesondere die vorwiegend landwirtschaftlich strukturierten Gebiete, 1980 einen wesentlich höheren Anteil von erwerbstätigen Pensionisten hatten als die Großstädte und gleichzeitig am meisten land- und forstwirtschaftliche Arbeitsplätze verloren haben, sind diese Regionen vom Personalabbau der pensionsberechtigten Erwerbstätigen erwartungsgemäß auch stärker betroffen worden als die größeren Städte. In der Gemeindegrößenklasse bis 500 Einwohner hat die Erwerbsquote der 55-jährigen Frauen zwischen 1980 und 1990 von 40,39% auf 5,03% abgenommen, die der 60-jährigen Frauen hat sich von 13,63% auf 1,77% verringert, bei den 65-jährigen Frauen ist die Erwerbsquote von 9,12% auf 0,83% zurückgegangen, bei den 70-jährigen Frauen von 5,20 auf 0,29% und bei den 75-jährigen von 2,62% auf 0,19% (vgl. Abb. 19). In Budapest war der Rückgang der Frauenerwerbsquote in den entsprechenden Altersgruppen deutlich geringer. Die Erwerbsquote der 55-jährigen Frauen verringerte sich hier von 34,03% auf 19,97%, also um 14,06% (in der Gemeindegrößenklasse unter 500 betrug der Rückgang 35,36%), bei den

60-jährigen Frauen ging die Erwerbsquote in Budapest um 5,08% zurück gegenüber 11,86% in der Gemeindegrößenklasse bis 500 Einwohner, bei den 65-jährigen Frauen verringerten sich die Erwerbsquoten in Budapest um 3,11% und in der Gemeindegrößenklasse bis 500 Einwohner um 8,29% etc.

Während 1980 die kleinen Gemeindegrößenklassen in allen Altersjahrgängen zwischen 55 - 75 Jahren noch deutlich höhere Frauenerwerbsquoten hatten als Budapest bzw. die ungarischen Großstädte, war die Situation im Jahre 1990 aufgrund des großen Strukturwandels genau umgekehrt. Besonders stark war die Abnahme der Erwerbsquoten von Pensionistinnen in der großen Ungarischen Tiefebene (Abb. 24). Im Arbeitsamtsbezirk Kiskörös nahm die Erwerbsquote der 55- bis 65-jährigen Frauen zwischen 1980 und 1990 von 33,8 auf 11,4% ab, im Arbeitsamtsbezirk Mórahalom verringerte sich die Frauenerwerbsquote in dieser Altersgruppe von 29,1 auf 8,0%, im Arbeitsamtsbezirk Kiskunmajsa von 20,3 auf 6,9%, im Arbeitsamtsbezirk Nagykálló von 17,8 auf 2,7% und im Arbeitsamtsbezirk Kecskemét von 17,0 auf 5,6% (vgl. Abb. 24).

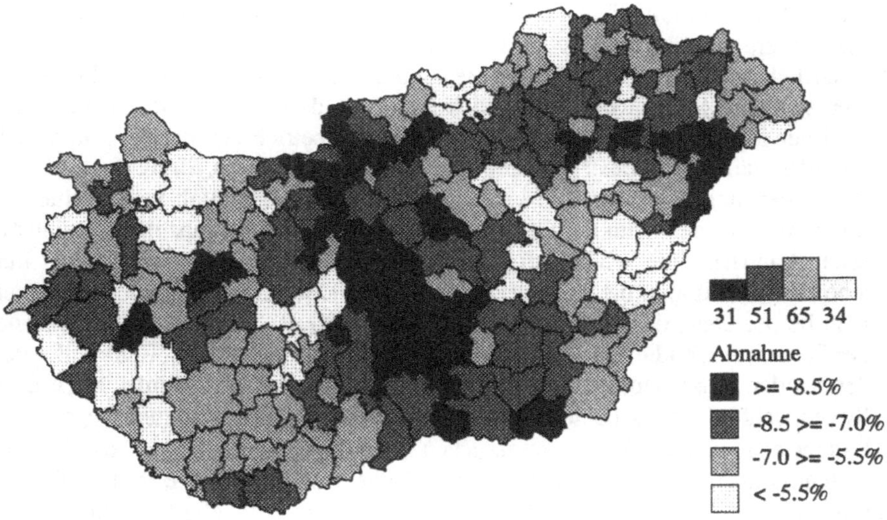

Abb. 24. Die Veränderungen der Erwerbsquoten der 55- bis 65-jährigen Frauen in Ungarn zwischen 1980 und 1990 (nach Arbeitsamtsbezirken). Quelle: Sonderauswertung der ungarischen Volkszählungen 1980 und 1990, Heidelberger Ungarn-Datenbank

Als eine Erklärung, warum die Erwerbstätigkeit der Pensionisten in der ungarischen Tiefebene stärker abgenommen hat als in anderen agrarisch strukturierten Räumen, bietet sich die Hypothese an, daß sich dieser zentrumsnahe Agrarraum schneller an die Marktwirtschaft angepaßt und damit auch früher den Personalüberhang abgebaut hat als die peripheren landwirtschaftlichen Gebiete, denen dieser Strukturwandel noch bevorsteht. Diese Hypothese konnte jedoch noch nicht empirisch überprüft werden.

Der Ausfall des "Nebenverdienstes" hat viele ungarische Pensionisten in eine sehr schwierige finanzielle Situation gebracht. Obwohl die Renten nach der politischen Wende wesentlich stärker angestiegen sind als die Löhne, lebte 1993 rd. ein Drittel der Rentner unter dem Existenzminimum (Mitteilung von Herrn Dövényi, Ungarische Akademie der Wissenschaften). Ein niedriges Pensionsalter der Frauen ist natürlich für ein marktwirtschaftliches System angesichts der niedrigen Geburtenraten ökonomisch nicht haltbar. Deshalb wird die Pensionsgrenze der Frauen ab 1994 bis zum Jahre 2004 wieder auf 60 Jahre erhöht werden (alle 2 Jahre um 1 Jahr).

5 Zukunftsperspektiven der Frauenerwerbstätigkeit in Ungarn

Für die Frauenerwerbstätigkeit hat der Weg von der sozialistischen Planwirtschaft zur Marktwirtschaft vielfache Auswirkungen, von denen bis zum Abschluß dieser Arbeit vermutlich erst ein kleiner Teil sichtbar wurde. Eine Prognose über die weitere Entwicklung ist deshalb nicht einfach, weil in einem marktwirtschaftlichen System die Zahl der Bestimmungsfaktoren, welche die Frauenerwerbstätigkeit beeinflussen, wesentlich höher ist als im realen Sozialismus. Sobald der ideologische Zwang zur Arbeit und die betriebszentrierte Sozialpolitik entfallen, hängt die Frauenerwerbsquote von einer Reihe von Einflußfaktoren ab, die vorher nicht oder kaum wirksam waren. Diese neue Vielfalt von Einflußfaktoren ist einer der Gründe, warum die Entwicklung in den einzelnen sozialistischen Ländern auch in Zukunft sehr unterschiedlich verlaufen wird. Nicht nur jene Einflußfaktoren, die sich auf die individuelle Situation der Frauen und ihrer Familie beziehen, dazu zählen u.a. Ausbildungsniveau, Beruf und Familienstand der Frauen, Ausbildungsniveau und Einkommen des Ehepartners, Zahl und Alter der Kinder, Anspruchsniveau und Lebenshaltungskosten etc., werden nach dem Systemwechsel an Bedeutung zunehmen. Sondern die ostmitteleuropäischen Länder werden auch bei den gesetzlichen Grundlagen, zu denen u.a. das Steuersystem (Einzel- oder Doppelbesteuerung, Höhe des Kinderfreibetrages), die Familienpolitik (Höhe des monatlichen Kindergeldes, der Geburtenbeihilfe etc.), das soziale Sicherheitsnetz (Pensionsberechtigung der Frauen, Absicherung der Frauen bei Scheidung), die Kosten der Ausbildung (kostenloses Studium oder hohe Studiengebühren) zählen, verschiedene Wege gehen. Nicht zuletzt werden auch jene Faktoren, welche den lokalen Kontext und die lokalen Restriktionen beschreiben, unter denen die Frauen die Entscheidung für eine Erwerbstätigkeit fällen, dazu zählen u. a. die Arbeitsplatzdichte (Zahl der Arbeitsplätze pro 100 Einwohner), die Branchen- und Qualifikationsstruktur des lokalen (regionalen) Arbeitsplatzangebots (insbesondere die Bedeutung des Tertiären Sektors), die Möglichkeiten der Teilzeitarbeit, das lokale Angebot an Einrichtungen der Kinderbetreuung, die Qualität des öffentlichen Personennahverkehrs, die Verfügbarkeit der Frauen über einen PKW etc., innerhalb von Ostmitteleuropa zu einer weiteren räumlichen Differenzierung der Frauenerwerbstätigkeit führen.

Im Gegensatz zu anderen ehemals sozialistischen Staaten haben in Ungarn in der ersten Phase des Transformationsprozesses vor allem Männer zu den Verlierern des Strukturwandels gehört. Trotz eines starken Rückgangs der Frauenerwerbstätigkeit in der Kleinkinderphase und trotz der Freisetzung von zahlreichen Frauen in den landwirtschaftlichen Staatsgütern und Genossenschaften sowie in unproduktiven Industriebetrieben ist der Anteil der Frauen unter den Erwerbstätigen Ungarns zwischen 1980 und 1990 angestiegen, und sind die Arbeitslosenraten der Frauen zumindest bis zum Sommer 1994 niedriger geblieben als die der Männer. Die Hypothese, daß die Arbeitsmarktsituation der Frauen in Ungarn deshalb relativ gut ist, weil der Trend zur Marktwirtschaft (Öffnung des Landes für Auslandskapital, Liberalisierung, Privatisierung etc.) und der Ausbau des Tertiären Sektors hier schon früher begonnen haben als in den anderen sozialistischen Staaten ist plausibel, reicht aber als alleinige Erklärung vermutlich nicht aus.

Der Übergang zur Marktwirtschaft ist jedoch noch lange nicht abgeschlossen und es bleibt abzuwarten, ob sich die positive Entwicklung des Frauenanteils unter den Erwerbstätigen bei gleichzeitig zunehmender Bedeutung der Kleinkinderphase fortsetzen wird oder ob in Ungarn der kurzfristige Rückzug aus dem Erwerbsleben während der Kleinkinderphase nur eine vorübergehende Gegenreaktion gegen das kommunistische System ist und das Pendel in einigen Jahren wieder zurückschlagen wird. Es ist auch nicht ausgeschlossen, daß es in Ungarn zu einem späteren Zeitpunkt wieder zu einer Verdrängung der Frauen vom Arbeitsmarkt kommen wird.

Literatur

Bakker, I. (1988): Women's Employment in Comparative Perspective. In: Jenson, J., Hagen, E. and C. Reddy, eds. (1988): Feminization of the Labour Force. Paradoxes and Promises. New York, 17-44.

Ben-Porath Y. and R. Gronau (1985): Jewish Mother Goes to Work: Trends in the Labor Force Participation of Women in Israel, 1955 - 1980. In: Journal of Labor Economics, vol. 3, No. 1, Supplement, 310 - 327.

Biryukova, A. P. (1980): Special protective legislation and equality of opportunity for women workers in the USSR. International Labour Review 119, 51-65.

Blau, F. D. and M. A. Ferber (1985): Women in the Labor Market. The Last Twenty Years. In: Larwood, L., Stromberg A. H. and B. A. Gutek (eds.). Women and Work. An Annual Review vol. 1, 19-49.

Boss, A. (1981): Die Erwerbstätigkeit verheirateter Frauen in der Bundesrepublik Deutschland. Erklärung und Prognose. In: Beiträge zur Arbeitsmarkt- und Berufsfoschung 56, 69-81.

Bundesanstalt für Arbeit, Hrsg. (1989): Situation und Tendenz der Beschäftigung und des Erwerbsverhaltens von Frauen. In: Amtliche Nachrichten der Bundesanstalt für Arbeit, 1989, 938 - 951.

Buttler, F. und L. Bellmann (1988): Entwicklung der Frauenerwerbstätigkeit. Bisherige Entwicklungen und ihre Bestimmungsfaktoren. In: Die Angestelltenversicherung 35, 265 - 272.

Chapman, J. G. (1979): Are Earnings More Equal under Socialism: The Soviet Case, with Some United States Comparisons. In: Moroney, J. R. (ed.): Income Inequality. Trends and International Comparisons. Lexington, 43-67.

Collver, A. and E. Langlois (1961): The Female Labor Force in Metropolitan Areas: An International Comparison. In: Economic Development and Cultural Change 10, 367-385.

Cremer, R. (1981): Arbeitsangebot erwerbstätiger Frauen. Eine ökonomische Analyse der Determinanten gruppenspezifischer Erwerbsquoten. In: Klauder, W. und G. Kühlewind (Hrsg.): Probleme der Messung und Vorausschätzung des Frauenerwerbspotentials. Beiträge zur Arbeitsmarkt- und Berufsfoschung 56, 48-68.

Crompton, R., Hantrais, L. and P. Walters (1990): Gender Relations and Employment. In: British Journal of Sociology 41, 329-349.

Daune-Richard, A. M. (1988): Gender Relations and Female Labor. A Consideration of Sociological Categories. In: Jenson, J., Hagen, E. and C. Reddy, eds. (1988): Feminization of the Labour Force. Paradoxes and Promises. New York, 260-275.

Durand-Droubin, M. (1981): Bestimmungsfaktoren der Frauenerwerbsbeteiligung im internationalen Vergleich. In: Klauder, W. und G. Kühlewind (Hrsg.): Probleme der Messung und Vorausschätzung des Frauenerwerbspotentials. Beiträge zur Arbeitsmarkt- und Berufsfoschung 56, 179-203.

Eberhardt, É. (1991): A nők Magyarországon (Frauen in Ungarn). Women of Europe Supplements 32.

Einhorn, B. (1992): Concepts of Women's Rights. In: Moghadam, V. M. (ed.): Privatization and Democratization in Central and Eastern Europe and the Soviet Union: the Gender Dimension. Helsinki, 59-73.

Erler, G. (1988): The German Paradox. Non-feminization of the Labour Force and Postindustrial Social Policies. In: Jenson, J., Hagen, E. and C. Reddy, eds. (1988): Feminization of the Labour Force. Paradoxes and Promises. New York, 231-244.

Farley, J., ed.(1985): Women Workers in Fifteen Countries. Cambridge.

Fogarty, M. P., Rapoport, R. and R. N. Rapoport (1971): Sex, Career and Family. Including an International Review of Women's Roles. Beverly Hills.

Fong, M. and G. Paull (1992): Women and Employment. Eastern Europe. In: Moghadam, V. M. (ed.): Privatization and Democratization in Central and Eastern Europe and the Soviet Union: the Gender Dimension. Helsinki, 44 - 49.

Franz, W. (1985): An Economic Analysis of Female Work Participation, Education, and Fertility: Theory and Empirical Evidence for the Federal Republic of Germany. In: Journal of Labor Economics 3,1, supplement, 218-234

Franzen, D. (1981): Altersspezifische Frauenerwerbsquoten im europäischen Vergleich. In: Klauder, W. und G. Kühlewind (Hrsg.): Probleme der Messung und Vorausschätzung des Frauenerwerbspotentials. Beiträge zur Arbeitsmarkt und Berufsforschung 56, 206-215.

Frey, M. (1992): Nők és a munkanélküliség (Frauen und Arbeitslosigkeit). Nőtudományi Füzetek 1, Magyar Nők Szövetsége. Budapest.

Gerhard, U. (1994): Die staatlich institutionalisierte "Lösung" der Frauenfrage. Zur Geschichte der Geschlechterverhältnisse in der DDR. In: Kaelble, H. et al., Hrsg.: Sozialgeschichte der DDR. Stuttgart, 383-405.

Gömöri, E. (1980): Special Protective Legislation and Equality of Employment Opportunity for Women in Hungary. In: International Labour Review 119, 67 - 77.

Hagen, E. and J. Jenson (1988): Paradoxes and Promises. Work and Politics in the Postwar Years. In: Jenson, J., Hagen, E. and C. Reddy, eds. (1988): Feminization of the Labour Force. Paradoxes and Promises. New York, 3-16.

Hanson, S. (1992): Geography and Feminism: Worlds in Collision. In: Annals of the Association of American Geographers 82, 569 - 586.

Helberger, Chr. (1988): Frauenerwerbstätigkeit und die Entwicklung der sozialen Sicherungssysteme im internationalen Vergleich. In: Zeitschrift für Sozialreform 39, 735-749.

Hoffmann-Nowotny, H. J., Hrsg. (1988): Weibliche Erwerbstätigkeit und Kinderzahl. In: Gerhardt, U. und Y. Schütz, Hrsg.: Frauensituationen. Veränderungen in den letzten zwanzig Jahren. Frankfurt a.M., 219-250.

Hungarian Women's Council (1968): Women in Hungary. Budapest.

Jansen, B. (1981): Maßnahmen zur Förderung der Frauenbeschäftigung auf EG-Ebene. In: Klauder, W. und G. Kühlewind (Hrsg.): Probleme der Messung und Vorausschätzung des Frauenerwerbspotentials. Beiträge zur Arbeitsmarkt- und Berufsfoschung 56, 217-265.

Jenson, J., Hagen E. and C. Reddy, Eds. (1988): Feminization of the Labour Force. Cambridge.

Killingsworth, M. R. and J. J. Heckman (1986): Female Labor Supply: A Survey. In: Ashenfelter, O. and R. Layard, (eds.): Handbook of Labor Economics. Amsterdam, New York, Oxford, Tokyo, 1st vol., 103-204.

Knauth, B. (1992): Frauenerwerbsbeteiligung in den Staaten der Europäischen Gemeinschaft. Acta Demographica, 7 - 25.

Kolinsky, E. (1989): Women in West Germany. Life, Works, and Politics. Oxford, New York, München.

Kohli, M. (1994): Die DDR als Arbeitsgesellschaft? Arbeit, Lebenslauf und soziale Differenzierung. In: Kaelble, H. et al. (Hrsg.): Sozialgeschichte der DDR. Stuttgart, 31-61.

Központi Statisztikai Hivatal (1994): A cigányság helyzete, életkörülményei 1993. Budapest.

Kolosi, T. (1992): Gesellschaftliche Ursachen für den Zusammenbruch des realen Sozialismus. In: Der Umbruch im Osten und die Zukunft Europas (Sammelband der Vorträge des Studium Generale der Ruprecht-Karls-Universität Heidelberg im Sommersemester 1991). Heidelberg, 69-84.

Lange, I. (1969): Die Rolle der Frau im Produktionsprozeß bestimmt ihre Stellung in der sozialistischen Gesellschaft. In: Einheit 24, 339-347.

Lapidus, G. (1976): Occupational Segregation and Public Policy: A Comparative Analysis of American and Soviet Patterns. In: Blaxall, M. and B. Reagan (eds.): Women and the Workplace. The Implications of Occupational Segregation. Chicago and London, 119-136.

Lapidus, G. (1985): The Soviet Union. In: Farley, J. (ed.): Women Workers in Fifteen Countries. Cornell International Industrial and Labor Relations Report Number 11. New York, 13 - 32.

Lapidus, G. (1992): Women and Employment. The Soviet Union. In: Moghadam, V. M. (ed.): Privatization and Democratization in Central and Eastern Europe and the Soviet Union: the Gender Dimension. Helsinki, 37 - 43.

Layard, R. and J. Mincer, eds. (1988): Growth of Women's Labor Force: Causes and Consequences. Chicago.

Lehr, U. (1988): Berufstätigkeit. Anteil der Frauen am Erwerbsleben. In: Wisniewski, R. and H. Kunst (Hrsg.): Handbuch für Frauenfragen. Zur Stellung der Frau in der Gegenwart. Informationen - Analysen - Anregungen. Stuttgart, 54-62.

Lenin, W. I. (1970): Zur gesellschaftlichen Stellung der Frau. Deutsche Akademie der Wissenschaften. Berlin(Ost).

Lichter, D. T. and J. A. Costanzo (1987): How do Demographic Changes affect Labor Force Participation of Women? In: Monthly Labor Review 110, No. 11, 23-25.

Maier, F. (1991): Patriarchale Arbeitsmarktstrukturen - Das Phänomen geschlechtsspezifisch gespaltener Arbeitsmärkte in Ost und West. In: Feministische Studien, Heft 1, 107-116.

McDowell, L. (1991): Women, Gender and the Organisation of Space. In: Gregory D. and R. Walford (eds.): Horizons in Human Geography. London, 136 - 151.

McMahon, P. J. (1986): An International Comparison of Labor Force Participation, 1977-84. In: Monthly Labor Review 109, No. 5, 3-12.

Merz, J. (1990): Female Labor Supply: Labor Force Participation, Market Wage Rate and Working Hours of Married and Unmarried Women in the Federal Republic of Germany. In: Jahrbücher für Nationalökonomie und Statistik 207/3, 440-470.

Meusburger, P. und J. Schmude (1991a): The Relationship between Community Size, Female Employment Rates and the Educational Level of the Female Labour Force. Monographs of the IGU Working Group "Gender and Geography" No 12, Newcastle u.T.

Meusburger, P. und J. Schmude (1991b): Regionale Disparitäten in der Feminisierung des Lehrerberufes an Grundschulen (Volksschulen). Dargestellt an Beispielen aus Österreich, Baden-Württemberg und Ungarn. In: Geographische Zeitschrift 79, Heft 2, 75-93.

Meusburger, P. (1993): The Relationship between City Size of the Place of Work and the Qualification Structure of Jobs in Cities of Western and Eastern Europe. In: Trends and Prospects of World Urbanization. Proceedings of the Nihon University International Symposium "Trends and Prospects of World Urbanization 1992". Tokyo, 147-177.

Moghadam, V. M. (1992a): Introduction. In: Moghadam, V. M. (ed.): Privatization and Democratization in Central and Eastern Europe and the Soviet Union: the Gender Dimension. Helsinki, 4 - 8.

Moghadam, V. M. (1992b): Gender and Restructuring: a Global Perspective. In: Moghadam, V. M. (ed.): Privatization and Democratization in Central and Eastern Europe and the Soviet Union: the Gender Dimension. Helsinki, 9 - 23.

Moroney, J. R. (1979): Do Women Earn Less under Capitalism? In: Moroney, J. R. (ed.): Income Inequality. Trends and International Comparisons. Lexington, 141-167.

Müller, W., Willms, A. und J. Handl (1983): Strukturwandel der Frauenarbeit 1880 - 1980. Frankfurt a.M., New York.

Myrdal, A. and V. Klein (1960): Die Doppelrolle der Frauen in Familie und Beruf. Köln, Berlin.

Norris, P. (1987): Politics and Sexual Equality. The Comparative Position of Women in Western Democracies. Boulder.

OECD (1975): The role of women in employment. Paris.

OECD (1983): Part-Time Employment in OECD Countries. In: OECD: Employment Outlook 1983. Paris, 43-52.

OECD (1985): The Integration of Women into the Economy. Paris.

OECD (1988): Women's Economic Activity, Employment and Earnings. A Review of Recent Developments. In: OECD: Employment Outlook 1988. Paris, 129-172.

Ofer, G. and A. Vinokur (1985): Work and Family Roles of Soviet Women: Historical Trends and Cross-Section Analysis. In: Journal of Labor Economics, vol. 3, No. 1, Supplement, 328-354.

Oppenheimer, V. K. (1982): Work and the Family. A Study in Social Demography. New York, London etc.

Paukert, L. (1984): The Employment and Unemployment of Women in OECD-Countries. Paris.

Paukert, L. (1992): Women and Employment. Czechoslovakia. In: Moghadam, V. M. (ed.): Privatization and Democratization in Central and Eastern Europe and the Soviet Union: the Gender Dimension. Helsinki, 29-36.

Peters, W., Hrsg. (1989): Frauenerwerbstätigkeit. Paderborn.

Pető, I. (1990): Distinctive Features of the Hungarian Economy. Changes in its Workings from 1945 Onwards. In: New Tendencies in the Hungarian Economy. Studies on Hungarian State and Law 2, Budapest, 7-60.

Roos, P. A. (1985): Gender and Work: A Comparative Analysis of Industrial Societies. Albany.

Safilios-Rothschild, C. (1976): Dual Linkages between the Occupational and Family Systems. A Macrosociological Analysis. In: Blaxall, M. and B. Reagan (eds.): Women and the Workplace. The Implications of Occupational Segregation. Chicago and London, 51-60.

Schettkat, R. (1987a): Die Erwerbsquote, ein geeigneter Indikator zur Analyse der Erwerbsbeteiligung? Zur internationalen und intertemporären Vergleichbarkeit der Erwerbsbeteiligung. Berlin, Wissenschaftszentrum Berlin, discussion papers.

Schettkat, R. (1987b): Dynamik der Erwerbsbeteiligung in Schweden und der Bundesrepublik Deutschland. In: Internationale Chronik zur Arbeitsmarktpolitik Nr. 29/1987, 1-4.

Schettkat, R. (1987c): The Impact of Taxes on Female Labour Supply. In: International Review of Applied Economics 3, 1-24.

Schmidt, M. G. (1993): Erwerbsbeteiligung von Frauen und Männern im Industrieländervergleich. Opladen. 122 S.

Schmude, J. (1988): Die Feminisierung des Lehrberufs an öffentlichen, allgemeinbildenden Schulen in Baden-Württemberg. Heidelberger Geographische Arbeiten 87, Heidelberg.

Schultz, T. P. (1990): Women's Changing Participation in the Labour Force: A World Review. In: Economic Development and Cultural Change 38, 457-488.

Semyonov, M. (1980): The Social Context of Women's Labor Force Participation: A Comparative Analysis. In: American Journal of Sociology 86, 534-550.

Shaffer, H. G. (1981): Women in the two Germanies. A Comparative Study of a Socialist and a Non-Socialist Society. New York Oxford etc.

Shkaratan, O. I. (1973): Social Groups in the Working Class of a Developed Socialist Society. In: M. Yanowitsch and W. A. Fisher (eds.): Social Stratification and Mobility in the USSR. White Plains N.Y.

Sichtermann, B. (1988): The Conflict Between Housework and Employment. Some Notes on Women's Identity. In: Jenson, J., Hagen, E. and C. Reddy, eds. (1988): Feminization of the Labour Force. Paradoxes and Promises. New York, 276-287.

Sorrentino, C. (1983): International Comparisons of Labour Force Participation, 1960-81. In: Monthly Labor Review 106, No. 2, 23-36.

Statistisches Bundesamt, Hrsg. (1987): Frauen in Familie, Beruf und Gesellschaft. Stuttgart, Berlin, Köln, Mainz.

Szabady, E. (1969): Gainful Occupation and Motherhood Position of Women in Hungary. In: Population Review 13, 59-67.

Szalai, J. (1991): Some Aspects of the Changing Situation of Women in Hungary. In: Signs: Journal ofWomen in Culture and Society 1, 152-170.

Tessaring, M. (1981): Qualifikation und Frauenerwerbstätigkeit. In: Klauder, W. und G. Kühlewind (Hrsg.): Probleme der Messung und Vorausschätzung des Frauenerwerbspotentials. Beiträge zur Arbeitsmarkt- und Berufsfoschung 56, 82-106.

Timár, J. (1993): The Changing Rights and Conditions of Women in Hungary. In: Nash, M. (ed.): From Dictatorship to Democracy. Women in Mediterranean, Central and Eastern Europe. Universitat de Barcelona, 181-194.

United Nations (1979): Labour Supply and Migration in Europe. Demographic Dimensions 1950-1975. Economic Survey of Europe in 1977, Part II.

Vogelheim, E. (1988): Women in a Changing Workplace. The Case of the Federal Republic of Germany. In: Jenson, J., Hagen, E. and C. Reddy, eds. (1988): Feminization of the Labour Force. Paradoxes and Promises. New York, 106 - 119.

Wagner G. und J. Schupp (1991): Sozial- und Arbeitsmarktstruktur in der DDR und in Ostdeutschland. Methodische Grundlagen und ausgewählte Ergebnisse. In: Projektgruppe "Das Sozio-ökonomische Panel" (Hrsg.): Lebenslagen im Wandel: Basisdaten und -analysen zur Entwicklung in den Neuen Bundesländern. Frankfurt, 178-197.

Ward, C. and A. Dale (1992): Geographical Variation in Female Labour Force Participation: An Application of Multilevel Modelling. In: Regional Studies, vol. 26, 243 - 255.

Warnken, J. (1981): Überlegungen zur weiteren Entwicklung des Erwerbsverhaltens von Frauen. In: Klauder, W. und G. Kühlewind (Hrsg.): Probleme der Messung und Vorausschätzung des Frauenerwerbspotentials. Beiträge zur Arbeitsmarkt- und Berufsfoschung 56, 29-35.

Weck-Hannemann, H. und B. Frey (1989): Frauen und Arbeit. Eine ökonomische Betrachtung. In: Wirtschaftswissenschaftliches Studium 11, 562-568.

Weil, G. (1992): Women and Employment. Hungary. In: Moghadam, V. M. (ed.): Privatization and Democratization in Central and Eastern Europa and the Soviet Union: the Gender Dimension. Helsinki, 24-29.

Wilensky, H. L. (1968): Women's Work: Economic Growth, Ideology, Structure. In: Industrial Relations 7, 235-248.

Wolfmeyer, P. (1981): Entwicklungsmöglichkeiten des Erwerbsverhaltens der Frauen in den 80er Jahren. In: Klauder, W. und G. Kühlewind (Hrsg.): Probleme der Messung und Vorausschätzung des Frauenerwerbspotentials. Beiträge zur Arbeitsmarkt- und Berufsfoschung 56, 21-28.

WZB-Mitteilungen. Berlin.

Youssef, N. H. (1972): Differential Labor Force Participation of Women in Latin America and Middle Eastern Countries: The Influence of Family Characteristics. In: Social Forces 51, 135-153.

Abstract

The Change of Female Employment in Hungary in the Transition to a Market Economy

The USSR and the communist countries of Central and Eastern Europe had the highest female employment rates in the world for ideological and economic reasons. When the political and economic system changed towards democracy and a market economy, the vast majority of social and economic scientists predicted that women would be the main losers of the transformation process. The purpose of this paper is to study the impact of the political and economic transformation in Hungary on the age-specific female employment rates, the proportion of women taking child-care leave, and the rates of female unemployment. Many of the published official statistics of the former communist countries were aggregated in a way that conceals most of the striking social and regional inequalities. This study begins with an analysis of the large social and regional disparities of female employment in 1980, using individual data records of the 1980 and 1990 censuses for the first time.

Between 1980 and 1990 the age-specific female employment rates changed considerably, but not in the way predicted by the majority of authors. Contrary to the anticipated negative scenarios, the female employment rates increased in some age-groups and territories. The most remarkable changes occurred in women between the ages of 23 and 26. Between 1980 and 1990 the proportion of women in this age group interrupting their employment after childbirth and receiving "child care provisions" increased considerably. The average length of the child care leave was also extended. The largest decrease in employment rates occurred in women in their late twenties, and in women 55 years old (age of retirement) and older. On the other hand, female employment rates increased considerably in the 35- 50 year old age group.

As in other socialist countries, unemployment increased in Hungary quickly after the switch to a market economy. In contrast to the negative predictions of feminist scientists, between 1989 and summer 1994, Hungarian women consistently had a lower rate of unemployment than men. Until 1994, negative predictions that employed Hungarian women would be the main losers of the transformation process from a socialist planned economy to a market economy proved to be wrong. The example of Hungary shows that the majority of scientists were wrong in regarding the communist bloc as a socio-economic entity and in making generalizations concerning the development of female employment.

Regionale Strukturen des Arbeitsplatzangebotes in der Agglomeration von Budapest

Ferenc Probáld
Geographisches Institut der Eötvös Loránd Universität. Ludovika tér 2, H-1083 Budapest, Ungarn

1 Entwicklung und Struktur der Agglomeration von Budapest

Budapest, die größte Metropole von Ost-Mitteleuropa, spielt im Siedlungsnetz von Ungarn sowie in fast allen Bereichen der Wirtschaft, Politik und Kultur des Landes eine dominierende Rolle. Die Glanzperiode der Entwicklung von Budapest dauerte von der Mitte des 19. Jahrhunderts bis zum Ersten Weltkrieg und fiel so mit der Gründungszeit der kapitalistischen Großindustrie zusammen. Zwischen 1873 und 1910 erhöhte sich die Einwohnerzahl des 194 km² umfassenden Gebietes der ungarischen Hauptstadt von 296.000 auf fast eine Million. Zu dieser schnellen Entwicklung haben zahlreiche geographische, historische und sozioökonomische Gunstfaktoren beigetragen. Die Lage von Budapest an der Grenzlinie von zwei verschiedenen Großlandschaften und im geographischen Mittelpunkt des historischen, das ganze Karpatenbecken umfassenden Staatsgebiets von Ungarn stellte einen großen Vorteil dar, der durch die Konstruktion des eindeutig auf die Hauptstadt ausgerichteten Straßen- und Eisenbahnnetzes weiter gesteigert worden ist. Der Wille des ungarischen Adels und Bürgertums, für Ungarn ein nationales politisches, wirtschaftliches und kulturelles Zentrum ähnlich wie Wien zu schaffen, und die vorher erwähnten Gunstfaktoren der Lage haben Budapest zur weitaus größten Industriestadt und zum wichtigsten Arbeitsmarkt des Landes gemacht. Die vielfältigen Agglomerationsvorteile und die große Anziehungskraft der einzigen ungarischen Weltstadt für die hochqualifizierte ungarische Intelligenz haben einen Grundstein für die Entwicklung der folgenden Jahrzehnte gelegt.

Nach dem Ersten Weltkrieg ließ der Friedensvertrag von Trianon jene ungarischen Großstädte, die sich potentiell zu einem Gegenpol von Budapest entwikkeln hätten können, den Nachbarstaaten zukommen, so daß unter den neu festgelegten Grenzen die Überlegenheit der Hauptstadt noch stärker ausgeprägt war. Jahrzehntelang war in Budapest mehr als die Hälfte der ungarischen Industrie konzentriert. In der Umgebung der zentralen Stadt entstand schon am Ende des 19. Jahrhunderts ein "Vorortegürtel", der aus neuen Industriestandorten und Dörfern bestand, die durch den starken Zustrom von Arbeitskräften schnell gewachsen sind und gesellschaftlich umgestaltet wurden. Dieser Vorortegürtel wurde 1950 verwaltungsmäßig an Budapest angeschlossen. Durch diese Eingemeindung wuchs die Zahl der Stadtbezirke von 14 auf 22, und die Einwohnerzahl des nunmehr 525 km² großen Stadtgebiets erreichte 1,6 Millionen.

Der Prozeß der Suburbanisierung ist jedoch mit der Festlegung der neuen administrativen Stadtgrenzen keineswegs zum Stillstand gekommen. Die vom Staat gewaltig angetriebene, extensive Industrialisierung während der 50er Jahre erforderte mehr und mehr Arbeitskräfte, während die Kollektivierung der Landwirtschaft Hunderttausende zum Verlassen der Dörfer bewegte. Budapest ist also auch in der sozialistischen Zeit das Hauptziel der Zuwanderung geblieben, aber die zunehmende Wohnungsnot und die administrative Beschränkung des weiteren Wachstums der Hauptstadt haben einen Teil der Zuwanderer gezwungen, sich außerhalb der Stadtgrenzen anzusiedeln, was zu einem starkem Anstieg der Tagespendler geführt hat. In den Gemeinden in der Umgebung von Budapest, die ihren landwirtschaftlichen Charakter schnell verloren haben, hat sich ein neuer Suburbanisierungsgürtel entwickelt, der seit dem Zweiten Weltkrieg zum Schauplatz des schnellsten Bevölkerungswachstums geworden ist. Im Gegensatz zu den meisten amerikanischen und westeuropäischen Agglomerationen hat aber dieser Gürtel den Nachschub an Einwohnern nicht von der zentralen Stadt, sondern von den ländlichen Agrargebieten erhalten. An der Ostseite der Donau, auf der großen ungarischen Tiefebene, konnte sich die Agglomeration ungestört ausbreiten; an der Westseite hingegen haben das gebirgige Relief und die Anziehungskraft benachbarter Industriegebiete die Ausdehnung der Stadtregion verzögert und beschränkt. Dies hat zu einer deutlichen strukturellen und funktionellen Asymmetrie geführt (Probáld F. und K. Rikkinen, 1978)

Die Dezentralisierung der Budapester Industrie begann in den 60er Jahren, konnte aber erst seit 1970 gewisse Erfolge erzielen. Die Zahl der Industriebeschäftigten hat sich in Budapest in der Periode 1970 - 1980 um 190.000 und zwischen 1980 und 1990 um 125.000 vermindert; sie ist also zwischen 1970 und 1990 von etwa 600.000 auf weniger als die Hälfte zurückgegangen (Központi Statisztikai Hivatal 1991).

Diese Abnahme ist aber weniger auf die Aussiedlung von umweltschädlichen Betrieben oder auf das Verbot der Weiterentwicklung gewisser Industriezweige zurückzuführen, sondern sie ist vielmehr das Ergebnis des technischen Fortschritts und des damit verbundenen Strukturwandels. In der ersten Phase der Dezentralisierung fand noch im inneren Agglomerationsgürtel von Budapest eine bedeutende Industrialisierung statt, die sich jedoch auf einige Gemeinden konzentrierte und dort zur Schaffung zahlreicher neuer Arbeitsplätze führte. Dieser Prozeß ist aber im letzten Jahrzehnt ausgeklungen.

Budapests Anteil an der ungarischen Industrie hat sich zwischen 1980 und 1990, was die der Zahl der Beschäftigten betrifft, von 26% auf 21% verringert, und hinsichtlich der Grundmittel (= Produktionsmittel wie Gebäude, Ausrüstungen, Maschinen, Instrumente etc., die im Laufe der Produktion nur langsam verbraucht werden) hat der Anteil Budapests von 23% auf 20% abgenommen. In den 80er Jahren hat Budapest erstmals in seiner Geschichte eine Abnahme der Einwohnerzahl erfahren, und zwar von 2,059.000 auf 2,016.000 Einwohner, und selbst der innere Agglomerationsgürtel konnte keine nennenswerte Zunahme mehr verzeichnen. Die ungarische Hauptstadt befindet sich also seit 1970 offenbar in der postindustriellen Entwicklungsphase (Friederichs I., 1985). Sie hat ihre führende Position im Tertiären Sektor bewahrt, auch als Innovationszentrum hat sie weiterhin keine Rivalen in Ungarn. Das durchschnittliche Pro-Kopf-Einkommen liegt in Budapest um 18% über demjenigen der ländlichen Gebiete, und diese zentral-peripheren Disparitäten haben sich in der letzten Zeit noch vergrößert (Központi Statisztikai Hivatal 1991). Auch die Tatsache, daß in Budapest die Arbeitslosigkeit bis 1993 nicht einmal die Hälfte des Landesdurchschnittes erreichte und stets den niedrigsten Wert von allen Komitaten und Städten mit Komitatsrecht hatte (vgl. Aufsatz von Dövényi in diesem Band), bestätigt die verhältnismäßig günstige Struktur und Anpassungsfähigkeit der Wirtschaft von Budapest sowie ihren Vorsprung hinsichtlich der Privatisierung.

Die regionale Struktur der Budapester Agglomeration stimmt östlich der Donau sehr gut mit dem Modell der konzentrischen Zonen überein, während sie an der Westseite durch das Relief unregelmäßiger gestaltet ist. Die City-Funktionen konzentrieren sich am Ostufer im 5. Bezirk, der allerdings auch eine beträchtliche Wohnbevölkerung behalten hat, und strahlen von dort entlang der Hauptverkehrsstraßen auch in die benachbarte "innere Wohnortzone" (1., 2., 12., 6., 7. und 8. Bezirk) aus, die von einer z. T. gemischten alten Industriezone (3., 9., 10., 11. und 13. Bezirk) umgeben ist. Die äußeren Bezirke (4., 15. und 22. Bezirk) sind aus ehemaligen Vororten entstanden und durch die Existenz von einigen Großbetrieben sowie durch die Dominanz von privaten Familienhäusern sowie einigen großen Wohnanlagen gekennzeichnet.

Außerhalb der Stadtgrenze befindet sich der innere Agglomerationsgürtel, der in den letzten vier Jahrzehnten entstanden ist. Diese Zone liefert den größeren Teil der etwa 200.000 Tagespendler, die in Budapest arbeiten. In einigen dieser Gemeinden erreicht der Anteil der in Budapest arbeitenden Auspendler unter den Erwerbstätigen mehr als 50%. (vgl. National Atlas of Hungary 1989, 135). Die offizielle Abgrenzung der Budapester Agglomeration, wie sie u. a. für die Zwekke der Generalpläne (z.B. Raumordnungsplan 1985) vorgenommen wurde, umfaßt außer Budapest 43 Siedlungen (6 Städte und 37 Gemeinden), die eine Fläche von 1.148 km² und eine Einwohnerzahl von 410.000 (1980) bzw. 413000 (1990) Personen aufweisen. Zum unmittelbaren Einflußbereich von Budapest gehören noch weitere 50 - 60 Siedlungen des äußeren Agglomerationsgürtels, der sich von dem inneren Agglomerationsgürtel durch die immer noch bedeutende Rolle der Landwirtschaft und den niedrigeren Anteil der Auspendler (25-35%) unterscheidet (Sárfalvi B., 1991).

2 Verteilung der Arbeitsplätze in Budapest nach Wirtschaftszweigen und -sektoren

Im Gegensatz zu den meisten anderen Arbeiten, die sich mit der Agglomeration von Budapest befassen, liegen diesem Aufsatz nicht die Daten über die (erwerbstätige) Wohnbevölkerung, sondern diejenigen über die Arbeitsbevölkerung (Erwerbstätige nach dem Arbeitsort) zugrunde, welche von der Heidelberger Ungarn-Datenbank (= anonymisierte Individualdaten der ungarischen Volkszählungen 1980 und 1990) zur Verfügung gestellt worden sind. Die vorliegende Untersuchung beschränkt sich auf den Verdichtungsraum im engeren Sinne, folgt also der oben erwähnten offiziellen Abgrenzung der Agglomeration. Dabei muß berücksichtigt werden, daß die Volkszählung von 1980 die letzte war, welche die Situation unter dem klassischen, parteistaatlichen Sozialismus erfaßt hat. Die im folgenden ausführliche Darstellung des Standes von 1980 soll im zweiten Teil des Aufsatzes als Grundlage für Schlußfolgerungen bezüglich der neuesten Entwicklungstendenzen benutzt werden.

Die Agglomeration von Budapest ist zwar durch die Industrialisierung gewachsen, ihre Kernstadt hat jedoch in den letzten Jahrzehnten schon eine beträchtliche Tertiärisierung erfahren. Obgleich in der letzten Zeit die Zahl der Einpendler leicht zurückgegangen ist, etwa ein Sechstel der Arbeitsplätze von Budapest waren 1980 immer noch von Einpendlern besetzt, konnte der innere Agglomerationsgürtel nur für die Hälfte der dort wohnenden Erwerbstätigen Arbeitsplätze anbieten, was auch durch die sogenannte (relative) "Arbeitsplatzdichte" belegt wird. Die Arbeitsplatzdichte wird als Verhältnis der in einer Raumeinheit (Gemeinde, Stadtbezirk) angebotenen Zahl der Arbeitsplätze zu der hier wohnenden Bevölkerung definiert. Die Arbeitsplatzdichte weicht in Budapest positiv vom Landesdurchschnitt ab, während der Agglomerationsgürtel durch eine stark negative Abweichung gekennzeichnet ist (Tab. 1). Das positive Extrem stellt der 5. Bezirk (= City-Kern) dar, wo einer stark rückläufigen Zahl der Wohnbevölkerung (50.000 im Jahre 1980) über 130.000 Arbeitsplätze gegenüberstanden; das entspricht einer Arbeitsplatzdichte von 262%. Die entsprechenden Werte der Nachbarbezirke liegen schon wesentlich unter 100%. Die niedrigste Arbeitsplatzdichte (10-11%) weisen einige Schlafsiedlungen des inneren Agglomerationsringes (z.B. Csobánka, Nagytarcsa) auf.

Tabelle 1. Arbeitsplatzdichte und Verteilung der Arbeitsbevölkerung nach Wirtschaftssektoren

	Arbeitsplatzdichte	Land-, Forst-, Wasserwirtschaft primärer Sektor	Industrie, Bauwesen, sekundärer Sektor	Dienstleistungen tertiärer Sektor
Ungarn	47,3	20,1%	42,1%	37,8%
Budapest	58,6	5,0%	46,0%	49,0%
Agglomerationsgürtel	29,9	22,3%	45,3%	32,4%

Arbeitsplatzdichte = Verhältnis der Arbeitsbevölkerung zur Wohnbevölkerung
Quelle: unpublizierte Daten der Ungarischen Volkszählung 1980

Die Einzelheiten der innerhalb der Agglomeration auftretenden regionalen Unterschiede lassen sich aus den Abbildungen entnehmen. Die Arbeitsplatzdichte liegt in allen inneren Bezirken von Budapest weit über dem Median (Abb. 1).

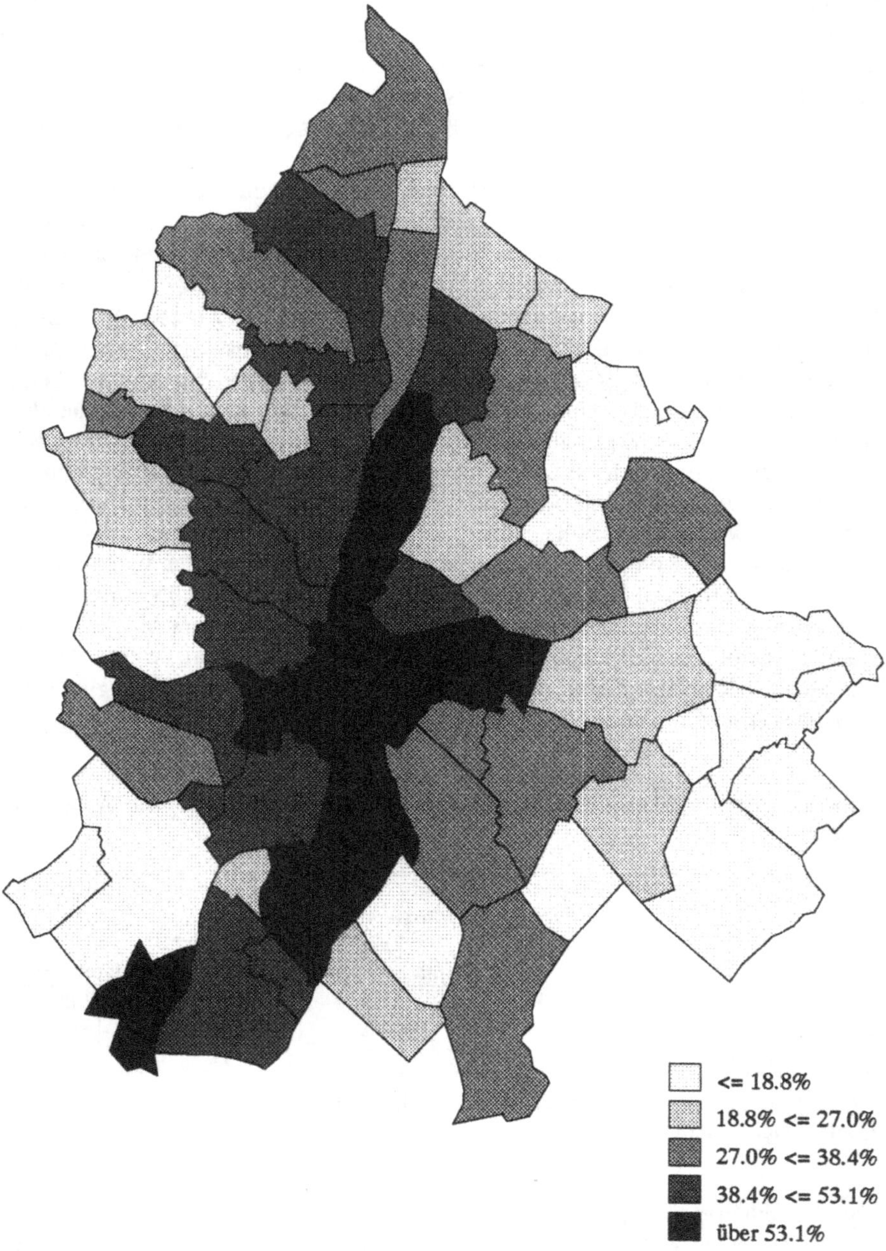

Abb. 1. Die Arbeitsplatzdichte (Verhältnis der Arbeitsbevölkerung zur Wohnbevölkerung) in der Agglomeration von Budapest im Jahre 1980. Quelle: Sonderauswertung der ungarischen Volkszählung 1980, Heidelberger Ungarn-Datenbank

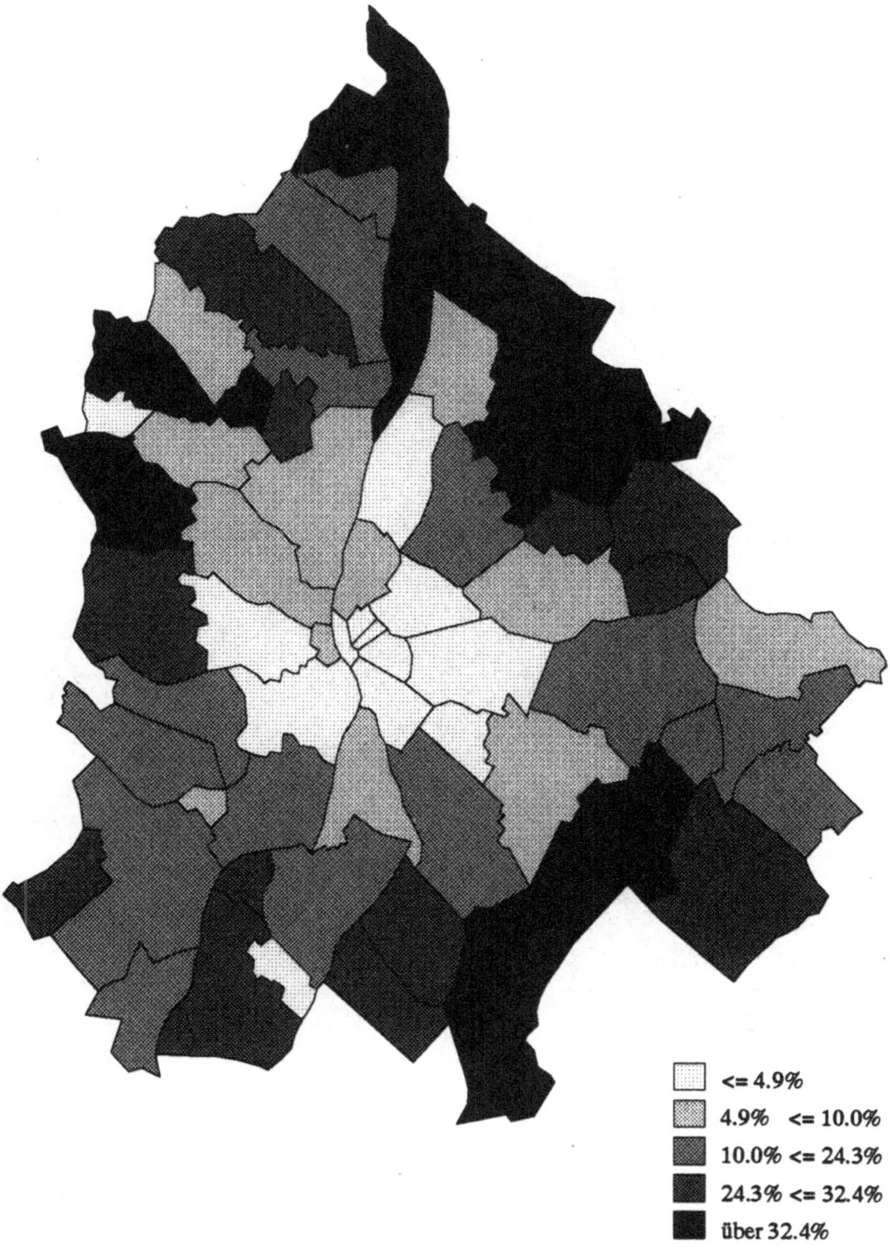

Abb. 2. Der Anteil der Arbeitsbevölkerung in der Agglomeration von Budapest, der 1980 im primären Sektor beschäftigt war. Quelle: Sonderauswertung der ungarischen Volkszählung 1980, Heidelberger Ungarn-Datenbank

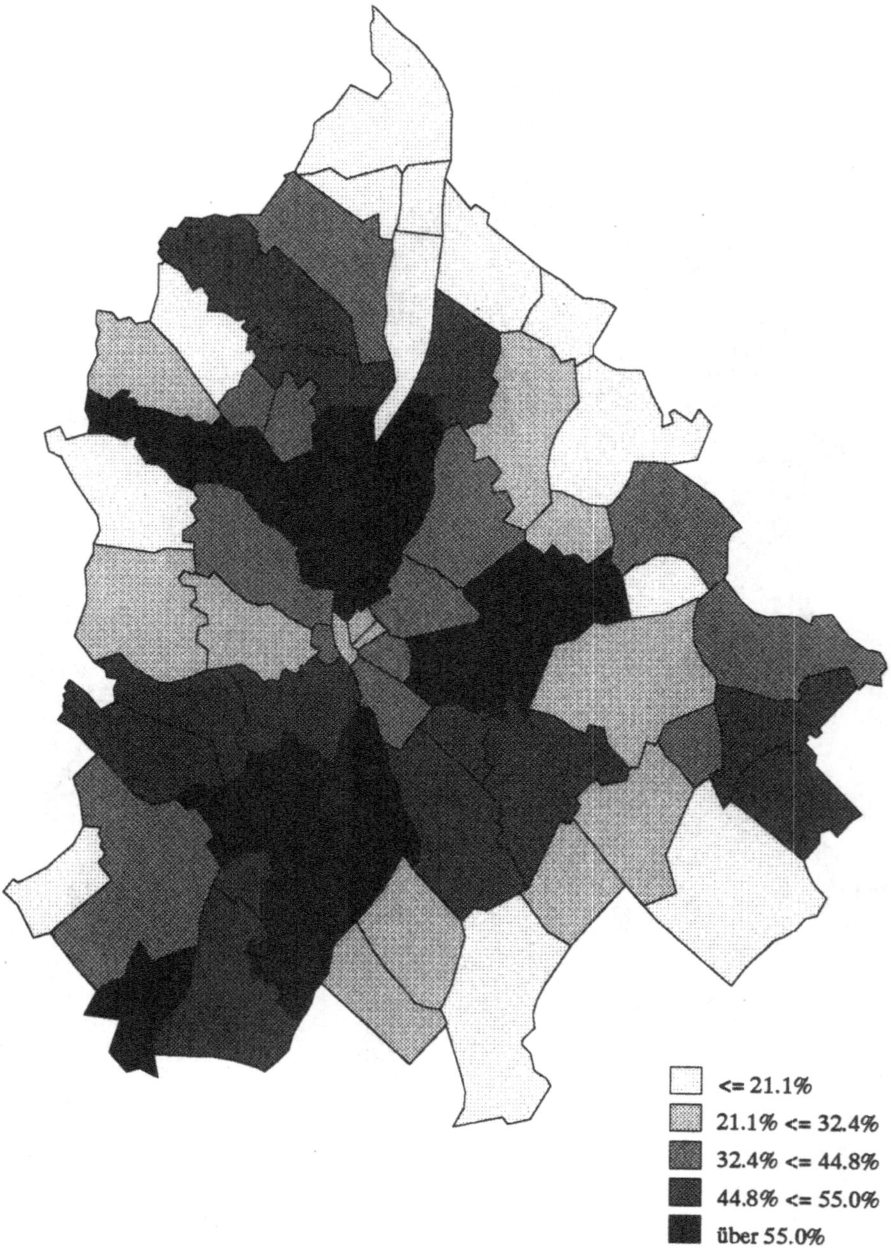

Abb. 3. Der Anteil der Arbeitsbevölkerung in der Agglomeration von Budapest, der 1980 im sekundären Sektor beschäftigt war. Quelle: Sonderauswertung der ungarischen Volkszählung 1980, Heidelberger Ungarn-Datenbank

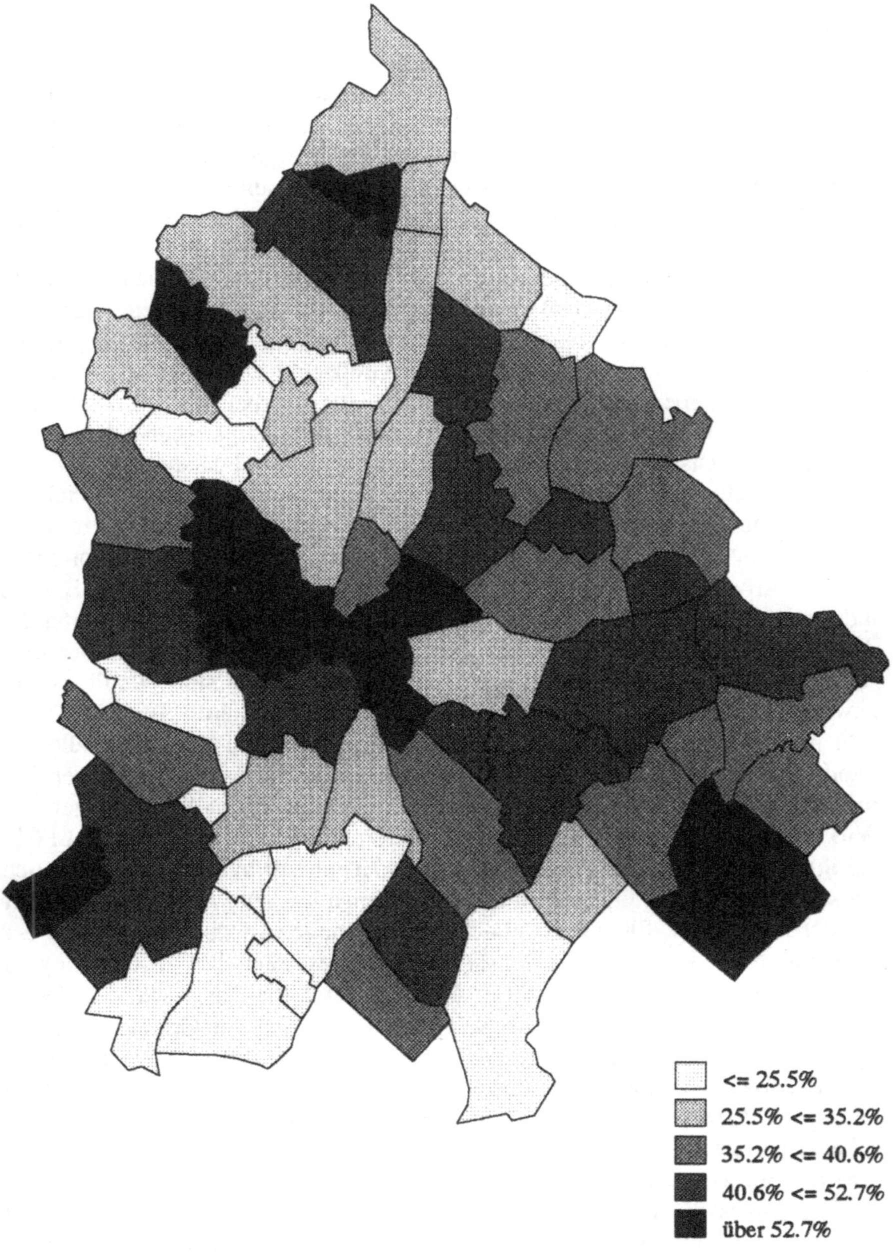

Abb. 4. Der Anteil der Arbeitsbevölkerung in der Agglomeration von Budapest, der 1980 im tertiären Sektor beschäftigt war. Quelle: Sonderauswertung der ungarischen Volkszählung 1980, Heidelberger Ungarn-Datenbank

Von den äußeren Bezirken weisen Újpest (4. Bezirk) und Csepel (21. Bezirk) die höchste Arbeitsplatzdichte auf; beide gehören zur Zone der dichten Industrieansiedlung, die sich vom Stadtkern entlang der Donau in beide Richtungen hinzieht.

Im Agglomerationsgürtel fällt nur Százhalombatta in das oberste Quintil der Arbeitsplatzdichte. Diese junge Stadt, die Hochburg der ungarischen Mineralölindustrie, hat einen eigenen Einzugsbereich mit vielen Einpendlern entwickelt. Eine immer noch beträchtlich über dem Zentralwert liegende Arbeitsplatzdichte weisen diejenigen Siedlungen der Agglomeration auf, die meist in den letzten Jahrzehnten zu bedeutenden Industriestandorten geworden sind (Dunakeszi, Szentendre, Budaörs, Szigetszentmiklós, Szigethalom, Diósd). Mit Ausnahme der beiden letztgenannten Gemeinden haben diese Siedlungen auch das Stadtrecht erhalten. Der Überschuß an Arbeitsplätzen war also nach dem Stand von 1980 hauptsächlich vom Angebot der Industrie bestimmt, während die meisten Siedlungen des inneren Ringes, die keine Großbetriebe besaßen, durch einen engen lokalen Arbeitsmarkt und durch massenhaftes Auspendeln gekennzeichnet waren. Dies wird auch durch die Abbildungen 2 - 4 bestätigt, welche die Anteile der Hauptwirtschaftszweige am lokalen Arbeitsplatzangebot darstellen.

Die Wirtschaftsstruktur der Budapester Agglomeration unterscheidet sich erwartungsgemäß deutlich vom Landesdurchschnitt (Tab. 1). Da Budapest im Zuge der Dezentralisierung der Industrie schon vor 1980 eine große Anzahl von industriellen Arbeitsplätzen verloren und der Agglomerationsgürtel gleichzeitig neue industrielle Arbeitsplätze dazu gewonnen hat, liegt im Agglomerationsgürtel der Anteil des sekundären Sektors am Arbeitsplatzangebot beträchtlich über dem Landesdurchschnitt. Die Daten über den primären Sektor sind allerdings mit gewissen methodischen Problemen behaftet, die einer Erläuterung bedürfen.

In den amtlichen Zählungen wurden die Erwerbstätigen der LPG's alle der Land- und Forstwirtschaft zugeordnet, ohne Rücksicht auf die tatsächlichen Berufe. Dies führt bei den Agglomerationen zu noch größeren Verzerrungen der Wirklichkeit als im Landesdurchschnitt. Die Produktionsstruktur der 13 LPG's, die ihren Standort in der Agglomeration der Hauptstadt hatten, weicht nämlich stark von der landesweit üblichen ab: sie verfügten im Jahre 1990 zwar nur über 1% der landwirtschaftlichen Nutzfläche, erwirtschafteten jedoch mit 4 - 5% der Beschäftigten etwa 5 - 6% des Gesamtumsatzes aller LPG's von Ungarn (Központi Statisztikai Hivatal 1991). Angeregt durch die Ansprüche der Hauptstadt haben diese LPG's ihren Tätigkeitsbereich weit über die Grenzen ihrer sowieso hoch spezialisierten Landwirtschaft ausgedehnt und zuerst Zweigbetriebe der Industrie, später auch verschiedene Dienstleistungsbetriebe gegründet. Diese im engeren Sinne nicht land- und forstwirtschaftlichen Zweigbetriebe der LPG's haben 1980 etwa 70% und 1990 ca. 80% des Umsatzes dieser 13 LPG's erwirtschaftet. Ein weiteres methodisches Problem ergibt sich daraus, daß die Mitglieder und Angestellten der LPG's ihre Tätigkeit über mehrere Gemeinden verteilt hatten, so daß die Arbeitsorte nicht so exakt erfaßt werden konnten wie im sekundären oder tertiären Sektor, und die amtliche Statistik eine gewisse Verzerrung des Arbeitsplatzangebotes zugunsten der Zentren der LPG's aufweist.

Zur regionalen Verteilung der Arbeitsplätze in der Land- und Forstwirtschaft (Abb. 2) kann also lediglich festgestellt werden, daß dieser Wirtschaftszweig innerhalb der Agglomeration hauptsächlich in den östlichen und südöstlichen Gemeinden der fruchtbaren Tiefebene sowie auf der Insel von Szentendre eine gewisse Bedeutung am Arbeitsmarkt hat. Der für Budapest ausgewiesene hohe Anteil des primären Sektors von 5% (1980) ist dadurch zustande gekommen, daß einige LPG's in Budapest neben der Bewirtschaftung von beträchtlichen landwirtschaftlichen Nutzflächen noch mehrere Büros, Interessens- und Handelsvertretungen, Geschäfte usw. unterhalten haben, deren Arbeitskräfte die amtliche Statistik (fälschlicherweise) zum Primärsektor gerechnet hat. Auch die Verwaltungsorgane der Agrarwirtschaft wurden ebenfalls dem Primärsektor zugeordnet. Während z. B. im 1. Bezirk von Budapest die Zahl der im Primärsektor Beschäftigten (= 1.242 Personen) praktisch mit dem Personalstand des Zentralamtes für Wasserwirtschaft übereinstimmt, waren die im 5. Bezirk (= City) lokalisierten 4.694 landwirtschaftlichen Arbeitsplätze in Wirklichkeit zum größten Teil Angestellte des Agrarministeriums. Durch dieses Prinzip der Datenerfassung wird auch der Anteil der Industrie auf Kosten des Tertiärsektors scheinbar erhöht, während die Bedeutung der Dienstleistungen in den amtlichen Statistiken systematisch unterbewertet wurde. Bei einer Angleichung dieses Erfassungsprinzips an die westlichen Länder würde der Tertiärsektor in Budapest wesentlich höhere Werte erreichen, auch der Agglomerationsgürtel würde höhere Anteile des tertiären Sektors aufweisen; der krasse Gegensatz zwischen der zentralen Stadt und ihren Satelliten würde allerdings bestehen bleiben.

Der im allgemeinen stark unterschätzte Anteil der Dienstleistungen am Arbeitsplatzangebot erreicht seinen höchsten Wert erwartungsgemäß in der City (5. Bezirk) und in den Nachbarbezirken des äußeren Stadtkerns (Abb. 4). Es überrascht jedoch, daß der Anteil der tertiären Arbeitsplätze auch in vielen Siedlungen des Agglomerationsgürtels über dem Zentralwert liegt und stellenweise (Leányfalu, Csobánka, Tárnok, Üllő) sogar 50% übersteigt. Um diese Angaben richtig zu deuten, muß man aber auch die absoluten Zahlen in Betracht ziehen. Die Anwesenheit von gewissen fundamentalen Versorgungs- und Dienstleistungsfunktionen ist selbst in den kleineren, relativ unterentwickelten Gemeinden notwendig. Wenn die lokale Industrie und Landwirtschaft nur wenige Arbeitsplätze anbieten können, erhöht sich der Anteil der Dienstleistungen automatisch. Von diesem Gesichtspunkt aus stellt Csobánka einen extremen Sonderfall dar. In dieser Gemeinde bieten das Kindererholungsheim der Csepel-Werke und die staatliche Erziehungsanstalt für behinderte Kinder den größten Teil der insgesamt nur 238 Arbeitsplätze, was einen hohen Anteil des tertiären Sektors sowie der qualifizierten Arbeitskräfte zur Folge hat.

Die Aufschlüsselung der Arbeitsplatzdaten nach Eigentumsformen (Tab. 3) zeigt, daß der staatliche Sektor in Budapest und der genossenschaftliche Sektor im Agglomerationsgürtel einen über dem Landesdurchschnitt liegenden Anteil am Arbeitsmarkt erreichten. Dem genossenschaftlichen Sektor gehörten natürlich nicht nur LPG's, sondern auch zahlreiche Gewerbe-, Dienstleistungs- und Konsumgenossenschaften an. Der genossenschaftliche Sektor umfaßte also wesentliche industrielle und tertiäre Tätigkeitsbereiche und konnte dank der Flexibilität,

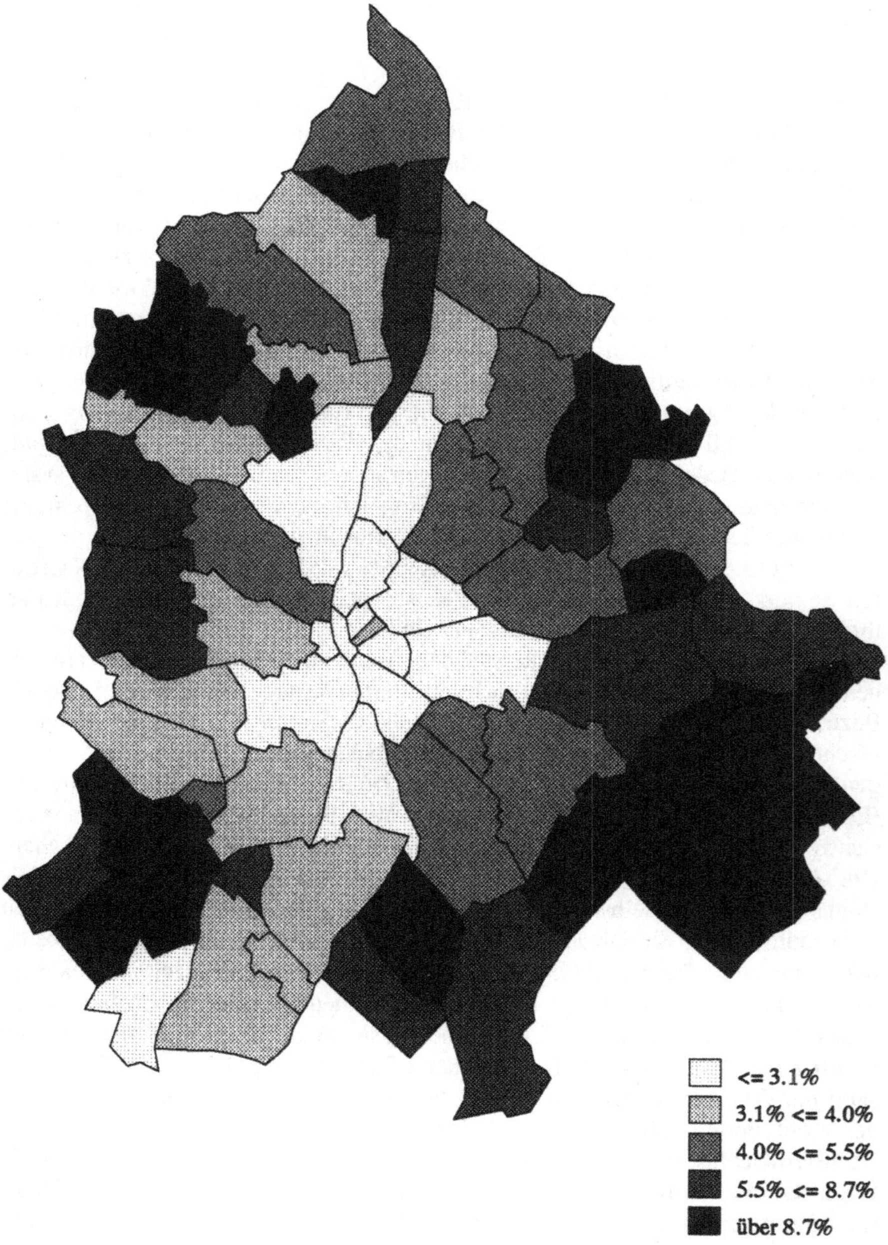

Abb. 5. Der Anteil der Arbeitsbevölkerung in der Agglomeration von Budapest, der 1980 im privaten Sektor beschäftigt war. Quelle: Sonderauswertung der ungarischen Volkszählung 1980, Heidelberger Ungarn-Datenbank

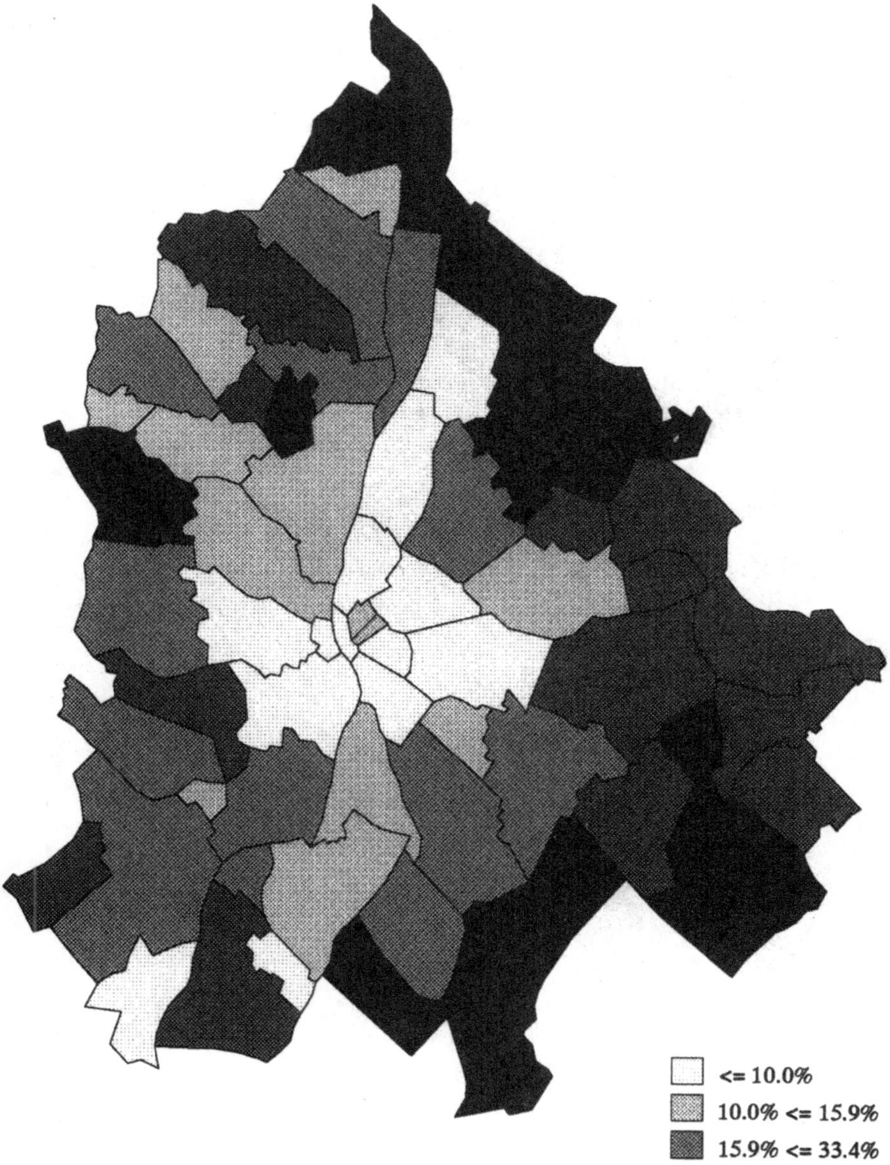

Abb. 6. Der Anteil der Arbeitsbevölkerung in der Agglomeration von Budapest, der 1980 im genossenschaftlichen Sektor beschäftigt war. Quelle: Sonderauswertung der ungarischen Volkszählung 1980, Heidelberger Ungarn-Datenbank

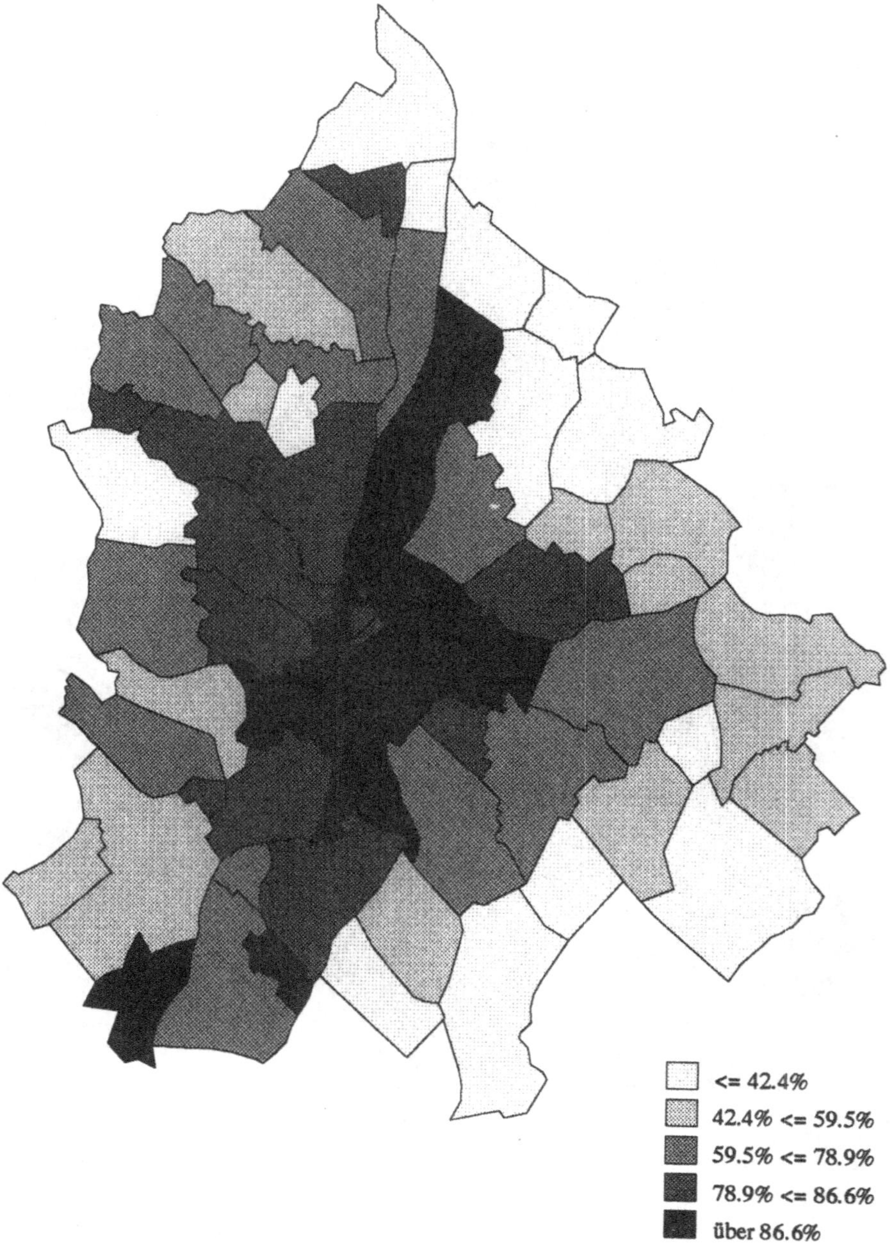

Abb. 7. Der Anteil der Arbeitsbevölkerung in der Agglomeration von Budapest, der 1980 im staatlichen Sektor beschäftigt war. Quelle: Sonderauswertung der ungarischen Volkszählung 1980, Heidelberger Ungarn-Datenbank

Innovationsfähigkeit und Vielseitigkeit der Genossenschaften in gewisser Hinsicht als eine Übergangsstufe zum Privatsektor betrachtet werden.

Tabelle 2. Verteilung der Arbeitsplätze nach Eigentumsformen im Jahre 1980

	Staatlicher Sektor	Genossenschaftlicher Sektor	Privater Sektor
Ungarn	72,5%	24,2%	3,3%
Budapest	87,0%	10,5%	2,5%
Agglomerationsgürtel	65,5%	29,2%	5,3%

Quelle: Sonderauswertung der Ungarischen Volkszählung 1980

Die Abb. 5 - 7 veranschaulichen deutlich die regionale Verknüpfung des staatlichen Sektors mit den großen Industriebetrieben sowie die Bedeutung der vielseitig profilierten Genossenschaften innerhalb des Arbeitsangebotes des Agglomerationsgürtels. Der Anteil der im Privatsektor Beschäftigten (dazu zählten die selbständig Erwerbstätigen im Kleingewerbe oder Kleinhandel sowie ihre Angestellten, die privaten Fuhrmänner, die in der Agglomeration kaum vorhandenen selbständigen landwirtschaftlichen Kleinproduzenten, die Tagelöhner sowie andere Selbständige und die Angestellten der Kirchen) erreichte in den Jahren 1979 - 80 landesweit seinen historischen Tiefpunkt. Der Anteil des Privatsektors am Arbeitsplatzangebot des Agglomerationsgürtels war trotzdem nicht ganz unbedeutend (Abb. 5); er lag 1980 in 8 Gemeinden sogar über 10%. Derart hohe Werte kamen aber meistens nur in Siedlungen mit einem unterentwickelten staatlichen und genossenschaftlichen Sektor vor, in denen die absolute Zahl der Arbeitsplätze relativ klein war. Allerdings gab es zwischen einzelnen Siedlungen signifikante Unterschiede hinsichtlich der Bedeutung des privaten Sektors. Als Beispiel seien hier die "sozialistische" Industriestadt Százhalombatta und ihre Nachbarstadt Érd, die größte der traditionellen Satellitenstädte, angeführt. Érd zählte dreimal so viele Einwohner als Százhalombatta, während ihr Privatsektor 15 mal so viele Arbeitsplätze angeboten hat.

3 Das Ausbildungsniveau der Arbeitsbevölkerung im Jahre 1980

Die hochqualifizierten, innovationsfähigen Arbeitskräfte waren 1980 in außerordentlich hohem Maße auf Budapest konzentriert. In dem durch eine ziemlich rückständige Infrastruktur gekennzeichneten Agglomerationsgürtel erreichte das Ausbildungsniveau der Arbeitsbevölkerung des sekundären und tertiären Sektors hingegen nicht einmal die Durchschnittswerte von Ungarn. Das steht im Einklang mit der Tatsache, daß die Satellitensiedlungen selbst dem Arbeitsmarkt der zentralen Stadt meistens unqualifizierte Pendler liefern. Nur die im sehr breiten

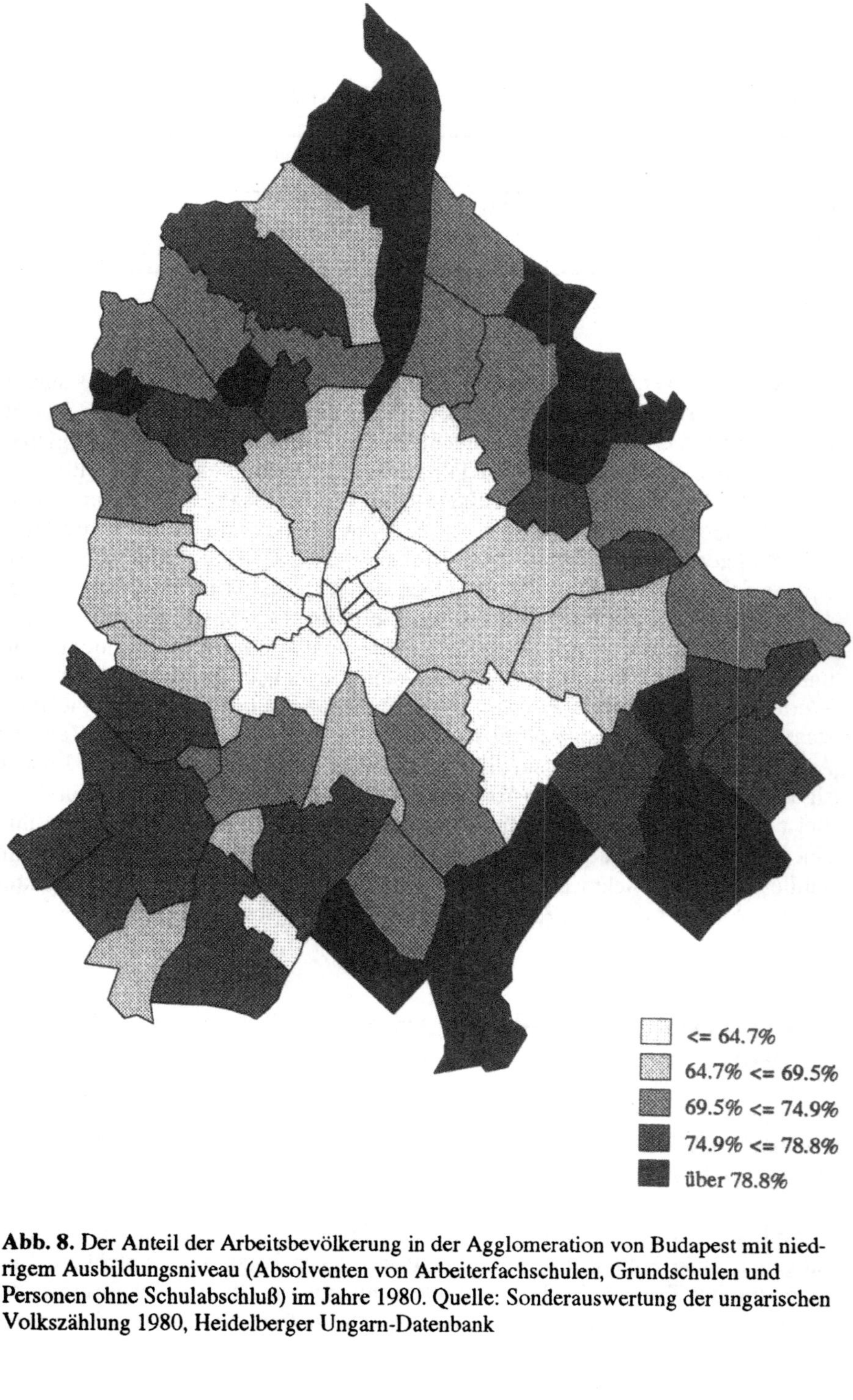

Abb. 8. Der Anteil der Arbeitsbevölkerung in der Agglomeration von Budapest mit niedrigem Ausbildungsniveau (Absolventen von Arbeiterfachschulen, Grundschulen und Personen ohne Schulabschluß) im Jahre 1980. Quelle: Sonderauswertung der ungarischen Volkszählung 1980, Heidelberger Ungarn-Datenbank

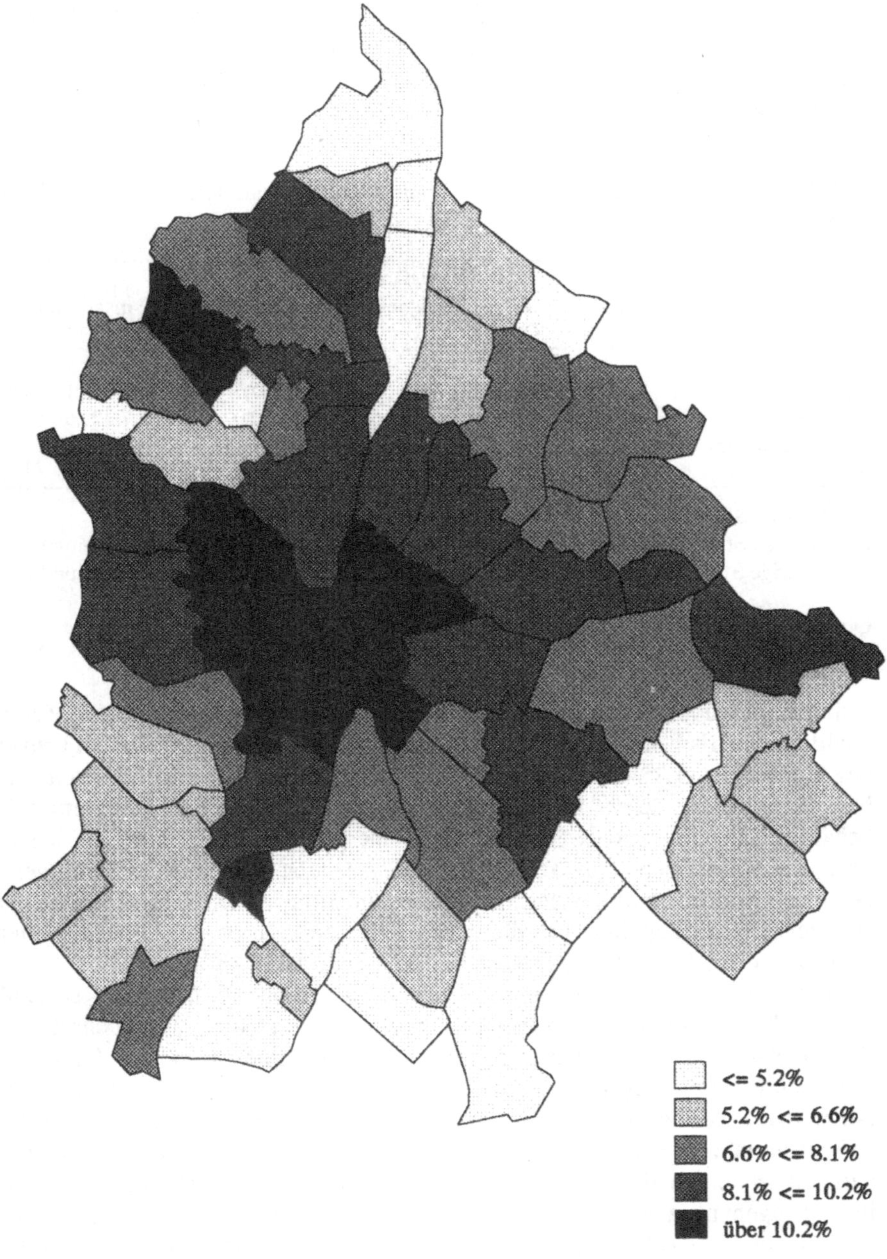

Abb. 9. Der Anteil der Arbeitsbevölkerung in der Agglomeration von Budapest mit hohem Ausbildungsniveau (Universitäts- oder Hochschulabschluß) im Jahre 1980. Quelle: Sonderauswertung der ungarischen Volkszählung 1980, Heidelberger Ungarn-Datenbank

Sinne definierte Landwirtschaft des Agglomerationsgürtels hatte eine Arbeitsbevölkerung mit einem überdurchschnittlichen Ausbildungsniveau. Das ist ein Beweis für die besonders diversifizierte und sich an die Ansprüche des Marktes gut anpassende Struktur der hier tätigen LPG's, welche die Vorteile der Nähe von Budapest ausnützen und sich z. T. auch auf die geistige Basis der Hauptstadt stützen können.

Tabelle 3. Das Ausbildungsniveau der Arbeitsbevölkerung im Jahre 1980 nach Wirtschaftszweigen (%)

	Primärer Sektor			Sekundärer Sektor			Tertiärer Sektor			Insgesamt		
	A	B	C	A	B	C	A	B	C	A	B	C
Ungarn	3,2	9,1	87,7	4,9	20,3	74,8	14,0	27,7	58,3	8,1	21,1	70,8
Budapest	8,6	22,8	68,6	9,1	25,6	65,3	18,5	32,0	49,5	13,7	28,6	57,7
Agglomerationsgürtel	4,1	16,5	79,4	4,0	19,0	77,0	12,1	23,6	64,3	6,6	19,9	73,5

A = höchste Stufe: Universitäts- oder Hochschulabschluß
B = mittlere Stufe: Abschluß einer Berufsoberschule oder eines Gymnasiums (Abitur)
C = niedrige Stufe: Absolventen von Arbeiterfachschulen, Grundschulabsolventen und Personen ohne Schulabschluß.
Quelle: eigene Sonderauswertung der ungarischen Volkszählung 1980.

Während die industriellen Ballungen der äußeren Bezirke verhältnismäßig wenig qualifizierte Arbeitskräfte beschäftigten, kann man im Stadtkern sowie im Gebiet des Budaer Gebirges eine deutliche Konzentration der hochqualifizierten Arbeitsplätze beobachten (Abb. 8-9). Die mit privaten Appartementhäusern neu bebauten Hänge im Budaer Gebirge bieten eine gesunde, angenehme und ästhetisch wertvolle Umgebung. Dieses Gebiet ist seit langem von der Intelligenz bevorzugt worden, und die negative Diskriminierung dieser Schicht durch die staatliche Wohnbaupolitik hat die schon bestehende Segregation noch weiter verschärft (Probáld F., 1974; Csanádi G. und J. Ladányi, 1989).

Die westlichen Stadtbezirke und Vororte (z. B. Budakeszi, Nagykovácsi) sind also für hochqualifizierte Arbeitsplätze vor allem wegen der Zusammensetzung ihrer Wohnbevölkerung attraktiv geworden. Doch im größten Teil des Agglomerationsgürtels überwiegen die Arbeitsplätze für die niedrigen Ausbildungsstufen (Abb. 10). Ausnahmsweise können aber selbst kleine Gemeinden, in denen der Arbeitsmarkt von einigen spezialisierten und anspruchsvollen Arbeitgebern beherrscht ist, durch das hohe Ausbildungsniveau ihrer Arbeitsbevölkerung von ihrer Umgebung abweichen (z.B. Halásztelek mit dem Forschungsinstitut für Werkzeugmaschinenbau und einem Experimentiergut der Universität; oder Csobánka mit der schon erwähnten Kindererziehungsanstalt). Allerdings muß man in diesen Fällen annehmen, daß ein Teil der qualifizierten Arbeitskräfte von anderswo einpendelt.

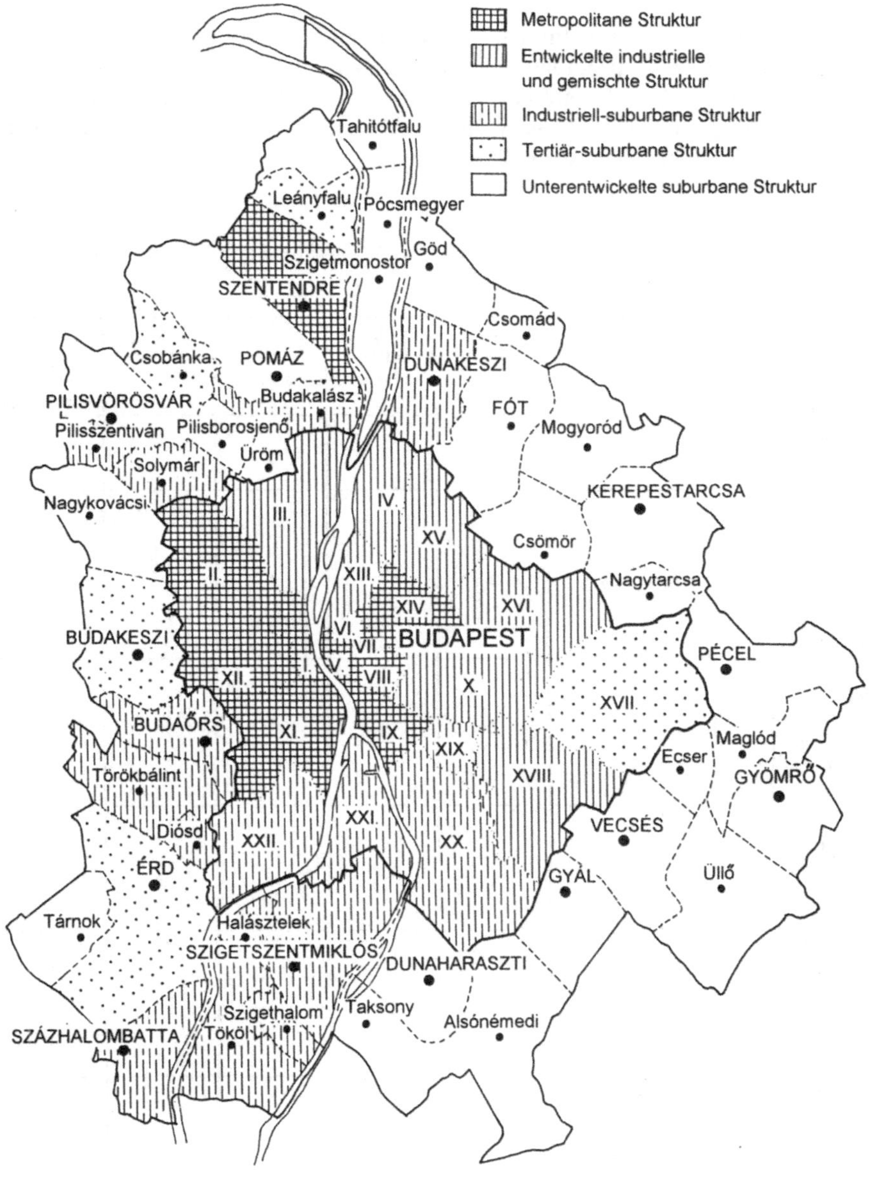

Abb. 10. Strukturtypen des Arbeitsplatzangebotes in der Agglomeration von Budapest im Jahre 1980. Quelle: Sonderauswertung der ungarischen Volkszählung 1980, Heidelberger Ungarn-Datenbank; Entwurf: Probáld

4 Strukturtypen des Arbeitsplatzangebotes in der Agglomeration von Budapest

In der geographischen Literatur der letzten Jahrzehnte gab es einen recht verbreiteten Trend, bei der Typisierung bzw. Regionalisierung von Raumeinheiten von einer möglichst großen Anzahl der Variablen auszugehen. Man kann in diesem Fall z. B. die Methode der Clusteranalyse (Distanzgruppierung) anwenden, der allerdings noch eine Faktorenanalyse vorangehen muß, um die Voraussetzung

Tabelle 4. Grundzüge der Strukturtypen des Arbeitsmarktes in der Agglomeration von Budapest

Strukturtyp / Merkmal	a) Metropolitaner	b) Entwickelt-industrieller	c) Gemischter	d) Tertiär-suburbaner	e) Staatlich großindustrieller	f) Industrieller	g) Unterentwickelt-suburbaner
Relative Arbeitsplatzdichte	+	+			+		
Anteil der von hochqualifizierten Personen* besetzten Arbeitsplätze	+	+	+				
Anteil des Dienstleistungssektors an den lokalen Arbeitsplätzen	+		+	+			
Anteil der Industrie an den lokalen Arbeitsplätzen		+	+		+	+	
Anteil der Genossenschaften an den lokalen Arbeitsplätzen							+
Anteil des Privatsektors an den lokalen Arbeitsplätzen				+			+

* Personen mit abgeschlossenen Universitäts- oder Hochschulstudien

+ Platz in den beiden obersten Quintilen der Rangordnung der räumlichen Einheiten

der Standardisierung und Orthogonalität zu erfüllen (Bahrenberg G. und E. Giese, 1975). Für die Zwecke dieses Aufsatzes wurde jedoch ein anderer Weg gewählt bzw. der Versuch unternommen, die Gemeinden der Budapester Agglomeration mit einigen einfachen Strukturmerkmalen zu klassifizieren.

Die Klassifikation beruht auf den Merkmalen, die für die einzelnen Siedlungen besonders charakteristisch sind, d. h. deren Werte in den beiden obersten Quintilen der nach der Größe geordneten Datenreihen der 65 Raumeinheiten rangieren. Aus der Anzahl und Kombination dieser Merkmale ergibt sich die folgende Gruppierung der Arbeitsmarkttypen in der Agglomeration von Budapest (Abb. 10).

a) Die "**metropolitane Struktur**" ist gekennzeichnet durch weit über dem Zentralwert liegende Anteile des tertiären Sektors und der besonders gut ausgebildeten Arbeitskräfte sowie durch eine aus dem Einpendeln resultierende hohe Arbeitsplatzdichte. Der Privatsektor spielte bei diesem Strukturtyp eine sehr geringe Rolle. Eine solche metropolitane Struktur war 1980 bei den Bezirken des Stadtkerns und des Budaer Gebirges zu verzeichnen. Vom Agglomerationsgürtel läßt sich bloß Szentendre, eine alte Kleinstadt mit vielseitigen industriellen, kulturellen und touristischen Funktionen diesem Typ zuordnen.
b) Bei der "**entwickelten, industriellen Struktur**" liegen die Arbeitsplatzdichte, der Anteil der Beschäftigten des sekundären Sektors und der Anteil der Erwerbstätigen mit hohem Ausbildungsniveau in den obersten zwei Quintilen der Verteilung. Auch bei diesem Strukturtyp spielt der staatliche Sektor eine große und der Privatsektor eine unbedeutende Rolle, der wichtigste Unterschied zum "metropolitanen Strukturtyp" besteht im Entwicklungsgrad des tertiären Sektors. Diese Struktur charakterisierte das Arbeitsplatzangebot von 5 Bezirken in Budapest, deren wichtigste Betriebe den modernen, z. T. entwicklungsfähigen Industriezweigen angehören.
c) Eine "**gemischte Struktur**" fand sich nur in zwei äußeren Bezirken von Budapest; sie ist durch ein hohes Gewicht des sekundären und tertiären Sektors sowie durch vorwiegend qualifizierte Arbeitskräfte geprägt. Der Unterschied gegenüber den beiden erstgenannten Typen besteht in dem geringeren Entwicklungsgrad des lokalen Arbeitsmarktes bzw. in der niedrigeren Arbeitsplatzdichte.
d) Die "**tertiär-suburbane Struktur**" ist gekennzeichnet durch einen über dem Zentralwert liegenden Anteil des tertiären Sektors und des Privatsektors, durch eine niedrige Arbeitsplatzdichte und durch hohe Auspendlerquoten. Der Anteil der Erwerbstätigen mit dem höchstem Ausbildungsniveau erreicht nur in Ausnahmefällen einen hohen Wert. Außer dem 17. Bezirk von Budapest gehörten auch die westlich der Donau liegenden Vororte Érd, Budakeszi, Csobánka und Leányfalu zu diesem Typ; sie alle erfüllen im Raum der Agglomeration bedeutende Freizeit- und Erholungsfunktionen.
e) Die "**staatlich-großindustrielle Struktur**" ist durch einen sehr hohen Anteil der Arbeitsbevölkerung im sekundären Sektor, eine hohe Arbeitsplatzdichte (Einpendlerüberschuß) und einen geringen Anteil hochqualifizierter Arbeits-

kräfte definiert. Die Dienstleistungen und der private Sektor sind bei diesem Typ nur äußerst schwach entwickelt. Zu dieser Gruppe gehören Bezirke mit großen alten Industriebetrieben sowie Vororte, die meistens in den letzten Jahrzehnten zu Standorten der Schwerindustrie geworden sind und aus diesem Grund z. T. auch das Stadtrecht erhalten haben (Százhalombatta, Dunakeszi, Szigetszentmiklós, Budaörs).

f) Die "**industrielle Struktur**" ist hinsichtlich ihrer wichtigsten Merkmale dem vorigen Typ sehr ähnlich, unterscheidet sich von ihm jedoch durch eine niedrigere Arbeitsplatzdichte. Der Anteil der Arbeitskräfte mit Universitätsabschluß liegt nur selten über dem Median (z.B. Halásztelek, Budakalász). Zu diesem Typ gehören zwei äußere Bezirke von Budapest sowie einige kleinere, industrialisierte Gemeinden der Budaer Seite und der Csepel-Insel.

g) Die "**genossenschaftlich geprägte (unterentwickelt-suburbane) Satellitenstruktur**" bildete 1980 im östlichen Teil der Agglomeration einen breiten zusammenhängenden Gürtel, während sie unter den Vororten der Westseite, die zu recht verschiedenen Typen gehören, eher als Ausnahme gilt. Diese Gruppe der Gemeinden ist durch das massenhafte Auspendeln und durch mangelnde lokale Arbeitsmöglichkeiten gekennzeichnet. Am lokalen Arbeitsmarkt herrscht der vielseitig orientierte genossenschaftliche Sektor vor, doch liegt der Anteil des Privatsektors weit über dem Medianwert. Das Ausbildungsniveau der Auspendler und der Arbeitsbevölkerung ist gleichfalls niedrig.

Da die tatsächliche Aussagekraft der amtlichen Statistiken über den primären Sektor recht zweifelhaft ist, wird kein weiterer Strukturtyp aufgrund des scheinbar niedrigen Anteils dieses Sektors am Arbeitsplatzangebot der Gemeinden am Ostrand der Agglomeration unterschieden.

5 Die Verbreitung der Privatunternehmen in der Agglomeration von Budapest

Die in Tabelle 4 durchgeführte Typisierung des Arbeitsplatzangebotes beruht auf Strukturmerkmalen, die hinsichtlich des Entwicklungspotentials durchwegs als positiv zu betrachten sind. Das gilt vor allem für die relative Arbeitsplatzdichte, die indirekt auch die Qualität der lokalen Infrastruktur anzeigt. Angesichts der zunehmenden Arbeitslosigkeit sind ein vielfältiges und reich differenziertes Arbeitsplatzangebot und eine hochentwickelte Infrastruktur als besonders günstig einzuschätzen.

Ein hoher Anteil der Arbeitsbevölkerung mit einem hohen Ausbildungsniveau ist für den Aufbau einer modernen Wirtschaft besonders wichtig, da von Hochqualifizierten sowohl eine Innovationsfähigkeit als auch eine entsprechend qualifizierte Arbeit erwartet wird. Es ist kein Zufall, daß schon am Anfang der 80er Jahre in den verschiedenen Gemeindegrößenklassen von Ungarn ein sehr enger Zusammenhang zwischen der Verteilung der hochqualifizierten Bevölkerung und der Anzahl der neu entstehenden Privatunternehmen nachgewiesen werden konnte (Pomázi I., 1988).

Ein hoher Anteil der Beschäftigten im tertiären Sektor ist ebenfalls als vorteilhaft zu beurteilen, weil in den 90er Jahren, anders als in den 60er und 70er Jahren, der Schwerpunkt des Entwicklungspotentials im Bereich der Dienstleistungen liegt, deren Entwicklung während des sozialistischen Systems vernachlässigt wurde. Dieser Nachholbedarf im Aufbau der Dienstleistungen ist besonders in jenen räumlichen Einheiten der Agglomeration von Budapest sehr hoch, deren Arbeitsmarkt bisher einseitig durch die Dominanz der Industrie bestimmt gewesen ist. Die stark industrialisierten Bezirke bzw. Vororte von Budapest können übrigens auch durch ihre besser ausgebaute Infrastruktur bessere Voraussetzungen für die wirtschaftliche Entwicklung anbieten.

Der Anteil der Arbeitsplätze im Privatsektor war 1980 noch sehr gering. Den Keimzellen des unternehmerischen Denkens, die selbst die schwersten Zeiten überstanden haben, könnte man in der Umstellungsphase zur Marktwirtschaft in gleichem Maße eine sehr wichtige Rolle beimessen, wie dem genossenschaftlichen Sektor, dessen dienstleistungsorientierte Nebenerwerbstätigkeiten und hauswirtschaftliche Warenproduktion sich schon in den 80er Jahren auf marktorientierten Ansätzen entfalten konnten. Allerdings muß man dabei auch berücksichtigen, daß die beiden erwähnten Eigentumsformen erst in jenen Siedlungen des Agglomerationsgürtels einen beträchtlichen Anteil am Arbeitsplatzangebot erreichen, die im allgemeinen eher ungünstige Voraussetzungen für die Entwicklung aufweisen.

Aufgrund der Verbreitung der bei der räumlich-strukturellen Typisierung der Agglomeration von Budapest verwendeten Strukturmerkmale und der relativ stabilen Grundzüge des Arbeitsplatzangebotes können über die mikroregionalen Unterschiede des Entwicklungs- bzw. Innovationspotentials selbst für einen späteren Zeitpunkt gewisse Schlußfolgerungen gezogen werden. Der Sinn der vorgenommenen Klassifikation liegt deshalb nicht bloß in einer Bestandsaufnahme des aktuellen Zustandes, sondern vielmehr auch in einer prognostischen Fähigkeit. Im folgenden wird versucht, die Hypothese über die Aussagekraft der Strukturtypen hinsichtlich des zukünftigen Entwicklungspotentials zu verifizieren, wobei als Kriterium die tiefgreifendste Innovation der 90er Jahre, nämlich die Verbreitung der Privatunternehmen, herangezogen wird.

Der sichtbare Zusammenbruch des kommunistischen Systems begann in Ungarn Ende der 80er Jahre. Doch schon lange vor dieser großen Umwandlung hatten die Gesetze, die Anfang 1982 in Kraft getreten waren, dem wieder auflebenden Privatsektor einen ziemlich großen Spielraum gewährt. Die geographische Analyse der zweiten Wirtschaft (Nemes Nagy J. und É. Ruttkay, 1989) hat nachgewiesen, daß die Expansion der neuen privaten Unternehmen die schon bestehende Dominanz der über verhältnismäßig gute Infrastruktur verfügenden Städte (insbesondere die Position von Budapest) noch verstärkt hat. Etwa die Hälfte der in den Jahren 1982-1983 gegründeten Wirtschaftsgemeinschaften sind in Budapest entstanden, und unter den zumeist auf geistige Arbeit (z. B. Informatik, Computertechnik) spezialisierten Kleinunternehmen, den sogenannten zivilrechtlichen Assoziationen hat die Hauptstadt sogar einen Anteil von 85% erreicht (Pomázi I., 1988).

Dem politischen Umbruch von 1989-1990 ist ein Boom in der Gründung von Privatunternehmen gefolgt. Laut Angaben des Firmenkatalogs "Cég-katalógus 1992", der als Quelle für die nachfolgenden Untersuchungen dient, ließen sich in Ungarn bis zum 1. Januar 1992 insgesamt 63.000 Privatgesellschaften registrieren (die Anzahl der individuellen Kleinunternehmen war um ein Mehrfaches höher, diese sind jedoch aus technischen Gründen nicht in die weitere Analyse einbezogen worden). Von den erwähnten Firmen haben sich rund 23.000 in Budapest und 3230 im Agglomerationsgürtel der Hauptstadt registrieren lassen, d.h. etwa 40% der Privatunternehmen des Landes haben sich in der Hauptstadt niedergelassen. Der Anfang des Jahres 1992 gilt als ein Markstein im Prozeß der marktwirtschaftlichen Entwicklung. Die vor diesem Zeitpunkt neu gegründeten oder von den verschiedenen Übergangsformen der Kleinunternehmen entstandenen Gesellschaften können nämlich als Beweise der schnellen Anpassungsfähigkeit an die neuen Herausforderungen betrachtet werden, während die spätere, geringere Zunahme der Privatunternehmen einen weit weniger innovativen Charakter hatte, sondern vielmehr von der aktuellen Gesetzgebung hinsichtlich der Privatisierung des Staatseigentums geprägt war. Der erste Januar 1992 stellt also für die Untersuchung der Verteilung der Privatunternehmen in der Agglomeration von Budapest einen besonders aussagekräftigen Zeitpunkt dar. Dem schon erwähnten Firmenkatalog können nicht nur die Zahl der registrierten Gesellschaften, sondern auch Informationen über ihr Stammkapital entnommen werden. Daraus ergab sich die Möglichkeit, in den einzelnen Raumeinheiten die Verteilung der Privatunternehmen sowohl anhand der "Firmendichte" (Verhältnis der Zahl der registrierten Firmen zur Bevölkerung) als auch anhand der "Kapitaldichte" (Verhältnis des Stammkapitals der Firmen zur Bevölkerung) kartographisch darzustellen (Abb. 11. und 12.). Für die Zwecke der Untersuchung nach räumlichen Arbeitsmarkttypen sind die eng verwandten Strukturen b) und c) unter der Bezeichnung "entwickelt-suburban", die Strukturen e) und f) als "industriell-suburban" zusammengezogen worden (Tabelle 5)

Tabelle 5. Indikatoren der Verbreitung der Privatunternehmen in der Agglomeration von Budapest nach Strukturtypen des Arbeitsmarktes

Bez. des Typs	Zahl der Raumeinheiten	Firmendichte (Zahl der Privatuntern./ 1000 Ew.)	Kapitaldichte Mill.Ft./ 1000 Ew.	Durchschn. Stammkapital Privatuntern. (in Mill. Ft.)
Metropolitan	11	17,2	590,0	34,3
Entwickelt-suburban	7	8,0	117,0	14,6
Industriell-suburban	16	9,3	44,4	4,8
Tertiär-suburban	5	9,3	30,5	3,4
Unterentwick.-suburban	26	6,1	18,6	3,0

Quelle: eigene Berechnungen nach "Cég-katalógus 1992"

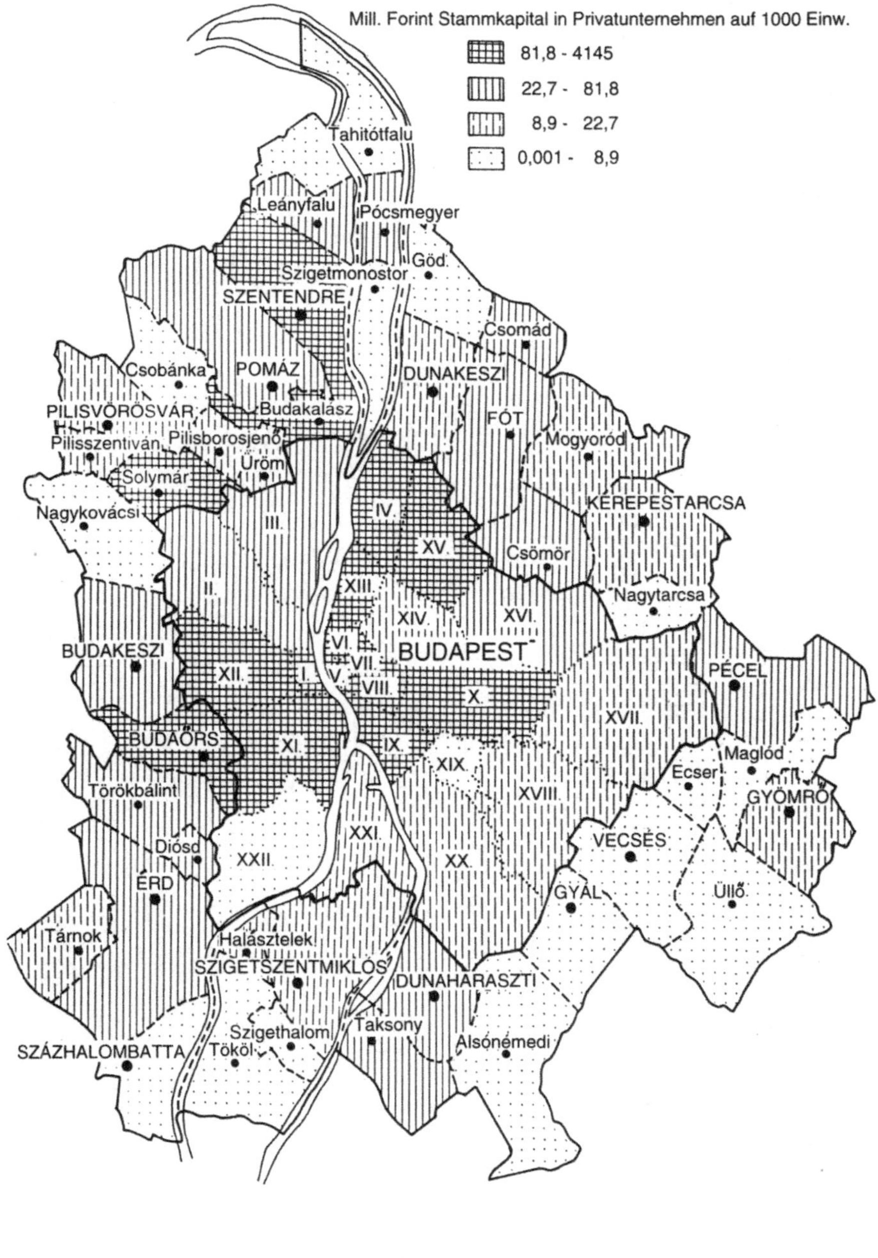

Abb. 11. Die "Firmendichte" von Privatunternehmen in der Agglomeration von Budapest im Jahre 1992. Quelle: Firmenkatalog "Cég-katalógus 1992". Entwurf: Probáld F.

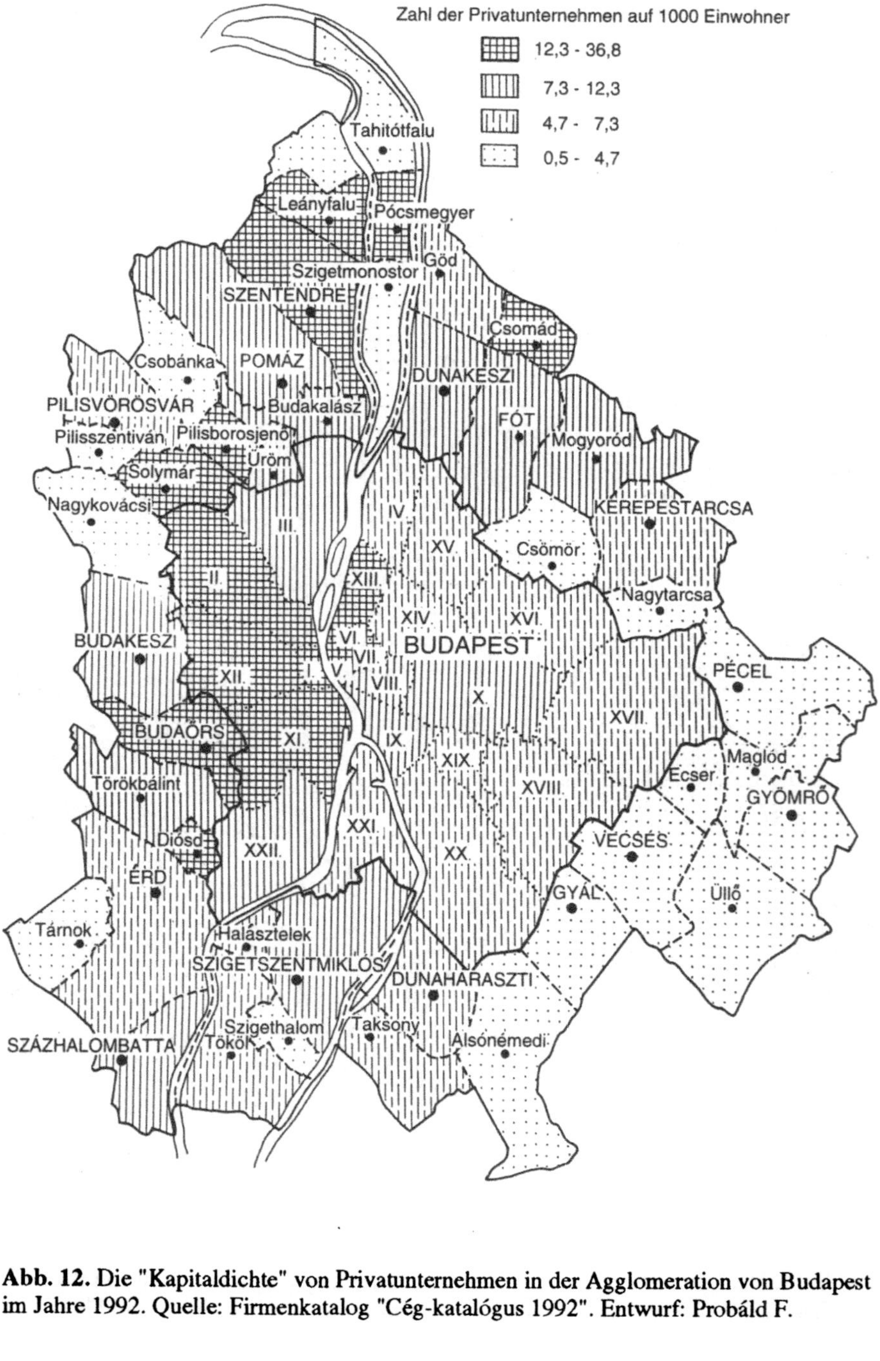

Abb. 12. Die "Kapitaldichte" von Privatunternehmen in der Agglomeration von Budapest im Jahre 1992. Quelle: Firmenkatalog "Cég-katalógus 1992". Entwurf: Probáld F.

Die Tabelle 5 bestätigt die Hypothese über den Zusammenhang zwischen Arbeitsplatzangebot und Innovationspotential. Dieser Zusammenhang tritt beim Indikator "Kapitaldichte" besonders deutlich zutage, während sich bei der Verwendung des Indikators "Firmendichte" nur der metropolitane und der unterentwickelt-suburbane Typ deutlich von den anderen Strukturtypen unterscheiden. Eine tiefgreifende Analyse der Verbreitung der Privatunternehmen unter Berücksichtigung der verschiedenen Kombinationen der Firmen- und Kapitaldichte in den einzelnen Raumeinheiten würde weit über den Rahmen dieses Aufsatzes hinausgehen. Deshalb sollen im folgenden nur zwei Zusammenhänge hervorgehoben werden:

In den 65 Raumeinheiten der Agglomeration von Budapest konnte eine mittelmäßig starke Korrelation zwischen der relativen Arbeitsplatzdichte und der Firmen- bzw. Kapitaldichte nachgewiesen werden. (Rangkorrelationskoeffizient r= 0,56 bzw. 0,53, beide sind statistisch auf dem 0,1% Niveau signifikant). Man kann also daraus schließen, daß die erste große Welle der Gründung von Privatunternehmen die bestehenden Unterschiede des Arbeitsplatzangebotes weiter verschärft hat und daß die frühere Tendenz zum räumlichen Ausgleich durch eine erneute Konzentration der Arbeitsplätze im Bereich der Hauptstadt abgelöst wurde. Das wirtschaftliche Aufblühen des inneren Wohngürtels steht in krassem Gegensatz zur überalterten Bevölkerungsstruktur und zur Bausubstanz dieser Bezirke, so daß dieser Zone offenbar ein bedeutender Funktionswechsel bevorsteht.

Der Anteil der Arbeitsplätze für hochqualifizierte Arbeitskräfte steht in den Bezirken von Budapest in sehr enger Korrelation mit der Firmendichte (r=0,92), während sein Zusammenhang mit der Kapitaldichte wesentlich schwächer ist (r=0,65). Im Agglomerationsgürtel läßt sich hingegen keine derartige signifikante Korrelation nachweisen. Der festgestellte Zusammenhang kann durch die Einschaltung von Gruppen mittlerer Bildungsstufen in die Untersuchung nur geschwächt werden. Das bestätigt wieder einmal die besonders wichtige Rolle, die den Hochqualifizierten beim Übergang zur Marktwirtschaft zuzuschreiben ist. Was aber die scheinbar unterschiedlichen Gesetzmäßigkeiten des Vorortegürtels betrifft, muß man stets die Tatsache vor Augen haben, daß die ganze Agglomeration von Budapest eine funktionale Einheit höheren Ranges darstellt, deren Arbeitsmarkt trotz mikroregionaler Unterschiede letzten Endes durch die vielfältigen Verflechtungen und die vorherrschende Rolle der zentralen Stadt geprägt ist.

Literatur

Bahrenberg, G. und E. Giese (1976): Statistische Methoden und ihre Anwendung in der Geographie. Stuttgart.

Csanádi, G. und J. Ladányi (1988): A lakóhelyi szegregáció alakulása Budapesten 1930 és 1980 között. (Die Wandlungen der Segregation der Wohnbevölkerung in Budapest zwischen 1930 und 1980). Valóság 31, 70 - 82.

Friedrichs, J. Hrsg. (1985): Stadtentwicklungen in West- und Osteuropa. Berlin.

Központi Statisztikai Hivatal (1991): Településhálózat V. (Siedlungsnetz Bd. V.). Budapest.

Nemes Nagy, J. und É. Ruttkay (1989): A második gazdaság földrajza (Geographie der "zweiten Wirtschaft"). Budapest.

Pomázi I. (1988): A kisvállalkozások elterjedésének területi egyenlőtlenségei magyarországon. (Die Ungleichmäßigkeit der regionalen Verbreitung der Kleinunternehmen in Ungarn.) Földrajzi Értesítő XXXVII, 179-191.

Probáld, F. und K. Rikkinen (1978): Bevölkerungsveränderungen im Bereich von Budapest in den Jahren 1869 - 1966. In: Kuls, W. (Hrsg.): Probleme der Bevölkerungsgeographie. Darmstadt, 150 - 176.

Probáld, F. (1974): A Study of Residential Segregation in Budapest. Annales Univ. Sc. Bp. R. Eötvös, Sectio Geographica IX. 103 - 112.

Sárfalvi, B. (1991): Neuere Tendenzen der Agglomeration Budapest. Geographische Rundschau 12, 724 - 730.

Abstract

Spatial Patterns of the Labour Market in the Budapest Metropolitan Area

The paper starts with â brief outline of the development and the spatial structure of the Budapest Metropolitan Area, consisting the primate city of and its inner suburban belt. A classification of the urban districts and the suburbs was undertaken based on the fundamental features of their labour market according to the 1980 census. Seven structural types could be identified. An analysis of the distribution of the emerging new private enterprises and their initial capital in the Budapest Metropolitan Area until 1992 shows a relationship between the types of labour markets and differing degrees of innovative capacity. The great diversity of the existing labour market and the high share of qualified jobs seem to be particularly attractive for the recently founded enterprises. Therefore, a more centralised employment pattern emerges, created by the private sector in the Budapest Metropolitan Area.

Die organisatorische Erneuerung der ungarischen Industrie am Beispiel der Budapester Region[1]

Éva Kiss
Geographisches Forschungsinstitut der Ungarischen Akademie der Wissenschaften. Andrássy út 62. P.O.B. 64, H-1388 Budapest, Ungarn

1 Einleitung

Während der Jahrzehnte des Sozialismus waren eine überdimensionierte Verwaltung und Führung sowie eine starke räumliche Konzentration der Unternehmensleitungen typische Charakteristika der ungarischen Industrie. Außer der das Land in NO-SW-Richtung durchquerenden Industrieachse verfügten nur noch einige größere Städte über erwähnenswerte Industrie. Innerhalb dieser Industrieachse ragte Budapest wie ein Riese hervor. Die Hauptstadtregion, die Budapest und das Komitat Pest umfaßt, hat im Wirtschaftsleben von Ungarn schon immer eine dominierende Rolle gespielt. Diese überragende Bedeutung der Hauptstadtregion geht u. a. auf diverse historische Faktoren, die gute verkehrsgeographische Lage, das Vorhandensein von innovativen Institutionen, von qualifizierten Arbeitskräften und eines großen Verbrauchermarktes sowie auf die Kapitalkonzentration und internationale Kooperationsbeziehungen usw. zurück.

Während der 80er Jahre verzeichnete jedoch die Industrie in der Budapester Region große, überwiegend negative Strukturveränderungen (z. B. Rückgang der Industrieproduktion, Rückgang der Anzahl der Industrieangestellten, Minderung des Bruttowertes der industriellen Produktion etc.), so daß sich Ende der 80er Jahre die Notwendigkeit einer grundlegenden Erneuerung der Industrie ergab. Diese betraf nicht nur die Veränderung der Organisationsstrukturen, des Managements und der Verantwortungsbereiche, sondern auch die der Größe und der Produktion der Unternehmen.

Diese Studie verfolgt das Ziel, die Reorganisation und einige besondere Merkmale der Industriefirmen (Gründungsjahr, Beschäftigtenzahl, Kapitalhöhe usw.) in der Hauptstadtregion zu beschreiben und diese mit der landesweiten Entwicklung zu vergleichen. Die industriellen Strukturveränderungen in der Hauptstadtregion sind einerseits deshalb von besonderem Interesse, weil diese Region immer noch die wichtigste Industrieregion von Ungarn ist und die von hier ausgehenden Impulse einen starken Einfluß auf die anderen Landesteile haben. Andererseits könnte sich die besonders dynamische Entwicklung dieser Region auch

[1] Ich darf mich an dieser Stelle für die finanzielle Unterstützung der Sasakawa Stiftung der Ungarischen Akademie der Wissenschaften (MTA) bedanken.

über die Landesgrenzen hinaus auf andere Regionen des Karpatenbeckens auswirken.

Als Datenbasis dieser Untersuchung wurden die Bände 1991-1993 des Industrie-Almanachs (Ipari Almanach) verwendet, in welchen etwas über 40% aller Industriefirmen der untersuchten Region (Budapest und Komitat Pest), das sind etwa ein Fünftel aller Industriefirmen des Landes, erfaßt worden sind.

2 Organisatorische Entwicklung der ungarischen Industrie

Vor dem Ersten Weltkrieg waren - ähnlich wie in den hochentwickelten westlichen Ländern - auch in den entwickelten Zweigen der ungarischen Industrie die modernsten unternehmerischen Organisationsformen und Führungsstrukturen eingeführt, während in den übrigen, weniger entwickelten Sektoren noch die für den Frühkapitalismus charakteristischen Formen erhalten geblieben sind. In der Periode zwischen den beiden Weltkriegen ist diese Übergangssituation im wesentlichen konserviert worden. Nach 1945 hat der Modernisierungsprozeß der Organisationsstrukturen in den sozialistischen Ländern einen vollkommen anderen Weg beschritten als in den entwickelten westlichen Ländern. Die ungarischen Unternehmen wurden verstaatlicht und ihre Unabhängigkeit bestand nur noch formal auf dem Papier; ihre Funktionen wurden eingeengt und überwiegend auf die Produktion beschränkt; das Kleingewerbe und die kleinen Industriebetriebe verschwanden praktisch und die Joint Ventures wurden aufgelöst.

In der Periode nach dem 2. Weltkrieg waren die Organisation der ungarischen Industrie und die Struktur der Unternehmen von drei großen Phasen der organisatorischen und regionalen Zentralisierung betroffen. Die erste Phase der Zentralisierung erfolgte nach 1948, als die mit der Verstaatlichung radikal umgestalteten Unternehmen in eine außerordentlich zentralisierte organisatorische Einheit gezwungen wurden. Die Industrieunternehmen, deren Durchschnittsgröße sich durch die Umstrukturierung verdoppelt hat, wurden damals direkt der staatlichen Führung unterstellt (Kopátsy S., 1983). Die zweite Welle der Zentralisierung ereignete sich von 1962-1964, als von den staatlichen Stellen die Integrierung von mehreren Unternehmen derselben Größe und Branche und meist derselben Region in größere Einheiten angeordnet wurde, was zur Errichtung der sogenannten Trusts und wiederum zu einer Verdoppelung des durchschnittlichen Personalstandes der Firmen führte. Die dritte große Zentralisierungswelle fand von 1972-1977 statt, als die noch bestehenden kleinen und mittelgroßen Unternehmen in die Großunternehmen eingegliedert wurden. Dadurch stieg die Anzahl der Unternehmen der höchsten Größenklasse an, während der Anteil der kleineren Unternehmensgrößen zurückging. Durch die mehrmalige Zentralisierung der Unternehmensführung stieg der Anteil der Mehrbetriebs-Unternehmen an, gleichzeitig entstanden unbewegliche und ineffektive Unternehmensstrukturen. Im Zuge der Reformen von 1968 und zu Beginn der 80er Jahre kam es zwar zu Versuchen, die "auf den Kopf gestellte Pyramide" wieder auf die Beine zu stellen, aber erst Anfang der 90er Jahre waren diese Bemühungen erfolgreich. Zu diesem Umbau hat auch das 1989 in Kraft getretene Gesetz Nr. IV vom Jahre 1988 über das Gesellschaftsrecht, das den juristischen Rahmen zur Entflechtung der überdimensionierten Unternehmensstruktur bereitstellte, beigetragen.

Die Einführung des Gesellschaftsrechts war aus mehreren Gründen von großer Bedeutung. Es verbesserte die Fähigkeit der Volkswirtschaft, Gewinne zu erzielen, es förderte die Zusammenarbeit zwischen Produktion und Verkauf und durch Liberalisierung der Kapitalströme - den Einzug der individuellen Ersparnisse und des aktiven Kapitals vom Ausland in die Wirtschaft. Dies hat die Zahl und die Vielfältigkeit der Wirtschaftsorganisationen erhöht, und verhilft Unternehmen zu Zusatzkapital, was die Strukturveränderung in der Industrie positiv beeinflußt.

Wirtschaftsgesellschaften können in Ungarn nur in den gesetzlich geregelten Formen errichtet werden. Seit Anfang Januar 1989 sind dies: die Offene Handelsgesellschaft (OHG), die Wirtschaftliche Arbeitsgemeinschaft (Unterart der OHG), die Kommanditgesellschaft (KG), die Vereinigung, Joint Venture, die Gesellschaft mit beschränkter Haftung (GmbH) und die Aktiengesellschaft (AG).

In den letzten paar Jahren hat sich die Zahl dieser Unternehmensformen stark ausgeweitet und die Alleinherrschaft der im Sozialismus dominierenden beiden Kategorien - Staatsunternehmen und Genossenschaft - wurde somit aufgehoben. Der Anteil der Staatsunternehmen und Genossenschaften an den Unternehmen mit Rechtsfähigkeit ging zwischen 1989 und 1992 von 66% auf 14% zurück, primär bedingt durch das Vordringen der "juristischen Personen" (corporation with legal status), die zum größten Teil GmbH's waren. Während derselben Zeit stieg die Anzahl der Organisationen ohne Rechtsfähigkeit auf über das Dreifache, die der Einzelunternehmer auf fast das Doppelte (Tabelle 1).

Tabelle 1. Die Anzahl der Wirtschaftsorganisationen in Ungarn (1989-1992)

Organisationsform	1989		1990		1991		1992	
	Zahl	%	Zahl	%	Zahl	%	Zahl	%
Wirtschaftsorganisation mit Rechtspersönlichkeit	15235	100	29470	100	52756	100	69386	100
Unternehmen	2400	16	2363	8	2233	4	1733	2
Genossenschaft	7644	50	7706	26	7828	15	8290	12
Wirtschaftsgemeinschaft mit Rechtspersönlichkeit	5191	34	19401	66	42695	81	59363	86
GmbH	4484	86	18317	94	41204	96	57262	96
AG	307	14	646	6	1072	4	1712	4
Wirtschaftsorganisation ohne Rechtsfähigkeit	24143	100	34095	100	52136	100	70597	100
Offene Handelsgesellschaft	203	1	418	1	463	1	1187	2
Wirtschaftliche Arbeitsgemeinschaft	15976	66	20600	61	19999	38	17595	25
Kommanditgesellschaft	1162	5	5789	17	22977	44	41218	58
Sonstige	6802	28	7288	21	8697	17	10597	15
Einzelunternehmen	320619	100	393450	100	510459	100	606207	100
Sonstige, nicht profitorientierte Organisationen	31200	100	38300	100	43322	100	48982	100

Quelle: Wirtschaftsstatistisches Jahrbuch 1992; KSH Budapest, 1993

Im Prozeß der organisatorischen Erneuerung der Volkswirtschaft bzw. der Verteilung der verschiedenen Wirtschaftsorganisationen lassen sich erhebliche regionale und branchenmäßige Unterschiede feststellen. 1991 haben sich die Wirtschaftsorganisationen mit Rechtspersönlichkeit zu 33% im Handel, zu 23% in der Industrie, zu 13% im Baugewerbe, zu 6% in der Landwirtschaft und zu den übrigen 25% in allen anderen Wirtschaftszweigen betätigt. Zum größten Teil waren sie auf Budapest und Umgebung konzentriert: 1990 wurden 43% der Firmen in der Hauptstadt und 8% im Komitat Pest gegründet. Neben dem dominierenden Anteil von Budapest erscheint der Anteil des Komitats Pest zwar sehr klein zu sein, im Vergleich zu anderen, wenig nachgefragten Komitaten (Nógrád 1,6%, Heves 1,8%, Bács-Kiskun 4,0%, Borsod-Abauj-Zemplén 4,4%) ist er jedoch immer noch beachtlich. Ein ähnlich großer Unterschied bestand auch Ende 1991, als die Hälfte der Firmen in Budapest und im Komitat Pest situiert waren, und auf die übrigen Landesteile nur noch 1,5-4,1% entfielen. Generell verläuft die organisatorische Umgestaltung in den dem Neuen aufgeschlosseneren Regionen, also den größeren Städten und ihren Umlandregionen, schneller und intensiver. In den peripheren, weniger entwickelten Regionen begann die Umgestaltung nicht nur später, sondern sie erfolgte bisher auch erst in bescheidenem Umfang.

3 Organisatorische Umgestaltung der Industrie in der Region von Budapest

An allen ungarischen Industrieunternehmen, die als "juristische Person" geführt wurden, hatten 1990 die Industrie- und Baugewerbefirmen einen Anteil von 36% und zwei Jahre später noch von 31%, was darauf schließen läßt, daß sich die organisatorische Erneuerung in den übrigen Wirtschaftszweigen relativ schneller vollzog. Die Industriefirmen (im folgenden jeweils inklusive Baugewerbe) konzentrierten sich zum größten Teil in der Hauptstadt und ihrer Umgebung. 1991 hatten 47% aller Industriefirmen ihren Standort in Budapest und 8% im Komitat Pest (Tabelle 2).

Zur besseren Übersicht wurden von den untersuchten Wirtschaftsorganisationen fünf Hauptgruppen gebildet. Zu den ersten beiden gehören von den wirtschaftlichen Organisationen mit Rechtsfähigkeit die GmbH und die Aktiengesellschaft, zu der dritten und vierten die traditionellen juristischen Personen (Unternehmen, Genossenschaften) und zur fünften gehören alle anderen, die nur eine sehr geringe Zahl ausmachen (Tabelle 3).

Zu Beginn der neunziger Jahre stieg nicht nur in der Industrie von Gesamt-Ungarn der Anteil der Gesellschaften mit beschränkter Haftung von 61% auf 79%, sondern auch in der Hauptstadt und im Komitat Pest (von 59% auf 72%). Der geringere Anteil der Gesellschaften mit beschränkter Haftung in Budapest ist damit zu erklären, daß dort die organisatorische Struktur der Industrie wesentlich vielseitiger ist bzw. die übrigen Organisationsformen in größerem Umfang ver-

Tabelle 2. Die Anzahl der Wirtschaftsorganisationen in der Industrie* in Ungarn (1990-1992)

Organisationsform	1990	1991	1992
Wirtschaftsorganisation mit Rechtspersönlichkeit	10790	17353	21337
Staatsunternehmen	1174	1116	848
Genossenschaft	2739	2710	2799
Wirtschaftsgesellschaft mit Rechtspersönlichkeit	6877	13527	17690
GmbH	6541	13063	16970
AG**	217	325	551
Sonstige Wirtschaftsorganisation mit Rechtspersönlichkeit	—	—	1
Wirtschaftliche Arbeitsgemeinschaft	10148	9433	8072
Sonstige Gesellschaften	20	14	10
Einzelunternehmen	—	136663	143707

* Mit der Bauindustrie
** Ohne AG in der Bauindustrie (keine Angabe)
Quelle: Statistisches Taschenbuch Ungarns, 1992; KSH Budapest, 1993

Tabelle 3. Die Organisationsformen der Industriefirmen in Budapest und im Komitat Pest (1990-1992)

Organisationsform	Budapest			Komitat Pest		
	1990	1991	1992	1990	1991	1992
GmbH	763	2091	2321	175	391	543
AG	85	133	221	10	15	23
Staatsunternehmen	239	307	173	18	9	23
Genossenschaft	241	465	356	35	88	114
Sonstige	221	208	327	57	62	54
davon: wirtschaftliche Arbeitsgemeinschaft	103	58	37	25	5	4
Kommanditgesellschaft	34	24	171	9	5	24
Insgesamt	1549	3204	3388	295	565	757

* Mit der Bauindustrie
Quelle: Industriealmanach (1991-1993)

treten sind. Die Popularität und die rasche Verbreitung der GmbH's ist auch in Ungarn, genauso wie im Ausland, dem Vorteil der beschränkten Haftung zu verdanken, ferner der Tatsache, daß das Stammkapital bloß eine Million Forint (ca. 17.000 DM) betragen muß und daß eine GmbH auch von einer einzigen Person gegründet werden kann. Wegen der beschränkten Zahl von potentiellen, qualifizierten Unternehmern und der geringen Menge des zur Verfügung stehenden Kapitals ist in naher Zukunft kein bedeutender Zuwachs an Gesellschaften mit beschränkter Haftung zu erwarten.

Die zweithäufigste, jedoch wesentlich seltener vorkommende Form der juristischen Personen ist die Aktiengesellschaft. Sowohl ihre absolute Zahl als auch ihr relativer Anteil sind im Vergleich zu den Gesellschaften mit beschränkter Haftung verschwindend gering, obwohl ihre Wachstumsrate zwischen 1990 und 1993 fast gleich hoch war. 1985 gab es unter den Industrieunternehmen Ungarns erst 21 Aktiengesellschaften, 1990 217 und Ende 1992 bereits 551 Aktiengesellschaften, wobei die Aktiengesellschaften im Baugewerbe in diesen Zahlen nicht berücksichtigt sind. Für die geringe Zahl von Aktiengesellschaften unter den ungarischen Industrieunternehmen gibt es mehrere Gründe. Erstens stellen Aktiengesellschaften unter den juristischen Personen die organisatorisch und funktional komplizierteste Form dar, außerdem ist bei der Gründung einer Aktiengesellschaft ein Mindeststammkapital von 10 Millionen Forint (ca. 170.000 DM) erforderlich. Aktiengesellschaften beteiligen sich zwar am aktivsten an der Dezentralisierung und Privatisierung der Großunternehmen, aber diese Umstrukturierung der ehemaligen großen Staatsunternehmen vollzieht sich relativ langsam.

In Budapest gab es 1990 85 Aktiengesellschaften, was 5,5% der hier ansässigen Unternehmen, jedoch 39% aller ungarischen Aktiengesellschaften entsprach, 1992 wurden in der Hauptstadt 211 Aktiengesellschaften (6% der Budapester Unternehmen und 38% der ungarischen Aktiengesellschaften) gezählt. Im Komitat Pest gab es 1990 nur 10 und 1992 23 Aktiengesellschaften. Diese Konzentration der Aktiengesellschaften auf Budapest ist vor allem darauf zurückzuführen, daß aus historischen und funktionalen Gründen viele große Staatsunternehmen ihre Zentrale in der Hauptstadt hatten und so der Standort bei der Umwandlung in eine Aktiengesellschaft schon vorgegeben war. Ein weitere Ursache für diese Konzentration könnte darin bestehen, daß in der Region von Budapest das zur Gründung einer AG erforderliche Kapital noch am ehesten vorhanden ist.

Infolge der organisatorischen Dezentralisierung zwischen 1990 und 1992 verringerte sich auch in der Hauptstadt die Anzahl der Staatsunternehmen um 28%, so daß ihr Anteil 1992 in Budapest noch ein Drittel des früheren Wertes (15%) betrug. Im Komitat Pest ging ihr Anteil auf die Hälfte (von 6 auf 3%) zurück.

Auch der Anteil der Genossenschaften ging wegen der raschen Verbreitung der neuen Organisationsformen zurück, obwohl die Genossenschaften von der Umstrukturierung der ungarischen Wirtschaft nicht so stark betroffen wurden wie die Staatsunternehmen. 1990-1992 verringerte sich in Budapest der Anteil der Genossenschaften an allen Firmen von 16% auf 11%, in den übrigen Regionen von Ungarn jedoch von 25% auf 13%. Der geringere Rückgang des Anteils der Genossenschaften in Budapest hängt wahrscheinlich damit zusammen, daß in der Hauptstadt mehrere Genossenschaften, insbesondere solche im Baugewerbe, die aufgrund ihrer relativ guten technischen Ausrüstung Aufträge im Ausland übernehmen konnten, auch unter den neuen marktwirtschaftlichen Bedingungen konkurrenzfähig und erfolgreich waren. Andererseits war in der Hauptstadt das Auftragsvolumen trotz der wirtschaftlichen Krise noch relativ gut, so daß im Baugewerbe sogar neue Genossenschaften gegründet wurden. Dafür spricht auch, daß sich in Budapest zwischen 1990 und 1993 die Anzahl der Firmen im Baugewerbe verdreifacht und im Komitat Pest fast vervierfacht hat.

Der Anteil der fünften Kategorie von Firmen, in der alle anderen Gesellschaftsformen zusammengefaßt sind, ging zwischen 1990 und 1992 ebenfalls erheblich zurück. Anfang der 90er Jahre waren die zu dieser Kategorie gehörenden Organisationsformen zum größten Teil Wirtschafts-Arbeitsgemeinschaften, zwei Jahre später jedoch die Kommanditgesellschaften. Die Wirtschafts-Arbeitsgemeinschaften waren Teams von Arbeitern, die außerhalb der normalen Arbeitszeit bestimmte Aufgaben durchgeführt und dafür einen Extralohn bekommen haben. Sie waren für Ungarn typisch und wurden vom sozialistischen Regime seit 1982 erlaubt, um den Arbeitern ein zusätzliches Einkommen zu ermöglichen. Die Wirtschafts-Arbeitsgemeinschaften wie auch die Kommanditgesellschaften kamen am häufigsten in der Maschinenindustrie und im Baugewerbe vor.

1992 waren die neuartigen Organisationsformen in der Industrie der Budapester Region bereits im Übergewicht. Sie umfaßten nun 75% der Industrieunternehmen. Die organisatorische Erneuerung der Industrie verlief in der Leder- und Schuhindustrie sowie in der Textilindustrie am langsamsten, d. h. der Anteil der neuartigen Organisationsformen war in diesen Wirtschaftszweigen am geringsten (zwischen 50-60%).

Tabelle 4. Die Anzahl der Wirtschaftsorganisationen in Budapest und im Komitat Pest nach wichtigen Industriezweigen (1990, 1992)

Organisationsform	Budapest							
	1990				1992			
	Schwer-	Leicht-	Lebensmittel-	Sonstige	Schwer-	Leicht-	Lebensmittel-	Sonstige
	Industrie				Industrie			
GmbH	524	105	7	125	1532	317	60	412
AG	56	10	3	16	145	27	13	26
Staatsunternehmen	180	29	15	17	112	22	16	23
Genossenschaft	169	56	2	14	235	91	5	25
Sonstige	159	38	8	16	171	67	9	80
Insgesamt (Zahl)	1088	238	35	188	2195	524	103	566
(%)	70	15	2	13	65	15	3	17
	Komitat Pest							
	1990				1992			
	Schwer-	Leicht-	Lebensmittel-	Sonstige	Schwer-	Leicht-	Lebensmittel-	Sonstige
	Industrie				Industrie			
GmbH	136	23	7	8	404	86	25	28
AG	7	—	3	—	14	2	4	3
Staatsunternehmen	13	2	2	—	12	4	4	3
Genossenschaft	28	4	2	3	81	20	1	12
Sonstige	40	10	1	6	37	9	3	4
Insgesamt (Zahl)	224	39	15	17	548	121	37	50
(%)	76	13	5	6	72	16	5	7

Quelle: Industriealmanach 1990, 1992

Die organisatorische Erneuerung der Industrie bzw. der Übergang zur Marktwirtschaft haben die Branchenstruktur der Industrie in der Hauptstadtregion bis 1993 nur geringfügig verändert. Einem Rückgang der Bedeutung der Schwerindustrie stand ein Stagnieren der Leicht- und Lebensmittelindustrie sowie eine zunehmende Bedeutung der übrigen Industriezweige gegenüber. Eine starke Expansion verzeichnete vor allem die Zahl der Computerfirmen und der Verlage. Der Anteil dieser beiden Branchen hat sich in Budapest zwischen 1990 und 1992 von 6% auf 11% erhöht, im Komitat Pest betrug der Anteil 3% (Tabelle 4).

Die Umgestaltung der industriellen Organisationen führte in diesen zwei Jahren in Budapest noch nicht zu wesentlichen Veränderungen der regionalen Beschäftigungsstrukturen. Einerseits vollzogen sich diese Umgestaltungen in den traditionell bestehenden Industriezonen, andererseits wurden die bestehenden Standorte auch von den neuen Investoren bevorzugt. Etwas mehr als die Hälfte der Investitionen dienten unmittelbar der industriellen Produktion, während der Rest für die Errichtung oder Rekonstruktion von Betrieben, Betriebshallen und sonstigen Gebäuden verwendet wurde (Abb. 1).

Die Budapester Industrieunternehmen haben sich zwischen 1990 und 1992 vorwiegend auf die zentral gelegenen, inneren Stadtbezirke konzentriert. Besonders auffällig ist die Konzentration in den Stadtbezirken XI, XIII, II und V, was unter anderem mit der zentralen Lage, den guten Verkehrsverhältnissen, den Kommunikationsmöglichkeiten und der geringen Entfernung von den Innovationszentren erklärt werden kann. Zur Konzentration der Firmen in den Stadtbezirken XI, XIII und XIV trugen auch die vielfältigen früheren Produktionsbeziehungen dieser traditionell bedeutenden Industriezonen bei (Abb. 2).

Im Stadtbezirk V von Budapest sind vor allem Unternehmensleitungen konzentriert. Der Umbau der Organisationsformen bestehender Firmen hatte in der Regel keine Auswirkungen auf die Standorte der Unternehmensleitungen, sondern vor allem auf die außerhalb dieses Stadtbezirkes gelegenen Produktionsbetriebe.

Der Anteil der GmbH's erreichte in den Budapester Stadtbezirken II und XII mit 76-80% die höchsten Werte. Dies kann u. a. damit begründet werden, daß in diesen Nobelwohngebieten der Anteil von wohlhabenden, über mobilisierbares Kapital verfügenden Bevölkerungsschichten relativ hoch ist und daß in diesen von den Oberschichten bevorzugten Wohngebieten vermutlich auch eine größere Zahl von Personen wohnt, die zur Umgehung der Steuerbehörde und/oder zur "Geldwäsche" von illegalen Einkommen Schein-Unternehmen gegründet haben. Es ist aber auch vorstellbar, daß die im Durchschnitt über ein höheres Bildungsniveau verfügende Bevölkerung dieser Wohnviertel mit den neuen Herausforderungen der Marktwirtschaft besser zurecht gekommen ist und mehr unternehmerische Initiative gezeigt hat. Nicht zuletzt wohnte in diesen Nobelwohngebieten auch ein beträchtlicher Teil der politischen und ökonomischen Führungsschicht des früheren kommunistischen Systems, die aufgrund ihrer privilegierten gesellschaftlichen Position nicht nur z. T. erhebliche Vermögen erwerben konnte, sondern auch über wichtige Netzwerke mit in- und ausländischen Führungskräften verfügt hat.

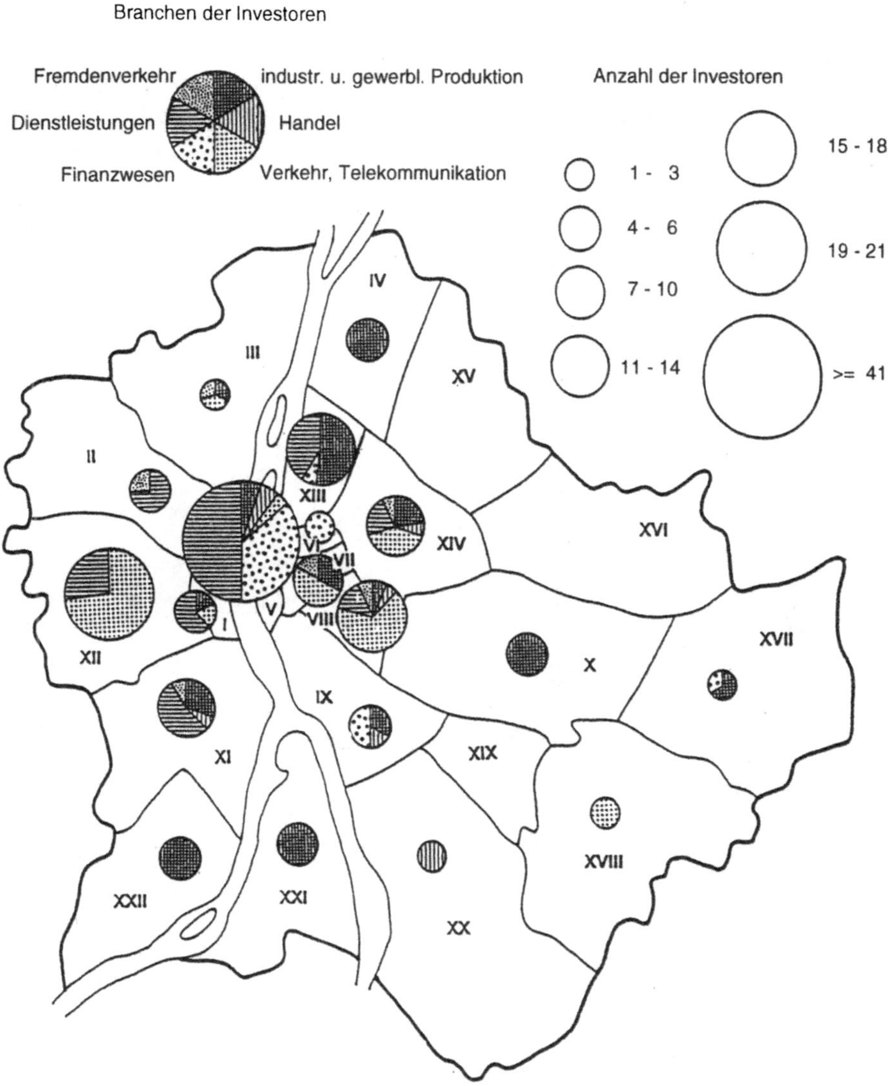

Abb. 1. Zahl der Investoren in Budapest nach Branchen (1991). Quelle: Ipari-Almanach (Industrie-Almanach) 1991-1993

Auch im Komitat Pest kann man zwischen 1990 und 1992 keine nennenswerte Veränderung in der räumlichen Verteilung von Industriefirmen beobachten, obwohl der Anteil der über Industrie verfügenden Gemeinden in diesen zwei Jahren von 39% auf 53% angestiegen ist. Unter diesen Gemeinden hatten jedoch rd. 33% nur noch eine einzige, meist unbedeutende Industriefirma aufzuweisen (Abb. 3).

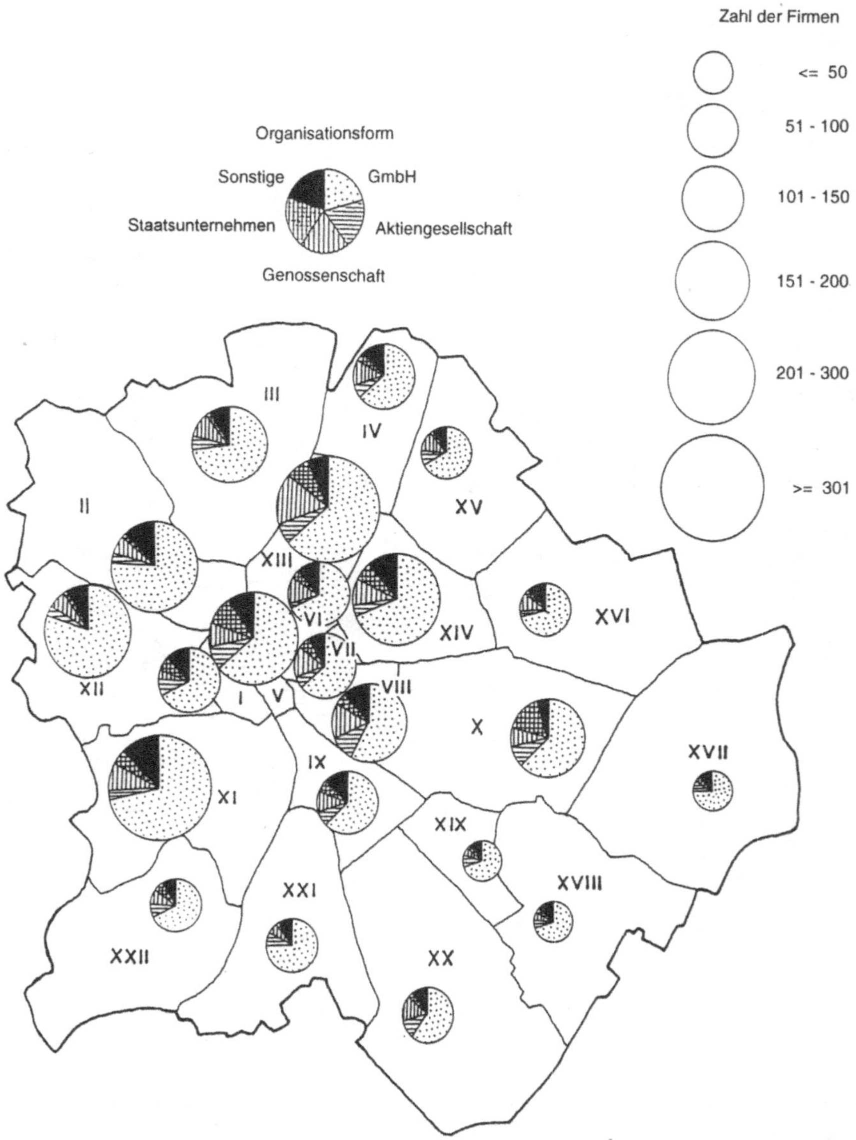

Abb. 2. Anzahl und Organisationsform der Industriefirmen in Budapest (1992). Quelle: Ipari-Almanach (Industrie-Almanach) 1991-1993

34% der Industrieunternehmen des Komitates Pest sind auf die sechs größeren Städte der Region (Budaörs, Gödöllï, Vác, Szentendre, Szigetszentmiklós, Érd) konzentriert, die auch früher bedeutende, vielseitig orientierte Industriezentren waren. Die Industriefirmen konzentrieren sich also vor allem auf den Ring in

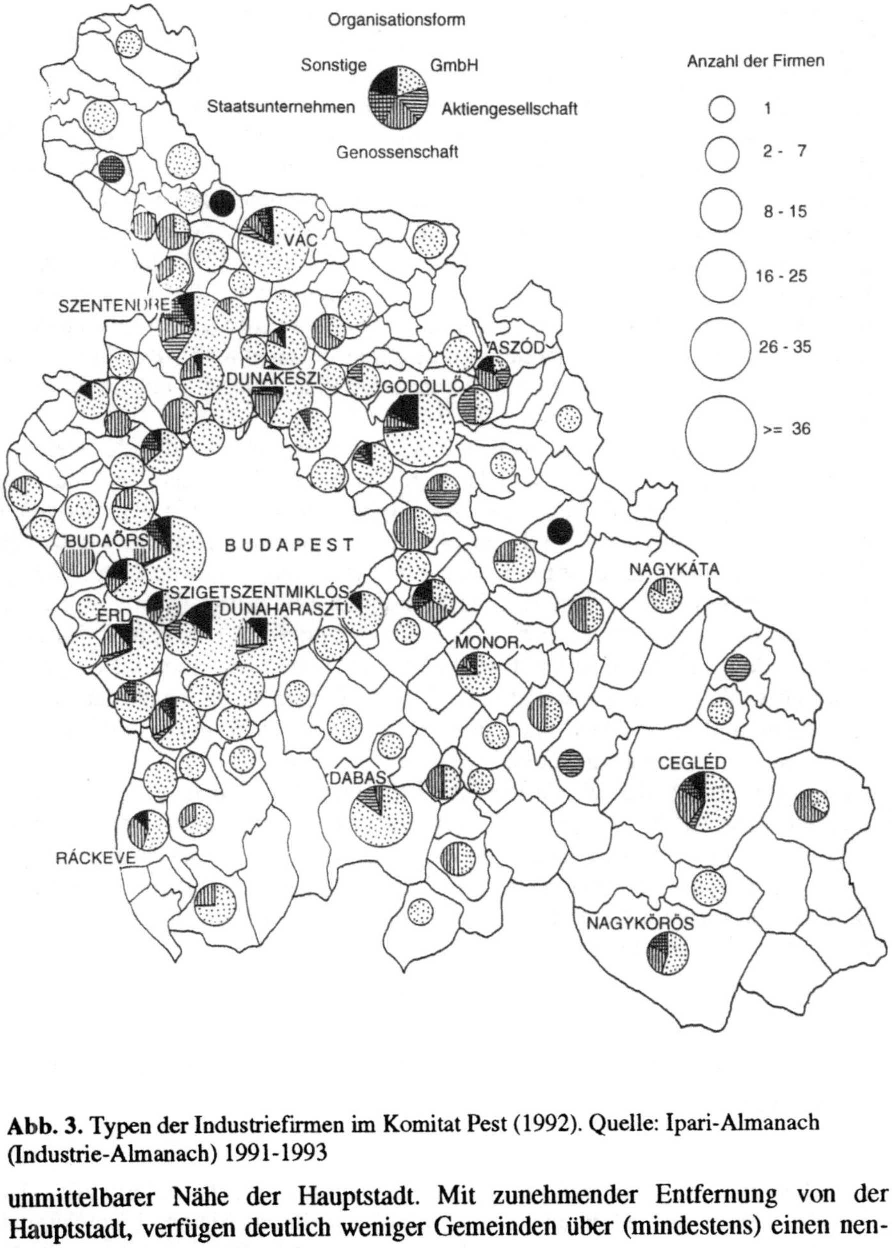

Abb. 3. Typen der Industriefirmen im Komitat Pest (1992). Quelle: Ipari-Almanach (Industrie-Almanach) 1991-1993

unmittelbarer Nähe der Hauptstadt. Mit zunehmender Entfernung von der Hauptstadt, verfügen deutlich weniger Gemeinden über (mindestens) einen nennenswerten Industriebetrieb.

Seit einigen Jahren sind immer mehr Firmen bemüht, einerseits die verschiedenen Arbeitsprozesse (Produktion, Verkauf, Dienstleistungen) selbst durchzuführen, andererseits die im früheren System den Betrieben aufgebürdeten sozialen Aufgaben (Kinderkrippen, Freizeitaktivitäten etc.) loszuwerden. Diese Bestrebungen wirken sich auch auf die räumliche funktionale Arbeitsteilung aus.

Die Standorte der Produktion richten sich meist nach der Verfügbarkeit von billigem und flächenmäßig ausreichendem Raumangebot. Die weniger flächenintensiven Handelsfunktionen sowie die Reparatur- und Dienstleistungstätigkeiten suchen dagegen eher einen verkehrsmäßig günstig gelegenen Standort in der Nähe der Konsumenten. Diese "Arbeitsteilung" ist vor allem in der Hauptstadt Budapest nachzuweisen, wo sich die Büros, Geschäfte und Ausstellungsräume überwiegend im Stadtzentrum bzw. in den inneren Stadtbezirken befinden, während die Produktion und die Lagerung in den Randbezirken oder sogar im ländlichen Bereich erfolgen. 1990 waren 8,3% (128) und 1992 6,2% der Budapester Industriebetriebe (209) nicht unmittelbar in der Produktion tätig, sondern haben u. a. Warenhäuser, Lager oder Geschäfte betrieben. Es ist durchaus vorstellbar, daß die Anzahl solcher Firmen in Zukunft weiterhin zunehmen wird, da es unter den Bedingungen der Marktwirtschaft von großer Bedeutung ist, daß die Produkte verbrauchernah angeboten werden.

In der sozialistischen Periode waren in der ungarischen Industrie Mehrbetriebsunternehmen bzw. die räumliche Trennung der für die Leitung und Verwaltung zuständigen Zentrale und der für die Produktion zuständigen Betriebsstätten besonders stark verbreitet. An dieser räumlichen Funktionsteilung hat auch die Privatisierung und die organisatorische Erneuerung der Industrie bisher wenig geändert. Zwischen 1990 und 1992 hat sich in der Budapester Region weder die Zahl der mit mehreren Betriebsstätten (Zweigbetrieben) arbeitenden Firmen, noch die Zahl der Betriebsstätten wesentlich geändert. Es ist allerdings zu einer räumlichen Verlagerung von Betriebsstätten in Regionen außerhalb der Hauptstadtregion und ins Ausland bzw. zu einer Abnahme der in der Hauptstadt vorhandenen Betriebsstätten gekommen.

Zu der Tatsache, daß die Anzahl der Betriebsstellen keinen radikalen Rückgang aufweist, hat beigetragen, daß auch die neuen organisatorischen Unternehmensformen eine ähnliche räumliche Arbeitsaufteilung bevorzugten wie die bereits bestehenden. Zwischen 1990 und 1992 stieg in Budapest der Anteil von GmbH's, die mehrere Niederlassungen in verschiedenen Gemeinden haben, von 27% auf 50%, im Komitat Pest von 43% auf 72%.

4 Einige Besonderheiten der sich erneuernden ungarischen Industrie

Zwischen der Organisationsform und einigen charakteristischen Merkmalen der Industriefirmen (wie Gründungsjahr, Anzahl der Beschäftigten, Grundkapital bzw. Vermögen, Exportgebiete) bestehen durchaus enge Zusammenhänge. Hinsichtlich des Gründungsdatums der Industriefirmen sind zwei Hauptperioden zu unterscheiden. Die erste Gründungsphase dauerte von den 50er Jahren bis Anfang der 60er Jahre. In diesem Zeitraum sind zahlreiche Staatsunternehmen und Genossenschaften errichtet worden. Die zweite wichtige Gründungsphase erfolgte in den Jahren 1989 und 1990, als marktwirtschaftliche Organisationsformen

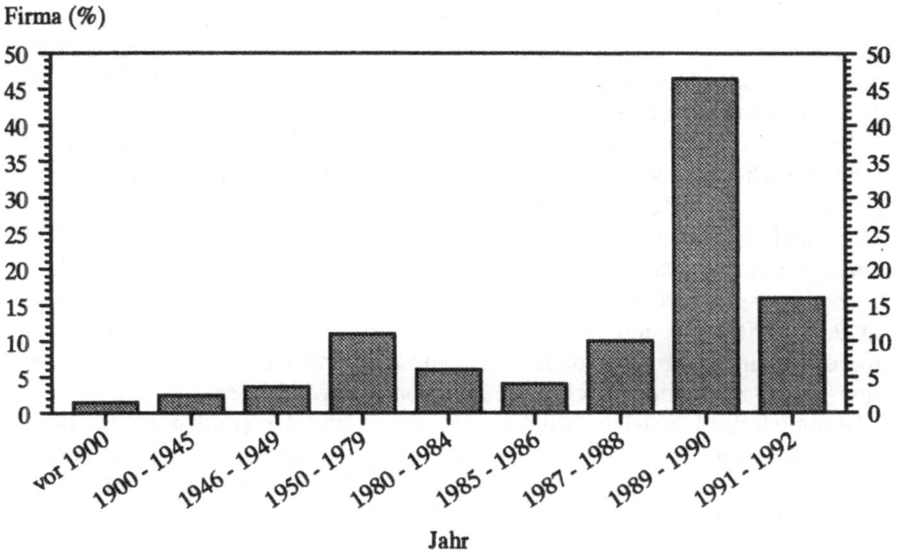

Abb. 4a. Gründungsjahr der Firmen in Budapest (1992). Quelle: Ipari-Almanach (Industrie-Almanach) 1991-1993

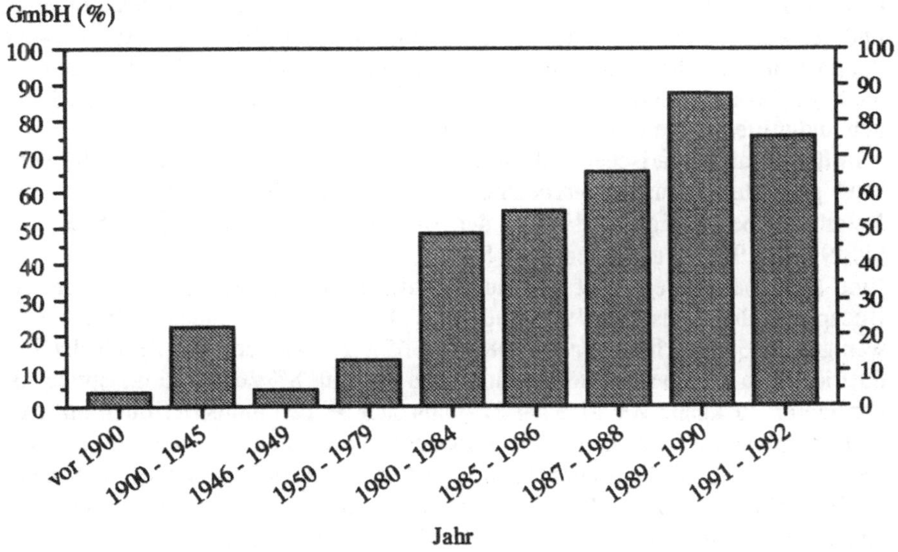

Abb. 4b. Anteil der GmbH's unter den Industriefirmen in Budapest nach dem Gründungsjahr (Stand 1992). Quelle: Ipari-Almanach (Industrie-Almanach) 1991-1993

(überwiegend GmbH's) gegründet wurden. Die ersten Vorläufer dieser neuen Organisationsformen sind zwar bereits Anfang der 80er Jahre aufgetaucht, zu einem sprunghaften Anstieg kam es jedoch erst nach Inkrafttreten des Gesellschaftsgesetzes. In Budapest sind von den 1990 bestehenden Industriefirmen 29% im Zeitraum 1989 - 1990 gegründet worden (in Pest 5%), von den 1992 in Budapest bestehenden Industriefirmen sind bereits 46% im Zeitraum 1989-90 gegründet worden (im Komitat Pest 47%) (Abb. 4a, b).

Obwohl die hinsichtlich der organisatorischen Erneuerung der Industrie vorhandenen Unterschiede zwischen der Hauptstadt und dem Komitat Pest kleiner geworden sind, hatte das Komitat Pest 1992 immer noch einen erheblichen Rückstand hinsichtlich der Anzahl der im EDV-Sektor tätigen Firmen und der Verlage. Diese kontaktintensiven Unternehmen konzentrieren sich sehr stark auf Budapest, wo es 1990 148 und 1992 494 solcher Firmen gab, während im Komitat Pest 1990 nur 9 und 1992 23 derartige Firmen gezählt wurden. Nach dem großen Boom an Firmengründungen zwischen 1989 und 1990 kam es erwartungsgemäß zu einem Abflachen der Zahl von Neugründungen.

Bezüglich der Überlebensfähigkeit der Firmen und der Zeitdauer ihres Bestehens stehen keine regional differenzierten Angaben zur Verfügung. Landesweit wurden jedoch 1990 5% der neu gegründeten Industriefirmen und 1991 6% der neuen Firmen noch im Jahr ihrer Gründung aufgelöst. Diese nicht überlebensfähigen Firmen gehörten vor allem den Branchen Bau- und Maschinenindustrie an.

In Ungarn ist die überproportional große Zahl von industriellen Großunternehmen nicht als historisches Erbe sondern als eine Folge der sozialistischen Planwirtschaft zu betrachten. Vor dem 2. Weltkrieg betrug die Durchschnittsgröße der ungarischen Industriefirmen 74 Beschäftigte (Kopátsy S., 1983). Erst in den Jahrzehnten nach dem 2. Weltkrieg entstanden infolge der Verstaatlichung und der Zentralisierung immer mehr Großunternehmen. Nach dem Systemwandel im Jahre 1989 hat sich deshalb im Rahmen der organisatorischen Erneuerung auch die Größenstruktur der ungarischen Industrie wieder zu Gunsten der kleinen und mittelgroßen Organisationen verändert.

In der gesamtungarischen Industrie haben 1988 70% der als "juristische Person" geführten Industrieunternehmen (überwiegend GmbH) weniger als 300 Mitarbeiter beschäftigt, bis 1990 ist der Anteil dieser Größenklasse auf 87% und bis 1992 auf 95% angestiegen (Tab. 5).

Eine ähnliche Tendenz läßt sich auch in der Hauptstadtregion beobachten. In Budapest nahm zwischen 1990 und 1992 der Anteil der Industriefirmen mit weniger als 50 Beschäftigten von 48% auf 65% zu, während der Anteil der Industriefirmen mit über 300 Mitarbeitern von 21% auf 8% zurück ging. Ein etwas geringerer Rückgang von 31% auf 27% läßt sich bei den Industriefirmen mit 51-300 Mitarbeitern feststellen. 1992 bestanden die Firmen mit weniger als 300 Beschäftigten zu 60% aus GmbH's, während unter den Industriefirmen, die mehr als 300 Mitarbeiter beschäftigten, die Aktiengesellschaften mit 44% den größten Anteil hatten. In beiden Betriebsgrößenklassen dominierten also bereits 1992 sogenannte neu eingeführte Organisationsformen, was nicht zuletzt darauf zurückzuführen ist, daß sich 1990 - 1992 die Zahl der GmbH's mit mehr als 300 Beschäftigten vervierfacht und die der Aktiengesellschaften fast verdreifacht hat (Abb. 5a, b).

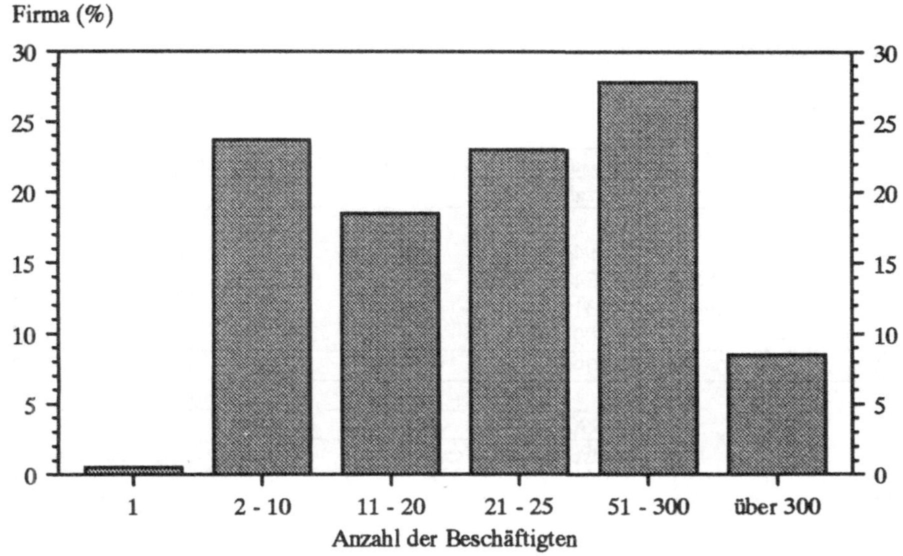

Abb. 5a. Verteilung der Industriefirmen in Budapest nach der Anzahl der Beschäftigten (1992). Quelle: Ipari-Almanach (Industrie-Almanach) 1991-1993

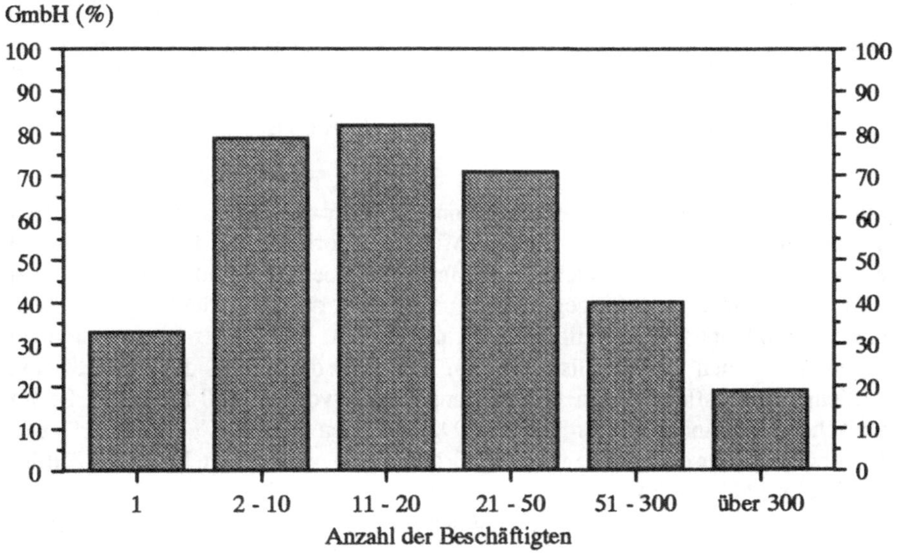

Abb. 5b. Anteil der GmbH's unter den Industriefirmen in Budapest nach der Anzahl der Beschäftigten (1992). Quelle: Ipari-Almanach (Industrie-Almanach) 1991-1993

Die organisatorische Erneuerung der ungarischen Industrie hat sich auch positiv auf die Mobilisierung der Ersparnisse der Bevölkerung ausgewirkt, welche vor

Tabelle 5. Die Verteilung der Wirtschaftsorganisationen in der Industrie nach der Anzahl der Beschäftigten (1990, 1992)

Anzahl der Beschäftigten	Ungarn			
	1990		1992	
	Wirtschaftsorganisationen		Wirtschaftsorganisationen	
	Anzahl	%	Anzahl	%
— 20	4944	46	13680	64
21 — 50	2343	21	3792	18
51 — 300	2319	20	2829	13
301 —	1090	11	949	4
Insgesamt	10790	100	21339	100
	Budapest		Komitat Pest	
	1990	1992	1990	1992
	Wirtschaftsorganisationen		Wirtschaftsorganisationen	
	%	%	%	%
— 20	26	42	31	38
21 — 50	22	23	21	24
51 — 300	31	27	25	20
301 —	21	8	23	18
Insgesamt (=100%)	100%	100%	100%	100%

Anmerkung: Die Differenz zwischen Gesamtsumme und Summe der Teilzahlen entfällt auf Organisationen in Liquidation und auf Organisationen mit unbekannter Beschäftigtenzahl.

Quelle: Statistisches Taschenbuch Ungarns, 1992; KSH Budapest, 1993

allem in neu gegründete Unternehmungen (überwiegend GmbH's) investiert worden sind. Ersparnisse von einigen Millionen Forint waren für die Gründung einer GmbH durchaus ausreichend. In Budapest haben 36% und im Komitat Pest 61% der Firmen, die 1992 gegründet wurden, über das zur Gründung erforderliche Minimalkapital (1-2 Millionen Forint) verfügt. Infolge der fortschreitenden organisatorischen Dezentralisierung hat sich nun der Anteil der GmbH's und Aktiengesellschaften mit einem Gründungskapital von über 50 Millionen Forint zwischen 1990 und 1992 verdoppelt; 1992 verfügten bereits 8% der GmbH's und 9% der Aktiengesellschaften über ein Gründungskapital von mehr als 50 Millionen Forint (Abb. 6a, b).

Die Tatsache, daß in der Umgebung der Hauptstadt bedeutend weniger Firmen aus eigenen Ersparnissen der Gründer errichtet worden sind, hängt nicht nur mit der Qualifikationsstruktur der Bevölkerung zusammen, sondern auch mit der Tatsache, daß hier die Ersparnisse der Bevölkerung geringer waren und auch die Gemeinden weniger frei investierbare Geldbeträge zur Verfügung hatten.

In Ungarn besteht bekanntlich seit 1972 die Möglichkeit, Firmen mit ausländischer Beteiligung (Joint Ventures) zu errichten, die Anzahl dieser Firmen nahm jedoch erst nach Inkrafttreten des Gesellschaftsgesetzes sprunghaft zu (vgl. Beitrag von Aschauer in diesem Band). Sofern diese Joint Ventures im industriellen

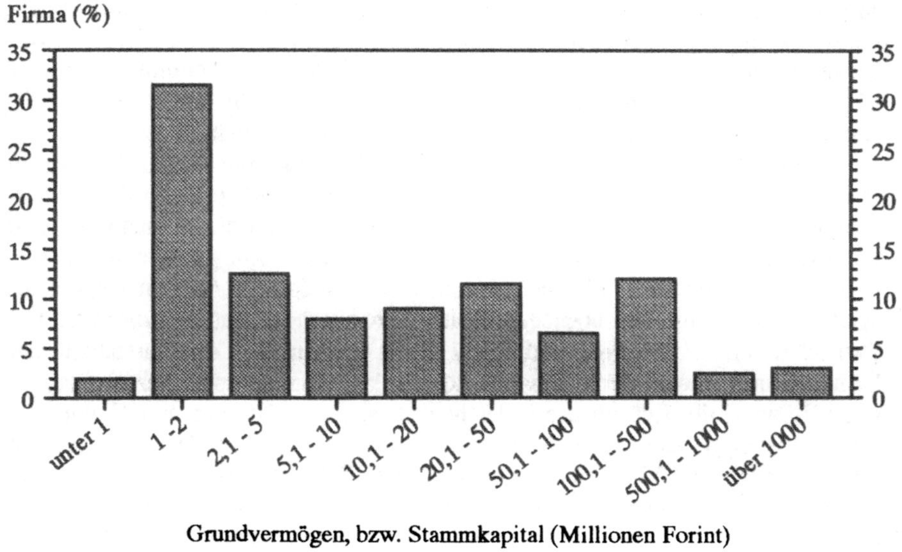

Abb. 6a. Die Größenverteilung der Industriefirmen in Budapest nach Grundvermögen bzw. Stammkapital (1992). Quelle: Ipari-Almanach (Industrie-Almanach) 1991-1993

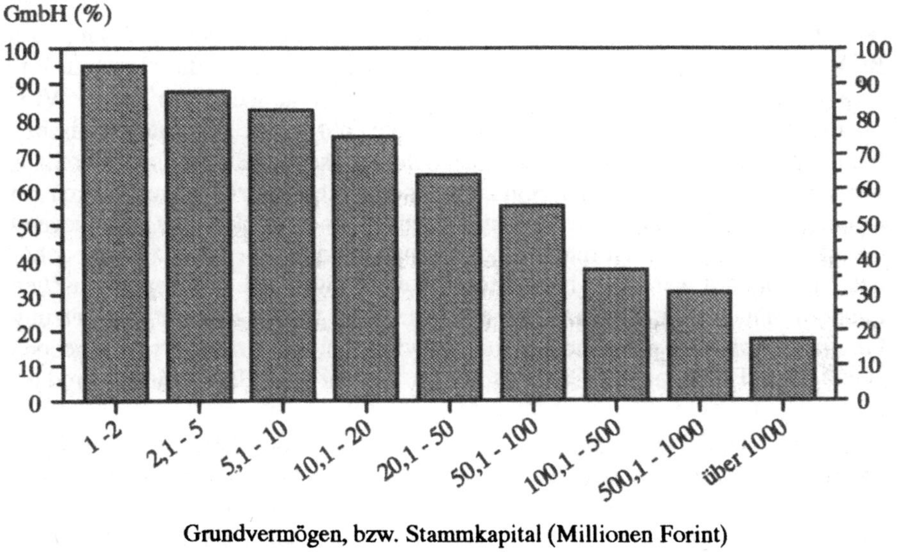

Abb. 6b. Anteil der GmbH's an den Firmen in Budapest nach Grundvermögen bzw. Stammkapital (1992). Quelle: Ipari-Almanach (Industrie-Almanach) 1991-1993

Sektor gegründet wurden, haben sie sich vorwiegend auf die Maschinenindustrie und die Leichtindustrie und überwiegend auf Budapest (Stadtbezirke V., XII., II., XI.) konzentriert (Iván L., 1993). Beim Gründungskapital der Joint Ventures stieg der Anteil des ausländischen Partners in den letzten Jahren an und es gibt immer mehr Organisationen, die sich ausschließlich in ausländischem Besitz befinden. 1991 lag das Gründungskapital bei 64% der Joint Ventures bei etwa 1 Million Forint, während der Anteil der Joint-Ventures mit einem Gründungskapital von über 10 Millionen Forint nicht einmal 10% erreichte.

Das Verkaufsvolumen der Firmen ist je nach Größe und Organisationsform sehr unterschiedlich. Die Verkaufserfolge der kleinen und mittelgroßen Unternehmen nahmen stark zu, weil sie sich den Marktanforderungen schneller und flexibler anpassen können und bei ihnen geringere Verwaltungskosten anfallen.

1992 hatten mehr als 90% der Firmen in der Budapester Region Außenhandelsbeziehungen mit den hochentwickelten europäischen Ländern, vor allem mit Deutschland und Österreich. Auf dem 1. Rang der Ein- und Ausfuhrstatistik der Industrieunternehmen der Budapester Region lagen die europäischen kapitalistischen Länder, die sich etwa zu gleichem Ausmaß am Import und Export der Firmen beteiligt haben. An zweiter Stelle folgten die ehemals sozialistischen Länder Mittel- und Osteuropas (vor allem die GUS), aus welchen rd. 20% der ungarischen Importe bezogen wurden und in die rd. 32% der ungarischen Exporte gingen. In den Außenhandelskontakten der Industrieunternehmen der Hauptstadtregion Region haben die außereuropäischen Länder die geringste Bedeutung. Allerdings exportieren die Industrieunternehmen der Budapester Region im Vergleich zu früher wesentlich mehr in die USA, nach Japan, Singapur und Hongkong etc.

Zu Beginn der 90er Jahre waren die Handelsbeziehungen Ungarns noch überwiegend auf die ehemaligen RGW-Länder ausgerichtet. Die Auflösung des RGW's betraf vor allem die staatlichen Großunternehmen, da die kleineren Firmen ja zum überwiegenden Teil erst nach dem Zusammenbruch dieser Wirtschaftsgemeinschaft errichtet wurden. Da die Wirtschaft der osteuropäischen Länder mit mehr oder weniger ähnlichen Schwierigkeiten kämpft, ist es durchaus verständlich, daß jedes Land bemüht ist, seine wettbewerbsfähigen Waren an zahlungsfähige Kunden zu verkaufen, die jedoch innerhalb Europas überwiegend nur im westlichen Teil zu finden sind. Die neu gegründeten Firmen haben daher auch in Ungarn versucht, nach Möglichkeit vorwiegend mit kapitalistischen Ländern Handelsbeziehungen aufzunehmen. Eine grundlegende Voraussetzung für einen erfolgreichen Handel mit hochentwickelten Industrieländern war jedoch eine weitere Erhöhung des Qualitätsniveaus und der Marktfähigkeit der Produkte.

Im Außenhandel der Budapester Region hatten im Jahre 1992 die ehemaligen sozialistischen Länder die geringste Bedeutung. Lediglich die Aktiengesellschaften hatten mit den ehemaligen RGW-Ländern noch relativ intensive Handelsbeziehungen, was vor allem darauf zurückzuführen ist, daß viele dieser Aktiengesellschaften aus ehemals staatlichen Großunternehmen hervorgegangen sind, die ihre Handelsbeziehungen aus der sozialistischen Periode z. T. noch aufrecht erhalten bzw. nicht in so kurzer Zeit ersetzen konnten.

5 Zusammenfassung

Nach Inkrafttreten des Gesellschaftsgesetzes vollzogen sich in der Organisation der ungarischen Industrie durchaus erfreuliche Veränderungen, besonders in der Hauptstadtregion. Zum einen wurden sehr viele neue Industriefirmen, überwiegend Gesellschaften mit beschränkter Haftung, gegründet, zum anderen begann die Privatisierung und der organisatorische "Umbau" der überdimensionierten und überzentralisierten staatlichen Großunternehmen.

Zwischen 1989 und 1993 ging der Anteil der für die sozialistische Planwirtschaft typischen Organisationsformen stark zurück, so daß nun die nach dem Systemwechsel neu eingeführten Organisationsformen in allen Industriezweigen dominieren. Die organisatorische Erneuerung bestehender Firmen und die Neugründung von Firmen führten jedoch noch nicht zu markanten Veränderungen der räumlichen Industriestrukturen. Obwohl die Anzahl der echten Produktionsbetriebe geringer geworden ist, hat sich der Verwaltungsapparat der Firmen gegenüber früher nicht verringert, weil nun in der Marktwirtschaft zahlreiche neue Funktionen dazugekommen sind. All das signalisiert den Rückgang der industriellen Produktion in der Hauptstadt bzw. die nachlassende Bedeutung der Industrie und die zunehmende Tertiärisierung, den Anfang der postindustriellen Phase.

Die meisten, nach 1989 neu entstanden Firmen sind kleine Gesellschaften mit einem Gründungskapital von einigen Millionen Forint, sie waren "ohne jegliche Vorgeschichte" und haben ihre Handelstätigkeit von Anfang an auf die europäischen kapitalistischen Länder ausgerichtet. Demgegenüber wurden die Staatsunternehmen und Genossenschaften meist in den 50er und 60er Jahren gegründet. Diese Unternehmen waren in sehr vielen Fällen überdimensioniert, sie besitzen nur ein Vermögen von mehreren Millionen Forint und es ist ihnen nur zum Teil gelungen, den Absatzmarkt zu wechseln. In Budapest vollzogen sich diese Prozesse der Strukturveränderung allerdings viel rascher als im benachbarten Komitat Pest.

Literatur

Berend, T. I. (1989): A magyar gazdasági reform útja (Weg der ungarischen Wirtschaftsreform), Közgazdasági és Jogi Könyvkiadó, Budapest.

Berend T., I. und Gy. Ránki (1966): A Budapest környéki ipari övezet kialakulásának és fejlődésének kérdése (Entstehung und Entwicklung der Industriezone um Budapest - Studie über die Vergangenheit von Budapest) Band XIV. Budapest, 535-573.

Csanádi, P. und L. Fényes (1990): Gazdasági társaságok jogszabálygyűjteménye. Cégek alapitása, bejegyzése, átalakulása működése (Rechtsnormensammlung zu Wirtschaftsgesellschaften. Firmengründung, Eintragung, Umgestaltung) Pallas Közlöny- és Kiadványszerkesztö Igazgatóság, Budapest.

Inzelt, A. (1988): Rendellenességek az ipar szervezetében (Unregelmäßigkeiten in der Industrieorganisation) Közgazdasági és Jogi Könyvkiadó. Budapest.

Iván, L. (1992): Külföldi érdekeltségű vegyesvállalatok területi vonatkozásai (Regionale Bezüge der Joint Ventures) - Földrajzi értesitö XLI 1-2, 67-79.

Kopátsy, S. (1983): Hiánycikk: a vállalkozás (Mangelware: die Unternehmung) Közgazdasági és Jogi Könyvkiadó. Budapest.
Ungvárszki, Á. (1989): Gazdaságpolitikai ciklusok Magyarországon (1948-1988). (Wirtschaftszyklen in Ungarn 1948-1988). Közgazdasági és Jogi Könyvkiadó, Budapest.

Abstract

Organisational Renewal of Hungarian Industry. The Case of the Budapest Region

For the past decades Hungarian industry has been characterised by overcentralised organisation and a spatially concentrated administration. The weight of the Budapest region as the country's most important industrial centre started to decline during the 1980s as a result of the emerging decentralisation. The organisational and structural renewal of the industry was a precondition for an economic take-off. The aim of this paper is to compare the organisational transition of the industry in the Budapest region between 1989 and 1993 with national trends, and to reveal some characteristics of the firms in this region (year of foundation, number of employees, initial capital or assets, direction of foreign trade). This analysis is based on data from the 1991-1993 volumes of the Industrial Almanac. These data include 39% of the industrial firms in the region, which represent one-fifth of all industrial firms in the country.

During the last years, especially since the introduction of the Act on Economic Associations in early 1989, significant changes have taken place in the organisation of Hungarian industry. There was a dramatic increase in the share of limited and unlimited companies and a similar decrease in traditional forms of business organisation. In the beginning, this process reflected the pace of economic growth of a region. The organisational transition started in the developed regions, where most of the firms could quickly accomodate themselves to the new conditions and where they were capable of innovation. Today, new types of organisational forms dominate all industrial branches. Most of them were established after 1989, the majority of them in the machine-producing industry. They are mainly small in size, with several thousand dollars of initial capital and with foreign trade links to well-developed European capitalist countries. No marked change occurred in the business efficiency, the structure and location of industry, or the headquarter-plant network as a consequence of the organisational renewal of the firms. The organisational transition of the industry took place much more rapidly in the Budapest region than in other parts of the country. As a consequence of the reorganisation process, some social, welfare and other problems have arisen. They affect not only industry and the Budapest region, but also other economic sectors and regions. These problems await further research.

Die Umgestaltung des Budapester Wohnungsmarkts unter dem Einfluß von Marktwirtschaft und Wohnungspolitik

Zoltán Kovács (Budapest),
Geographisches Forschungsinstitut der Ungarischen Akademie der Wissenschaften.
Andrássy út 62. P.O.B. 64, H-1388 Budapest, Ungarn
Reinhard Wießner (München)
Geographisches Institut der TU München, Arcisstraße 21, D-80333 München, BRD

1 Einführung

Der Wohnungsmarkt in Budapest hat sich seit dem politisch-ökonomischen Umbruch in Ungarn rascher verändert als die meisten übrigen Bereiche des ökonomischen Systems. Besonders starken Veränderungen sind die innerstädtischen Wohnquartiere ausgesetzt (vgl. Kovács Z., 1993; Wießner R. 1993).

Die Stadtentwicklung Budapests ist schon seit längerer Zeit Gegenstand intensiver wissenschaftlicher Erörterungen in Stadtforschung und Stadtgeographie (z. B. Enyedi Gy. and V. Szirmai, 1992; Kovács Z., 1992). Auch die Veränderungen nach dem Umbruch werden inzwischen lebhaft diskutiert, bislang vor allem auf allgemeiner theoretischer Ebene. Über Veränderungen in der Stadtstruktur Budapests liegen schon mehrere übergreifende Veröffentlichungen vor (z. B. Berényi I., 1994), ebenso zum engeren Bereich der Wohnungsmarktentwicklung (Csėfalvay Z. und W. Rohn, 1992; Kovács Z., 1990). Empirische Erkenntnisse über die jungen Entwicklungen existieren dagegen kaum.

Um die Veränderungen in ihrer Art und Tragweite eingehender erkennen und verstehen zu können, sind tiefergehende empirische Analysen unumgänglich. Dank der Unterstützung der Deutsche Forschungsgemeinschaft und der Ungarischen Akademie der Wissenschaften ist es uns möglich geworden, Umgestaltungsprozesse auf dem Wohnungsmarkt der innerstädtischen Quartiere in Budapest durch empirische Untersuchungen nachzuvollziehen. Die Erhebungen fanden im Herbst 1993 und im Frühjahr 1994 statt.

2 Charakteristika des Wohnungsmarkts in der sozialistischen Epoche

Wie in anderen ehemaligen Ostblockstaaten konzentrierte sich der staatliche Wohnungsbau in sozialistischer Zeit fast ausschließlich auf den Neubau von Großwohnanlagen am Stadtrand. Die schnelle Errichtung von kostengünstigen, standardisierten Wohnungen, ab den 60er Jahren bevorzugt in Form von Hochhäusern und in industrieller Großtafeltechnologie, sollte dem permanenten Wohnungsmangel abhelfen.

Vernachlässigt wurden dagegen die Bestände in den innerstädtischen Wohnquartieren. Es kam zu einem baulich-sozialen Abwertungsprozeß, der sich im baulichen Bereich in fehlender Instandhaltung der Gebäude bis hin zum baulichen Verfall ausdrückt. In sozialer Hinsicht entstand ein Segregationsprozeß, in dem vor allem unterprivilegierte Gruppen der Gesellschaft wie sozial Schwächere (Arme, Alte) und diskriminierte Randgruppen (in Budapest insbesondere Zigeuner) in den Altbauquartieren zurückblieben.

Auch wenn Segregationsprozesse aufgrund der staatlich gesteuerten Wohnungsvergabe moderater als in westlichen Systemen verliefen, vollzogen sie sich in Budapest im Vergleich mit anderen Ostblockländern massiver (vgl. Szelényi I., 1983; Ladányi J., 1989). Ein wesentlicher Grund hierfür besteht in der seit Anfang der 80er Jahre stärker marktwirtschaftlichen Ausrichtung der Wohnungspolitik und allgemein der Wirtschaftspolitik in Ungarn. Der Zugang zu privaten Eigentumsformen, auf dem Wohnungsmarkt also zu Eigenheimen und Eigentumswohnungen, wurde erleichtert (vgl. Wießner R., 1994).

Hinzu kam in den 80er Jahren ein drastischer Rückgang der staatlichen Wohnungsbauaktivitäten, der auf die zunehmenden ökonomischen Schwierigkeiten des ungarischen Staates zurückzuführen war. Während Anfang der 80er Jahre noch rund 10.000 Staatswohnungen pro Jahr in Budapest erstellt wurden (über 50% aller Neubaufertigstellungen), sank die Zahl auf etwa 2.000 bis 3.000 pro Jahr bis zum Ende der 80er Jahre ab (rund 30% aller Fertigstellungen bei insgesamt rückläufiger Bautätigkeit). Nach dem Umbruch verlor der staatliche Neubau mit wenigen hundert Wohnungen pro Jahr vollends an Bedeutung. Der Wohnungsneubau befand sich also schon am Ende der sozialistischen Phase mehrheitlich in privatwirtschaftlicher Hand (Statistisches Jahrbuch von Budapest 1980-1993).

Das Segment der Mietwohnungen dagegen blieb bis zum Ende des alten Systems in staatlichem Besitz. Die Mietshäuser im Altbaubestand der innerstädtischen Wohnviertel wurden nach dem 2. Weltkrieg enteignet. Noch bis zum Ende der 80er Jahre waren die Wohnungen in diesen Quartieren fast ausschließlich, meist zu mehr als 95% staatliche Mietwohnungen. Ein privater Mietwohnungsmarkt existierte - auch im Neubaubereich - praktisch nicht.

In stadtstruktureller Hinsicht sind zwei weitere Charakteristika zum Verständnis der nachfolgenden Umstrukturierungen im innerstädtischen Bereich von Bedeutung:

- Wie in anderen osteuropäischen Staaten fand eine Ausbreitung der City-Funktionen in citynahe Wohngebiete bis zum Umbruch kaum statt. Vielmehr existierte selbst in der unmittelbaren City noch ein größerer Wohnungsbestand.
- Auffallend sind weiterhin umfangreiche Baulücken in den Innenstadtrandquartieren, teils noch infolge der Kriegszerstörung, teils infolge des Abrisses

baufälliger Gebäude. Heute bieten diese Areale probate Gelegenheiten, rasch neue Strukturen zu realisieren.

3 Veränderte Rahmenbedingungen nach dem Umbruch

Mit dem politisch-ökonomischen Umbruch in Ungarn wurde eine marktorientierte Umgestaltung des Wohnungsmarkts nachhaltig forciert. Vor allem zwei Prozesse erscheinen von besonderer Bedeutung:

- die Privatisierung des staatlichen Wohnungsbestands: bis Mitte des Jahres 1994 wurden schätzungsweise 250.000 der ehemals etwa 400.000 Staatswohnungen verkauft,
- und eine vor allem in Budapest erhebliche gewerbliche Investitionstätigkeit seit Ende der 80er/Anfang der 90er Jahre durch ungarische und internationale Firmen, die in der City und in den citynahen Wohnvierteln eine Nachfragekonkurrenz um Standorte zwischen Wohnen und Gewerbe zur Folge hat.

Infolge des Umbruchs veränderten sich weitere soziale und ökonomische Rahmenbedingungen, die für den Wohnungsmarkt Bedeutung aufweisen. Im sozialen System verloren Bevölkerungsgruppen an Position und Bedeutung (v. a. die "kommunistische Oberschicht"), Arbeitslosigkeit und Inflation führten zur Verarmung breiter Bevölkerungskreise, andere Gruppen wiederum profitierten im Zuge des Umbruchs vor allem durch privatwirtschaftliche Aktivitäten. Die Folge ist eine wachsende Differenzierung der Lebensverhältnisse, eine soziale Polarisierung und als Konsequenz eine entsprechende Differenzierung der Nachfragestärke auf dem Wohnungsmarkt (vgl. Cséfalvay Z. und W. Rohn, 1992). Für diejenigen, die es sich leisten können, sind steigende Ansprüche nach besseren und größeren Wohnungen und nach bevorzugten Lagen im Stadtgebiet zu erkennen.

Die zunehmende Steuerung des Wohnungsmarkts durch Nachfrage und Angebot unterscheidet sich grundsätzlich vom sozialistischen Steuerungssystem der Wohnungsvergabe, das - auch durch niedrige Mietpreise - auf sozialen Ausgleich bedacht war. Es ist infolgedessen zu erwarten, daß in manchen Wohnquartieren Sozialstrukturen einen Wandel erfahren, die mit marktwirtschaftlichen Prinzipien inkonsistent sind, und - so unsere These -, daß entsprechend der sozialen Neustrukturierung und Polarisierung der Gesellschaft auch eine neuartige sozialräumliche Differenzierung und Polarisierung auf dem Wohnungsmarkt und in der Stadtstruktur zu erwarten ist.

Hauptanliegen unserer Untersuchungen über die Entwicklung des Wohnungsmarkts in den inneren Wohngebieten Budapests sind:

- die Darstellung der Veränderungen infolge der Privatisierung und der gewerblichen Investitionstätigkeit und
- der Versuch, die Hintergründe solcher Veränderungsprozesse zu erhellen.

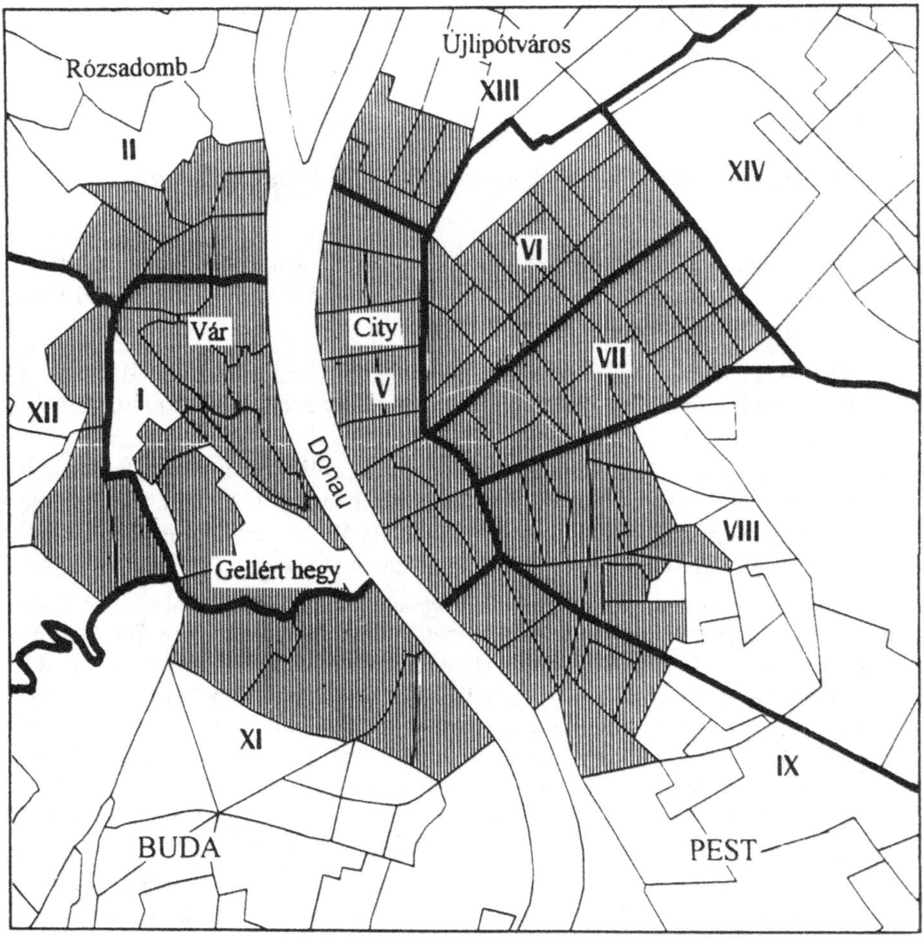

Entwurf: Z. Kovács und R. Wießner 1994

Abb. 1. Untersuchungsgebiet der Gebäudekartierung

Angesichts derzeit noch schwer überschaubarer Entwicklungen wurde die Untersuchung nicht mit einem geschlossenen theoretischen Konzept begonnen. Vielmehr führen wir in Form eines Methoden-Mix mehrere aufeinander aufbauende Untersuchungsschritte durch, die in vieler Hinsicht auch explorativen Charakter besitzen und die kontinuierlich durch Expertengespräche begleitet werden.
Die bisherigen Untersuchungsschritte sind:

- eine Kartierung, in der knapp 10.000 Anwesen in den innerstädtischen Quartieren erfaßt wurden (vgl. Abb. 1), wodurch wir Informationen über äußerlich sichtbare Zustände und Veränderungen erhalten, also z. B. über Modernisierungen und (veränderte) Nutzungen der Gebäude,

- eine Bewohnerbefragung mit über 700 mündlichen Interviews auf der Basis einer Stichprobe in ausgewählten innerstädtischen Quartieren. Die Befragung gibt vor allem Auskunft über äußerlich nicht erkennbare Strukturen und Veränderungen sowie über spezifische Handlungssituationen der Bewohner.

4 Einflüsse auf den Wohnungsmarkt durch die Expansion des Gewerbes

Mit dem Umbruch in Ungarn kam es zu einem Boom an privatwirtschaftlicher Investitionstätigkeit, insbesondere im Bereich des tertiären Sektors. Firmen wurden in großer Zahl nicht nur von einheimischen Unternehmern gegründet. Die Entwicklungsdynamik begründeten vor allem ausländische Investoren, die nach dem Umbruch bis zum Frühjahr 1994 insgesamt rund 7 Mrd. US-$ in Ungarn investierten. Der eindeutige Schwerpunkt der Investitionstätigkeit liegt in Budapest, das Anfang der 90er Jahre überhaupt den Schwerpunkt der westlichen Investitionstätigkeit in den ehemaligen Ostblockstaaten bildete (vgl. Kovács Z., 1993).

Gründe für die hervorgehobene Rolle Budapests liegen auf verschiedenen Ebenen:

- Budapest bot sowohl im Hinblick auf die technologische Infrastruktur als auch auf das verfügbare Humankapital sehr gute Standortvoraussetzungen. Angesichts der monozentrischen Struktur Ungarns waren entsprechende Kapazitäten schon in sozialistischer Zeit stark auf die Hauptstadt konzentriert. Bei einem Bevölkerungsanteil von rund 20% befanden sich beispielsweise 63% aller ungarischen Telefax-Anschlüsse in Budapest. Die besondere Bedeutung als Wissenschaftszentrum wird dadurch unterstrichen, daß 72% aller Habilitierten in Budapest lebten (Tóth J., 1990). Ganz ähnlich wie in westlichen Wirtschaftszentren hat der Prozeß der Tertiärisierung der Wirtschaft in Budapest schon früh eingesetzt. Waren 1970 noch 54% aller Erwerbstätigen in der Industrie tätig, so nahm 1990 der tertiäre Sektor mit 61% der Erwerbstätigen bereits mit Abstand die erste Stelle ein. Für F+E-Funktionen war Budapest der einzige relevante Standort in Ungarn, ein Standort allerdings mit beachtlichem Potential (vgl. Kovács Z., 1993).
- Als erster Staat unter den Reformländern Osteuropas verfügte Ungarn über die gesetzlichen Voraussetzungen für ein marktwirtschaftlich geprägtes Wirtschaftssystem und eine demokratisch-pluralistische Staatsverfassung nach westlichem Muster.

  Schon in den 80er Jahren entwickelte sich neben der staatlichen Wirtschaft, der sog. Ersten Wirtschaft, ein privatwirtschaftliches Segment, die sog. Zweite Wirtschaft. Auch der Umbruch setzte Ende der 80er Jahre früher ein als in anderen Reformstaaten. Schon bis zum Jahr 1990 wurde mit der Liberalisierung des Geld- und Kapitalmarkts, mit einem neuen Steuersystem, der

Reform der Eigentumsordnung, vorteilhaften Regelungen für Investitionen von Ausländern und schließlich mit der neuen Verfassung vom 23.10.1989 das Fundament für die politische und wirtschaftliche Neuordnung geschaffen (vgl. Lietz H., 1992).
Der Startvorteil früher Stabilität in den ökonomischen und politischen Rahmenbedingungen begründet letztlich die Attraktivität Ungarns und insbesondere Budapests für westliche Investoren. Budapest wurde hierdurch als Primate City zum Brückenkopf für Investoren, die nicht nur den ungarischen Markt, sondern weitergehend auch andere Märkte in Südosteuropa und Osteuropa im Auge hatten.

Die Konsequenz der boomartigen Expansion des Gewerbes bestand in Budapest in einer erheblichen Steigerung der Nachfrage nach Büroraum in innerstädtischen Quartieren. Da entsprechender Büroraum zunächst nicht zur Verfügung stand, resultierten aus der Mangelsituation verschiedene Stadtentwicklungsprozesse, die den Bereich des Wohnungsmarkts mehr oder weniger stark tangierten:

- Einerseits setzte ein Bauboom ein. Die in großer Zahl vorhandenen Baulükken sowie der Abriß abbruchreifer, leerstehender Gebäude boten ein geeignetes Reservoir für solche Bauprojekte. Dieses Reservoir ist heute bei weitem noch nicht erschöpft. In unserer Erhebung im Oktober 1993 konnten wir feststellen, daß unter knapp 10.000 erfaßten Grundstücken im innerstädtischen Bereich noch rund 450 Baulücken und Grundstücke mit provisorischer, nicht standortgemäßer Nutzung existierten. Hinzu kamen etwa 80 leerstehende sowie weitere mehr oder weniger abrißreife Gebäude.
- Andererseits, durch die Chance zur Bebauung von Baulücken sicherlich gedämpft, vollzog sich über die Umnutzung von Wohn- in Gewerberaum ein Prozeß der Cityverdichtung und Cityerweiterung. Wohnungen wurden -häufig unmittelbar nach deren Privatisierung (s. unten)- an gewerbliche Interessenten vermietet oder verkauft. Daß sich damit in entsprechenden Lagen außerordentliche Gewinne erzielen ließen, sei durch das folgende Beispiel veranschaulicht. Es orientiert sich an Durchschnittspreisen für die Citylage im V. Bezirk in den Jahren 1991 und 1992, der Zeit des größten Mangels an Gewerberäumen. Eine staatliche Mietwohnung mit 100 qm Wohnfläche konnte vom bisherigen Mieter bei Barzahlung zum vergünstigten Preis von rund 350.000 Forint erworben werden. Bei monatlichen Quadratmetermietpreisen von ca. 15 DM (in dieser Währungseinheit werden die Objekte vermietet) ergab sich eine Monatsmiete von 1500 DM oder 70.000 Forint. Der ursprüngliche Kaufpreis konnte somit innerhalb von 5 Monaten erlöst werden. Im Fall des Weiterverkaufs konnte für die Wohnung mit rund 3,5 Mio. Forint ungefähr das Zehnfache des Kaufpreises erzielt werden. Teilweise wurden über solche Transaktionen Wohnhäuser vollständig in Gewerbegebäude umgenutzt. Darüber hinaus wurden die Wohnungen kleiner Selbständiger häufig gleichzeitig zum Firmensitz und zum Ort gewerblicher Aktivitäten. Solche Mischnutzungen sind vor allem für privatwirtschaftliche Tätigkeiten von Einheimischen typisch.

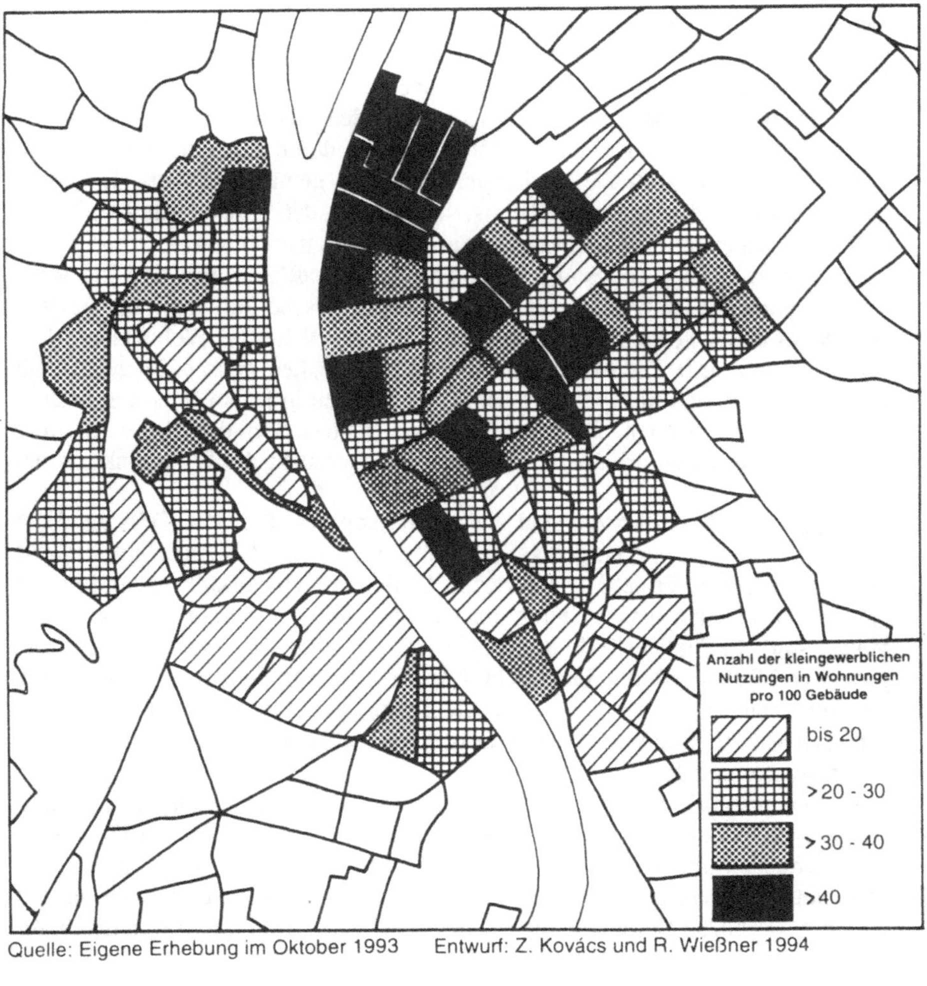

Abb. 2. Intensität der Umnutzung von Wohnungen in Gewerberaum (Stand Oktober 1993) (Quelle: eigene Erhebung im Oktober 1993, Entwurf: Z. Kovács und R. Wießner 1994)

Unsere Nutzungskartierung hat eine beachtliche Zahl von etwa 2.700 derartigen Mischnutzungen und rein gewerblichen Nutzungen von Wohnungen ergeben - sicherlich bei gewissen Unschärfen in der exakten Erfassung. Abb. 2 zeigt die räumliche Differenzierung solcher Fälle und verdeutlicht die Konzentration derartiger Entwicklungen in einzelnen Gebieten.

Neben der Reduzierung der Wohnfunktion in der City als Folge der gewerblichen Cityverdichtung ist der Prozeß der Cityerweiterung und der Tertiärisierung umliegender Wohngebiete in der Abbildung deutlich zu erkennen. Besonders attraktiv für die gewerbliche Umnutzung von Wohnraum sind offensichtlich Teile der nordöstlichen Pester Cityrandgebiete im VI. und XIII. Bezirk, insbesondere im Bereich des Kleinen und des Großen Rings, Gebiete, die in vorsozialistischer Zeit großteils als bürgerliche Wohnquartiere errichtet worden sind. Deutlich schwächer fallen solche Prozesse in den traditionellen Arbeiterquartieren der Stadt aus, etwa im südöstlichen Randbereich der City.

In dem auf der westlichen Donauseite liegenden Budaer Teil der Stadt, der traditionell wenig gewerbliche Standorte aufweist, dafür aber um so attraktivere Wohnstandorte, verläuft die Tertiärisierung nur in gemäßigter Form. Lediglich im Westen der Margarethenbrücke ist im Bereich der Großen Ringstraße ein tertiärer Brückenkopf auf der Budaer Seite der Stadt zu erkennen.

Neben den bislang dargestellten, auf privatwirtschaftliche Initiative hin weitgehend spontanen Entwicklungen tragen auch planerische Initiativen der Bezirke zum Vordringen gewerblicher Nutzungen in innerstädtische Wohngebiete bei. Anders ausgedrückt: Die Bezirke nutzen ihre Chance, den wirtschaftlichen Boom mit Revitalisierungsstrategien zu verknüpfen. Nahezu in jedem Bezirk existieren solche Projektplanungen, die primär auf den Neubau oder die Modernisierung von Gewerbeobjekten orientiert sind, sekundär aber auch die Wohnfunktion betreffen.

Beispiele für diesen Prozeß sind die Aufwertung des südlichen Teils der Váci utca im V. Bezirk (Verlängerung der Fußgängerzone), das Anker-köz-Projekt und das Nagymező-Projekt im VI. Bezirk (Errichtung eines Bankenzentrums auf unbebauten Flächen bzw. Planung eines Kultur- und Vergnügungsviertels), das Madách-utca-Projekt im VII. Bezirk (Errichtung eines Boulevards mit Versorgungs- und Bürostandorten im Anschluß an die bisherige City) sowie letztlich die Revitalisierungsprojekte im IX. und XI. Bezirk, die ursprünglich für die 1996 vorgesehene, im Sommer 1994 jedoch wieder abgesagte Weltausstellung ins Leben gerufen wurden.

Als charakteristisches Beispiel seien die Veränderungen durch das Madách-utca-Projekt näher beschrieben: Hier sehen die Planungen den Abriß von 25 Wohngebäuden mit 382 Wohneinheiten und von 23 Geschäftshäusern vor. Als neue Nutzungen entstehen in erster Linie Büros, Ladengeschäfte, Parkhäuser und andere gewerbliche Einrichtungen sowie eine kleinere Zahl von Wohnungen auf gehobenem Niveau (vgl. Mehner J., 1993).

Insgesamt können damit als Konsequenzen der Expansion gewerblicher Funktionen in der Budapester Innenstadt festgehalten werden:

- eine Cityverdichtung und eine Umstrukturierung von citynahen Wohngebieten zu Cityerweiterungszonen und tertiärisierten Mischgebieten, verbunden mit einer Verdrängung der Wohnfunktion und einer Abnahme der Wohnbevölkerung durch den mehr oder weniger freiwilligen Wegzug von Bewohnern,
- eine partielle Aufwertung der Wohnstandorte im Umfeld der beschriebenen Projekte, mit der Konsequenz eines sozialen Wandels in solchen Quartieren.

Mit Cityverdichtung und Cityerweiterung holt Budapest gewissermaßen Prozesse nach, die in ähnlicher Weise die Entwicklung westlicher Großstädte in den vergangenen Jahrzehnten geprägt haben. Gleichzeitig verstärken sich dadurch die aus dem Westen hinlänglich bekannten Folgeprobleme solcher Entwicklungen, wie z. B. die Reduzierung preiswerten Wohnraums, die Zunahme des Verkehrs infolge der fortschreitenden Trennung von Wohnen und Arbeiten, die Belastungen durch den Verkehr und die hieraus resultierende Verminderung der Umweltqualität.

5 Einflüsse auf den Wohnungsmarkt durch die Privatisierung der Staatswohnungen

5.1 Verfahren der Privatisierung

Neben dem Vordringen gewerblicher Nutzung kommt für die Veränderung in den Innenstadtrandgebieten dem Vorgang der Privatisierung von Staatswohnungen eine ausschlaggebende Bedeutung zu, nicht zuletzt auch, weil Umnutzungen in gewerbliche Funktionen im allgemeinen erst nach der Privatisierung der betreffenden Wohnungen durchgeführt werden können.

Die Privatisierung des staatlichen Wohnungsbestands vollzieht sich in aller Regel in Form des Verkaufs der Wohnungen an die bisherigen Mieter (Umwandlung in privates Wohnungseigentum). Bewohnte Wohnungen werden im Prinzip nur an kaufwillige Mieter verkauft, zu einem Preis, der in der Regel 15% des aktuellen Marktwerts beträgt. Das erforderliche Eigenkapital liegt mit 10% des Kaufpreises oder 1,5% des Marktwertes der Wohnung äußerst niedrig. Die Finanzierung des Restkaufpreises ist über günstige Darlehen möglich.

Eine Rückgabe der Gebäude an die ehemaligen, enteigneten Hauseigentümer steht nicht zur Diskussion. Entsprechende Konflikte und eigentumsrechtliche Entwicklungshemmnisse wie z. B. in Ostdeutschland existieren also nicht. Enteignete Alteigentümer erhalten lediglich Entschädigungsgutscheine. Diese Gutscheine können allerdings zum Wohnungskauf im Rahmen der Privatisierung eingesetzt werden, wodurch die Nachfrage erhöht und eine Verstärkung der Privatisierungstätigkeit induziert wird.

Zunächst sah man vor, in Budapest zumindest die Hälfte des staatlichen Wohnungsbestands zu privatisieren. Die Verantwortlichkeit für die Privatisierung liegt bei den einzelnen Bezirken der Stadt Budapest, die nach dem Umbruch erhebliche Kompetenzen übertragen bekommen haben und die heute als quasi autonome Teilstädte innerhalb der Gesamtstadt die Leitlinien der Stadtentwicklung bestimmen. Privatisierungsstrategien der Bezirke und die Kaufbereitschaft der Mieter wurden somit zu den entscheidenden Faktoren, die den Umfang und die Geschwindigkeit des Privatisierungsprozesses steuern.

Während zunächst noch von den Bezirken über sogenannte Verbotslisten reglementiert werden konnte, welche Wohnungsbestände zur Privatisierung freigegeben werden, gilt ab Jahresbeginn 1994 eine neue Gesetzeslage. Das Initiativrecht geht auf den Mieter über. Eine Wohnung muß privatisiert werden, wenn der betreffende Mieter dies fordert. Ausgenommen sind lediglich Wohnungen in denkmalgeschützten Gebäuden. Auch der Verkauf an Dritte ist nunmehr prinzipiell möglich.

Den Bezirken ist damit die Möglichkeit genommen, steuernd auf den Privatisierungsprozeß Einfluß zu nehmen, um zum Beispiel ihrer (freiwilligen) Verpflichtung nachzukommen, einen ausreichenden Bestand an Sozialwohnungen für die Versorgung von sozial schwachen Haushalten vorzuhalten oder - wie häufig geschehen - um Wohnungen in besonders desolaten, kaum mehr sanierungsfähigen Gebäuden von der Privatisierung auszuschließen.

Nach dem Verkauf der Wohnungen beginnt das freie Spiel der marktwirtschaftlichen Kräfte. Dem Käufer steht es frei, die Wohnung weiterhin zu bewohnen und gegebenenfalls zu renovieren oder aber erneut zu veräußern - eine Chance, die vor allem in gehobeneren Wohnlagen und im Citybereich im Zusammenhang mit Umnutzungen in Gewerberaum in lukrativer Weise gegeben ist.

5.2 Sozialräumliche Polarisierung des Wohnungsmarkts

Die bisherigen Ausführungen deuten schon an, daß sich im Zuge der Privatisierung und der Liberalisierung des Wohnungsmarkts eine räumliche und soziale Differenzierung der Entwicklungen abzeichnet. Welche Tendenzen in diese Richtung bereits festzustellen sind, sei im folgenden unter Einbeziehung ausgewählter Ergebnisse unserer empirischen Untersuchung dargelegt. Folgende Indikatoren werden herangezogen: Preise für Wohnungsimmobilien, Umfang der Privatisierungen, Ausmaß der baulichen Aufwertungen und Aspekte der Mobilität, die auf eine Verstärkung der Segregation hindeuten.

5.2.1 Wohnungspreise und Preisentwicklung

Ein erster Eindruck der räumlich differenzierten Entwicklung des Wohnungsmarkts ergibt sich aus der Höhe der Immobilienpreise und deren Veränderung in jüngerer Zeit.

Tab. 1 stellt die durchschnittlichen Marktpreise für Wohnungen (bei Transaktionen auf dem freien Markt) im Jahr 1992 und deren Entwicklung von 1990-92 in jenen Budapester Bezirken dar, die Anteile an innerstädtischen Gebieten aufweisen (vgl. Abb. 1).

Beide betrachteten Variablen weisen eine gleichgerichtete Abfolge auf:

- Spitzenpreise werden in der City erzielt, wo auch die Steigerungsrate mit 88% am höchsten ausfällt.
- Danach rangieren die bevorzugten Wohnlagen Budapests auf der Budaer Seite der Stadt.
- Die nordöstlichen Innenstadtrandgebiete auf der Pester Seite, wo einerseits eine stärkere Ausweitung gewerblicher Aktivitäten zu beobachten ist und sich andererseits die traditionell besseren Pester Wohnlagen befinden, weisen in etwa stadtdurchschnittliche Steigerungsraten auf. Die Wohnungspreise, die

ebenfalls im Bereich des Stadtdurchschnitts liegen, fallen gegenüber den beiden erstgenannten Teilräumen aber schon deutlich ab.

– Am Ende der Rangfolge liegen mit unterdurchschnittlichen Preisen und Steigerungsraten die gründerzeitlichen Arbeiterviertel im südöstlichen Pester Innenstadtrandgebiet, wo auch gewerbliche Umnutzungen seltener festzustellen sind.

Tabelle 1. Durchschnittliche Marktpreise für Wohnungen 1992 und deren Entwicklung von 1990 bis 1992 in Bezirken mit Anteilen an innerstädtischen Gebieten

Bezirk	Marktpreis 1992 (in Forint/qm)	Preisanstieg 1990 - 1992	Beschreibung der Lage
V	64.100	88,0 %	City
II	61.900	60,4 %	Buda: bevorzugte Wohnquartiere - Innenstadtrandgebiete, Budaer Berge, Altstadt
XII	57.100	46,4 %	
I	53.200	43,0 %	
XIII	36.800	33,8 %	Pest: Gebiete im Nordosten der City - stärkerer gewerblicher Umnutzungsdruck, z. T. ehemalige großbürgerliche Wohnviertel
VI	36.300	31,0 %	
VII	34.500	37,5 %	
VIII	30.100	20,4 %	Pest: Gebiete im Südosten der City - geringerer gewerblicher Umnutzungsdruck, gründerzeitliche Arbeiterviertel
IX	31.000	16,1 %	
IX	31.000	16,1 %	
Budapest	37.500	33,9 %	

Quelle: Ingatlanpiac 23. Mai 1993

Festzuhalten ist also, daß sich die Preise auf dem Wohnungsmarkt auseinanderentwickeln. Plausible Gründe für diese Polarisierung lassen sich im stärkeren gewerblichen Umnutzungsdruck (in der City und den nordöstlichen Randgebieten) und in der höheren Attraktivität der Wohnlagen sowie im besseren Zustand der Gebäude (insbesondere in den Budaer Wohngebieten) vermuten.

Die Darstellung auf der aggregierten Ebene der Bezirke nivelliert natürlich innerbezirkliche Differenzierungen, etwa zwischen citynäheren und cityferneren Gebieten. Hinzuweisen ist insbesondere auf den XIII. Bezirk, in dem in sozialistischer Zeit das citynahe großbürgerliche Wohnviertel Újlipótváros und das weiter stadtauswärts liegende Arbeiterviertel Angyalföld zwangsvereinigt wurden. Nach Expertengesprächen läßt sich in Újlipótváros durchaus eine Preisentwicklung erkennen, die dem Niveau der teueren Budaer Stadtteile entspricht.
Anzumerken ist weiterhin, daß die auf den ersten Blick erheblichen Preissteigerungen keineswegs auf eine generelle Aufwertung der Wohnfunktion in den

innerstädtischen Quartieren hindeuten. Berücksichtigt werden muß die hohe Inflationsrate, die im betrachteten Zeitraum von 1990-92 ungefähr 60% betrug. Dies bedeutet, daß lediglich in der City und in Teilen Budas sowie wohl auch in Ujlipotváros von einer realen Werterhaltung ausgegangen werden kann, wogegen bei Wohnungen in weiten Teilen der Pester Innenstadtrandgebiete ein realer Wertverlust zu konstatieren ist.

5.2.2 Phasen und Umfang der Privatisierung

Ein ähnliches räumliches Muster wie bei der Entwicklung der Wohnungspreise ergibt sich bei der Betrachtung des Umfangs der Privatisierungen. Abb. 3 zeigt den Anteil der privatisierten Staatswohnungen am Ende des Jahres 1990 und zur Jahresmitte 1993 in den Bezirken Budapests.

Die Darstellungen lassen zwei Phasen der Privatisierung erkennen, in denen sich unterschiedliche Schwerpunkte der Privatisierung herausbildeten:

- In den Jahren 1989 und 1990, also noch in der Zeit der sozialistischen Regierung, dominierte die Privatisierung vor allem in den bevorzugten Wohngebieten der Stadt. Die Wohnungen sind dort im allgemeinen größer und in einem besseren Zustand. Neben der erheblichen Differenz zwischen Kaufpreis und Marktpreis ließ sich eine weitere Wertsteigerung erwarten, die gegebenenfalls als Veräußerungsgewinn bei einem Weiterverkauf vereinnahmt werden konnte. Die kaufkräftigeren, häufig bereits im privatwirtschaftlichen Sektor tätigen Bevölkerungsgruppen in diesen Wohnquartieren waren solchen marktorientierten Kalkülen überdies eher zugänglich. Mit der Kaufbereitschaft der Bewohner fiel das gleichgerichtete Interesse der "reicheren" Bezirke zusammen, durch die Privatisierung relativ rasch die mit Subventionen belasteten Wohnungen abzugeben und sich damit von finanziellen Lasten und sozialen Problemen zu befreien.
- In den Jahren 1991 und 1992, der Zeit des Booms der gewerblichen Expansion, ergaben sich ähnliche Tendenzen der Wertsteigerung im Bereich der City und den citynahen Wohnbezirken. Entsprechend stieg der Anteil der Privatisierungen in diesen Bereichen der Stadt in jener Zeit deutlich an.

Auch heute läßt sich diese räumliche Differenzierung in der Privatisierungstätigkeit noch nachvollziehen. Tab. 2 stellt das Ausmaß der bislang erfolgten Privatisierungen anhand der Ergebnisse unserer Stichprobenerhebung vom März 1994 für ausgewählte Wohnquartiere dar. Fast vollständig wurde der Bestand ehemaliger Bezirkswohnungen im Teilgebiet 1302 von Újlipótváros im XIII. Bezirk in Privatbesitz überführt. In den Untersuchungsgebieten der City und auf der Budaer Seite liegt der Anteil der Privatisierungen bei rund zwei Drittel.

Geringer fällt der Umfang der Privatisierung in den übrigen Pester Innenstadtrandgebieten aus. Der schlechtere bis desolate Zustand der Gebäude und die auch damit zusammenhängende geringere Kaufbereitschaft der dort wohnenden sozial schwächeren Bevölkerung stellen gewiß Hindernisse für die Privatisierung dar.

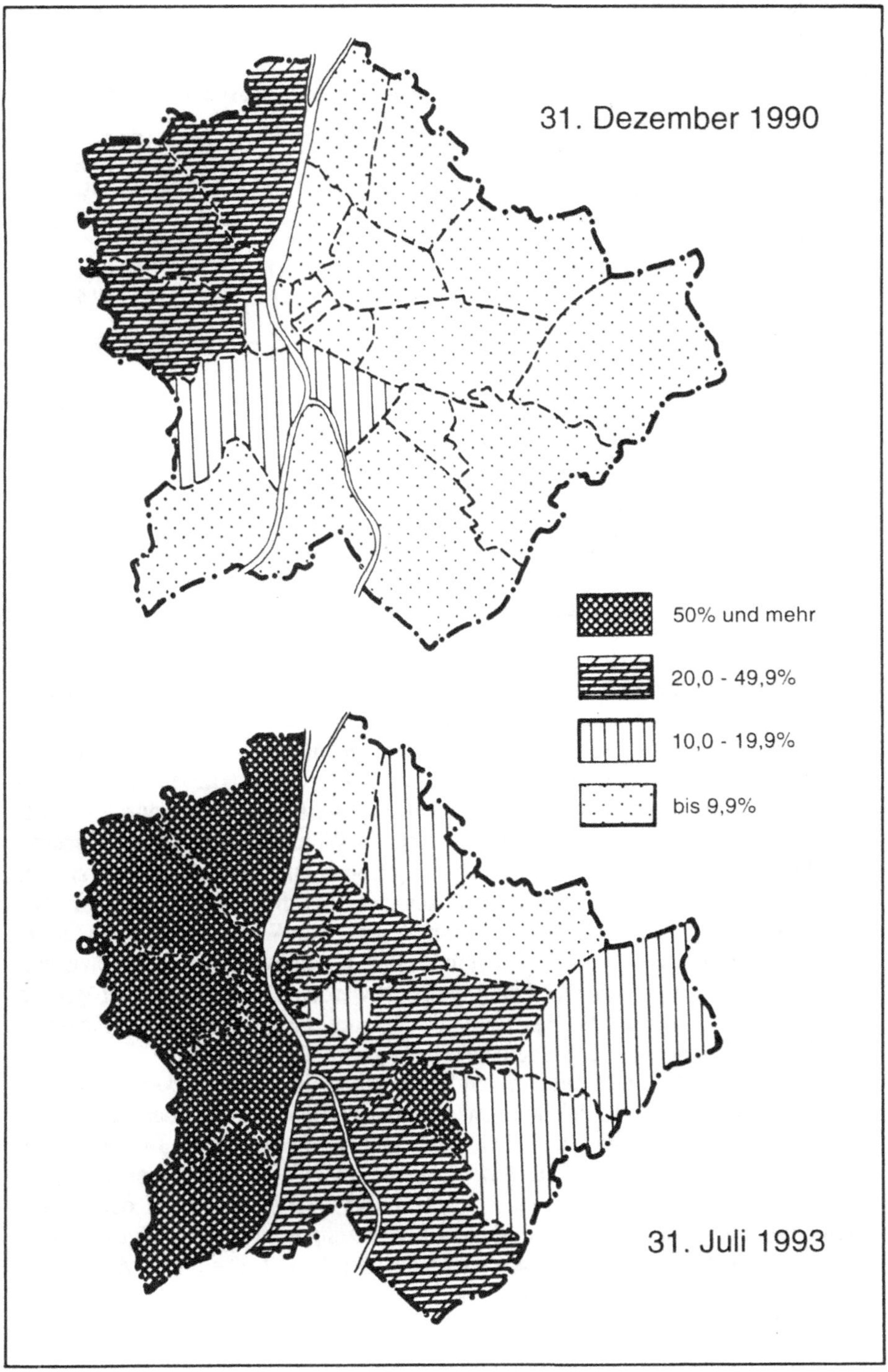

Abb. 3. Der Anteil privatisierter Staatswohnungen in Budapest. Entwurf: Kovács Z.

Tabelle 2. Privatisierung von Bezirkswohnungen in den Untersuchungsgebieten der Bewohnerbefragung

	Bezirk	Teilgebiet	ehem. Anzahl der Staatswohnungen	davon privatisiert abs.	rel.
Buda	I	0103	34	21	62%
		0112	12	9	(75%)
	II	0206	48	32	67%
City	V	0506	43	27	63%
		0510	41	24	59%
Pest	XIII	1302	63	60	95%
	VI	0604	83	23	28%
		0613	63	21	33%
	VII	0701	68	22	32%
		0708	84	23	27%
	VIII	0814	41	14	34%
	IX	0906	46	9	20%
Summe			626	285	46%

Quelle: Eigene Erhebung im März 1994

Aber auch die Strategien der Bezirke sind - wie in Expertengesprächen deutlich wurde - hier in stärkerem Maße darauf ausgerichtet, einen Grundbestand an Sozialwohnungen für Problemgruppen auf dem Wohnungsmarkt zu sichern.

Die "ärmeren" Bezirke werden damit im Zuge der Umstrukturierung des Wohnungsmarkts in doppelter Weise benachteiligt: Einerseits trifft sie durch die Bewahrung und die Subventionierung des eigenen Wohnungsbestands in verstärktem Maße die Fürsorge für soziale Problemgruppen, andererseits können sie nur unterdurchschnittlich von Einnahmen aus der Privatisierung profitieren. Die gesetzliche Vorgabe, Einnahmen aus dem Verkauf von Wohnungen in die Sanierung des verbliebenen Wohnungsbestands oder in den Wohnungsneubau zu lenken, kann von diesen Bezirken kaum realisiert werden. Die begrenzt verfügbaren Mittel werden dringend benötigt, um die Versorgung im Bereich der sozialen Infrastruktur (Schulen, Gesundheitswesen etc.) aufrechtzuerhalten.

Immerhin wurde jedoch auch in den Pester Innenstandrandbezirken jeweils bereits knapp ein Drittel der Wohnungen privatisiert. Eine weitere Phase im Prozeß der Privatisierung scheint sich dabei abzuzeichnen. Nach unseren Befragungsergebnissen werden Staatswohnungen nicht nur im Fall ihres besseren Zustands oder aufgrund der Spekulation auf lagebedingte Wertsteigerungen oder angesichts der Möglichkeit zur gewerblichen Umnutzung erworben, sondern - ungeachtet dieser Faktoren - auch aus Gefühlen der Unsicherheit und Angst, die Wohnung ansonsten zu verlieren. Die im Jahr 1994 veränderte Gesetzeslage verstärkt offenbar solche Intentionen.

5.2.3 Bauliche Erneuerungsmaßnahmen

Analysiert man die Wohnungsmarktentwicklung in Budapest vor dem Hintergrund der Entwicklung in westeuropäischen und insbesondere in westdeutschen Großstädten (vgl. Blasius J. und J. S. Dangschat, 1990; Wießner R., 1987), so stellt sich die Frage, ob im Zuge der Privatisierung und des Übergangs zum freien Markt eine Aufwertung der Wohnfunktion und eine bauliche Sanierung der innerstädtischen Wohnquartiere abzusehen sind. Entsprechende Erwartungen wurden auch in Budapest mit der Privatisierung der Wohnungen verknüpft.

In Tab. 3 wird das Ausmaß der Erneuerungstätigkeit im Bereich des Wohnens in unseren Kartierungsgebieten dargestellt. Im Detail beziehen sich die Angaben auf Wohngebäude (Gebäude, die zu mehr als der Hälfte zu Wohnzwecken genutzt werden) sowie auf folgende Erneuerungsmaßnahmen: Neubau von Wohngebäuden, Renovierung der Fassade in den Jahren 1988-1993, Renovierung oder Neueinbau des Großteils der Fenster in den Jahren 1988-1993 sowie entsprechende Renovierungsmaßnahmen, die gerade im Gang befindlich waren. Die Zahl der Wohnhausneubauten ist dabei vernachlässigbar gering. Ausgeklammert werden in der Tabelle Sanierungen, die sich ausschließlich auf Gewerberäume in Wohnhäusern sowie auf Geschäftshäuser beziehen.

In der Tabelle wird deutlich, daß der Anteil der dargestellten Erneuerungsmaßnahmen in den gehobeneren Budaer Wohnquartieren und in der City erwartungsgemäß etwas höher liegt als in den Pester Innenstadtrandgebieten. Dennoch fällt das Ausmaß der Erneuerungstätigkeit mit insgesamt 10% ausgesprochen niedrig aus. Deutlich überdurchschnittliche Werte ergeben sich bei genauerer Betrachtung lediglich für zwei Typen von Gebieten:

- innenstadtnahe Wohngebiete mit repräsentativerer Wohnbebauung (Villen und kleinere Wohnanlagen) in durchgrünter und aufgelockerter Umgebung am ehemaligen, gründerzeitlichen Stadtrand, z. B. in Teilgebieten der Bezirke I, XI und XII (Gellértberg, Burgnähe), und
- Sanierungsgebiete auf der Pester Seite der Stadt (Teilgebiete 0703 und 0906).

In den übrigen Bereichen, insbesondere in den dicht bebauten Altbauquartieren, fallen die Erneuerungsmaßnahmen dagegen bescheiden aus, selbst auf der Budaer Seite der Stadt und im gehobeneren Wohnviertel Újlipótváros (Bezirk XIII) auf der Pester Seite.

Einer baulichen Aufwertung dieser Innenstadtrandgebiete stehen natürlich deutlich größere Investitionshindernisse im Wege als in westeuropäischen Staaten. So hat der Verfall der Bausubstanz rund 20 Jahre länger angehalten, entsprechend aufwendigere Sanierungen sind erforderlich. Auf staatliche Subventionen ist angesichts leerer Kassen vorerst kaum zu hoffen. Ferner erstickt Budapest derzeit in einem wachsenden Verkehrschaos mit der Begleiterscheinung einer erheblichen Umweltbelastung in den innerstädtischen Bereichen. An Projekte der Verkehrsberuhigung und andere Maßnahmen der Wohnumfeldverbesserungen, die im Westen die Aufwertungsprozesse flankierend gefördert haben, ist derzeit kaum zu denken.

Tabelle 3. Neubau und äußere Renovierung von Wohngebäuden in den Kartierungsgebieten

	Bezirk	Teilgebiete	Gesamtzahl der Wohngebäude	darunter Neubauten und Renovierungen abs.	rel.
Buda	I	0101-0108, 0110, 0112	1158	135	11,7%
	II	0201-0206	553	40	7,2%
	XI	1101-1104	552	117	21,2%
	XII	1201, 1202, 1204	441	73	16,6%
City	V	sämtliche	722	77	10,7%
Pest	XIII	1301-1304	462	37	8,0%
	VI	sämtliche außer 0606	1087	70	6,4%
	VII	0701, 0702, 0704-0715	1110	70	6,3%
	VIII	0801-0805, 0807, 0808, 0810, 0812-0814	776	37	4,8%
	IX	0901-0905, 0907, 0908	464	33	7,1%
	VII	0703	86	21	24,4%
	IX	0906	102	43	42,2%
insgesamt:			7513	753	10,0%

Quelle: Eigene Erhebung im Oktober 1993

Hoffnungen auf eine baldige Revitalisierung und Aufwertung der Wohnfunktion in den dicht bebauten Altbauquartieren sind aus heutiger Sicht eher skeptisch zu beurteilen. Vielmehr ist zu befürchten, daß der baulichen Verfall in weiten Teilen fortschreiten wird - eine Perspektive, die vor allem für die desolatesten Quartiere im südöstlichen Innenstadtrandgebiet wenig Hoffnung verspricht.

5.2.4 Mobilität und Segregation

Die zukünftige Entwicklung der innerstädtischen Altbauquartiere wird auch wesentlich von Veränderungen in der Bevölkerungsstruktur bestimmt. Wie einleitend erwähnt, lassen die neuen marktwirtschaftlichen Rahmenbedingungen Migrationsprozesse erwarten, die zur Umverteilung der Bevölkerung und zu einem neuartigen sozialräumlichen Muster führen.

In unserer Bewohnerbefragung wurde in diesem Zusammenhang die Frage gestellt, ob sich die Haushalte in letzter Zeit mit Gedanken über einen zukünftigen Wegzug aus der jetzigen Wohnung getragen haben. 35% der Befragten bejahen diese Frage, also etwa jeder dritte Haushalt; immerhin 12% der Befragten geben darüber hinaus an, bereits konkrete Schritte zur Wohnungssuche unternommen zu haben. Insgesamt bestätigt sich damit ein hohes Ausmaß an Mobilitätsbereitschaft und absehbarer Mobilität.

Tabelle 4. Überlegungen zum Wegzug in den Untersuchungsgebieten der Bewohnerbefragung

	Bezirk	Teilgebiet	Anzahl der Befragten	Befragte, die Wegzug erwägen abs.	rel.
Buda	I	0103	40	12	30%
		0112	29	8	28 %
	II	0206	57	9	16 %
City	V	0506	53	13	25 %
		0510	43	20	47 %
Pest	XIII	1302	79	14	18 %
	VI	0604	82	26	32 %
		0613	66	26	39 %
	VII	0701	69	23	33 %
		0708	83	42	51 %
	VIII	0814	43	25	58 %
	IX	0906	57	29	51 %
	insgesamt		701	247	35 %

Quelle: Eigene Erhebung im März 1994 (keine Angabe in 7 Fällen)

Wiederum fallen in räumlicher Differenzierung unterschiedlich hohe Raten der Wegzugsbereitschaft auf (s. Tab. 4). Am höchsten liegen die Raten mit mehr als 50% in östlichen und südöstlichen Innenstadtrandgebieten, aber auch mit 47% in dem südlichen City-Teilgebiet 0510. Durchschnittliche Werte weisen die nordöstlichen Innenstadtrandgebiete auf. Etwas günstiger liegen die Raten für die Budaer Untersuchungsgebiete sowie für Újlipótváros (1302) und das zweite Untersuchungsgebiet im City-Bezirk (0506).

Auch wenn man diese Ergebnisse nur vorsichtig interpretieren kann, zeichnet sich auf jeden Fall für Pester Wohnquartiere, die eine schlechtere bauliche Substanz und ein ungünstiges Image als Wohnstandort aufweisen, eine erkennbare Instabilität in der Zusammensetzung der Wohnbevölkerung ab. Ein Wegzug aus der bisherigen Wohnung und auch aus dem bisherigen Wohnquartier wird dort von breiten Gruppen der Bevölkerung angestrebt, tendenziell verstärkt von den Wohlhabenderen. Nachdem es wohl in erster Linie die einkommensstärkeren Haushalte realisieren können, Wegzugswünsche in die Tat umzusetzen, ist in diesen Quartieren ein fortschreitendes filtering down abzusehen.

Die Entwicklung in den anderen innerstädtischen Altbaugebieten bedarf noch einer genaueren Analyse. Tendenziell legen unsere bisherigen Auswertungen, analog zu den Ergebnissen über die baulichen Aufwertungsmaßnahmen, die Vermutung nahe, daß die übrigen dichter bebauten innerstädtischen Quartiere zwar bislang noch keine signifikante soziale Aufwertung erfahren haben, die etwa den Prozessen der Gentrification in westlichen Großstädten entsprechen würde, daß sich aber doch eine Stabilität in der Entwicklung abzeichnet.

Wohnpräferenzen der wegzugswilligen Befragten sind nach wie vor überwiegend auf Wohnviertel mit aufgelockerter Bebauung und durchgrünter Umgebung orientiert, also auf Typen von Quartieren, die vorzugsweise im äußeren Grüngürtel Budapests vorzufinden sind, im innerstädtischen Altbaubestand dagegen nur in Randbereichen auftreten. Solche Wohnviertel werden ihren Status als Quartiere des Wohlstands und der Aufwertung erhalten und stärken.

6 Fazit

Auch wenn die Resultate unserer Erhebungen noch nicht umfassend vorliegen, lassen die hier diskutierten Ergebnisse erkennen, daß sich in Budapest als Folge des politisch-ökonomischen Umbruchs, der Expansion gewerblicher Funktionen und der Privatisierung der Staatswohnungen ein beträchtlicher Strukturwandel in den innerstädtischen Quartieren vollzieht. Zwei Entwicklungen sind von erheblicher Bedeutung:

- zum einen die Verdrängung der Wohnfunktion durch gewerbliche Aktivitäten, vor allem natürlich in der City selbst, aber auch in angrenzenden Wohnquartieren, bevorzugt in den nordöstlichen Innenstadtrandvierteln,
- zum anderen eine sozialräumliche Polarisierung der Wohnquartiere.

Tendenzen der baulich-sozialen Aufwertung sind, soweit es die Wohnfunktion betrifft, innerhalb der innerstädtischen Altbauquartiere nur in begrenztem Maße zu beobachten, vor allem in den locker bebauten Vierteln des gründerzeitlichen Stadtrands. Für die dichter bebauten Quartiere in bevorzugteren Wohnlagen der Stadt, in den Budaer Stadtteilen und in Újlipótváros auf der Pester Seite, läßt sich zumindest eine Stabilität in der Entwicklung annehmen.

Demgegenüber deuten alle betrachteten Indikatoren für weite Bereiche der Pester Innenstadtrandgebiete auf eine Verschärfung der ungünstigen baulichen und sozialen Verhältnisse hin, auf ein fortschreitendes filtering down dieser Quartiere. Gerade für diese Stadtteile wären einschneidende stadtentwicklungspolitische Maßnahmen der Revitalisierung dringend erforderlich, unter den derzeitigen Rahmenbedingungen sind sie aber kaum zu erwarten.

Denn durch die Verlagerung der Kompetenz für die Stadtentwicklung von der Gesamtstadt auf die Bezirke und durch die fortschreitende Privatisierung des Wohnungsbestands wird die Verantwortung für die Lösung sozialer Probleme und für die Sanierung dieser Quartiere den ärmeren Bezirken und deren Bewohnern überlassen. Offensichtlich ist, daß deren Leistungsfähigkeit nicht ausreicht, die anstehenden Probleme zu bewältigen. Zentrale politische Reformmaßnahmen des politischen Umbruchs forcieren somit die sozialräumliche Polarisierung der Stadt in Quartiere mit wachsenden sozialen und städtebaulichen Problemen und in Quartiere der Stabilität, der Aufwertung und des Wohlstands.

Literatur

Berényi, I. (1994): Transformation of the Urban Structure of Budapest. Geojournal 32, 403-414.

Blasius, J. und J. S. Dangschat, Hrsg. (1990): Gentrification. Die Aufwertung innenstadtnaher Wohngebiete. Frankfurt, New York.

Cséfalvay, Z. und W. Rohn (1992): Die Transition des ungarischen und Budapester Wohnungsmarktes. ISR Forschungsberichte 6. Wien.

Enyedi, Gy. und V. Szirmai (1992): Budapest. A Central European Capital. London.

Hegedüs, J. und I. Tosics (1991): Gentrification in Eastern Europe: the case of Budapest. In: Weesep, Jan van und S. Musterd (eds.): Urban Housing for the Better-Off: Gentrification in Europe. Utrecht, 124-136.

Kovács, Z. (1990): Rich und Poor in the Budapest Housing Market. In: Hann, C. M. (ed.): Market Economy und Civil Society in Hungary. London, 110-124.

Kovács, Z. (1992): Assessing the Postwar Urban Development in Budapest. In: Kertész, A. und Z. Kovács (eds.): New Perspectives in Hungarian Geography. Akadémiai Kiadó, Budapest, 159-169.

Kovács, Z. (1993): Der Aufschwung der Innenstädte: Das Beispiel Budapest. In: Ernst, R.W., Borst, R., Krätke, S. und G. Nest (Hrsg.): Arbeiten und Wohnen in städtischen Quartieren. Basel, 328-343.

Ladányi, J. (1989): Changing patterns of residential segregation in Budapest. In: International Journal of Urban und Regional Research 13, 555-572.

Lietz, H. (1992): Ordnungs- und Stabilisierungspolitik im ungarischen Transformationsprozeß. In: Südosteuropa Mitteilungen 32, 10-34.

Mehner, J. (1993): "Neue Gründerzeit" in Budapest. Stadtentwicklung unter veränderten Rahmenbedingungen. Diplomarbeit, Geographisches Institut der TU München.

Szelényi, I. (1983): Urban Inequalities under State Socialism. Oxford.

Tóth, J. (1990): A tudományos minősítéssel rendelkezők születési, lakó és munkahelyeinek területi sajátosságai. In: Tóth, J. (ed.): Tér-Idő-Társadalom. Pécs, 225-270.

Wießner, R. (1987): Wohnungsmodernisierungen - ein behutsamer Weg der Stadterneuerung? Empirische Fallstudie in Altbauquartieren des Nürnberger Innenstadtrandgebiets. Kallmünz.

Wießner, R. (1993): Wohnungsmarktentwicklung und sozialstruktureller Wandel in großstädtischen Innenstadtrandgebieten. Entwicklungen im Westen - Perspektiven für den Osten (Fallbeispiele München, Nürnberg und Budapest). Vortrag, Berlin.

Wießner, R. (1994): Der politische, ökonomische und soziale Umbruch in Osteuropa, dargestellt am Beispiel Ungarn. Manuskript.

Abstract

The Change of the Housing Market in Budapest under the Influence of Market Economy and Housing Policy

During the political and economic transition in Hungary, the housing market in Budapest has changed faster than other sectors of the economic system. Several processes seem to be important in the development of the housing market:

- the privatisation of the public housing stock, a main element of housing policy, in which flats are offered to the former tenants at a favourable price,
- a remarkable business investment in Budapest, especially in the CBD and the nearby quarters,

- a rapid polarisation in the social system, and a resulting differentiation of the demand on the housing market.

The consequence of the business investment was an enormous increase in demand for office space. Like Western cities, a boom of new construction began. A process of concentration and expansion of commercial functions developed by converting residental space into business space, often after the dwellings had been privatised. Especially attractive for this commercial conversion are the areas at the north-eastern border of the city-centre which were built in pre-socialist times as residential areas for the middle and upper-class.

As far as the residential function is concerned, we can recognize a proceeding social spatial polarisation among the different quarters in the inner city by regarding the following indicators: prices of dwelling units, extent of privatisation, dimension of structural upgrading and aspects of mobility that point to an intensification of segregation. Although revitalisation and social upgrading can be observed only at a very limited scale, we can distinguish quarters with a high rate of privatised dwellings, and relative stability and well-being at the Buda side of the city, in the city-centre and in some parts of the Pest side. On the other hand, the results for the traditional working-class areas at the Pest side indicate unfavourable social and physical processes of downgrading. Chances for stabilisation or revitalisation of quarters in the poorer districts of Budapest cannot be seen under the given conditions.

Kader und Manager. Unterschiedliche Muster der Rekrutierung von Führungskräften in der Planwirtschaft

György Lengyel
Soziologisches Institut der Wirtschaftsuniversität Budapest, Fővám tér 8, H-1093 Budapest, Ungarn

1 Einleitung und Problemstellung

Die vorliegende Studie behandelt die Rekrutierung der wirtschaftlichen Führungskräfte in den sozialistischen Planwirtschaften Ungarns und anderer Länder Mittel- und Osteuropas. Dabei soll die Frage untersucht werden, inwieweit die Auswahl und die Karrieren der wirtschaftlichen Führungskräfte mit der fachlichen Qualifikation, mit der Loyalität zur kommunistischen Partei, mit Führungsqualitäten und anderen Kriterien zusammenhingen. Hinter der heiklen Balance zwischen der Loyalität zur kommunistischen Partei und der fachlichen Kompetenz hat sich bei der Rekrutierung des Leitungspersonals die Bedeutung verschiedener Auswahlkriterien mehrfach und in einigen Fällen sehr abrupt verändert. In dieser Arbeit soll auch nachgewiesen werden, daß es trotz der grundsätzlichen Ähnlichkeiten der sozialistischen Industrialisierung (Verstaatlichung) in der zeitlichen Abfolge des Kaderaustausches sowie in der sozio-demographischen Zusammensetzung der Kader zwischen den einzelnen sozialistischen Ländern bedeutende Unterschiede gab. Ferner soll die Studie belegen, daß zwischen den zwei Ebenen der Wirtschaftslenkung, nämlich der Wirtschaftsplanung in den Ministerien und der Führung von Unternehmen, seit Beginn der Verstaatlichung hinsichtlich der Rekrutierung und der soziodemographischen Struktur der Leitungsorgane deutliche Unterschiede bestanden. Nach den Erfahrungen in Ungarn haben die Wirtschaftsreformen den Prozeß der Professionalisierung zwar gefördert, der Anteil der Parteikader ist allerdings außerordentlich hoch geblieben.

Trotz der zentralen Bedeutung der Frage, wie das Führungspersonal der sozialistischen Planwirtschaften rekrutiert wurde, haben sich bisher sehr wenige Studien mit diesem Thema befaßt. Der größte Teil der Arbeiten hat sich vielmehr mit Management-Techniken auseinandergesetzt. Die empirischen Arbeiten waren eher an der politischen Elite interessiert[1] als am Bereich der staatlichen

---

[1] Farrel, R. B. ed. (1970): Political Leadership in Eastern Europe and the Soviet Union. Chicago; Bialer, S. (1978): Succession and Turnover of Soviet Elites. Journal of International Affairs, Vol. 32, No. 2, 181-200; Bielasiak, J. (1978): Lateral and Vertical Elite Differentiation in European Communist States. Studies in Comparative Communism, Vol. XI, Nos. 1-2, 121-141; Welsh, W. A. (1979): Leaders and Elites. New York etc. 122-141;

Wirtschaftslenkung oder an den empirisch schwerer erfaßbaren Unternehmensleitern.[2] Ein spezielles Merkmal der ungarischen Forschung war, daß sie meistens auf der Basis von Interviews einzelne Fallstudien erstellt hat.[3] Diese Methoden waren zwar geeignet, die Einstellungen und Interessen der Führungskräfte zu erforschen, sind jedoch sehr bald an gewisse analytische Grenzen gestoßen. Die folgenden Angaben und Informationen beziehen sich meistens auf die ungarische und teilweise auf die sowjetische, polnische und tschechoslowakische Planwirtschaft.

2 Die wechselnden Auswahlkriterien bei der Rekrutierung von Führungskräften im sozialistischen System

Obwohl die Kaderauswahl Jahrzehnte hindurch als eine vertrauliche Frage behandelt wurde, sind in einigen sozialistischen Ländern trotzdem vereinzelt Studien erschienen, welche die soziologischen Aspekte der Kaderauswahl behandelt haben. Eine der ersten Untersuchungen wurde in der UdSSR von A. F. Havin[4], durchgeführt, welcher die in den dreißiger Jahren publizierten Kaderstatistiken[5] ausgewertet und auch eigene Erhebungen durchgeführt hat. Ziel dieser Studie war, die Auswahl und Ausbildung der Betriebsleiter in der sowjetischen

---

Shoup, P. S. (1981): The East European and Soviet Data Handbook: Political, Social and Developmental Indicators. 1945-1975. New York.

[2] Bailes, K. E. (1978): Technology and Society under Lenin and Stalin. Origins of the Soviet Technical Intelligentsia, 1917-1941. Princeton N.J.; Fitzpatrick, S. (1979): Education and Social Mobility in the Soviet Union, 1921-1934. Cambridge, etc.; Granick, D. (1954): Management in the Industrial Firm in the USSR. New York; Barton, A. H., Denitch B. and C. Kadushin, eds. (1973): Opinion-Making Elites in Yugoslavia. New York. Comparative data are provided by Granick, D. (1975): Enterprise Guidance in Eastern Europe. A Comparison of Four Socialist Economies. Princeton, N. J.; Granick, D. (1961): The Red Executive. A Study of the Organizational Man in Russian Industry. New York.

[3] Kemény, I.: Vállalati vezetés és vállalati vezetők Magyarországon Kézirat; (Unternehmenslenkung und Unternehmensleiter in Ungarn (Manuskript); Héthy, L. and C. Makó (1979): Vezetés, vezetőkiválasztás, ösztönzés (Lenkung, Leiterauswahl, Stimulierung). Budapest; Bauer, T. and M. Laki (1972): Vállalatvezetés, profilváltozás (Unternehmenslenkung, Profiländerung). Valóság Nr. 10, 50-59; Hegedűs, Z. u. M. Tardos (1974): A vállalati vezetők helyzetének és motivációjának néhány problémája (Einige Probleme der Situation und der Motivation der Unternehmensleiter). Közgazdasági Szemle (KGSZ) Nr. 2 162-173; Laky, T. (1976): Kötődés a vállalathoz (Bindung zum Unternehmen). Valóság Nr. 12, 52-61; Nemes, F. (1981): A vezetői szerepfelfogás és magatartás néhány problémája vállalatainknál (Einige Probleme der Einstellung und des Verhaltens der Führungskräfte bei unseren Unternehmen). Közgazdasági Szemle, Nr. 7-8, 797-806.

[4] Havin, A. F. (1966): Kapitani sovietskoi industrii 1926-1940. Voprosi istorii, No. 3, 3-14.

[5] Novie kadri tiazheloi promishlennosti, Moscow, 1934; Kadri tiazheloi promishlennosti v tsifrah. Moscow, 1936.

Schwerindustrie zu analysieren, die im ersten Fünfjahresplan eine besondere Bedeutung hatten. Aus dieser Analyse können auch einige allgemein gültige Schlußfolgerungen über die Auswahl der Betriebsleiter in der frühen Phase der Planwirtschaft gezogen werden. Havin beschreibt u. a. die große Fluktuation der Leiter von staatlichen Wirtschaftsunternehmen, die Dominanz der Arbeiterkader und der Parteimitglieder sowie den plötzlich angestiegenen Hochschulunterricht mit neuen institutionellen Formen in der Ausbildung von Ingenieuren. Anhand der Biographien der Führungskräfte können die jeweiligen Besonderheiten der politischen Kampagnen, die Auswirkungen dieser Kampagnen auf die Karrieren und auch die Austauschprozesse der politischen und wirtschaftlichen Führungsschicht rekonstruiert werden.

Vor 1945 war in Osteuropa die traditionelle wirtschaftliche Elite ein geschlossenes gesellschaftliches System. Die überwiegende Mehrheit der Elite stammte aus der Oberschicht und aus der oberen Mittelschicht und verfügte über akademische Ausbildung. Für diese traditionelle Elite von wirtschaftlichen Führungskräften waren das Eigentum, die Klassenzugehörigkeit und die Universitätsausbildung die wichtigsten informellen, doch gleichzeitig sehr wirksamen Auswahlkriterien.

Im Vergleich zu den früheren Generationen der wirtschaftlichen Elite wiesen die Wirtschaftsleiter in der Zwischenkriegszeit klare Zeichen der Professionalisierung auf, d. h. die Bedeutung der Akademikerausbildung wurde für die Rekrutierung immer bedeutender, während das Vermögen und die Klassenzugehörigkeit an Gewicht verloren. Insbesondere eine höhere technische und wirtschaftliche Ausbildung gewann ständig an Bedeutung und der Typ des leitenden Managers wurde immer häufiger. Die zunehmende Bedeutung der Ausbildung und der fachlichen Erfahrungen zeigte sich auch darin, daß das Durchschnittsalter der Leiter - sowohl bei Antritt des ersten Arbeitsplatzes als auch später beim Übertritt in die Position eines Managers - im Laufe der Zeit erheblich angestiegen ist.[6] Dies traf gleichermaßen auf die Leiter der privaten Unternehmen und auch auf die Experten der Wirtschaftspolitik zu, deren Bedeutung in den dreißiger Jahren ebenfalls zugenommen hat.

Im Laufe der Verstaatlichung der Wirtschaft zwischen 1945 und 1949 wurden in Ungarn die strategischen Entscheidungen von den Unternehmen weggenommen, was eine Aufspaltung der Entscheidungsstrukturen zur Folge hatte. Eine weitere Auswirkung dieser Entwicklung war, daß sich die Leiter der Unternehmen und die Führungskräfte der Planungsinstitutionen hinsichtlich der Qualifikation und der sozialen Rekrutierung sehr deutlich voneinander unterschieden haben. Während bei den Leitern der Unternehmen die Loyalität zur kommunistischen Partei das entscheidende Auswahlkriterium war, wurden im Bereich der staatlichen Wirtschaftslenkung sowohl Loyalität als auch professionelle Kompetenz verlangt. In Ungarn konnten beispielsweise in der Anfangsphase der sozialistischen Planwirtschaft zwei Drittel der neuernannten Unternehmensleiter nur

[6] Lengyel, Gy. (1986): The recruitment and level of education of the Hungarian business elite in the 19th and the first half of the 20th centuries In: Andorka, R. and L. Bertalan, (eds.): Economy and Society in Hungary, Budapest.

den Abschluß von sechs oder weniger Klassen einer Grundschule vorweisen.[7] Im Bereich der staatlichen Wirtschaftslenkung waren zwar auch etwa vier Fünftel der Führungskräfte Mitglied der "Partei der Ungarischen Werktätigen", diese hatten jedoch vor ihrer Tätigkeit in den Ministerien zu 45% einen intellektuellen und 22% einen "white collar" Beruf ausgeübt[8], so daß sie wesentlich höher qualifiziert waren als die Unternehmensleiter.

Von den hohen Beamten, die 1949 in der öffentlichen Verwaltung Ungarns eine leitende Funktion inne hatten, war ein Viertel bereits vor 1945 in der Verwaltung tätig. Dieser relativ hohe Anteil weist darauf hin, daß trotz der grundlegenden institutionellen und politischen Veränderungen die professionelle Kompetenz in den Führungsebenen der öffentlichen Verwaltung relativ hoch geblieben ist. Wenn man nach dem Zeitpunkt des Eintritts in den öffentlichen Dienst differenziert, werden die Veränderungen in der Rekrutierungsstrategie der zentralen, staatlichen Wirtschaftslenkung allerdings offenkundig. Während von den Führungskräften, die vor 1945 in den öffentlichen Dienst eingetreten sind, 70% ursprünglich einen intellektuellen Beruf ausgeübt hatten, ist unter dem sozialistischen System der Anteil der neu ernannten Leiter mit einem intellektuellen Beruf von Jahr zu Jahr zurückgegangen, so daß der Anteil der Intellektuellen unter den im Jahre 1949 neu eingestellten Führungskräften nur noch ein Viertel betrug. Demgegenüber hat sich der Prozentsatz jener Führungskräfte, die aus der Position eines Arbeiters oder eines "white collar workers" zum Leiter aufgestiegen sind, außerordentlich stark erhöht. Die Bauernschaft ist dagegen von diesen Prozessen der vertikalen Mobilität weitgehend ausgeschlossen geblieben. Der Anteil der Bauern, die in die Position eines Leiters aufgestiegen sind, hat nicht einmal ein Prozent erreicht. Lediglich unter den politischen Abgeordneten waren die Bauern etwas stärker vertreten, allerdings nicht in dem Maße, wie es ihrem Bevölkerungsanteil entsprochen hätte. Obwohl die Bauernpolitiker in der Periode der Koalition eine wichtige Rolle gespielt haben, betrug ihr Anteil in der Nationalversammlung (1945-1947) nur 29,7% und in der ersten Landesversammlung (1947-1949) 32,19%[9], während ihr Anteil an der gesamten wirtschaftlich aktiven Bevölkerung 1949 rd. 50% ausmachte.

Was die soziale Herkunft der Kader betrifft, sind die Kader-Statistiken weniger zuverlässig, da die Fragebogen durch die Leiter selbst ausgefüllt worden sind und es in einzelnen Fällen im Interesse der Betroffenen war, eine bürgerliche Herkunft zu verheimlichen. Aus diesem Grund ist der Anteil der aus der "Arbeiterklasse" stammenden Kader mit großer Wahrscheinlichkeit etwas überhöht, obwohl diese statistische Verzerrung wegen der strengen Kontrolle nicht allzu groß gewesen sein dürfte. Für die vorliegende Untersuchung sind diese Statistiken trotz dieser Unschärfen sehr brauchbar, weil hier eher die ideologi-

---

[7] Az ötéves terv szakmai kádereiről (Über die fachlichen Kader des Fünfjahresplans), Szabad Nép (Sz.N.) 1949. 25. Jan. 5.p.; Siehe auch: Fábián, T. (1986): Az ipar új tisztikara 1948-1949-ben (Neues Offizierskorps in der Industrie) (unpublizierte Dissertation).

[8] Quelle: Közalkalmazottak létszámkimutatása (Standesausweis der Angestellten des öffentlichen Dienstes) Budapest, 1950.

[9] Szabó, B. ed. (1982): A szocializmus útján (Auf dem Wege zum Sozialismus). Budapest, 572-573.

schen Präferenzen als die realen gesellschaftlichen Veränderungen im Vordergrund des Interesses stehen.

In den ersten Jahren nach dem Ende des Zweiten Weltkrieges stammten in Ungarn rd. ein Drittel der Leiter aus einer Arbeiterfamilie, 1949 wurde bereits die Hälfte der neu ernannten Leiter aus einer Arbeiterfamilie rekrutiert. Ein weiteres Viertel der Leiter stammte aus einer Beamtenfamilie. Der Anteil der Beamtenkinder stieg in den Koalitionszeiten auf ein Drittel, doch bis 1949 verminderte er sich wieder beträchtlich. Auch der Anteil der aus einer intellektuellen Familie stammenden Leiter hat sich bis 1949 radikal verringert. Das Rekrutierungsprinzip der staatlichen Wirtschaftslenkung bevorzugte also in der Frühphase der Planwirtschaft eindeutig eine Abstammung aus Arbeiter- und Mittelschichtfamilien (einschließlich Kleinbürgerfamilien). Der Anteil der aus Kleinbürgerfamilien stammenden Leiter der Wirtschaftsplanung stieg 1945 - 1949 von 12 auf 15% an. Im Jahre 1950 stammte die Hälfte der oberen und mittleren Führungsebene des Ministeriums für Leichtindustrie aus einer Arbeiterfamilie und ein weiteres Fünftel aus einer Beamtenfamilie.[10]

Zusammenfassend kann also festgestellt werden, daß in der Frühphase der sozialistischen Planwirtschaft die soziale Herkunft (Abstammung), die früher höchstens informell eine Rolle gespielt hat, ein wichtiges formelles Auswahlprinzip für Führungskräfte wurde, wobei sich die Präferenzen im Laufe der Zeit verändert haben. Vor 1945 wurden Führungskräfte vorwiegend aus intellektuellen Familien rekrutiert, während der Koalitionsregierung wurden hauptsächlich Führungskräfte aus Beamtenfamilien eingestellt und in den folgenden Jahren wurden Führungskräfte aus Arbeiter- und Kleinbürgerfamilien bevorzugt. Die Loyalität zum politischen System und die professionelle Kompetenz wurden von der Partei also anhand der sozialen Herkunft und der politischen Aktivität gemessen. Ähnliche Tendenzen gab es auch in anderen sozialistischen Ländern.

In der Tschechoslowakei wurden nach dem Wechsel des politischen Systems im Februar 1948 44% der Unternehmensleiter ausgewechselt. Trotzdem machte der Anteil der aus Arbeiterfamilien stammenden Unternehmensleiter im Jahre 1950 nicht mehr als 30% aus. L. Kalinova (1980), die sich intensiv mit dieser Frage befaßt hat, schätzt den Anteil der früheren Arbeiter unter den Unternehmensleitern auf etwa 50%.[11] Der Prozentsatz der kommunistischen Parteimitglieder in den Institutionen der staatlichen Wirtschaftslenkung (Ministerien) der CSSR ist zwar von 1945 bis Februar 1948 von 15 auf 37% angestiegen, es darf jedoch nicht übersehen werden, daß in der Tschechoslowakei im Gegensatz zu anderen sozialistischen Ländern Mittel- und Osteuropas der Anteil der traditionell linksorientierten technischen Fachleute schon in der Zwischenkriegszeit sehr

---

[10] MSZMP KB Párttörténeti Intézet Archívuma (Archiv des Parteihistorischen Instituts des ZK der USAP, 276.f. 9Oö193.ö.e. 41-55.

[11] Kalinova, L. (1980): Az irányítási apparátus összetételében február után lezajlott változásokhoz (Zu den Veränderungen, die sich in der Zusammensetzung des Lenkungsapparats nach dem Februar abgespielt haben) in: Magyar B. (ed.): Tanulmányok és dokumentumok a második világháború utáni csehszlovák társadalmi és hatalmi struktúra témaköréből (Studien und Dokumente aus dem Themenkreis der tschechoslowakischen Gesellschafts- und Machtstruktur nach dem Zweiten Weltkrieg). Manuskript.

hoch war und auch schon vor 1945 35% der Unternehmensleiter Mitglied der kommunistischen Partei waren,[12] so daß hier später auch der Kaderaustausch geringer war. Trotz dieser für das kommunistische System "günstigen" Ausgangslage hatten im Jahre 1957 nur 10% der tschechoslowakischen Unternehmensleiter eine Hochschulausbildung, während 50% nur eine Grundschule abgeschlossen hatten. Dies deutet darauf hin, daß selbst bei Mitgliedern der kommunistischen Partei ein hohes Ausbildungsniveau bei der Kaderauswahl weniger gegolten hat als eine proletarische Herkunft. Obwohl in der Tschechoslowakei der Anteil der Grundschulabsolventen unter den Unternehmensleitern bis Ende der fünfziger Jahre auf 43% gesunken ist, hat der Anteil der Akademiker stagniert. Zugenommen hat vor allem der Anteil jener Unternehmensleiter, die eine mittlere technische Ausbildung oder eine Berufsausbildung abgeschlossen hatten.

In Polen waren Mitte der fünfziger Jahre vier Fünftel der rd. 200.000 Unternehmensleiter bäuerlicher Abstammung.[13] Der Anteil der Unternehmensleiter mit Hochschul- oder Universitätsausbildung ist zwischen 1945 und 1955 von 84% auf 27% gesunken, doch ab Ende der 50er Jahre wieder langsam angestiegen. Während unter den Direktoren und Chefingenieuren im Jahre 1968 50% bzw. 70% Universitätsabsolventen waren, betrug der Anteil der Universitätsabsolventen unter den Leitern der Verwaltung und den stellvertretenden Direktoren lediglich 36% und unter den "Hauptbuchhaltern" (Leitern des Finanzwesens) 16,7%. Am Anfang der siebziger Jahre besaßen die Unternehmensleiter zu 70% eine Universitätsausbildung, die Abteilungsleiter der Ministerien zu 90%.

Die ideologischen Kampagnen gegen nicht-proletarische Führungskräfte bzw. für den Aufstieg der Arbeiterklasse haben sich sehr deutlich in den Parteizeitungen widergespiegelt. Die führende ungarische Partei-Zeitung *Szabad Nép* hat dem Aufstieg der Arbeiterklasse bzw. dem neuen Typ des Unternehmensleiters von Anfang an große Publizität gewidmet, einerseits als politische Zielvorgabe ("Arbeiter in die Leitung der staatlichen Unternehmen"), andererseits auch als Beschreibung der realen Verhältnisse ("Schreibmaschinenkraft wurde Ministerialkommissar"; "Metallarbeiter, Maschinenarbeiter, Bäcker wurden Direktoren")[14]. Beide Aspekte der positiven Einstellung zum neuen Typ von Unternehmensführer - der normative und der idealisierende Aspekt - waren während der Koalitionsregierung sehr aktuell. Diese Propaganda konzentrierte sich jedoch vorwiegend auf den Bereich der Unternehmen, der Bereich der staatlichen Wirtschaftslenkung wurde weitgehend ausgeklammert. Eine andere Gruppe von Kritikern hat in dieser Parteizeitung die traditionelle Führungsschicht kritisiert und dabei weder die Unternehmensleiter noch die in der staatlichen Wirtschaftslenkung tätigen Experten verschont ("Mitglieder der kontrarevolutionären Gesellschaftsschichten im Finanzministerium"; "Die genossenschaftliche Führung verbirgt Reaktionäre unter dem Vorwand der Kompetenz"; "Bankdirektoren

---

[12] ebenda: A műszaki-gazdasági apparátus szakképzettségének és struktúrájának alakulása. U.o. (vgl. Die Gestaltung der Fachausbildung und die Struktur des technischen-wirtschaftlichen Apparats) ebenda VI. pp. 2-3.

[13] Kostecki, M. J. (1977): The managerial cadres of the Polish industry: research report. The Polish Sociological Bulletin No. 2, 85-96.

[14] Sz.N. 1946. 15. Dec., p.3.; 1945. p.2.; 1946. 25. Dec. p.8.

verdienen Tausende fürs Nichtstun"). Nach 1947 ist der Ton der Agitation noch schärfer geworden ("Der Generaldirektor der MAVAG ein ehemaliger Verschwörer"; "István Varga muß gehen!"; "Betrug, Sabotage, Industriespionage bei der Ferrotechnika"; "Die Leiter der Gamma-Fabrik machen mit Schmugglern Geschäfte"; "Was fällt, soll gestoßen werden!").[15] Der Ton gegenüber den traditionellen technischen Experten, besonders gegenüber den Ingenieuren war allerdings ambivalent. Einerseits wurde gefordert, daß die Feindseligkeiten gegenüber den seit 1945 eingestellten Führungskräften eingestellt sowie das Mißtrauen zwischen den Ingenieuren und Facharbeitern beseitigt werden sollte. Andererseits wurden die Arbeiterdirektoren anhand von Beispielen gewarnt, daß sie wachsam sein und die alten Ingenieure im Auge behalten sollten, da diese sabotieren wollten. Mit Nachdruck wurden die Worte Stalins zitiert, daß "der am besten ausgebildete Teil der alten technischen Intelligenz am meisten von der Krankheit der Schadensstiftung befallen sei"[16]. Ein Artikel mit dem Titel "Fachkenntnisse und Sabotage" hat zum Beispiel darauf hingewiesen, daß es Fabriken gegeben habe, wo der Begriff des "unersetzbaren Reaktionärs" eingeführt wurde, womit ermöglicht worden sei, daß sich diese Leute in führende Positionen heben.[17]

Das Verhalten der Unternehmensleiter kann mit den Begriffen Wachsamkeit und Dienst charakterisiert werden, wobei der "Dienst" auf einen neuartigen Puritanismus des Funktionärs hinweist, welcher durch Biographien der Leiter, durch Memoiren und retrospektive Interviews propagiert wurde. Die Widersprüchlichkeiten zwischen der Ideologie, den Normen des "Dienstes" und der "Wachsamkeit" führten zu einem "doppelzüngigen", inkonsequenten Verhalten der Leiter, was sich u. a. darin äußerte, daß sich die Leiter gegenüber der idealisierten Arbeiterklasse völlig anders offenbarten als gegenüber ihren unmittelbaren Mitarbeitern.[18]

In der ersten Hälfte der fünfziger Jahre hat dann in Ungarn eine bedeutende Kadermobilität stattgefunden. Im Bereich der staatlichen Wirtschaftslenkung sind zahlreiche junge Experten aufgenommen worden. Im Jahre 1953 hat zum Beispiel fast die Hälfte der damals promovierten Nationalökonomen einen Posten in Ministerien und Regierungsämtern erhalten.[19] Wie aus einem zeitgenössischen

---

[15] Sz.N. 1946. 7. Jun. p.3.; 1946. 12. Jun. p.3.; 1947. 9. Febr. p.9.; 1948. 15. Apr., p.5.

[16] Sztalin, J. V. (1949): A gazdasági vezetők feladatairól. Új helyzet- új feladatok a gazdasági építőmunkában (Über die Aufgaben der Wirtschaftsleiter. Neue Situation - neue Aufgaben in der wirtschaftlichen Aufbauarbeit). Budapest.

[17] Sz.N. 1948. 3. Okt. 13.p.

[18]. Sz.N. 1948. 31. Okt. 2.p.; 1949. 15. Jan. 7.p.; 1949. 9. Jan. 9.p.; 1949. 23. Márc. 7.p. Cserhalmi, I. (1983): Történelmi kulcsátvétel. Interjúk államosító igazgatókkal (Historische Schlüsselübernahme. Interviews mit verstaatlichenden Direktoren) Budapest, p. 25, 48, 61-62, 73-75, 111, 154.

[19] Hrubos, I. (1985): Közgazdász kohorszok pályafutásának összehasonlítása (Vergleich der Laufbahn von Nationalökonomen-Kohorten) Az ifjúságpolitika tudományos megalapozását szolgáló kutatások. (Forschungen zu den wissenschaftlichen Grundlagen der Jugendpolitik.) Nr.7. Informationsbulletin. Budapest; Kovács, K. M. u. A. Örkény (1986):

Parteibeschluß bekannt ist, wurden im Laufe eines einzigen Jahres 40% der Leiter der Maschinenstationen ausgewechselt und die Hauptingenieure der Kohlengruben sind im Durchschnitt nicht länger als ein Jahr auf ihrem Platz geblieben.[20]

Diese Tendenz wird auch durch einen Bericht aus dem Jahre 1954 über die Personalpolitik des Ungarischen Ministeriums für Metallurgie und Maschinenbau (KGM) untermauert. Dieser Bericht betonte, daß im Jahre 1954 nur 20,7% der Leiter der zum Ministerium gehörenden Unternehmen entlassen wurden, gegenüber den 33,7% im vorhergehenden Jahr, und daß die Fluktuation von einem Viertel der Hauptingenieure und der Hauptbuchhalter (Leiter des Finanzwesens) eigentlich eine Verbesserung der Situation darstelle. Zur Mobilität der Kader hat der Bericht festgestellt, daß "ein Teil dieser Fluktuation, die aus der Beförderung von Kadern resultiert, eine gesunde Entwicklung darstellt, daß aber der größere Teil der Mobilität aus der nicht entsprechenden Kaderarbeit und aus einer Intoleranz resultiert."[21]

1954 waren im Ungarischen Ministerium für Metallurgie und Maschinenbau die Abteilungsleiter und die höheren Funktionäre zu 90% Parteimitglieder (5% waren nicht Parteimitglied und die restlichen 5% waren aus der Partei ausgeschlossen). Auf der Ebene der Unternehmensleiter waren 99% Parteimitglieder. Obwohl sich die Unterschiede zwischen Ministerien und Unternehmen in Bezug auf die soziale Herkunft und das Ausbildungsniveau der Leitenden verringert haben, waren diese 1954 noch immer bemerkenswert. 49% der Abteilungsleiter in den Ministerien stammten aus einer Arbeiterfamilie und 5,6% aus einer Bauernfamilie, bei den Unternehmensleitern betrugen die entsprechenden Werte 73,5% bzw. 7,5%. Fast die Hälfte der leitenden Ministerialbeamten stammte also aus einer intellektuellen oder aus einer Beamten- oder Mittelschichtfamilie, während von den Unternehmensleitern nur ein Fünftel aus solchen Familien hervorgegangen ist. Während unter den leitenden Ministerialbeamten 5,3% nur über eine 8-klassige Schulausbildung verfügten, traf dies bei den Unternehmensleitern auf 22,4% zu, d. h. daß die Unternehmensleiter ihr Bildungsdefizit im Rahmen der Erwachsenenbildung abbauen mußten.

Zwischen 1953-56 ist die Presse gegenüber den Unternehmensleitern und den technischen Leitern noch viel kritischer geworden.[22] Obwohl sich der größere Teil der Zeitungsartikel mit den Arbeiterdirektoren und mit jenen Unternehmern beschäftigte, welche den "sozialistischen Wettbewerb" unterstützten (also partei-

---

Promoted Cadres and Professionals in Post-War Hungary. In: Andorka, R. and L. Bertalan (eds.): Economy and Society Today. Budapest.

[20] Pártunk kádermunkájának tapasztalatai és irányelvei. Tézisek. (Erfahrungen und Richtlinien der Kaderarbeit unserer Partei. Thesen) Februar 1962 in: A Magyar Szocialista Munkáspárt határozatai és dokumentumai 1956-1962. (Resolutionen und Dokumente der Ungarischen Sozialistischen Arbeiterpartei 1956-1962.) 1973.

[21] Új Magyar Központi Levéltár (UMKL) Kohó és Gépipari Minisztérium (KGM) (Neues Ungarisches Zentralarchiv. Ministerium für Metallurgie und Maschinenbau) XIX-F-6. Sitzungen des Kollegiums 1955. 14. siehe Bericht der Personal-Hauptabteilung über die Kaderarbeit des Ministeriums.

[22] Sz.N. 1953. 5. Apr. 1.p.; 1954. 15. Febr. 1.p.

konform waren), oder sich mit den Methoden der Unternehmensleitung auseinandersetzten, gab es doch auch einige Artikel, die den Rückgang des Leistungsniveaus und den Mangel an politischer Weiterbildung zur Sprache gebracht haben.

Einige Schriften behandelten die gesteigerte Verantwortung der Direktoren und die Fehler der überzentralisierten Industrielenkung. Diese stützten sich auf den Ministerratsbeschluß Nr. 1073/1954/IX.9., der sich mit den Pflichten der Direktoren von Industrieunternehmen befaßte und feststellte, daß sowohl in den rechtlichen Bestimmungen als auch in der Wirtschaftslenkung Entwicklungen aufgetreten sind, welche "den Wirkungskreis des Direktors beeinträchtigen, seine Fähigkeit zur Initiative vermindern und ein unberechtigtes Mißtrauen zum Ausdruck bringen... Derartige Erscheinungen sind hauptsächlich übertriebene Zentralisierung der Entscheidungen, Maßnahmen, die den Direktor umgehen, Bürokratie und das Funktionärswesen".[23] Dieser Beschluß erklärte den Direktor zum einzig verantwortlichen Unternehmensleiter, der entsprechend seiner Kompetenzen vom "leitenden Organ" ernannt oder entlassen wurde. Obwohl in der einleitenden Begründung des Beschlusses Kritik an der übertriebenen Zentralisierung und den bürokratischen Strukturen geübt wird, geht aus der detaillierten Erläuterung hervor, daß die Einzelverantwortung der Direktoren als eine Vollstreckungs-Verantwortung von Anordnungen verstanden wird. Der Direktor war neben der Einhaltung der Anordnungen auch für die Ausarbeitung eines detaillierten Planes des Unternehmens, für die Erfüllung des genehmigten Planes, für die sinnvolle Ausnützung des vom leitenden Organ zur Verfügung gestellten Investitionsrahmens und für die Zusammenstellung eines Anforderungsprofils des Unternehmens verantwortlich. Ein neues Element war allerdings die Ausdehnung der Kritik bürokratischer Strukturen auf die Ebene der mittleren Lenkungsorgane, die Kritik über die Zahl der Plankennziffern und die Forderung, nationalökonomische Gesichtspunkte zu berücksichtigen. Neu war auch das im Sommer 1956 nach dem 20. Parteikongreß und nach dem Beschluß des Zentralkomitees der Partei der Ungarischen Werktätigen deklarierte Prinzip, daß "die Menschen vor dem Personalapparat (der Partei) keine Angst haben sollten."[24]

Nach 1956 kam es zu einer Neuordnung der Loyalitäts- und Kompetenz-Kriterien. Unter den Kriterien, welche die Loyalität kennzeichnen, wurde die (proletarische) Abstammung in den Hintergrund gerückt und dafür die politische Aktivität hervorgehoben. Als Beleg für die neue Bedeutung der politischen Aktivität kann u. a. ein Beschluß des Zentralkomitees der Ungarischen Sozialistischen Arbeiterpartei (USAP) von 1957 herangezogen werden, welcher über die Anstellung der alten, in den Hintergrund gedrängten Kader verfügt und empfiehlt, daß "die Ministerien und leitenden Behörden in jenen Bereichen, wo die Zuverlässigkeit entscheidend ist, in erster Linie die alten Kämpfer der Arbeiterbewegung einstellen sollen.....Der Bereich der Räte soll durch alte Genossen

---

[23] Hatályos jogszabályok gyűjteménye 1945-1958. (Sammlung der gültigen Rechtsregeln 1945-1958) Budapest. 1960. I.k.

[24] UMKL KGM Kollégiumi ülések (Neues Ungarisches Zentralarchiv Ministerium für Metallurgie und Maschinenbau) XIX-F.6., 1956. 26. Jul.

gestärkt werden."[25] Der Kabinettsbeschluß 1050/57. (V.31.) über die Errichtung der Personalabteilungen verlieh unter anderem dem Ausbau der Kontrollmechanismen über die politische Zuverlässigkeit größeres Gewicht. Dieser Beschluß stellte fest, daß "die frühere Personalarbeit, trotz ihrer vielen guten Seiten, wegen ihrer Überzentralisierung und der damit verbundenen Schwerfälligkeit sowie wegen der oberflächlichen Auswertungsmethoden den Staatsapparat vor den unverläßlichen Elementen nicht schützen konnte".[26] Der Beschluß bezeichnete als wichtigste Aufgabe der Personalabteilungen die Prüfung der Verläßlichkeit und fachlichen Fähigkeiten der Leiter. Im Zuge des Auswahlprozesses sollten neben "den Arbeitern, den werktätigen Bauern und den der Volksdemokratie treuen Intellektuellen" (die Attribute haben im gegebenen Zusammenhang eine wichtige einschränkende bzw. ausschließende Bedeutung) auch den politisch engagierten Söhnen und Töchtern der neuen Intelligenz eine besondere Chance geboten werden. Ein besonders wichtiges Auswahlkriterium spielte natürlich auch die Rolle, die jemand während des Volksaufstandes von 1956 gespielt hat. Gleichzeitig betonte der Beschluß, daß neben diesen Prinzipien auch die Leistung Grundlage der Beurteilung sein sollte.

Eine ähnliche Wirkung übte auch die "Verordnung mit Gesetzeskraft" des Präsidialrates Nr. 66 von 1956 aus, in der festgelegt wurde, in welchen Arbeitsbereichen bzw. für welchen Personenkreis die Ausstellung eines Unbedenklichkeits- bzw. eines Leumundszeugnisses notwendig ist.[27] Im Bereich des Ministeriums für Metallurgie und Maschinenbau hatten sich in der ersten Hälfte des Jahres 1956 2.060 Personen ein Unbedenklichkeitszeugnis zu besorgen, von diesen waren nur 69 Personen (3,3%) politisch belastet, für weitere 30 haben die Unternehmen um eine Befreiung von diesem Zeugnis gebeten.[28] In diesen Bereichen war also der Anteil jener, die aus politischen Gründen als untragbar erklärt wurden, außerordentlich gering. Als ein schwerwiegenderes gesellschaftliches Problem erwiesen sich jene Werktätigen, denen wegen ihres politischen Verhaltens im Jahre 1956 gekündigt worden war, und die in keinem Betrieb mehr aufgenommen wurden. Um diese Schwierigkeiten zu beseitigen, hat der Arbeitsminister bereits im November 1957 in einem Schreiben an das Ministerium für Schwerindustrie darauf hingewiesen, daß die Unternehmen Angst hätten, politisch belastete Werktätige anzustellen.[29] Dies würde jedoch, nach Ansicht des

---

[25] A Magyar Szocialista Munkáspárt határozatai és dokumentumai, 1956-1962. (Resolutionen und Dokumente der Ungarischen Sozialistischen Arbeiterpartei 1956-1962.) 1973.

[26] Hatályos jogszabályok gyűjteménye, 1945-1958. (Sammlung der gültigen Rechtsregeln 1945-1958.) Budapest 1960. II.k.

[27] ebenda I.k. 352-353.

[28] UMKL KGM XIX-F.6, 13.d (Neues Ungarisches Zentralarchiv Ministerium für Metallurgie und Maschinenbau) Jelentés a KGM személyzeti apparátusának helyzetéről és a személyzeti munka kérdéseiről (Bericht über die Lage des Personalapparats des Ministeriums für Metallurgie und Maschinenbau und über die Fragen der Personalarbeit).

[29] UMKL Nehézipari Minisztérium (NIM) (Neues Ungarisches Zentralarchiv Ministerium für Schwerindustrie) XIX-F.17-b. 7.d.

Ministers, die Umerziehung dieser Werktätigen beeinträchtigen und somit der öffentlichen Sicherheit schaden sowie das Recht auf Arbeit verletzen.

Die Durchführung der Verordnung Nr. 66 verzögerte sich bis Anfang der sechziger Jahre. Im Bereich des Ministeriums für Metallurgie und Maschinenbau wurden von 7.666 Anträgen auf ein Leumundszeugnis 265 Fälle ablehnend beschieden, so daß die betreffenden Personen für einen wichtigen Vertrauensposten nicht mehr in Frage kamen.[30] Anfang der 60er Jahre wurde dann Kritik daran geübt, daß die Überprüfung der politischen Zuverlässigkeit in übertriebener Weise durchgeführt werde.

Andererseits wurde in den Parteiresolutionen vom Jahre 1957 festgelegt, daß die Parteilosen außer einer Funktion in der Partei jedes andere Amt bekleiden können. "Wenn wir die Parteimitgliedschaft als Vorbedingung für die Bekleidung von leitenden Positionen festlegen, so würden wir Gefahr laufen, daß karrieresüchtige Elemente versuchen würden, in unsere Partei einzudringen, andererseits würden in ihrem Fachbereich ausgezeichnet ausgebildete, anständige und demokratisch gesinnte Menschen ohne Grund in den Hintergrund gedrückt."[31] Dieser Bericht des Ministeriums für Metallurgie und Maschinenbau aus dem Jahre 1961 stellte fest, daß 38% der Hauptingenieure und 50% der Hauptbuchhalter (Leiter des Finanzwesens) parteilos waren. Bei den Hauptingenieuren hat sich der Anteil der Parteilosen zwischen 1954 und 1961 also nicht verändert. Andererseits stammten 1961 90% der Mitarbeiter der Personalabteilung des Ministeriums aus Arbeiter- oder Bauernfamilien und 75% dieser Mitarbeiter hatten nur acht oder weniger Grundschulklassen absolviert. Es bestand also die paradoxe Situation, daß der Apparat, welcher befugt war, die Kompetenzen zu beurteilen, ein wesentlich niedrigeres Ausbildungsniveau hatte als die zu kontrollierende leitende Führungsschicht.

Nach einem Bericht aus dem Jahre 1962 war die Situation auch im Bergbau sehr ähnlich.[32] In diesem Bereich hatten mehr als zwei Drittel der Leiter nur acht oder weniger Grundschulklassen abgeschlossen, alle waren Parteimitglieder, alle stammten aus Arbeiter- oder Bauernfamilien und alle hatten ihre Laufbahn ohne Ausnahme als Arbeiter begonnen. Die Direktoren unterschieden sich zwar hinsichtlich der sozialen Herkunft, der Parteizugehörigkeit und der ursprünglichen Berufe kaum von den Leitern, doch hatten sie ein wesentlich höheres Ausbildungsniveau. Fast zwei Drittel der Direktoren verfügten über ein Universitäts-

---

[30] UMKL KGM (Neues Ungarisches Zentralarchiv Ministerium für Metallurgie und Maschinenbau) Előterjesztés a személyzeti munka 1961. évi tapasztalatairól (Bericht über die Erfahrungen in der Personalarbeit im Jahre 1961) XIX-F.6.

[31] Az MSzMP KB PK határozata a pártszervezet feladatairól a gazdasági szervező munkában (1957. julius 30.) (Resolution des Zentralkomitee Politbüros der USAP über die Aufgaben in der Organisierungsarbeit im Bereich der Wirtschaft (30. Juli 1957), in: Az MSzMP határozatai és dokumentumai, 1956-1962. (Resolutionen und Dokumente der USAP 1956-1962) Budapest 1973, 97-102. Siehe auch das Netz der Parteiversammlung vom 27. Juni 1957. Ebenda, 70-88.

[32] UMKL NIM (Neues Ungarisches Zentralarchiv) XIX-F.17.b. Jelentés a NIM bányászati ágazat 1962. évi személyzeti munkájáról (Bericht über die Personalarbeit des Ministeriums für Schwerindustrie Zweig Bergbau 1962).

oder Hochschuldiplom und nur etwa ein Siebentel hatte nicht mindestens acht Grundschulklassen absolviert. Von diesen beiden Leitungsebenen unterschieden sich die Hauptingenieure und Hauptbuchhalter (Leiter des Finanzwesens) sehr deutlich. Von den Hauptingenieuren waren nur zwei Drittel und von den Hauptbuchhaltern (Leitern des Finanzwesens) nur die Hälfte Parteimitglieder. Die große Mehrheit der Hauptingenieure hat ihre Laufbahn als Intellektuelle angefangen, während die Hauptbuchhalter ihre Laufbahn meist als Angestellte oder Kleingewerbetreibende begonnen hatten. Die Hauptingenieure waren fast ohne Ausnahme Akademiker, während nur ein kleinerer Teil der Hauptbuchhalter über ein Diplom einer höheren Lehranstalt verfügte. Der größte Teil hatte ein Reifezeugnis vorzuweisen. Von den Hauptabteilungsleitern und den Abteilungsleitern des Ministerialapparates waren dagegen zwei Drittel Parteimitglieder und ebenfalls zwei Drittel hatten ein Hochschuldiplom. Mehr als zwei Drittel von ihnen hatten die Laufbahn als Intellektuelle oder Angestellte angefangen und etwa die Hälfte stammte aus einer Intellektuellen- oder Angestelltenfamilie. Obwohl diese Daten diejenigen, die an der Spitze der Amtshierarchie standen, nicht beinhalten, können sie mit gewissen Einschränkungen für einen Vergleich mit den Angaben aus dem Jahre 1949 herangezogen werden. Denn es kann davon ausgegangen werden, daß an der Spitze der Beamtenhierarchie die Kriterien der Loyalität und der fachlichen Kompetenz noch mit einer größeren Wahrscheinlichkeit erfüllt worden sind, außerdem war die Zahl der Spitzenpositionen im Vergleich zur Gesamtzahl der Leiter relativ klein. Im Jahre 1949 waren 90% der Leiter des Ministeriums für Schwerindustrie Parteimitglieder, mehr als zwei Drittel hatten die Laufbahn im Ministerium als Intellektuelle oder Angestellte angefangen, etwas weniger als die Hälfte stammten aus einer Intellektuellen- oder Angestelltenfamilie.

Anhand der Akten kann also belegt werden, daß sich die gesellschaftliche Zusammensetzung der Leiter seit dem Ende der vierziger Jahre bis Anfang der sechziger Jahre nicht wesentlich geändert hat, lediglich der Anteil der Parteimitglieder hat sich geringfügig verringert. Deutlich verändert hat sich allerdings der Altersaufbau der Leiter: zwischen 1949 und 1962 hat sich das Durchschnittsalter der Leiter von 40 auf 46 Jahre erhöht, 1949 waren mehr als die Hälfte der Leiter unter 40 Jahre alt, 1962 nur noch ein Drittel. Das bereits erwähnte Parteidokument von 1962 kritisierte, daß 1954 mehr als die Hälfte der Mitglieder des zentralen Parteiapparats junge Leute unter 30 Jahre waren und daß drei Viertel des 1956 freigestellten Apparats aus Leuten unter 35 Jahren bestanden.[33] All dies weist darauf hin, daß einerseits bei der Auswahl der Leiter ein informelles generationenbezogenes Selektionsprinzip funktionierte,[34] und daß andererseits im Selektionsprinzip ein Wechsel eingetreten ist und die formel-

[33] Pártunk kádermunkájának tapasztalatai és irányelvei. Tézisek (1962. február) (Erfahrungen und Richtlinien unserer Partei. Thesen (Februar 1962) in: A Magyar Szocialista Munkáspárt határozatai és dokumentumai 1956-1962. (Resolutionen und Dokumente der USAP 1956-1962) Budapest. 1973.

[34] Illés, I. (1981): Nemzedékek nyomában (Auf den Spuren der Generationen). Valóság 11, 49-55.

len Kriterien der fachlichen Kompetenzen in den Vordergrund getreten sind, so daß sich auch das Durchschnittsalter der Führungskräfte erhöht hat.

3 Karrieremuster und Ausbildung

Die Bedingungen der Rekrutierung und der Karrieremobilität von Führungskräften waren mit den Interessen der wichtigsten gesellschaftlichen Gruppen unvereinbar, was die schon seit der frühen Periode der Planwirtschaft vorhandenen, traditionell negativen Assoziationen hinsichtlich einer Karriere als Führungskraft noch weiter verstärkt hat.[35] In neueren Forschungen, die sich mit jungen Nationalökonomen und Ingenieuren befaßt haben, wurde ebenfalls eine Aversion gegenüber den Karrieren festgestellt.[36] In diesen neueren Untersuchungen unterschieden sich jedoch die Argumente der Ablehnung und des Zweifels von jenen der fünfziger Jahre. Diese jüngst untersuchten, jungen Intellektuellen waren nicht wegen ihrer Klassenherkunft diskriminiert worden und waren auch im Weiterkommen nicht behindert. Ein Teil von ihnen hatte jedoch das Gefühl, daß die älteren, ungeschulten Kader ihr Weiterkommen verhindern. Andere vertraten die Ansicht, daß ihre Vorgesetzten zu viel arbeiten müssen, ohne die entsprechende Anerkennung zu bekommen und dabei noch ein großes Risiko des Mißerfolges tragen.

Fallstudien belegen, daß sich die ungarischen Wirtschaftsleiter in zwei charakteristische Karrieretypen einteilen lassen, nämlich in den Typ des sogenannten "Fallschirmspringers", der von der Partei oder dem Regierungszentrum "heruntersteigt" und Unternehmensleiter wird, und in das "Kind unseres Hundes", das im eigenen Betrieb groß geworden ist bzw. eine betriebsinterne Karriere gemacht hat. Obwohl diese Zusammenfassung zu zwei Typen, soziologisch gesehen, relativ grob ist, entspricht sie doch der Realität.[37] Die erste Kategorie kommt dem nahe, was die Soziologen als politisches Karrieremuster bezeichnen. Eigentümlicherweise sind sich die Forscher darin einig, daß dies nicht der am häufigsten vorkommende Typ war. Der "Fallschirmspringer" stößt in seinem Unternehmen insbesondere von Seiten der "white collar workers" auf Widerstand und muß diesen Widerstand durch Network-Fähigkeiten, die er durch gesellschaftliche und politische Aktivitäten erworben hat, ausgleichen. Der andere Fall steht dem kontinuierlichen professionellen Karrieremuster nahe, obwohl die professionellen Charakteristiken, wie wir sehen werden, nur imaginär sind.

---

[35] Kovács, K. M. u. A. Örkény (1986): Promoted Cadres and Professionals in Post-War Hungary. In: Andorka R. u. L. Bertalan (eds.): Economy and Society Today. Budapest; Szelényi, I. (1988): Socialist Entrepreneurs. New York.

[36] Balázs, J. u. G. Lengyel (1983): Fiatal közgazdászok a gazdasági szervezetben (Junge Nationalökonomen in der Wirtschaftsorganisation) Szociológia No.4, 375-386.

[37] Lengyel, G. and G. Pártos (1982): A hagyományos vezetői típus felbomlása (Die Auflösung des traditionellen Leitertyps). Szociológia No. 4, 561-576.

Eine komparative Forschung anhand kleiner Stichproben bestätigt dieses Bild auch für andere sozialistische Länder.[38] Diese Forschung befaßte sich mit den Unternehmensleitern in vier Ländern (Ungarn, Polen, Tschechoslowakei und Bulgarien). Daraus ging hervor, daß die entscheidende Mehrheit der Leiter mehr als 40 Jahre alt, männlich und Parteimitglied war sowie zum größeren Teil über eine höhere Ausbildung (insbesondere eine technische Ausbildung) verfügte. Die Ergebnisse dieser Forschung belegen, daß es hinsichtlich der sozio-demographischen Struktur der Leiter in der Planwirtschaft je nach Land große signifikante Unterschiede gab, welche die unterschiedliche Art der Rekrutierung von Führungskräften widerspiegelten. Während die Leiter in Bulgarien das niedrigste Durchschnittsalter und die höchste Schulausbildung aufwiesen, hatten die Leiter in der Tschechoslowakei das höchste Durchschnittsalter und das niedrigste Ausbildungsniveau. Während in Ungarn und Bulgarien der Prozentsatz der Parteimitglieder etwa vier Fünftel ausgemacht hat, erreichte der Anteil der Parteimitglieder unter den Leitern der Tschechoslowakei und Polens annähernd hundert Prozent.

Eine Gemeinsamkeit der Karrieremuster besteht darin, daß die Mehrheit der Leiter die erste Leitungsposition (im allgemeinen auf der mittleren Führungsebene) schon vor dem dreißigsten Lebensjahr bekleidet hat. Dies deutet zwar darauf hin, daß - je nach Land - der Karrieretyp des Experten mehr oder weniger dominiert hat, zwischen den Altersgruppen gab es in dieser Hinsicht jedoch wichtige Unterschiede. Unter der älteren Generation hatten der politische Karrieretyp und der Typ der administrativen Karriere eine größere Bedeutung. Während in Ungarn der administrative Karrieretyp in dieser Altersgruppe überrepräsentiert war, war in den anderen drei Ländern der politische Karrieretyp in der Überzahl.

H. Najduchowska (1969) fand in ihrer Typologie, daß fast ein Drittel der polnischen Manager in den Unternehmen eine fachlich-technische Karriere gemacht hat. Eigentümlicherweise hat sie eine positive Korrelation zwischen dem Anteil der professionellen Karrieren und der Größe des Unternehmens gefunden.[39] Andere Untersuchungen haben mit zunehmender Unternehmensgröße eine Verschiebung von den Absolventen eines technischen Faches zu den Absolventen der Ökonomie und Gesellschaftswissenschaften festgestellt, was auf eine Zunahme der administrativen Karrieren hinweist.

Der Anteil jener Leiter, die eine rein politische Karriere hinter sich hatten, war unter den Wirtschaftsleitern Polens relativ niedrig, obwohl die politische Loyalität ein bedeutendes Element der Manager-Rolle darstellte. Ein Beispiel dafür ist - wie dies die Forschungen von Marian Kostecki bewiesen haben -[40], daß in der polnischen chemischen Industrie Mitte der siebziger Jahre zwar fast vier Fünftel der Leiter Parteimitglieder waren (hier war der Anteil der Parteimitglieder acht-

---

[38] Bóday, P. (1987): Careers of top enterprise leaders in international comparison. In: Lengyel, G. (ed.): Education, Mobility and Network of Leaders in a Planned Economy. Budapest, 83-113.

[39] Najduchowska, H. (1969): Drogi zawadowe kadry kierowniczej. Studia socjoloiczne, No. 3, 253-269.

[40] Kostecki, J. M. (1979): Managers of business organizations in a socialist society: political aspects of their functioning. The Polish Sociological Bulletin No. 4, 21-27.

mal so groß wie unter der Gesamtzahl der aktiven Bevölkerung), doch nicht mehr als ein Prozent von ihnen ein rein politisches Karrieremuster aufwiesen. Es muß jedoch erwähnt werden, daß etwa 60% der Leiter während ihrer Laufbahn auch eine Parteifunktion bei den Parteiorganen des Unternehmens oder bei den Parteiorganen der Städte oder Kreise bekleidet haben.

Die Forschungen von J. Wasilewski (1981) führten zu ähnlichen Ergebnissen. Er unterschied zwischen kontinuierlichen und sprunghaften Typen von Karrieren. Die von ihm untersuchten polnischen Manager unter vierzig Jahren haben in überwiegender Mehrheit eine kontinuierliche administrative oder technische Karriere absolviert. Eine sprunghafte Karriere, die oft mit einer regionalen Mobilität und einer sozialen Inter-Generationenmobilität in Zusammenhang stand, verzeichneten nur etwa ein Drittel der Leiter. Doch während unter den Leitern, die ein politisches Karrieremuster aufwiesen, die aus den östlichen Regionen Zugewanderten und jene mit einer bäuerlicher Herkunft überrepräsentiert waren, so waren unter denen, die eine Experten-Karriere absolvierten, die aus intellektuellen Familien Stammenden überrepräsentiert. Für jene, die eine sprunghafte Karriere hatten, war eine politische Aktivität von Anfang ihrer Karriere an symptomatisch.

In Polen waren in den achtziger Jahren für die Manager die politischen Kriterien noch immer weniger wichtig, als für die politische und administrative Elite.[41] Dies wurde auch durch einen regionalen Elitesurvey in Polen bestätigt. Während 25% der Manager Mitglied der legalen "Solidarität" waren, befand sich unter den Leitern mit einer politischen oder administrativen Karriere kein einziges Mitglied der Solidarität. Daraus könnte man die Schlußfolgerung ziehen, daß bei den in der Wirtschaft tätigen Leitern Ausbildung und Qualifikation eine erstrangige und die politische Aktivität eine zweitrangige Rolle spielten, während im Falle der anderen zwei Gruppen der Akzent gerade umgekehrt sei. Doch die Unterschiede zwischen diesen Gruppen waren eher gradueller Natur. Die widersprüchliche Lage der Wirtschaftsleiter resultierte größtenteils aus der Tatsache, daß sie gleichzeitig politische Kader und Manager waren. Die Ausbildung, die Erfahrung und die Parteizugehörigkeit spielten in den formellen und informellen gesellschaftlichen Auswahlprozessen mehr oder weniger dieselbe Rolle.

Nach einer Studie, die sich mit den Leitern von Staatsunternehmen und Genossenschaften in Ungarn befaßte, ist der Anteil der Leiter, die mehr als 50 Jahre alt waren, zwischen 1960-1980 von 22% auf 44% angestiegen.[42] Gleichzeitig wies die Studie nach, daß die Kaderwechsel, die sich Anfang der achtziger Jahre intensivierten und mit dem Generationenwechsel verbunden waren, nicht automatisch zu einer Erhöhung des Ausbildungsniveaus geführt haben. Auch in den jüngeren Kohorten blieb der Anteil der Leiter mit einer Statusinkonsistenz (d. h.

---

[41] Wasilewski, J. (1981): Kariery spoleczno-zawodowe dyrektorow (Social-professional careers of managers) Wroclaw etc., 115-144; idem: Social processes of regional power elite recruitment (Manuscript, 1986).

[42] Székely, J. (1987): Some data to the analysis of educational level of top managers in economy. In: Lengyel, G. (ed.): Education Mobility and Network in a Planned Economy. Budapest, 31-55.

ohne eine höhere Ausbildung) etwa bei einem Viertel stabil.[43] Allerdings bestand ein statistischer Zusammenhang zwischen der Art der Unternehmen und dem Ausbildungsniveau der Wirtschaftsleiter. Während die Leiter der bevorzugten Staatsunternehmen zu 86% über ein Hochschuldiplom verfügten, traf dies nur auf 32% der Leiter von Genossenschaften zu. Der größte Unterschied hinsichtlich der Statusinkonsistenz bestand zwischen den stellvertretenden technischen Leitern (16% inkongruent) und den stellvertretenden Wirtschaftsdirektoren (36% inkongruent). Eine andere Studie, die sich mit den Leitern der ungarischen Planungsbehörden, Unternehmen und Genossenschaften befaßte, weist darauf hin, daß auch bei den Hauptbuchhaltern (Leitern des Finanzwesens) der Genossenschaften ein hohes Maß an Inkongruenz bestand.[44]

Ende der 70er Jahre kam es unter den ungarischen Führungskräften zu einem großen Generationswechsel. Das Ausmaß der Kader-Auswechslung wird daran deutlich, daß zwischen 1978 und 1981 etwa ein Drittel der Leiter ausgewechselt wurden und daß in den Ministerien die Fluktuationsrate sogar noch viel größer war. Während sich im Laufe dieses Generationenwechsels die soziale Herkunft der neuen Leiter (40% aus Arbeiterfamilien, 27% aus Bauernfamilien) gegenüber früher nicht verändert hat, hat sich der Anteil der intellektuellen Berufe unter den neuen Leitern von 35% auf 42% erhöht. Bei einem Vergleich der früheren Berufe und des Ausbildungsniveaus wird allerdings deutlich, daß ein beträchtlicher Teil der Leiter die höhere Bildung in Abend- und Fernkursen erworben hat.

L. Kalinovas (1986) Forschungen haben bis zum Beginn der achtziger Jahre die Struktur des Ausbildungsniveaus der tschechoslowakischen technisch-wirtschaftlichen Leiter und Fachleute untersucht.[45] Ihre Daten zeigen, daß am Anfang der sechziger Jahre noch mehr als die Hälfte dieser Führungskräfte, und bei den Direktoren mehr als 70%, das für ihren Aufgabenbereich notwendige Ausbildungsniveau nicht hatten. Je höher die Position in der Hierarchie, um so größer war die Inkongruenz bzw. die Diskrepanz zwischen Position und Ausbildungsniveau. Obwohl sich der Anteil jener Leiter, die keine entsprechende Ausbildung hatten, deutlich verringerte, hatte der Prozentsatz der Wirtschaftsleiter mit einer höheren Ausbildung bis zum Jahre 1980 nicht mehr als 43% erreicht. Eine Differenzierung nach Branchen und Regionen zeigte gleichzeitig, daß das Entwicklungsniveau der Industrie nicht in einem statistischen Zusammenhang mit dem Ausbildungsniveau der Leiter steht. Die neu industrialisierten, noch weniger entwickelten Regionen der Tschechoslowakei hatten z. T. eher höher ausgebildete Betriebsleiter.

---

[43] Ungár, A. (1983): "Adalékok a vezetői inkongruencia vizsgálatához" (Beiträge zur Prüfung der leiterischen Kongruenz) Kézirat (Manuskript).

[44] Bernát, J. (1987): Recruitment and mobility of state and cooperative leaders. In: Lengyel, G. (ed.): Education Mobility and Network in a Planned Economy. Budapest, 57-82.

[45] Kalinova, L. (1986): Az irányítási és a műszaki dolgozók foglalkozási és szakképzettségi struktúrájának változásai Csehszlovákiában (Die Veränderungen der Berufsstruktur und des Ausbildungsniveaus der leitenden und technischen Werktätigen in der Tschechoslowakei). In: Lengyel, G. (szerk): Gazdasági vezetők rekrutációja, képzettsége és karriermintái a tervgazdaságban (Rekrutierung, Ausbildung und Karrieremuster der Wirtschaftsleiter in der Planwirtschaft). Budapest, 81-123.

4 Die Auswirkungen der Wirtschaftsreformen und des Systemwechsels

Das wichtigste Element der ersten Phase der ungarischen Wirtschaftsreform von 1968 war, daß sie die verbindliche Lenkung der Wirtschaft durch einen Plan in wirtschaftlichem und juridischem Sinne beendet hat. Die Investitionen und die strategischen Entscheidungen der Geschäftspolitik lagen nun wieder im Verantwortungsbereich der Unternehmensleitung, die dadurch zumindest formell wieder selbständig geworden ist. Während vor dieser Reform die formell abhängigen Unternehmen einen gewissen informellen Spielraum hatten, stieg nun paradoxerweise wieder die Bedeutung des informellen Einflusses von Partei und staatlichen Organen an. Obwohl der empirische Nachweis für diese Behauptung schwierig zu erbringen ist[46], kann doch behauptet werden, daß die informellen vertikalen Strukturen auf die realen Prozesse einen großen Einfluß ausgeübt haben.

Die ständigen Interventionen, der Druck von Partei und staatlichen Organisationen sowie die Gesetze des Marktes schufen für die Unternehmen eine unsichere und inkonsistente Wirtschaftsumgebung. Der Großteil der Unternehmensleiter war unter diesen unklaren und unsicheren Bedingungen nicht in der Lage, eine konsequente Strategie zu konzipieren und durchzuhalten. Sie neigten dazu, sich selbst weder in der Rolle des Generalisten noch des Spezialisten zu sehen, sondern die Aufgabe einer Feuerwehr zu übernehmen, deren wichtigste Aufgabe immer die Erfüllung des gerade letzten Wunsches oder die Lösung des dringendsten Problems war.[47]

Andererseits war der "vertikale Informalismus" (informelle Beziehungen über Hierarchiegrenzen hinweg) unverändert ein Mittel der Manager, um von der Parteispitze oder von Ministerien für ihr Unternehmen Vergünstigungen zu erreichen. Ein "Fallschirmspringer" hat dies so formuliert:

(damit ich mir eine Vergünstigung verschaffe)..." habe ich mit jedem verhandelt und diskutiert, wo es nur nötig war ... und ja, wenn sie es wissen wollen, habe ich einen alten Freund angerufen, der eine leitende Position innehatte"

Frage: Hat dies auch in den Spielregeln der Wirtschaft Platz?

Antwort: Jeder macht es so. Und nicht nur deshalb weil jemand meinen sollte, daß es gut oder entsprechend ist, sondern weil die Lenkung eines Unternehmens so sehr überreguliert ist, daß eine Beschleunigung nur möglich ist, wenn man auch die außerwirtschaftlichen Mittel ausnützt.")[48]

---

[46] Tarkowski, J. (n.d.): Poland: patrons and clients in a planned economy. In: Wiatr, J. (ed.): Local Politics in Poland. Warsaw, 65-90; Berliner, S. J. (1957): Factory and Manager in the USSR. Cambridge, 182-230. The first is mostly theoretic, the second is based on interviews.

[47] Lengyel, G. u. G. Pártos (1982).

[48] Bossányi, K. u. T. K. Forgács (1983): Vállalatvezetők és érdekeltség (Unternehmensleiter und Interesse). Budapest, 67-68.

In der osteuropäischen Fachliteratur gab es eine wichtige Diskussion über das Verhältnis der Wirtschaftsleiter zu den Wirtschaftsreformen.[49] Im Rahmen dieser Diskussion wurde betont, daß es sehr einflußreiche Leiter von Großunternehmen gab, die daran interessiert waren, die Politik der "Ausnahmefälle" aufrechtzuerhalten, während die Mehrheit der Leiter an der Schaffung einheitlicher, allgemeingültiger Regeln interessiert war, die als Voraussetzung für eine erfolgreiche Wirtschaftsreform zu betrachten sind.

Während hier der vertikale Informalismus hauptsächlich nur aufgrund von einzelnen Interviews beschrieben werden konnte, kann der horizontale Informalismus, - der dem anthropologischen Begriff der Cliquen-Freundschaft nahe kommt, - auch aufgrund von repräsentativen Forschungen beschrieben werden. Im Gegensatz zum vertikalen Informalismus, schien der horizontale Informalismus in den Augen der Leiter als reformkonform oder neutral.

Diese Erscheinung wurde seitens der Forscher mit der Kategorie der nichtamtlichen leiterischen Transaktion identifiziert.[50] Das Ergebnis einer Fragebogen-Untersuchung zeigte, daß unter den Leitern landwirtschaftlicher Unternehmen horizontale Verbindungen solcher Art sehr häufig waren, so wie auch die gegenseitige Hilfeleistung. Diese Cliquen-Freundschaft war nicht nur weit verbreitet, sondern sie wurde von den Managern auch als normal, legitim und für die Arbeit nützlich angesehen. Diese horizontalen Beziehungen zwischen Managern verschiedener Bereiche und Institutionen waren stark ortsgebunden, d. h. die örtlichen Träger der politischen Macht waren mit den Inhabern der wirtschaftlichen Macht eng verbunden.

In der ersten Hälfte der achtziger Jahre haben sich in Ungarn die Mechanismen und Methoden, wie Unternehmensleiter rekrutiert werden, stark verändert. Die erste wichtige Neuerung war die Einführung des Bewerbungssystems.[51] Das Bewerbungssystem erhöhte die Zahl der Bewerber für die leitenden Stellen in hohem Maße, auch die Entscheidung über die Auswahl eines Bewerbers wurde nun von mehr Personen gefällt. Die Erfahrungen zeigten jedoch, daß auch bei dieser Verfahrensweise der Anteil jener Bewerber, die sich mit guten Erfolgsaussichten hätten bewerben können, relativ niedrig geblieben ist. Eine weitere

---

[49] Hegedűs, A. (1986): Large enterprises and socialism. In: Eastern European Economics Vol. XXV, No. 1, 3-17; Szalay, E. (1986): The Structural reasons for anti-reform attitudes. In: Eastern European Economics Vol. XXV, No. 1, 106-112.; Kolosi, T. (1986): Strukturális csoportok és reform (Strukturelle Gruppen und die Reform). Valóság, No. 7, 19-31.; Hegedűs, B. A. u. G. Kozák (1985): Gazdasági vezetők és a reform. (Wirtschaftsleiter und die Reform) Lecture on the "Conference on the problems of economic management in a planned economy" (Organized by the Karl Marx University of Economy Sciences, Department of Sociology, Nov. 4-5); See also Maslik, E. (1986): Managerial attitudes and the economic reform in Poland (Manuskript).

[50] Czakó, A. and E. Sik, E. (1987): Managers reciprocal transactions, in: Lengyel, Gy. (ed.): Education, Mobility and Network of Leaders in a Planned Economy. Budapest, 141-171.

[51] Boda, D. (1987): The first experiences of the system of competition. In Lengyel, G. (ed.): Education, Mobility and Network of Leaders in a Planned Economy. Budapest, 115-139.; Köbli, J. (1985): A vezetőkiválasztás gyakorlata: az irányított pályázatok (1982-1984) (Die Praxis der Leiterauswahl: die gelenkten Bewerbungen) (Manuskript).

Entwicklung, welche die Zusammensetzung der Führungsschicht beeinflußt hat, war das im Oktober 1984 erlassene Unternehmensgesetz, welches auch neue Unternehmensformen ermöglicht und die institutionellen Bedingungen für Bewerbungen modifiziert hat. Bei den meisten Unternehmen wurden Unternehmensräte errichtet, wenige Unternehmen - im allgemeinen kleinere - funktionierten mit der Leitungsform eines Delegiertentages, während einige wenige andere Unternehmen, die eine große Bedeutung hatten, unter unmittelbarer staatlicher Kontrolle geblieben sind. Die Aufgaben des Unternehmensrates bestanden in der Festlegung der Unternehmensstrategien und in der Auswahl der Unternehmensleiter; diese beiden Befugnisse hatten früher zur Aufgabe des entsprechenden Ministeriums gehört. Diese Entwicklungen haben sowohl die hierarchischen Strukturen innerhalb der Unternehmen als auch die Beziehungen zwischen den wirtschaftlichen Einheiten eines Unternehmens und der Unternehmensführung stark verändert.

Etwa vier Fünftel der Unternehmensräte waren früher als mittlere Leiter, als technische Intellektuelle oder als Beamten-Intellektuelle bei ihrem Unternehmen tätig gewesen.[52] Dies ist einerseits darauf zurückzuführen, daß die Hälfte der Mitglieder eines Unternehmensrates vom Unternehmensleiter ernannt werden konnten. Andererseits wurden in den einzelnen Werkstätten und Abteilungen jene Techniker und Angehörige der mittleren Führungsebene zu Unternehmensräten gewählt, welche das größte Prestige hatten und die Interessen der betreffenden Abteilung am besten vertreten konnten. Diese organisatorischen Veränderungen haben also die Position der höheren Angestellten gestärkt, so daß diese in der Übergangsphase für die Stabilität des Unternehmens eine bedeutende Rolle spielten.[53]

Mit der Änderung des politischen Systems, mit der Einführung der Privatisierung und der Verbreitung neuer Unternehmensformen sind außerhalb der großen Organisationen neue alternative Karrieremuster entstanden. 1988 zeigte ein Viertel der erwachsenen Bevölkerung ein Interesse an einer Karriere als Unternehmer, 1990 waren es bereits 44%.[54] Einige Experten waren der Ansicht, daß diese neue Alternative einer Karriere als Unternehmer die begabtesten Nachwuchskräfte von der bisherigen Standardkarriere als Manager wegziehen würde.

---

[52] Fischer, J. and J. Kardos (1985): Az új vállalatvezetési formákra való áttérés kezdeti tapasztalatai (Anfängliche Erfahrungen beim Übergang zu den neuen Formen der Unternehmensleitung). Ipari Szemle, No. 4, 48-51.

[53] Bossányi, K. (1985/1986): Átállás az új vezetési formákra: I. szakasz; "Ki kit győz le?" A kollektív vezetési formákra való átállás első tapasztalatai. II. rész (Umstellung zu den neuen Lenkungsformen: 1. Abschnitt "Wer besiegt wen?" Erste Erfahrungen beim Übergang zu den neuen Kollektiv-Formen der Leitung 2. Teil (Manuskript, Budapest. Okt. 1985 - 1986 Jan.). Bossányi, K. (1986): Demokratizálódó gazdaság. Átállás a kollektív vezetésre az iparban (Demokratisierende Wirtschaft. Umstellung auf die Kollektive Lenkung in der Industrie). Gazdaság, No. 2, 113-133.

[54] Lengyel, Gy. (1989): Entrepreneurial inclination. in: Gábor, L. and I. Tóth (eds.): Hungary under the reform, Research Review, No. 3.; Kuczi, T., Lengyel, Gy., Nagy, B. and A. Vajda (1991): Entrepreneurs and Potential Entrepreneurs. The Chances of Getting Independent. Society and Economy, No. 2.

Andere wiesen darauf hin, daß die Ausbreitung einer marktwirtschaftlichen und unternehmerischen Gesinnung auch zu einer größeren Autonomie der Manager-Karriere führen und diese dadurch wieder attraktiver machen werde. Dieses Argument wird durch neuere Daten unterstützt. Die potentiellen Unternehmer sind zwar unter den jungen Intellektuellen und Facharbeitern stark überrepräsentiert, doch innerhalb der Manager-Elite - wo die Neigung, Unternehmer zu werden, viel stärker ist als in anderen Schichten - sind die jungen Führungskräfte an einer Karriere als Unternehmer weniger interessiert als die älteren.

5 Zusammenfassung

Wenn man in den osteuropäischen Planwirtschaften die Veränderungen der Rekrutierung und der Karrieremuster der wirtschaftlichen Führungskräfte während der vergangenen Jahrzehnte untersucht, kann man die Umrisse einer langsamen und z. T. widersprüchlichen Professionalisierung erkennen. Die wichtigsten Kriterien hinsichtlich der Auswahl von Führungskräften für die Planwirtschaft verschoben sich im Laufe der Zeit von der Klassenherkunft in Richtung Ausbildung, fachliche Erfahrung und Parteimitgliedschaft. Die anfänglichen Unterschiede zwischen dem Bereich der Wirtschaftslenkung (Erstellung der Strategien und Pläne) und dem der Unternehmensleiter haben sich verringert, doch sind sie noch nicht vollkommen verschwunden. Bei der neuen Generation der wirtschaftlichen Führungskräfte ist die Rekrutierungsbasis relativ breit, zumindest was die soziale Herkunft anbelangt. Aber wenn sowohl die Parteimitgliedschaft als auch die Ausbildung berücksichtigt wird, so ist die Rekrutierungsbasis noch sehr schmal, da sich Kaderpolitik und Professionalisierung nur zum Teil überschneiden. Die Professionalisierung wurde also durch die gesellschaftliche Bedeutung der Kaderbildung eingeschränkt. Hinsichtlich der Rekrutierung von wirtschaftlichen Führungskräften befindet sich das meritokratische Prinzip in den ehemaligen sozialistischen Ländern Anfang der 90er Jahre erst im Anfangsstadium.

Abstract

Cadres and Managers. Recruitment Patterns of Leaders in Planned Economies

This paper discusses the criteria of the leaders of Hungarian and East European planned economies. It deals with the connections of these criteria to education and career patterns. It interprets the changes in terms of professionalisation and cadrification. It argues that because these processes are interwoven, the emphasis between loyalty and education (personnel policy is divided into categories of political responsibility, professional knowledge and the skills of leadership) has been slightly altered during the decades of state socialism. Behind the delicate balance of loyalty and competence, those social variables which were seriously taken into account in the personnel policy have been changed frequently and sometimes dramatically. This paper aims to show that despite the basic similarities of socialist industrialisation, there were differences among the Eastern European societies. The pace of cadre changes and the social-educational composition of the economic leadership from the very beginning of nationalisation differed among Eastern European societies. In light of empirical evidence, the recruitment criteria of the planner-controllers and of the enterprise managers were very different. According to the Hungarians, economic reform supported the progress of professionalisation, although the proportion of party members remained exremely high.

The basis of recruitment for the new generation of economic leaders was relatively wide as far as social origin was concerned. If party membership and education were taken into account, recruitment was extremely narrow as a result of cadrification and professionalisation. This wave of professionalisation of leadership was restricted since it had elements which were illusive or contradictory.

Ungarische Kader[1] in den Achtziger Jahren

István Harcsa
Ungarisches Statistisches Zentralamt. Keleti Károly u. 5-7. P.O.B. 51, H-1525 Budapest, Ungarn

1 Einleitung und Problemstellung

Die Entwicklung und die Schwächen des früheren sozialistischen Systems sowie die Schwierigkeiten auf dem Weg von der Planwirtschaft zur Marktwirtschaft kann man nur dann verstehen, wenn man mehr über die Zusammensetzung der obersten Führungsebenen der Kader (Nomenklatura) des ehemaligen kommunistischen Regimes und über deren Veränderungen weiß. Über die Strukturen der Macht und die Rekrutierung der kommunistischen Führungskader waren vor dem politischen Wechsel jedoch nur wenige Daten verfügbar, so daß sich die Hypothesen verschiedener Arbeiten, die in den letzten Jahren erschienen sind, nur auf wenige Informationen stützen konnten.

Die Frage, wie Führungskräfte oder staatstragende Eliten definiert werden, ist nicht leicht zu beantworten. Während es nach der ungarischen Volkszählung des Jahres 1990 rd. 400.000 Berufstätige in leitenden oder führenden Positionen (vom Werksleiter bis zum Minister) gab und die Arbeitsstättenzählung von 1989, die auf den Angaben der Betriebe beruht, 307.000 Führungskräfte ausgewiesen hat, wird in der Arbeit von I. Illés (1991, 35) die Zahl der ungarischen Elite auf rd. 50.000 Erwerbstätige geschätzt, wobei er jedoch nicht konkret angibt, welche Berufskategorien in diesen Zahlen berücksichtigt worden sind bzw. welche der in Tabelle 1 genannten nicht beinhaltet sind.

Die vorliegende Studie stützt sich nicht auf die Daten der Volkszählungen sondern auf die in den 80er Jahren erstellte und bisher nicht veröffentlichte Kaderstatistik des Ungarischen Statistischen Zentralamtes. Diese Kaderstatistik beruhte auf den Daten der Personalabteilung der kommunistischen Partei und umfaßte die Nomenklatura, die Elite des kommunistischen Regimes (im Jahre

---

[1] Kader sind "Persönlichkeiten, insbesondere aus der Arbeiterklasse, die als Leiter, Funktionäre und Spezialisten in allen Bereichen der Gesellschaft aufgrund ihrer politischen, fachlichen u. a. Fähigkeiten und Eigenschaften tätig sind bzw. als Nachwuchskräfte dafür vorbereitet werden" (Wörterbuch ...1977, 325). Kader sind "Menschen, die die Verantwortung für die Leitung eines Kollektivs tragen; haupt- oder ehrenamtliche Kräfte, die durch die Wahl eines gesellschaftlichen Organs für ihre Funktion bestätigt oder durch einen von der Partei der Arbeiterklasse oder der Regierung beauftragten Leiter berufen werden.....Kader zeichnen sich vor allem aus durch: unbedingte Treue zur Arbeiterklasse, ihrer Partei und zum Marxismus-Leninismus sowie ihren konsequenten Kampf um die Erfüllung der Beschlüsse; Stolz auf die Errungenschaften des Sozialismus, Liebe zur sozialistischen Heimat, unerschütterliche Freundschaft mit der KPdSU und den Völkern der Sowjetunion" (Kleines Politisches Wörterbuch, 1988, 467)

1987 14.416 Personen). Zu diesem Kreis von Führungskräften gehörten rd. 5.000 - 6.000 Parteifunktionäre (Gazsó F., 1990) sowie jene wichtigen Spitzenpositionen der Wirtschaft und Verwaltung, bei deren Besetzung die Partei die entscheidende Rolle spielte (siehe auch Tab. 2 und 3). Diese parteikonforme Nomenklatura hat also nur etwa 0,4% der Erwerbstätigen umfaßt und es besteht kein Zweifel, daß darin nicht alle Gruppen der funktionalen Eliten enthalten sind sondern nur jene, die aus der Sicht der Partei besonders wichtig waren. Diesen Unterlagen der kommunistischen Partei ist u. a. zu entnehmen, welche Laufbahnen die Kader absolviert haben und wie sich diese Führungsschicht zusammengesetzt hat. Da diese Daten jedoch ursprünglich nicht für statistische Zwecke, sondern für die Bearbeitung von Personalangelegenheiten und für Zwecke der Propaganda gesammelt worden sind, sind sie mit bestimmten Schwächen behaftet.

Tabelle 1. Ungarische Führungskräfte nach der Volkszählung 1980

Leiter der Staatsverwaltung (von den Abteilungsleitern aufwärts)	4.183
Betriebsleiter	8.496
Vorsitzende der Produktionsgenossenschaften	2.411
örtliche Leiter der Staatsverwaltungsorgane des Landes	815
höhere Leiter der örtlichen Staatsverwaltungsorgane	3.073
Leiter der Justiz	2.212
Leiter der Partei- und Massenorganisationen	5.481
Vorsitzende der industriellen und sonstigen Genossenschaften	1.914
leitende Ärzte	5.860
leitende Apotheker	1.549
Leiter der Lehranstalten	14.666
Leiter der kulturellen, wissenschaftlichen Anstalten	6.881

Quelle: Ungarische Volkszählung 1980

2 Generationswechsel? - Das Jahrzehnt der Weichenstellungen

Die Erfahrungen der jüngsten Geschichte haben gezeigt, daß eine radikale politische Wende oft einen Generationswechsel in den Eliten zur Folge hat. Einige Autoren fanden auch in den sozialistischen Ländern Mittel- und Osteuropas einen relativ engen Zusammenhang zwischen Regimewechsel und Generationswechsel in den Eliten. Auf Grund seiner auf längeren Zeitreihen beruhenden Erhebungen glaubt Iván Illés (1991) im Austausch der herrschenden Eliten 25-jährige Zyklen entdeckt zu haben und seiner Ansicht nach entsprechen diese belegbaren Zyklen in mancherlei Hinsicht der Zeitdauer der von der Wirtschafts- und Geschichtswissenschaft beschriebenen "langen Wellen" (Illés I., 1991). Andere Autoren gehen davon aus, daß die Parteistaaten von Mittel- und Osteuropa auch als Regimes einer einzigen Generation betrachtet werden können. Da bei der Machtübernahme durch die Kommunisten nur die Angehörigen einiger weniger Geburtsjahrgänge in Machtposition aufgestiegen sind und diese ihre Machtpositionen z. T. über Jahrzehnte behalten haben, hat die Überalterung bzw. das Versiegen der Personalreserven der betreffenden Generation eine entscheidende Rolle beim Zusammenbruch dieser Regimes gespielt.

Bei der Machtübernahme der Kommunisten nach dem Zweiten Weltkrieg sind beinahe in allen sozialistischen Staaten Angehörige der damals 20-30-jährigen Generation in die Machtpositionen aufgestiegen. Auch in Ungarn hat diese Generation Ende der vierziger Jahre und in den fünfziger Jahren einen sehr großen Teil der leitenden Positionen in der Staatsverwaltung besetzt und diese zum Teil bis in die 80er Jahre behalten. 1960, als diese Kader 30-39 Jahre alt waren, hat diese Altersgruppe 44% der Führungspositionen besetzt, 1970 (damals waren sie 40-49 Jahre alt) entfielen auf diese Altersgruppe 46% der Führungspositionen und 1980 (damals waren sie 50-59 Jahre alt) noch 33% (Illés I., 1991, 139). In den achtziger Jahren ist also die Generation, die bei der kommunistischen Machtübernahme in den Großteil der Führungspositionen aufgestiegen ist, allmählich in den Ruhestand getreten.

Nachdem nun diese Generation abgetreten ist, stellt sich die Frage, welche Altersgruppen nach dem Ende des sozialistischen Systems in die Machtpositionen aufgestiegen sind bzw. noch aufsteigen werden, falls ein solcher Austausch der Eliten überhaupt stattfindet. Nach Iván Illés (1991) wurde der Wechsel in den 80er Jahren von den 30-40-jährigen durchgeführt. Diese Hypothese wird von den Daten der Volkszählungen der Jahre 1980 und 1990 weitgehend bestätigt. Während die 30-39-jährigen im Jahre 1980 erst 28% der Führungskräfte stellten, entfielen 1990 auf diese (inzwischen 40-49 Jahre alte) Generation schon 42% der Führungspositionen (Illés I., 1991, 139). Diese Daten belegen also, daß in den 80er Jahren auf den Führungsebenen ein deutlicher Generationswechsel stattgefunden hat. Die Altersgruppe, die in den siebziger Jahren 40-49 Jahre alt war, hat dagegen in den 80er Jahren von diesem Generationswechsel nicht mehr profitieren können. Der Anteil dieser Alterskohorten in Führungspositionen der Staatsverwaltung ist zwischen 1980 und 1990 sogar von 25% auf 21% gesunken. Es scheint, daß auch die Kohorte der 1980 unter 30-Jährigen von dieser Ablösung der Führungskräfte in der Staatsverwaltung wenig profitiert bzw. sogar zu den Verlierern dieses Prozesses gehört hat. 1980 betrug der Anteil dieser Alterskohorten unter den Leitern 15%, 1990 jedoch nur noch 8%. Es wären aber ausführlichere Erhebungen nötig, um festzustellen, ob für die jungen Leute der achtziger Jahre ein großer Teil der leitenden Positionen in der Staatsverwaltung tatsächlich nicht erreichbar war oder ob sich die jüngere Generation in höherem Maße für den sich gerade entwickelnden Bereich der Privatwirtschaft entschieden hat. Bei der Bewertung der Daten muß man aber auch in Betracht ziehen, daß der Stichtag der letzten Volkszählung der 1. Januar 1990 war, als die politische Wende noch in den Anfängen stand. Der charakteristische Generationswechsel setzte also schon etwas früher ein als der Wechsel des politischen Systems und anhand der verwendeten Daten kann noch nichts über den Austausch der Eliten nach 1990 ausgesagt werden.

Da sich jedoch die Volkszählungsdaten auf alle "Leiter" in der Staatsverwaltung, also einen sehr großen Personenkreis, beziehen, sind sie für den Nachweis eines Elitenwechsels nicht so gut geeignet wie die Kaderstatistik, welche nur die Inhaber der wichtigsten Machtpositionen (1987 = 14.416 Personen) umfaßte. Anhand der Daten der Kaderstatistik, welche für die Jahre 1983 und 1987 vorliegen, ist es zwar nicht möglich, die Änderungen während der gesamten 80er Jahre im Detail zu erfassen, aber die Daten dieser beiden Erhebungen geben die Tendenzen doch recht gut wieder.

Tabelle 2. Die Altersstruktur der Kader-Eliten in Staatlicher Verwaltung und Wirtschaft nach Altersgruppen (in Prozent)

	Altersgruppen			
Jahr	39 Jahre alt und jünger	40-49 Jahre alt	50 Jahre u. älter	gesamt
1983	16	31	53	100
1987	15	38	47	100

Quelle: Kaderstatistik

Die Kaderstatistik belegt, daß in den 80er Jahren auch innerhalb der Nomenklatura der Anteil der 40-49-jährigen merklich angestiegen ist, während der Anteil der Personen unter 40 Jahren geringfügig und jener der über 49-jährigen deutlich abgenommen hat. Es scheint also, daß die nach dem Parteikongreß des Jahres 1985 aufkommenden Bestrebungen, Reformen rückgängig zu machen, die Erneuerung der Kader mit jüngeren Leuten gebremst hat.

Der Anteil der Leiter über 49 Jahre ist in einigen dynamischen Branchen viel stärker zurückgegangen als in stagnierenden Branchen. Im Bankwesen hat der Anteil der über 49-jährigen Leiter zwischen 1983 und 1987 von 64% auf 45% abgenommen, während etwa der Anteil dieser Altersgruppe unter den Leitern der höchsten Führungsebene der Staatsverwaltung 1987 noch immer 75% und auf der obersten Ebene der Richter und Staatsanwälte sogar noch rd. 78% betragen hat (vgl. Tab. 3).

Ganz im Gegensatz zur offiziellen Propaganda, die jahrzehntelang behauptet hat, daß in den sozialistischen Staaten die Gleichberechtigung der Frauen im Erwerbsleben erreicht worden sei, waren Frauen in den Machtpositionen der Nomenklatura nur mit einem sehr geringen Anteil von 16,7% vertreten. Je mehr ein Tätigkeitsbereich mit Macht verbunden war und je höher die Führungsebene in einem Tätigkeitsbereich war, um so geringer war der Frauenanteil unter den Leitern (vgl. Tab. 3). Auf der obersten Führungsebene der staatlichen Verwaltung betrug der Frauenanteil im Jahre 1987 0,8%, auf der obersten Führungsebene der staatlichen Unternehmen waren 4,4% Frauen zu finden, auf der obersten Führungsebene der landwirtschaftlichen Genossenschaften befanden sich 1,2% Frauen, unter den Kadern des Hochschulwesens waren 8,1% Frauen anzutreffen, auf der höchsten Führungsebene des Rechtswesens waren 10,8% und auf der

Tabelle 3. Zahl und Geschlechtsproportion der leitenden Kader Ungarns nach Tätigkeitsbereichen im Jahre 1987

Tätigkeitsbereich der Führungskader	Führungsebene	Männer	Frauen	zus.	Männer in %	Frauen in %	zus.
Staatsverwaltung (Minister, Staatssekretäre)	1.	125	1	126	99,2	0,8	100,0
Staatsverwaltung (Abteilungsleiter)	2.	1287	153	1440	89,4	10,6	100,0
Staatsverwaltung (Sektionsleiter)	3.	565	170	735	76,9	23,1	100,0
Rat (Bürgermeister, Vizebürgermeister)	1.	96	10	106	90,6	9,4	100,0
Rat (Abteilungsleiter)	2.	267	54	321	83,2	16,8	100,0
Rat (Sektionsleiter)	3.	323	70	393	82,2	17,8	100,0
Rat (Bürgermeister kleiner Dörfer)	4.	1721	876	2597	66,3	33,7	100,0
Staatl. Unternehmen (Großunternehmen)	1.	459	21	480	95,6	4,4	100,0
Staatl. Unternehmen (mittelgroße Unternehmen)	2.	2255	218	2473	91,2	8,8	100,0
Staatl. Unternehmen (kleine Unternehmen)	3.	1095	160	1255	87,3	12,7	100,0
Landwirtschaftliche Genossenschaften (Vorsitzende)	1.	677	8	685	98,8	1,2	100,0
Landwirtschaftliche Genossenschaften (stellvertretende Vorsitzende)	2.	658	41	699	94,1	5,9	100,0
Industrielle Genossenschaften (Vorsitzende)	1.	269	49	316	85,1	14,9	100,0
Industrielle Genossenschaften (stellvertretende Vorsitzende)	2.	103	128	231	44,6	55,4	100,0
Interessenvertretungen		98	16	114	86,0	14,0	100,0
Hochschulwesen		474	42	516	91,9	8,1	100,0

Fortsetzung Tabelle 3.

Tätigkeitsbereich der Führungskader	Führungs-ebene	Männer	Frauen	zus.	Männer in %	Frauen in %	zus.
Sonstiger Unterricht, Kultur		217	35	252	86,1	13,9	100,0
Gesundheitswesen		119	21	140	85,0	15,0	100,0
Massenmedien (Chefredakteure)	1.	183	23	206	88,8	11,2	100,0
Massenmedien (leitende Redakteure)	2.	236	44	280	84,3	15,7	100,0
Gerichte, Staatsanwaltschaft (Gerichtspräsidenten, leitende Staatsanw.)	1.	181	22	203	89,2	10,8	100,0
Gerichte, Staatsanwaltschaft (stellv. Leiter)	2.	348	172	520	66,9	33,1	100,0
Banken (Leiter)	1.	137	53	190	72,1	27,9	100,0
Banken (stellvertretende Leiter)	2.	121	17	138	87,7	12,3	100,0
Insgesamt:		12014	2402	14416	83,3	16,7	100,0

Quelle: Kaderstatistik 1987

höchsten Führungsebene der Massenmedien 11,2% Frauen. Überdurchschnittlich stark waren Frauen auf der obersten Führungsebene von Banken (27,9%) vertreten, die in sozialistischen Staaten bekanntlich keine wichtige Rolle spielten. Auf der zweiten und dritten Führungsebene waren dagegen in den meisten Tätigkeitsbereichen wesentlich höhere Frauenanteile anzutreffen. Unter den 24 Führungsebenen und Tätigkeitsbereichen, in welche die Nomenklatura in Tabelle 3 aufgeteilt wurde, erreichten Frauen nur in einem einzigen Bereich (zweite Führungsebene von industriellen Genossenschaften) mehr als 50%, in 2 Bereichen erreichten die Frauen rd. 33%, in zwei Führungsebenen (Tätigkeitsbereichen) betrugen die Frauenanteile 21-30%, in 13 Führungsebenen (Tätigkeitesbereichen) haben Frauen 10-20% der Führungspositionen besetzt und in 7 Tätigkeitsbereichen, die mit besonderem Prestige ausgestattet waren bzw. von der kommunistischen Partei als besonders wichtig angesehen wurden, waren die Frauenanteile geringer als 10%.

Der geringe Frauenanteil auf den obersten Führungsebenen hängt u. a. auch mit der Immobilität dieser Führungskräfte zusammen. Je höher eine Position in der Hierarchie der Nomenklatura angesiedelt war, um so länger haben die Führungskräfte diese Position schon eingenommen bzw. um so größer war der Prozentsatz jener, die schon mehr als zehn Jahre im "jetzigen Arbeitsbereich" verbracht haben. Im Jahre 1987 betrug der Anteil jener Kader, die mindestens zehn

Jahre auf dieser Leitungsebene verbracht haben, auf der höchsten Führungsebene der Staatsverwaltung (126 Staatssekretäre, Minister) 85,7%, auf der drittobersten Führungsebene der Staatsverwaltung (Abteilungsleiter) jedoch nur 31,8%. Bei den Räten schwankte der Anteil dieser Personengruppe zwischen der ersten und vierten Ebene zwischen 87,7% und 42,9% (vgl. Tab. 2)

Tabelle 4. Demographische und laufbahnspezifische Charakteristika der Kader im Jahre 1987

Tätigkeitsbereich der Führungskader	Führungsebene	über 50 Jahre alt	mehr als 10 Jahre im derzeitigen Arbeitsbereich	Anteil der Universitätsabsolventen zus.	davon Abend/ Fernkurse	1. Laufbahnstation war intellekt. Beruf
		in %	in %	in %	in %	in %
Staatsverwaltung (Minister, Staatssekretäre)	1.	74,6	85,7	92,1	23,8	57,9
Staatsverwaltung (Abteilungsleiter)	2.	56,9	57,2	76,3	22,1	50,3
Staatsverwaltung (Sektionsleiter)	3.	40,5	31,8	84,2	23,0	49,3
Rat (Bürgermeister, Vizebürgermeister)	1.	71,7	87,7	84,9	34,9	61,3
Rat (Abteilungsleiter)	2.	42,1	59,5	72,3	36,4	30,5
Rat (Sektionsleiter)	3.	43,0	51,9	81,7	32, 3	40,7
Rat (Bürgermeister kleiner Dörfer)	4.	27,1	42,9	9,7	5,2	9,2
Staatl. Unternehmen (Großunternehmen)	1.	54,2	75,0	81,9	29,0	49,6
Staatl. Unternehmen (mittelgroße Unternehmen)	2.	55,4	82,0	80,8	36,4	53,3
Staatl. Unternehmen (kleine Unternehmen)	3.	47,6	60,6	64,4	24,1	34,3
Landwirtschaftliche Genossenschaften (Vorsitzende)	1.	43,6	71,2	58,4	22,8	43,8
Landwirtschaftliche Genossenschaften schaften (stellv. Vorsitzender)	2.	34,5	64,2	52,8	16,9	45,2

Fortsetzung Tabelle 4.

Tätigkeitsbereich der Führungskader	Führungsebene	über 50 Jahre alt	mehr als 10 Jahre im derzeitigen Arbeitsbereich	Anteil der Universitätsabsolventen zus.	davon Abend/ Fernkurse	1. Laufbahnstation war intellekt. Beruf
		in %	in %	in %	in %	in %
Industrielle Genossenschaften (Vorsitzende)	1.	53,2	71,8	28,8	15,8	14,6
(stellvertretende Vorsitzende)	2.	38,1	51,1	20,8	8,2	9,5
Interessenvertretungen		50,9	61,4	64,0	26,3	38,6
Hochschulwesen		66,7	39,0	95,9	16,1	79,1
Sonstig. Unterrichtswesen u. Kultur		60,3	54,8	77,4	19,8	56,7
Gesundheitswesen		73,6	64,3	90,0	20,0	68,6
Massenmedien (Chefredakteure)	1.	56,8	52,4	59,7	18,9	53,9
Massenmedien (leitende Redakteure)	2.	50,4	41,8	57,9	14,3	57,1
Gerichte, Staatsanwaltschaft (Gerichtspräsidenten, leitende Staatsanw.)	1.	77,8	67,5	99,0	15,3	61,1
Gerichte, Staatsanwaltschaft (stellv. Leiter)	2.	57,3	37,1	98,8	12,7	63,1
Banken (Leiter)	1.	42,6	43,7	84,2	27,4	38,9
Banken (stellvertretende Leiter)	2.	48,6	44,2	62,3	29,7	24,6
Insgesamt		47,4	58,2	62,2	21,3	41,0

Quelle: Kaderstatistik 1987

Diese Daten belegen nicht nur die fortschreitende Überalterung der Nomenklatura sondern auch die Tatsache, daß gewisse Gruppen der Eliten in den vergangenen Jahrzehnten alle Kurswechsel des Systems überlebt haben. Im Jahre 1983 betrug unter den Ratsvorsitzenden der ersten Ebene (Ratsvorsitzende der Hauptstadt und Komitate, Sekretäre der Exekutivkomitees) der Anteil jener, die seit 1955 in derselben leitenden Position arbeiteten, 45%, und unter den Führungskräften der höchsten Ebene der Staatsverwaltung (Staatssekretäre, stellvertretende Minister usw.) 35%. Auch bei "Vorsitzenden von gewerblichen Genossenschaften" (26%), Leitern der größten Unternehmen (24%) und den Leitern von industriellen Genossenschaften (23%), sowie bei der Staatsanwaltschaft und der ersten Führungsebene der Gerichte waren die Anteile der "Altgedienten" relativ hoch.

Mit der Änderung des politischen Kurses wurde also im kommunistischen System, ähnlich wie in früheren Epochen, immer nur ein kleiner Teil der Eliten ausgetauscht. Anpassungsfähigkeit von Eliten beim Wechsel des politischen Kurses ist nicht nur für den Zeitraum zwischen Anfang der 50er und Mitte der 80er nachzuweisen, sondern dafür gab es bereits historische Vorbilder.

Auch nach dem Ausgleich von 1867, einer entscheidenden politischen Zäsur in der ungarischen Geschichte, wurden in den neuen Ministerien mehr zwei Fünftel der leitenden Beamten aus dem früheren System übernommen. Erst Anfang der 1880er sank deren Anteil unter 40% (Benedek G., 1987).

In der zweiten Hälfte der 80er Jahre ist jedoch ein beträchtlicher Teil dieser schon vor 1955 aufgestiegenen Eliten aus ihren Positionen ausgeschieden, so daß 1987 unter den schon erwähnten Ratsvorsitzenden der ersten Führungsebene der Anteil jener, die seit 1955 hohe Positionen besetzt haben, nur noch 23% und unter den Leitern der ersten Ebene der Staatsverwaltung nur noch 15% betrug.

Der "Abgang der alten Kader" in den 80er Jahren wird auch dadurch unterstrichen, daß von der staatlichen und wirtschaftlichen Nomenklatura des Jahres 1987 23% zwischen 1981 und 1986 in ihren jetzigen Arbeitsbereich aufgestiegen sind, wobei der Anteil der "neuen Eliten" in einigen Bereichen noch wesentlich höher war. Der Anteil der 1981 - 1986 in die Führungspositionen aufgestiegenen betrug z. B.

– unter den Leitern des Höheren Unterrichtswesens	51%
– auf dem unteren Niveau der Staatsverwaltung	49%
– unter den Ratsvorsitzenden der Gemeinden und den Ratsvorsitzenden der Exekutivkomitees	36%
– unter den Leitern der mittleren Führungsebenen der Massenmedien	36%
– unter den Leitern der Banken	33%

Auf der höchsten Führungsebene der Staatsverwaltung und der Räte betrug jedoch der Anteil der in dieser Periode aufgestiegenen Führungskräfte nur 6%. Auf Grund dieser Tendenzen kann also festgestellt werden, daß in den verschiedenen Tätigkeitsbereichen der Nomenklatura die Eliten nicht zur selben Zeit ausgetauscht worden sind.

Iván Illés (1991) bewies in seiner schon erwähnten Analyse, daß die Konzentration der Eliten auf einzelne Generationen hauptsächlich eine Erscheinung der sozialistischen Länder Mittel- und Osteuropas ist. Anhand empirischer Daten stellte er fest, daß die Vertreter der zwischen 1920 und 1932 geborenen Generation einen sehr wesentlichen Teil der politischen Elite des früheren kommunistischen Regimes bildeten. Auch die in diesem Aufsatz untersuchte staatliche und wirtschaftliche Nomenklatura konzentrierte sich zu einem großen Teil auf wenige Geburtsjahrgänge. Im Jahre 1987, dem letzten "Friedensjahr" des Parteistaates, gehörten 47% der Leiter den Geburtsjahrgängen zwischen 1927 und 1937 an, und wenn die Ratsvorsitzenden der Gemeinden und die Sekretäre der Exekutivkomittees nicht berücksichtigt werden, dann gehörten 1987 sogar fast 60% der Nomenklatura zu diesen wenigen Geburtsjahrgängen. Diese konkreten Fakten scheinen jedenfalls die These, daß sich das Regime auf eine einzige Generation stützte und daß es einen Zusammenhang zwischen dem Regimewechsel und dem Generationswechsel innerhalb der Elite gibt, zu bestätigen.

Es muß allerdings berücksichtigt werden, daß die Prozesse des Regimewechsels und die Prozesse des Generationswechsels nicht in allen Bereichen zur selben Zeit abgelaufen sind. Dies kann beispielsweise anhand einer Gegenüberstellung der Altersstruktur der zwei wichtigsten politischen Eliten (Parlamentarier und Regierungsmitglieder) belegt werden. Unter den (im Jahr 1985 gewählten) Parlamentariern des früheren Regimes gehörten rd. 40% zur Altersgruppe der 60-70-jährigen, während unter den (im Jahre 1990 gewählten) Parlamentariern der neuen demokratischen Regierung diese Altersgruppe nur 9% ausmachte und die größte Gruppe der Parlamentarier (36%) zwischen 41 und 50 Jahre alt war. Von den 18 Mitgliedern der Regierung Nemeth, die im April 1990 zurücktrat, wurden 13 (72%) in den vierziger Jahren geboren (gehörten also zur Altersklasse der 40 bis 49-Jährigen). Von den 17 Mitgliedern der im Mai 1990 installierten Regierung von Antall wurden nur 6 (35%) in den vierziger Jahren geboren und 2 (12%) in den fünfziger Jahren, die Mehrheit war also in einem Alter von über 50 Jahren.

3 Gelangte die Intelligenz an die Macht?

Die Eliteforschung befaßt sich schon lange mit der Frage, aus welchen Schichten jene Personen stammen, welche in den sozialistischen Gesellschaften Mittel- und Osteuropas die Macht ausgeübt haben. In seinem Ende der siebziger Jahre veröffentlichten Werk zog Iván Szelényi (Konrad Gy. Ind I. Szelényi (1979)) den Schluß, daß die Intelligenz eine gute Chance habe, durch einen Bund mit den Vertretern der herrschenden Partei an die Macht zu gelangen. Einige Jahre später mußte Szelényi (1986/87) seine Aussage revidieren und zugestehen, daß die Entwicklung anders verlaufen ist und die historische Chance der 70er Jahre nicht genutzt werden konnte.

Aufgrund seiner Ende der 80er Jahre über die Parteielite durchgeführten empirischen Forschungen zog Ferenc Gazsó (1990, 4) die Schlußfolgerung, daß "der größere Zustrom der Fachintellingenz in gewisse Gruppen der Kaderbürokratie nicht die Konsolidierung der Herrschaft des Parteistaates, sondern die Beschleunigung der Verfallsprozesse des Regimes und letzten Endes die Selbstliquidierung des Parteistaates vorbereitet hat". Er belegt seine These auch damit, daß in der Geschichte des ungarischen Parteistaates die Delegierten mit Intelligenzberufen erstmals beim letzten Kongreß die Mehrheit (82%) gebildet haben, und bekanntlich wurde bei diesem Kongreß die Auflösung der Staatspartei proklamiert.

(Es kann vielleicht als ein seltsames Paradoxon der Geschichte betrachtet werden, daß die Parteiintelligenz die herrschende Partei gerade zu dem Zeitpunkt entthronte, als sie in ihr - mindestens für die Zeit des Kongresses - eine bestimmende Rolle bekam).

Der Zustrom von Intelligenzberufen in leitende Positionen - und damit der Anstieg des Ausbildungs- und Qualifikationsniveaus in der Nomenklatura - kann in erster Reihe anhand von zwei Indikatoren überprüft werden. Einerseits kann der Anteil der Personen mit Höherer Schulbildung und unter diesen der Anteil der Universitätsabsolventen als Kriterium verwendet werden, wobei es für die berufliche Karriere nicht gleichgültig war, ob die betreffende Person ihre Ausbildung an einer Vollzeitschule oder einem Abend- oder Fernkurs erworben hat. Der andere Indikator vergleicht die Berufszugehörigkeit (soziale Kategorie) am Anfang der Laufbahn mit der gesellschaftlichen Position zur Zeit der Untersuchung, so daß festgestellt werden kann, in welchem Maße die Personen, die ihre Laufbahn mit einem Intelligenzberuf begonnen hatten, in die Schicht der Kader eingetreten sind.

Sowohl die Daten der Volkszählung als auch die der Kaderstatistik belegen gleichermaßen, daß zwar der Anteil der Leiter mit einem höheren Ausbildungsniveau (Abitur, Hochschul- oder Universitätsabschluß) angestiegen ist, daß aber der Anteil der Leiter mit höherem Ausbildungsniveau in viel geringerem Maße angestiegen ist, als es aufgrund des großen Generationswechsels zu erwarten gewesen wäre. Nach den Ergebnissen der Volkszählungen nahm unter den Führungskräften zwischen 1980 und 1990 der Anteil der Abiturienten, Hochschul- und Universitätsabsolventen von 37% auf 42% zu. Wenn man nach Altersgruppen differenziert, zeigt sich, daß die Zunahme der Qualifikationen (Anteil der Abiturienten und Hochschulabsolventen) bei den über 50-Jährigen mit einer Zunahme von 32% auf 43% am höchsten war, während in der Altersgruppe der 30-49-jährigen der betreffende Anteil nur von 37% auf 43% angestiegen ist.

Aufgrund der Daten der Kaderstatistik kann festgestellt werden, daß der Anteil der Universitätsabsolventen unter der Nomenklatura zwischen 1983 und 1987 von 58% auf 62% angestiegen ist. Wenn man nach Altersgruppen differenziert, ergibt sich ein ähnliches Bild wie bei den Volkszählungsergebnissen. Auch die Kaderstatistik belegt, daß unter den Personen über 50 Jahren der Anteil der Hochschul- und Universitätsabsolventen zwischen 1983 und 1987 stärker zugenommen hat (er stieg von 59% auf 66%) als bei den Kaderangehörigen unter 40 Jahren, wo der betreffende Anteil sogar von 47% auf 44% gesunken ist. Es stellt sich nun die Frage, wie dieser bemerkenswerte Qualifikationsrückgang der jüngeren Angehörigen der Nomenklatura zu erklären ist. Bei der Erklärung dieser Entwicklung muß zum ersten berücksichtigt werden, daß ein niedrigeres Ausbildungsniveau von jüngeren Leitern nicht bedeutet, daß bei der Kaderauswahl das Ausbildungsniveau in jüngster Zeit eine geringere Rolle gespielt hat als früher. Sondern jüngere Kader besetzen (am Anfang ihrer Karriere) meist Positionen auf einer unteren Hierarchieebene, wo ein Universitätsabschluß vielfach gar nicht erforderlich ist. Dies wird auch dadurch belegt, daß im Jahre 1987 von den Ratsvorsitzenden der Gemeinden und von den Sekretären der Exekutivkomittees 43% jünger als 40 Jahre, jedoch nur 10% älter als 50 Jahre waren. Eine andere wichtige Erklärung für den scheinbaren Rückgang des Qualifikationsniveaus der jüngeren Kader besteht darin, daß von den bis 40-jährigen Mitgliedern der Nomenklatura ein wesentlich geringerer Anteil (11%) den Universitätsabschluß durch Abend- oder Fernkurse erreicht hat, als von den über 50-jährigen Angehörigen der Nomenklatura, die zu über 25% diesen Ausbildungsweg gewählt haben. Außerdem hat sich der Anteil der Hochschulabsolventen in den vergangenen Jahren stärker vermehrt als jener der Universitätsabsolventen, so daß im Jahre 1987 unter den jüngeren Mitgliedern der Nomenklatura (= unter 40 Jahre) ein höherer Anteil (18%) eine Hochschule in einem Vollzeitstudium absolviert hat als unter den Kadern über 50 Jahre (6%). Umgekehrt hat unter den älteren Kadern ein höherer Anteil (41%) einen Universitätsabschluß (im Vollzeitstudium) erreicht als unter den jüngeren Kaderangehörigen (36%). Allein schon die strukturellen Veränderungen im Bildungssystem haben also zwischen jüngeren und älteren Kadern zu unterschiedlichen Schullaufbahnen und zu Unterschieden hinsichtlich des Ausbildungsniveaus geführt.

Auf Grund der verschiedenen Erhebungen über die soziale Mobilität ist bekannt, daß eine Ausbildung in Abend- und Fernkursen in erster Linie für die Kaderangehörigen mit Arbeiter- bzw. Bauernberufen charakteristisch war. Im Kreis der staatlichen und wirtschaftlichen Kader war dieser Weg der Karriere besonders häufig, da 77% der Leiter, die als selbständige Bauern begonnen hatten, und 65% der Leiter, die ihre Berufslaufbahn als Arbeiter begonnen haben, ihre Studien im Rahmen von Abend- und Fernkursen absolviert hatten. Unter denen, die ihre berufliche Laufbahn mit einem Intelligenzberuf begonnen hatten, betrug der entsprechende Wert dagegen nur 25%.

Es muß auch betont werden, daß das Ausbildungsniveau der in Wirtschaft und staatlicher Verwaltung tätigen Nomenklatura im Durchschnitt viel höher war, als das der Parteielite. Nach F. Gazsó (1990, 10) hatten nur 57% der Parteikader (im Jahre 1989), jedoch 86% der staatlichen und wirtschaftlichen Kader (1987) einen höheren Bildungsabschluß (Abitur oder höheres Ausbildungsniveau). Diese Qualifikationsunterschiede zwischen der Parteielite und den Führungskräften der Wirtschaft und der staatlichen Verwaltung werden noch deutlicher, wenn berücksichtigt wird, daß 57% der Parteikader ihr Abitur oder ihren Hochschul- bzw. Universitätsabschluß an Abend- und Fernkursen erworben haben (1989), während dies nur für 45% der staatlichen und wirtschaftlichen Nomenklatura zutraf (Gazsó F., 1990, 7).

Auch innerhalb der Gruppe der staatlichen und wirtschaftlichen Nomenklatura gab es sehr große Unterschiede hinsichtlich des Ausbildungsniveaus der Führungskräfte. Der Anteil der Universitätsabsolventen war beispielsweise bei den Leitern der Gerichte und Staatsanwaltschaften (99 %), die von allen Gruppen der Nomenklatura den höchsten Anteil von Universitätsabsolventen hatten, fast zehnmal so hoch als unter den Ratsvorsitzenden der Gemeinden (10%), die in der Hierarchie den untersten Rang einnehmen.

Mehr als 80% Universitätsabsolventen waren auch unter den Leitern des Gesundheitswesens, des Schulwesens und der Kultur, sowie den Leitern, die in den obersten Führungsebenen der Staatsverwaltung und in Großunternehmen arbeiteten, festzustellen. Die Leiter, die auf der mittleren Führungsebene der Staatsverwaltung, in Banken, Interessenvertretungen und in landwirtschaftlichen Genossenschaften tätig waren, hatten zu 50 bis 80% einen Universitätsabschluß. Die Tatsache, daß die Leiter von Banken zu einem viel niedrigeren Prozentanteil ein Universitätsdiplom hatten als beispielsweise die Leiter des Gerichts- oder Gesundheitswesen kann vermutlich damit begründet werden, daß das Prestige des Finanz- und Bankwesens unter dem sozialistischen Regime noch sehr niedrig war und erst in den 80er Jahren zugenommen hat. Im Bankwesen konnte man also auch mit einem niedrigen Ausbildungsniveau eine Leitungsfunktion übernehmen. Außerdem waren die Laufbahnen im Rechtswesen natürlich stärker professionalisiert als jene im Bankwesen.

Auch unter den leitenden Kadern der Massenmedien war der Anteil der Universitätsabsolventen sehr gering. Bei dieser Gruppe der Nomenklatura, die für das Funktionieren des Regimes sehr wichtig war, war die politische Zuverlässigkeit bei der Auswahl der Kader ein viel wichtigeres Kriterium als ein hohes Ausbildungsniveau. Ein noch niedrigerer Anteil an Universitätsabsolventen war unter den Direktoren der industriellen Genossenschaften und den Ratsvorsitzenden der Gemeinden anzutreffen. Wenn das Ausbildungsniveau als Maßstab genommen wird, war die Zusammensetzung der Nomenklatura also sehr heterogen. Nach Gy. Lengyel (1989) hatten unter den wirtschaftlichen Führungskräften während der Zwischenkriegszeit über 80% ein Höheres Ausbildungsniveau. Nach 1945 erreichte die neue Elite der Wirtschaft wegen des geringeren Stellenwertes einer Universitätsausbildung die betreffenden Führungspositionen um 6 - 8 Jahre früher als es in der Zwischenkriegszeit der Fall war.

4 Der Übergang von der Laufbahn eines Intelligenzberufes in die Machtpositionen der Nomenklatura

Aus der Erhebung über die soziale Mobilität des Jahres 1983 ist bekannt, daß in der obersten Hierarchiestufe der Leiter 27% aus sogenannten Intelligenzberufen rekrutiert worden sind. Nach den Daten der Kaderstatistik, die alle staatlichen und wirtschaftlichen Leiter umfaßte, war der Anteil jener Mitglieder der Nomenklatura, die früher einen intellektuellen Beruf ausgeübt hatten, deutlich höher; 1983 hatten 35% und 1987 41% der Leiter ursprünglich (d. h. vor der Übernahme in die Nomenklatura) einen intellektuellen Beruf. Es gibt also eine eindeutige Tendenz, daß im Laufe der 80er Jahre bei der Auswahl der Kader ein Hochschul- oder Universitätsdiplom immer wichtiger wurde, wobei allerdings je nach Berufsgruppen große Unterschiede festzustellen waren. Am höchsten war der Anteil der aus einem Intelligenzberuf Rekrutierten unter der Nomenklatura des Schulwesens, der Kultur, des Gesundheitswesens, des Gerichtswesens, der Staatsanwaltschaft sowie der Rats- und Staatsverwaltungsorgane, wo die betreffenden Prozentwerte durchwegs über 60% lagen. Bei den Direktoren (Vorsitzenden) der industriellen Genossenschaften oder bei den Ratsvorsitzenden der Gemeinden betrugen die Anteile der aus einem Intelligenzberuf rekrutierten Kader dagegen nur 10 - 15%.

Nach der Kaderstatistik des Jahres 1987 war der Anteil jener, die von einem intellektuellen Beruf in die Nomenklatura aufgenommen worden sind, unter den jüngeren Leitern (unter 40 Jahren) um rd. 7% niedriger als bei den über 50-jährigen Leitern. Dies ist vorwiegend auf die jüngeren Ratsvorsitzenden der Gemeinden zurückzuführen, die bei den unter 40-jährigen Leitern stark vertreten sind und nur zu 12% aus intellektuellen Berufen stammten, während sich die Ratsvorsitzenden über 50 Jahre zu 17% aus einem intellektuellen Beruf rekrutierten.

Außer bei den Ratsvorsitzenden der Gemeinden hatten auch bei den Leitungskadern des Schulwesens und der Kultur die jüngeren Leiter (unter 40 Jahre) zu einem geringeren Anteil ursprünglich einen intellektuellen Beruf als die Leiter über 50 Jahre. Diese beiden Gruppen der Nomenklatura haben in den vergangenen Jahrzehnten also offensichtlich einen Prestigeverlust erfahren, so daß sie für Angehörige intellektueller Berufe weniger attraktiv wurden. Im Gegensatz dazu ist unter den Parteikadern der Anteil der Personen mit einem intellektuellen Beruf zwischen 1981 und 1989 von 22% auf 28% angestiegen (Gazsó F., 1990, 6).

Diese Daten belegen also eindeutig, daß innerhalb der Nomenklatura bzw. an den Zentren der Macht der Anteil der Personen mit einem intellektuellen Beruf im Laufe der Zeit immer mehr zugenommen hat. Daraus kann aber nicht geschlossen werden, daß die Intelligenz in zunehmendem Maße ein Machtfaktor wurde oder auf dem Weg zur Ergreifung der Macht war. Im sozialistischen Regime gehörte die Macht offiziell der Arbeiterklasse, de facto waren es die aus der Arbeiterklasse aufgestiegenen Kader, welche wichtige Machtpositionen besetzt haben.

Mit dieser Aussage soll nicht geleugnet werden, daß in bestimmten Bereichen Arbeiterkader und in anderen intellektuelle Kader die Mehrheit gebildet haben. Unterschiedliche Quoten dieser beiden Kadergruppen haben jedoch die Grundnatur des Regimes nicht verändert. Das sozialistische System hat nämlich die Machtstrukturen nicht nach den Bedürfnissen gesellschaftlicher Gruppen organisiert, sondern nach den Bedürfnissen der Machthaber. Der Anteil der Intelligenzberufe unter der Nomenklatura kann deshalb nur als sekundären Faktor betrachtet werden, der allerdings nicht vernachlässigt werden darf.

Literatur

Benedek, G. (1987): A minisztériumi tisztviselők mobilitása a dualizmus idején. In: Rendi társadalom - polgári társadalom (Die Mobilität der Beamten der Ministerien zur Zeit des Dualismus. In: Ständische Gesellschaft - bürgerliche Gesellschaft). Salgótarján.

Bihari, M. (1991): Rendszerváltás és hatalomváltás Magyarországon (1989-1990) (Regimewechsel und Machtwechsel in Ungarn) (1989-1990)

Gazsó, F. (1990): A káderbürokrácia és az értelmiség. (Die Kaderbürokratie und die Intelligenz.) Társadalmi Szemle. Nr. 11.

Hankis, E. (1989): Kelet-európai alternativák. (Osteuropäische Alternativen.) Közgazdasági és Jogi Könyvkiadó.

Harcsa, I., Késedi, F., Kisdi, J. und M. Lakatos (1991): Vezető a 80-as években. (Leiter in den achtziger Jahren.) Ungarisches Statistisches Zentralamt, Budapest.

Illés, I. (1991): Nemzedékek, elitek, ciklusok. (Generationen, Eliten, Zyklen.) Közgazdasági és Jogi Könyvkiadó.

Kleines politisches Wörterbuch. 7. vollst. überarbeitete Aufl. Berlin 1988.

Konrád, Gy. und I. Szelényi (1979): The intellectuals on the Road to Class Power: A Sociological Study of the Role of the Intelligentsia in Socialism. New York, Harcourt, Brace.

Lengyel, G. (1989): Vállalkozók, bankárok, kereskedők. Gyorsuló Idő. (Unternehmer, Bankiers, Kaufleute.) Magvető Kiadó.

Lengyel, G. Hrsg. (1986): Gazdasági vezetők rekrutációja, képzettsége és karriermintái a tervgazdaságban. (Die Rekrutierung, Bildung und Karrieremodelle der wirtschaftlichen Leiter in der Planwirtschaft.) Szociológiai Möhelytanulmányok 3.

Szelényi, I. (1986/1987): The prospects and limits of the East European new class project - auto-critical reflection on the Intellectuals on the Road to Class Power. (Die Perspektiven und Schranken des osteuropäischen neuen Klassenprojekts - selbstkritische Reflexion über die Intelligenz auf dem Wege zur Klassenmacht.) Politics and Society. 1986-87.

Wörterbuch der marxistisch-leninistischen Soziologie (1977). Hrsg. von G. Aßmann u. a., 2. überarb. Aufl. Berlin.

Zimmermann, H. (1994): Überlegungen zur Geschichte der Kader und der Kaderpolitik in der SBZ/DDR. In: Kaelble, H. et (al.): Sozialgeschichte der DDR. Stuttgart, 322-356.

Abstract

Hungarian Cadres in the Eighties

This paper analyses the age-structure, educational achievement, recruitment, career, and sex proportion of the Hungarian cadres in 1983 and 1987 using the personal files of the 14416 most powerful leaders. A large proportion of the new leaders were in their twenties when the communists seized power after the Second World War. Therefore, the change of the political system was accompanied by a generation shift in the elites. A large proportion of this new elite remained in power until the 1980's, thus preventing a steady renewing of the elite. With the retirement of this generation, the political system also changed. The educational qualifications of this first generation of communist cadres was very low. In the course of time more and more "intellectuals" were recruited to the cadres and a large proportion of the leaders with proletarian origin achieved their secondary school or University degree by visiting "evening courses" (57% of all party leaders and 45% of the economic and administrative leaders). Contrary to the communist propaganda about gender equality in socialism, women were extremely underrepresented in positions of power. Among the 14416 persons belonging to the cadres, women comprised only 16.7%. The higher the level of power, the lower the proportion of women. On the first level of state administration, state enterprises and agricultural cooperations, the proportion of women was less than 5%. The paper also introduces some results about the change of elites in the eighties and discusses further developments after the change of the political system.

Weibliche Führungskräfte in der ungarischen Planwirtschaft und beim Übergang zur Marktwirtschaft

Beáta Nagy
Soziologisches Institut der Wirtschaftsunverität Budapest, Fővám tér 8,
H-1093 Budapest, Ungarn

1 Einleitung und Problemstellung

Trotz einer sehr hohen Frauenerwerbsquote waren in den sozialistischen Ländern Frauen in den Macht- und Führungspositionen von Wirtschaft, öffentlicher Verwaltung, Wissenschaft und Politik, ähnlich wie auch in den meisten westlichen Industrieländern, stark unterrepräsentiert. Die zuständigen Partei- und Regierungsgremien haben dieses Defizit nicht nur erkannt und offen diskutiert, sondern auch durch diverse Maßnahmen zu verringern versucht. In Ungarn hat z. B. eine Stellungnahme des Zentralkomitees der Ungarischen Sozialistischen Arbeiterpartei über die politische, wirtschaftliche und soziale Lage der Frauen vom Februar 1970 die Benachteiligung von qualifizierten Frauen bei der Besetzung von Führungspositionen beklagt und eine Erhöhung des Frauenanteils unter den Führungskräften gefordert, was auch zu einem Regierungsbeschluß geführt (Nőpolitikai Dokumentumok K, 1981, 12, 35) und in den folgenden Jahren zu einer stärkeren Berücksichtigung von Frauen auf den mittleren und unteren Leitungsebenen beigetragen hat (Nőpolitikai Dokumentumok K, 1981, 147).

Diese politische Forderung nach der Erhöhung des Frauenanteils unter den Führungskräften hatte allerdings die Konsequenz, daß in den folgenden Jahren bei der Rekrutierung von Führungskräften an die weiblichen Bewerber offensichtlich geringere Anforderungen hinsichtlich des Ausbildungs- und Qualifikationsniveaus gestellt wurden als an die männlichen Führungskräfte. Dies wird u. a. durch die sogenannte Kongruenz-Untersuchung aus dem Jahre 1983 bestätigt (Székely J., 1987), in welcher anhand der Daten des Informationszentrums für das staatliche Lohn- und Arbeitswesen 8.750 Führungskräfte (Direktoren und ihre Stellvertreter) von Staatsunternehmen und Genossenschaften erfaßt wurden. Insgesamt hatten nach dieser Erhebung 27,8% aller Führungskräfte (Manager) keine entsprechende Ausbildung (Hochschul- oder Universitätsausbildung), d. h. bei ihnen war hinsichtlich Ausbildungsniveau und ausgeübter Führungs- und Leitungsfunktion eine Statusinkonsistenz (Inkongruenz) festzustellen (vgl. Aufsatz von Lengyel in diesem Band). Bei den weiblichen Führungskräften war diese Inkongruenz zwischen Führungsposition und Ausbildungsniveau noch deutlich stärker ausgeprägt als bei den männlichen Führungskräften. Von den weiblichen Direktoren und Vizedirektoren verfügten im Jahre 1983 44,8% über kein Hochschul- oder Universitätsdiplom, von den männlichen dagegen nur 25,2% (Székely J., 1987, 30).

Diese Statusinkonsistenz oder -inkongruenz bzw. die mangelhafte Qualifikation von Führungskräften war 1983 noch über alle Generationen verteilt und resultierte in erster Linie daraus, daß im sozialistischen System von den Führungskräften vor allem politische Zuverlässigkeit und Treue zur kommunistischen Partei gefordert waren und keine wichtige Führungsposition ohne die Zustimmung der kommunistischen Partei besetzt wurde. Diese Unterstützung durch Parteigremien war für den Aufstieg in Führungspositionen für Frauen offensichtlich noch wichtiger als für Männer. Die Liberalisierungs- und Reformpolitik der 80er Jahre hat dann dazu geführt, daß in Ungarn die Führungskräfte von Wirtschaftsunternehmen in zunehmendem Maße nach fachlichen Gesichtspunkten (Ausbildung, Qualifikation, Erfahrung) und immer weniger nach parteipolitischen Prinzipien rekrutiert worden sind, so daß die Diskrepanz zwischen Ausbildungsniveau und Führungsposition immer geringer wurde.

2 Der Frauenanteil unter den wirtschaftlichen Führungskräften

Der Aufsatz von Meusburger (in diesem Band) belegt, wie sich die Erwerbstätigkeit von hochqualifizierten Frauen zwischen den beiden Volkszählungen 1980 und 1990 verändert hat (vgl. auch Meusburger P., 1993). Die im folgenden vorgestellten Ergebnisse stammen aus einer Stichproben-Untersuchung, die gemeinsam vom Soziologischen Forschungsinstitut der Ungarischen Akademie der Wissenschaften und vom Lehrstuhl für Soziologie der Wirtschaftsuniversität Budapest im Frühjahr 1990 durchgeführt wurde. Diese Untersuchung, in der 365 Angehörige der "Wirtschaftselite", nämlich 69 Direktoren und Vizedirektoren der größten Banken, 195 Direktoren und Vizedirektoren der größten Industrieunternehmen und 101 Führungskräfte (Minister bis Hauptabteilungsleiter) aus den Ministerien für Finanzen sowie für Industrie und Planung, befragt worden sind, ist zwar von der Konzeption der Erhebung nicht direkt mit der Kongruenzuntersuchung des Jahres 1983 vergleichbar, aber trotzdem dafür geeignet, den Meritokratisierungsprozeß bzw. die zunehmende Qualifikation der wirtschaftlichen Führungskräfte während der 80er Jahre aufzuzeigen bzw. ein Bild von der "Übergangselite" kurz nach dem politischen Systemwechsel zu zeichnen. Das Hauptziel dieser Befragung galt nicht den geschlechtsspezifischen Unterschieden sondern der sozio-demographischen Struktur und den Einstellungen der Wirtschaftselite zum ökonomischen Transformationsprozeß. Die Stichprobe dieser Befragung konzentrierte sich sehr stark auf Budapest, nicht zuletzt deshalb, weil die Spitze der staatlichen Verwaltung, die Zentralen der Banken und auch ein großer Teil der Hauptverwaltungen von Industrieunternehmen ihren Sitz in Budapest hatten.

Unter den befragten Führungskräften waren nur 16% Frauen (n=61). Ein Frauenanteil von 16% mag zwar angesichts der 45% Frauen unter der Gesamtzahl der

Erwerbstätigen als gering erscheinen, er ist jedoch wesentlich höher als der Frauenanteil auf den obersten Führungsebenen der Nomenklatura (vgl. Tab. 1 im Aufsatz von Harcsa in diesem Band).

Während unter den Führungskräften der staatlichen Verwaltung und der Banken rd. 19% Frauen waren, betrug der entsprechende Frauenanteil unter den "Leitern" der Industrieunternehmen nur 14%. Unter den Absolventen der drei Studienrichtungen "Technik", "Ökonomie" und "Jura", aus denen sich die befragten Führungskräfte vorwiegend rekrutierten, war der Frauenanteil dagegen wesentlich höher (Tab. 1), so daß keineswegs ein mangelndes Angebot an qualifizierten Frauen für diese niedrigen Frauenanteile verantwortlich gemacht werden kann.

Tabelle 1. Der Anteil der Frauen unter den Graduierten (%)

Jahr	technisches Studium	juristisches Studium	ökonomisches Studium
1980	18.5	20.5	49.0
1984	16.2	28.7	51.6

Quelle: KSH (1985) 117.

Für den geringen Anteil von Frauen unter den ungarischen Führungskräften können ähnliche Argumente (Thesen) vorgebracht werden wie in westlichen Industrieländern.

a) Von Seiten der Arbeitgeber wurden weibliche Universitätsabsolventen bei der Einstellung auf Führungspositionen oft deshalb benachteiligt, weil ihr Engagement für den Beruf vielfach unterschätzt wurde. Wie auch aus früheren Untersuchungen bekannt ist, standen weibliche Führungskräfte auch in der sozialistischen Planwirtschaft unter ständigem Zwang, ihre Fähigkeiten immer wieder neu beweisen und mehr zu leisten zu müssen als die männlichen Kollegen (vgl. Bossányi-Forgács T., 1983, 167).

b) Die Frauen beginnen im Durchschnitt mit ihren Karrieren später als die Männer oder unterbrechen ihre Karriere während der "Kinderphase", d. h. sie gelangen in einem höheren Lebensalter in ihre ersten Führungspositionen, was sich auf die gesamte Karriere nachteilig auswirken kann.

c) Ein großer Teil der Frauen bezahlt einen sehr hohen Preis für die berufliche Spitzenkarriere und muß aufgrund der beruflichen Belastung vielfach das Privatleben vernachlässigen, was einen Teil der Frauen entmotiviert.

d) Frauen in den Führungspositionen der sozialistischen Planwirtschaft bekamen - ähnlich wie die Frauen auf den mittleren und unteren Qualifikationsebenen und vergleichbar mit der Situation in westlichen Ländern - ein niedrigeres Gehalt als die Männer, so daß die ökonomischen Anreize für eine Karriere geringer waren.

e) Weibliche Führungskräfte gehen anders an Probleme und Führungsaufgaben heran als männliche.

3 Sozio-demographische Struktur, soziale Herkunft und Karriere der männlichen und weiblichen Führungskräfte

Mehr als 40% der befragten weiblichen und männlichen Führungskräfte der ungarischen Wirtschaft wurden in Budapest geboren, 70% wohnten zum Zeitpunkt der Befragung in Budapest und 20% im benachbarten Komitat Pest, d. h. rd. 90% der wirtschaftlichen Führung Ungarns wohnten 1990 in der Stadtagglomeration von Budapest. Diese starke Konzentration auf Budapest ist keineswegs eine Bias der Stichprobe, sondern wird auch durch die Volkszählungsergebnisse belegt (vgl. Meusburger P., 1993).

3.1 Die soziale Herkunft der Führungskräfte

Was den Beruf der Väter betrifft, hatten rd. ein Drittel der Väter der befragten Führungskräfte einen intellektuellen Beruf, 10% der Väter hatten selbst die Position einer Führungskraft eingenommen, je 25% der Väter waren Facharbeiter und angelernte Arbeiter und weniger als 10% der Väter waren Selbständige. Zwischen männlichen und weiblichen Führungskräften gab es hinsichtlich des Berufs des Vaters keinen signifikanten Unterschied. Die Mütter der Befragten waren in der Stichprobe in so geringer Zahl in Führungspositionen tätig, daß eine Auswertung nach Berufen wenig sinnvoll erschien. Die Mütter der weiblichen Manager hatten im Durchschnitt eine geringere Schulbildung (drei Viertel haben nur eine Grundschule abgeschlossen) als die Mütter der männlichen Manager.

Tabelle 2. Das Ausbildungsniveau der Mütter von männlichen und weiblichen Führungskräften in Ungarn im Jahre 1990 in Prozent

Ausbildungsniveau der Mütter	männliche Führungskräfte	weibliche Führungskräfte
Grundschule	66	76
Berufs- oder Fachschule	4	2
Abitur	20	19
Hochschule od. Universität	10	3
	100	100

Quelle: Erhebung über die Wirtschaftselite im Jahre 1990

Interessante geschlechtsspezifische Unterschiede ergaben sich auch bei der Frage, ob die Mütter der Führungskräfte zu dem Zeitpunkt, als die Söhne oder Töchter 14 Jahre alt waren, einer Erwerbstätigkeit nachgingen. Während von den männlichen Führungskräften 50% eine Mutter hatten, die zu diesem Zeitpunkt nicht erwerbstätig war, traf dies nur auf rd. ein Drittel der weiblichen Führungskräfte zu. Die Mütter der weiblichen Führungskräfte waren also zu einem deutlich höheren Anteil erwerbstätig bzw. haben weniger Zeit mit ihren Kindern verbracht als die Mütter der männlichen Führungskräfte. Zusammenfassend kann also festgestellt werden, daß die weiblichen Führungskräfte schon vom Familienhintergrund (Ausbildungsniveau der Eltern) her gesehen, schlechtere Startchancen hatten als die männlichen Führungskräfte.

3.2 Die familiäre Situation der männlichen und weiblichen Führungskräfte

Erwartungsgemäß war ein deutlich geringerer Anteil der befragten weiblichen Führungskräfte verheiratet als es dem Gesamtdurchschnitt der weiblichen Bevölkerung zwischen 25 und 55 Jahren entsprochen hätte. Während von den männlichen Führungskräften 92% verheiratet, 6% geschieden und 2% ledig waren, also nur 8% nicht verheiratet waren (im Gesamtdurchschnitt waren 1990 21% der männlichen Bevölkerung der entsprechenden Altersgruppen nicht verheiratet), waren von den weiblichen Führungskräften 38% nicht verheiratet (auf die gesamte weibliche Bevölkerung bezogen beträgt der Vergleichswert 23%). 13% der weiblichen Führungskräfte waren ledig, 23% geschieden und 2% verwitwet.

Tabelle 3. Familienstand der ungarischen Bevölkerung im Jahre 1990

Familienstand	Männer (29-64 Jahre)	Frauen (29-59 Jahre)*
ledig	10	5
verheiratet	79	76
verwitwet	2	7
geschieden	9	12
	100	100

* Die erfaßten männlichen Führungskräfte waren 29-64 Jahre alt, die erfaßten weiblichen Führungskräfte 29-59 Jahre

Quelle: Demographisches Jahrbuch von Ungarn 1991, Tab. 1.9, 26-29

Männliche Führungskräfte hatten 1990 also eine höhere Verheiratetenquote und eine niedrigere Geschiedenenquote als es dem Durchschnitt der vergleichbaren Altersgruppen der männlichen Gesamtbevölkerung (Tab. 3) entsprechen würde. Männliche Führungskräfte scheinen auch zu einem überdurchschnittlich hohen Anteil in stabilen Familien zu leben, während ein beträchtlicher Anteil von weiblichen Führungskräften die berufliche Führungsposition nur unter Verzicht auf eine Familie (13% waren ledig) erreichen bzw. nicht mit den Belastungen einer Familie vereinbaren konnten (23% der weiblichen Führungskräfte waren geschieden).

25% der weiblichen jedoch nur 9% der männlichen Führungskräfte hatten keine Kinder. Zwei oder mehr Kinder hatten 58% der männlichen jedoch nur 46% der weiblichen Führungskräfte. Die durchschnittliche Haushaltsgröße der befragten Männer betrug 3,3 Personen, die der weiblichen Manager 2,9 Personen. Jede sechste Managerin lebte in einem Ein-Personen-Haushalt. Die befragten weiblichen Führungskräfte waren mit ihrem bisherigen Leben insgesamt weniger zufrieden als die männlichen.

Von den Ehefrauen der männlichen Führungskräfte war jede sechste ebenfalls in einer Führungsposition tätig, und weitere 40% der Ehefrauen arbeiteten in einer beruflichen Position, für die ein Hochschul- oder Universitätsabschluß notwendig ist. Insgesamt hatten 60% der Ehegattinnen der männlichen Führungspersonen ein Hochschuldiplom. Jede dritte Ehegattin hat als Büroangestellte gearbeitet. Von den Ehepartnern der weiblichen Führungskräfte nahm hingegen rund ein Drittel ebenfalls eine Führungsposition ein, und fast ein weiteres Drittel hatte einen intellektuellen Beruf. 70% der Ehepartner des weiblichen Führungspersonals hatten einen Hochschulabschluß.

3.3 Altersaufbau, Karriere und Einkommen der Führungskräfte

Das Durchschnittsalter der befragten weiblichen Führungskräfte betrug 41 Jahre, das der männlichen 44 Jahre. Jünger als 40 Jahre waren 23% der Frauen und 13% der Männer. Dieses Ergebnis steht nicht im Gegensatz zu den internationalen Erfahrungen, daß Frauen im Durchschnitt erst in einem höheren Alter (in der Regel nach der Kinderphase) eine Karriere beginnen und deshalb später in Führungspositionen gelangen als Männer. Auch in Ungarn haben die Frauen ihre erste Führungsposition etwas später erreicht (im Durchschnitt mit 31,4 Jahren) als die Männer (30,0 Jahre). 62% der Männer aber nur 25% der Frauen haben ihre erste Führungsposition vor dem 31. Lebensjahr erreicht, 7% der Männer jedoch 39% der Frauen sind erst nach dem 40. Lebensjahr in die erste Führungsposition aufgestiegen. Der jüngere Altersaufbau der weiblichen Führungskräfte ist also nicht auf die schnellere Karriere sondern auf das weitgehende Fehlen von Frauen in den älteren Altersstufen zurückzuführen. Nicht zuletzt muß auch berücksichtigt werden, daß in Ungarn Frauen schon mit 55 Jahren, Männer dagegen erst mit 60 Jahren pensioniert werden.

In dieser Befragung haben sich erhebliche geschlechtsspezifische Unterschiede im Einkommen der Führungskräfte ergeben. Die männlichen Führungskräfte verdienten im Frühjahr 1990 pro Monat durchschnittlich 44.000 Ft, die Frauen nur 36.000 Ft, wobei allerdings berücksichtigt werden muß, daß das Durchschnittsalter der Frauen etwas niedriger ist. In der höchsten Einkommensklasse waren 93% Männer, obwohl der Anteil der Männer insgesamt nur 84% betrug.

Am höchsten waren die Gehälter der 29 - 34-jährigen Männer, die wohl aufgrund der durch den Privatisierungsprozeß ausgelösten großen Nachfrage nach Führungspersonal in einer besseren Verhandlungsposition waren als die älteren Jahrgänge. Bei den höheren Altersgruppen war hingegen kein Zusammenhang zwischen Alter und Einkommen festzustellen (Tab. 4)

Beträchtliche Gehaltsunterschiede ergaben sich nach dem Arbeitgeber. Die bei Regierungsstellen angestellten Führungskräfte hatten die niedrigsten Monatsgehälter (im Durchschnitt 37.000 Ft), wobei bei dieser Gruppe hinsichtlich der Gehälter keine geschlechtsspezifischen Unterschiede festgestellt werden konnten. In den Banken verdiente das männliche Führungspersonal durchschnittlich

59.000 Forint, während die Frauen mit 43.000 Forint um rd. 28% weniger verdienten. In den Industrieunternehmen lagen die Frauen mit einem Durchschnittsgehalt von 33.000 Forint rd. 21% unter dem Durchschnittsgehalt der männlichen Führungskräfte (42.000 Forint). Im Bankwesen haben die weiblichen Führungskräfte zwar am meisten verdient, hier waren jedoch die geschlechtsspezifischen Verdienstunterschiede des Führungspersonals am größten.

Tabelle 4. Die durchschnittlichen Monatsgehälter der ungarischen Führungskräfte im Frühjahr 1990 (in Forint)

Altersgruppe	Männer	Frauen
29-34 Jahre	64.625 (n=8)	24.667 (n=3)
35-39 Jahre	41.557 (n=30)	37.818 (n=11)
40-44 Jahre	44.052 (n=58)	43.286 (n=14)
45-49 Jahre	42.158 (n=76)	32.706 (n=17)
50-54 Jahre	44.698 (n=53)	33.600 (n=10)
55-59 Jahre	42.895 (n=57)	33.000 (n=4)
60-64 Jahre	37.000 (n=16)	

Quelle: Erhebung über die Wirtschaftselite im Jahre 1990.

4 Einstellungen der Führungskräfte zum Transformationsprozeß

Was die Beurteilung des Lebensstandards im Frühjahr 1990 betrifft, gab es zwischen männlichen und weiblichen Führungskräften keinen signifikanten Unterschied. Etwa die Hälfte der Führungskräfte war der Ansicht, daß sich der eigene Lebensstandard in den letzten 1-2 Jahren (d. h. nach der politischen Wende) verbessert hat, und jeder dritte Befragte hat gemeint, daß seine Situation unverändert geblieben ist. Ein geringerer Anteil (18,3% der männlichen und 25% der weiblichen Führungskräfte) war jedoch der Meinung, daß sich die finanzielle Situation ihrer Bekannten verbessert habe, die Veränderung der eigenen Position wurde also positiver eingestuft als die der Bekannten.

Die finanzielle Situation der eigenen Familie (des eigenen Haushaltes) im Vergleich zur ganzen Bevölkerung wurde von den männlichen Führungskräften signifikant besser eingeschätzt als von den weiblichen Führungskräften, was vermutlich auf die höheren Durchschnittsgehälter der Männer zurückzuführen ist. Die Männer waren also zu einem höheren Prozentsatz (68%) als die weiblichen Führungskräfte (61%) der Meinung, daß ihre eigene finanzielle Situation "besser" ist als die der Gesamtbevölkerung, 19,9% der männlichen Führungskräfte, jedoch nur 6,6% der weiblichen haben die eigene finanzielle Situation als "viel besser" beurteilt als die der Gesamtbevölkerung.

Die Mehrheit der Führungskräfte (47%) vertrat die Ansicht, daß sich die finanzielle Lage ihrer Familien in naher Zukunft verschlechtern wird, wobei diese Ansicht von Frauen häufiger vertreten wurde als von Männern. 8,3% der weiblichen und 3,3% der männlichen Führungskräfte waren der Ansicht, daß sich ihr "eigenes Einkommen" verschlechtern wird. Keine weibliche Führungskraft hat erwartet, daß ihre finanzielle Situation in den kommenden Jahren besser werden wird als es 1990 der Fall war. Die finanzielle Situation der gesamten Bevölkerung wurde noch pessimistischer beurteilt. Rund 57% aller Führungskräfte (bzw. zwei Drittel der weiblichen Führungskräfte) erwarteten im Jahre 1990 für die nächsten Jahre eine Verschlechterung der finanziellen Situation der gesamten Bevölkerung.

Sowohl die männlichen als auch die weiblichen Manager waren im Frühjahr 1990 in hohem Maße mit den wirtschaftlichen Reformen einverstanden. Fast ohne Ausnahme haben sie eine Weiterführung des Transformationsprozesses (von der sozialistischen Planwirtschaft zur Marktwirtschaft) befürwortet und nicht die Ansicht vertreten, daß die Reformen für die derzeitigen wirtschaftlichen Probleme verantwortlich sind. Im Gegensatz dazu haben sie die langsame und halbherzige Durchführung vieler Reformen kritisiert und 95% der Führungskräfte waren 1990 der Meinung, daß die politische Führung des Landes bei den Reformen Fehler begangen habe. 90% waren mit den wirtschaftlichen und sozialen Verhältnissen des Jahres 1990 unzufrieden.

Obwohl kein Manager gegen die Privatisierung bzw. die Neugründung von privaten Unternehmen war, würde nur die Hälfte der befragten Wirtschaftsführer gerne als selbständiger Unternehmer arbeiten (einige hatten sogar schon eigene Unternehmen.)

Die Tatsache, daß es in den Einstellungen und Präferenzen der männlichen und weiblichen Manager kaum nennenswerte Unterschiede gibt, belegt die alt bekannte Tatsache, daß unter den weiblichen Führungskräften als Folge der sogenannten "token-position" und der Sozialisation im Management männliche Werte dominieren. Dies wurde anhand der Rokeach Skala auch für Ungarn eindeutig belegt.

5 Zusammenfassung

Auch in der sozialistischen Planwirtschaft Ungarns waren Frauen in Führungspositionen stark unterrepräsentiert. Im Zuge der Reformprozesse der 80er Jahre ist der Frauenanteil nur geringfügig angestiegen. In dieser Studie wurden 365 ungarische Führungskräfte nach ihrer Herkunft, ihrer soziodemographischen Struktur und ihren Einstellungen zum Transformationsprozeß analysiert. Die männlichen und weiblichen Führungskräfte unterschieden sich deutlich in ihrer sozialen Herkunft. Die Frauen starteten hinsichtlich des familiären Milieus aus einer weniger vorteilhaften Position als ihre männliche Kollegen. Die weiblichen Führungskräfte erreichten im Durchschnitt erst in einem höheren Alter die erste

Führungsposition und stiegen zu einem geringeren Anteil in die höchsten Positionen auf als ihre männlichen Kollegen. Im Durchschnitt verdienten sie auch um rd. 20% weniger als die Männer.

Hinsichtlich der Einstellung zum Reformprozeß und zur Privatisierung gab es zwischen den männlichen und weiblichen Führungskräften keine signifikanten Unterschiede. Die ungarischen Manager unterstützen sehr eindeutig den Reformprozeß, manchen geht er jedoch zu langsam voran. Obwohl die weiblichen Führungskräfte die Zukunft ihrer eigenen wirtschaftlichen Situation etwas pessimistischer einschätzen als die männlichen Führungskräfte, haben beide Gruppen sehr ähnliche Vorstellungen von der Zukunft der Wirtschaft und der Gesellschaft.

Zwischen den männlichen und weiblichen Managern Ungarns konnte kein unterschiedliches Wertesystem festgestellt werden. Das kann eine Folge der Minderheitensituation der weiblichen Führungskräfte sein oder auch auf die in Ungarn noch fehlende weibliche Perspektive zurückzuführen werden.

Literatur

Barron, R. D. and G. M. Norris (1976): Sexual Divisions and the Dual Labour Market. In: Allen, S. and D. L. Barker (eds.): Dependence and Exploitation in Work and Marriage. London, 47-69.

Bossányi, K. und K. T. Forgács (1983): Vállalatvezetők és érdekeltség (Unternehmer und Interesse). Budapest.

Clutterbuck, D. and M. Devine (eds.) (1987): Businesswoman Present and Future. London.

Demográfiai Évkönyv 1991 (Demographisches Jahrbuch 1991). KSH, Budapest 1993.

Dex, S. (1988): Women's Attitudes towards Work. London.

Fogarty, M. P., Allen, I. and A. J. Walters (1971): Women in Top Jobs. Four Studies in Achievement. London

H.Sas Judit (1984): Nőies nők és férfias férfiak (Weibliche Frauen und männliche Männer). Budapest.

Hennig, M. and A. Jardim (1976): The Managerial Woman. New York.

Kanter, R. M. (1977): Men and Women of the Corporation. New York.

KSH (19985): AZ 1984. Évi mikrocenzus adatai. (Die Daten des Mikrozensus 1984). Budapest.

Marshall, J. (1984): Women Managers: Travellers in a Male World. London.

Meusburger, P. (1993): The relationship between city size of the place of work and the qualification structure of jobs in cities of western and eastern Europe. In: Trends and prospects of world urbanization. Proceedings of the Nihon University International Symposium "Trends and Prospects of World Urbanization 1992". Tokyo, 147 - 177.

MKKE Szociológia Tanszék (Beiträge zu der Analyse der Schulausbildung der obersten Wirtschaftsführer)

Nőpolitikai Dokumentumok 1970-1980 (Frauenpolitische Dokumente 1970-1980). Budapest 1981.

Székely, J. (1987): Adalékok a gazdasági szzférában dolgozó felsőszintű vezetők iskolai végzettségének elemzéséhez. In: Szociológiai Műhelytanulmányok 5. kötet, 27-50.

Tóth, O. (1990): Nézetek, vélemények a nők munkavállalásáról (Meinungen über die Erwerbstätigkeit der Frauen). Manuskript.

Abstract

Female Executives (Managers) in the Planned Economy of Hungary and at the Beginning of the Transition to Market Economy

In the centrally planned economy of socialist Hungary, women were under-represented in high-level positions. During the process of reform in the 1980s, the percentage of women in these posts increased only slightly. In this study a sample of 365 Hungarian executives was analysed in regards to social backgro-und, socio-demographic structure, and attitude towards the transformation process. Male and female executives differed markedly with regard to their social background. Women started from a less advantageous position than their male colleagues. Female executives attained their first management position at an older age and to a smaller percentage than their male colleagues. On average they earned about 20% less than male executives.

There were no significant gender-specific differences in attitudes towards the restructuring process and privatization. Hungarian managers clearly support the reform process; some of them, however, would prefer a more rapid transition. Although female executives assess their own economic future more pessimistically than their male counterparts, both share similar ideas about the future of economy and society.

Male and female Hungarian managers do not appear to have different value systems. This might be due to the minority position of female executives or to a still missing female perspective in Hungary.

GPSR Compliance

The European Union's (EU) General Product Safety Regulation (GPSR) is a set of rules that requires consumer products to be safe and our obligations to ensure this.

If you have any concerns about our products, you can contact us on ProductSafety@springernature.com

In case Publisher is established outside the EU, the EU authorized representative is:

Springer Nature Customer Service Center GmbH
Europaplatz 3
69115 Heidelberg, Germany

Batch number: 10815974

Printed by Printforce, the Netherlands